Carlos Vitor B. Barreira

ÁlgebraTop

Para Escolas Militares, Colégios Militares e Escolas Técnicas

Editora Ciência Moderna

Álgebra Top para Escolas Militares, Colégios Militares e Escolas Técnicas (Ensino Fundamental - Volume 1)

Editor: Paulo André P. Marques
Produção Editorial: Dilene Sandes Pessanha
Capa: Daniel Jara
Diagramação: Daniel Jara
Copidesque: Equipe Ciência Moderna

FICHA CATALOGRÁFICA

BARREIRA, Carlos Vitor Barros.

Álgebra Top para Escolas Militares, Colégios Militares e Escolas Técnicas (Ensino Fundamental - Volume 1)

Rio de Janeiro: Editora Ciência Moderna Ltda., 2023.

1. Álgebra 2. Matemática
I — Título

ISBN: 978-65-5842-252-5 CDD 512

Editora Ciência Moderna Ltda.
R. Alice Figueiredo, 46 – Riachuelo
Rio de Janeiro, RJ – Brasil CEP: 20.950-150
Tel: (21) 2201-6662/ Fax: (21) 2201-6896
E-MAIL: LCM@LCM.COM.BR
WWW.LCM.COM.BR **03/23**

Agradecimento Especial

A DEUS por estar sempre presente na minha vida e ter me capacitado para a conclusão desta obra.

Somente a ti, SENHOR, toda a honra, toda a glória, todo o louvor e toda adoração.

Agradecimentos

Aos meus pais, João Carlos *(in memoriam)* e Maria de Fátima, por tudo que fizeram e representam na minha vida. Sou privilegiado por ter recebido de DEUS pais como vocês. Amo vocês!

Ao meu querido sobrinho Miguel e ao irmão Bruno pelo constante incentivo e carinho.

À Érica, minha linda e amada esposa, por estar sempre a meu lado em todos os momentos. Você é o amor da minha vida!

As minhas amadas filhas, Júlia e Laura, presentes de DEUS. Fontes de inspiração e superação na minha vida.

Aos filhos e neta do coração, Luís Henrique, Maria Eduarda e Alice por todo carinho.

A todos os Professores e Alunos que tive o prazer de conviver ao longo destes 27 anos.

À Editora Ciência Moderna pela oportunidade de concretizar esta obra.

Muito obrigado a todos vocês!

O Autor

Carlos Vitor é Graduado em Matemática e Pós-graduado em Docência no Ensino Superior.

Experiência profissional de 27 anos como Professor de Matemática nas Redes Pública e Particular, com atuação nas seguintes áreas: Militar, Técnico, Vestibular e Concursos Públicos.

Atualmente ocupa o Cargo de Técnico Judiciário do Tribunal Regional do Trabalho da 7ª Região.

Professor de Matemática com atuação nos seguintes Colégios e Cursos Preparatórios (presenciais e online): Estratégia Concursos, LS Concursos, Curso Soeiro, Curso Progressão, Curso Hexágono, Curso Gilmar Rosa, Curso Atividade, Colégio Imperial, Colégio Braga Carneiro, Colégio Christus, entre outros.

Aprovado nos seguintes certames:

- Técnico Judiciário do Tribunal Regional do Trabalho da 1ª Região.

- Professor de Matemática da Secretaria Estadual de Educação do Rio de Janeiro (2001 e 2004).

- Professor de Matemática da Fundação de Apoio à Escola Técnica (FAETEC - RJ).

- Professor de Matemática da Prefeitura de Niterói /RJ.

- Professor de Matemática da Prefeitura de Seropédica/RJ

- UFF/RJ e UFRRJ para o curso de Licenciatura em Matemática.

PREFÁCIO

Tendo em vista que sempre gostei dos números e que meus Pais são Professores, acabei escolhendo a nobre e desafiadora missão de ser Professor de Matemática. Comecei a lecionar, aos 19 anos, antes mesmo de acabar o curso de Licenciatura em Matemática.

Após 27 anos trabalhando em Colégios (redes pública e particular) e Cursos Preparatórios, foi possível, com a ajuda e direção de DEUS, escrever este livro. Ele é a materialização de muito trabalho, pesquisa e dedicação.

Esta obra foi pensada e concebida para ser um referencial no aprendizado da Álgebra para Escolas Militares, Colégios Militares e Escolas Técnicas.

As páginas do ÁLGEBRA TOP (VOLUME 1) abordam, com uma linguagem simples, a exposição da teoria em 16 (dezesseis) capítulos, o quantitativo total de 1.721 questões com os respectivos gabaritos e 182 questões resolvidas.

A obra atende tanto o(a) aluno(a) iniciante, que necessita formar uma base sólida de conhecimento, quanto o(a) aluno(a) avançado(a), que precisa resolver muitas questões para aparar as arestas.

É como sempre digo: "A teoria ensina e o exercício lapida".

Não há como aprender Matemática sem resolver muitas questões. Por falar em questões, cabe informar que elas foram dispostas seguindo a sequência do conteúdo abordado e, também, em grau crescente de dificuldade.

Esta obra é uma excelente ferramenta para quem deseja lograr êxito em provas que exigem o conhecimento da Álgebra.

Fiquem com DEUS e bons estudos!

Carlos Vitor B. Barreira

SUMÁRIO

Capítulo 1

Números Naturais e Inteiros

1. Conjunto dos Números Naturais (N)

- O conjunto dos números naturais é representado pela letra N.

$$N = \{0, 1, 2, 3, 4, 5, 6, 7, 8, ...\}$$

- O conjunto dos números naturais é infinito.

Exercícios

1) **(IMA)** Qual dos números abaixo pertence ao conjunto dos números naturais?

a)1/5 b) $\sqrt{5}$ c) 1,5 d) 3

Resolução:

Observando o conjunto N, é possível verificar que 3 é um número natural.

GABARITO: D

2. Conjunto dos Números Inteiros (Z)

- O conjunto dos números inteiros é formado pelos números negativos, pelo 0 (zero) e pelos números positivos.

- O conjunto dos números inteiros é representado pela letra Z.

$$Z = \{..., -4, -3, -2, -1, 0, 1, 2, 3, 4, ...\}$$

- O conjunto dos números inteiros é infinito.

Exercícios

2) Assinale a alternativa correta:

a) $\sqrt{7}$ é um número inteiro.

b) – 15 é um número natural.

c)3,6 é um número inteiro.

d) 25 é um número inteiro.

e) 0 não é um número inteiro.

Resolução:

O número 25 é um número inteiro.

GABARITO: D

2.1. Comparação entre dois números inteiros

- Para comparar dois números inteiros devemos observar o seguinte:

a) o menor deles estará à esquerda e o maior deles estará à direita;

b) caminhando para a esquerda os números diminuem;

c) caminhando para a direita os números aumentam.

$$\overleftarrow{\textit{os números diminuem}} \qquad \overrightarrow{\textit{os números aumentam}}$$

$$Z = \{\ldots, -6, -5, -4, -3, -2, -1, 0, 1, 2, 3, 4, 5, 6, \ldots\}$$

<u>Exemplo</u>:

Complete com os símbolos $>$ (maior que) ou $<$ (menor que) .

a) $5 > 0$

b) $-17 < -2$

c) $-4 < 0$

d) $13 > 9$

e) $-1 > -1000$

f) $57 < 134$

g) $-3 < 8$

<u>Exercícios</u>

3) Assinale a alternativa que apresenta números maiores que – 10.

a) 0; 5; – 3; – 15

b) – 20; – 13; – 4; – 1

c) 12; 8; – 11; 7

d) 39; – 2; 4; 35

e) – 12; 14; 37; 99

<u>Resolução</u>:

Os números 39; – 2; 4; 35 são maiores que – 10.

<u>GABARITO</u>: D

2.2. Oposto ou simétrico ou inverso aditivo de um número

- Para encontrar o oposto de um número devemos trocar o seu sinal.

<u>Exemplos</u>:

a) O simétrico de + 9 é – 9

b) O oposto de – 15 é + 15

c) O simétrico de + x é – x

d) O oposto de – y é + y

e) O simétrico do oposto de 14 é 14.

f) O oposto do simétrico de – 29 é – 29.

BIZU !!!

- A soma de dois números simétricos é zero.

Exemplos:

a) – 31 + 31 = 0 b) + 54 – 54 = 0

Exercícios

4) O inverso aditivo de – 8 é:

a) 1/8 b) 8 c) – 1/8 d) – 8 e) 0

Resolução:

O inverso aditivo (simétrico ou oposto) de – 8 é 8.

GABARITO: B

2.3. Módulo ou Valor Absoluto de um número real

- Para encontrar o valor absoluto de um número real devemos esquecer o seu sinal (+) ou (–).
- O módulo de um número é representado por duas barras verticais e paralelas, isto é: | |

Exemplos:

a) $|+9| = 9 \rightarrow$ o módulo de + 9 é igual a 9.

b) $|-11| = 11 \rightarrow$ o módulo de – 11 é igual a 11.

c) O oposto de $|+32|$ é – 32.

d) O módulo do simétrico – 6 é 6.

BIZU !!!

- O módulo ou valor absoluto de um número real não pode ser negativo.

- Na reta real, o módulo ou valor absoluto de um número real é igual à distância do ponto que representa esse número real até a origem.

Exemplos:

Distância: 1 unidade

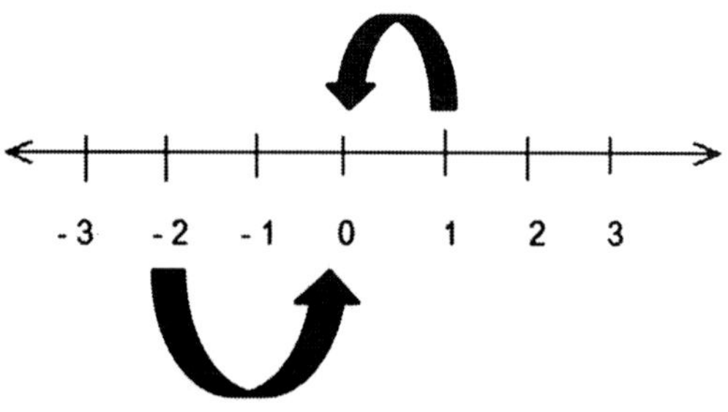

Distância: 3 unidades

a) A distância do número 1 à origem é igual a 1 unidade, ou seja, | 1 | = 1.

b) A distância do número – 2 à origem é igual a 2 unidades, isto é, | – 2| = 2.

- O módulo ou valor absoluto de um número real possui as seguintes propriedades:

I) $|x| \geq 0$

II) $|x| = |-x|$

III) $|x| = 0 \Leftrightarrow x = 0$

IV) $|x| = k \Rightarrow x = k$ ou $x = -k$ (para $k > 0$)

V) $|x^2| = |x|^2 = x^2$

VI) $\sqrt{x^2} = |x|$

VII) $|x \,.\, y| = |x| \,.\, |y|$

VIII) $\left|\frac{x}{y}\right| = \frac{|x|}{|y|}$ (para $y \neq 0$)

IX) $|x + y| \leq |x| + |y|$

X) $|x - y| \geq |x| - |y|$

Exercícios

5) O valor da expressão | 5 | + | – 2 | – | 8 | – | – 10 | + | 0 | é:

a) 11 b) 0 c) – 11 d) 12 e) – 12

Resolução:

| 5 | + | – 2 | – | 8 | – | – 10 | + | 0 | = 5 + 2 – 8 – 10 + 0 = 7 – 18 = – 11

GABARITO: C

2.4. Antecessor de um número

- Para encontrar o antecessor de um número, devemos fazer o número menos 1.

Exemplos: Determine o antecessor dos números abaixo:

a) + 10 → antecessor = + 10 – 1 = + 9

b) + 49 → antecessor = + 49 – 1 = + 48

c) – 57 → antecessor = – 57 – 1 = – 58

d) – 999 → antecessor = – 999 – 1 = – 1000

Exercícios

6) **(CONSESP)** Se i é o antecessor de j e j = 20, então i =

a) 21 b) 22 c) 19 d) 30

Resolução:

Sabemos que i é o antecessor de j. Logo, se j = 20, então i = 19.

GABARITO: C

2.5. Sucessor ou Consecutivo de um número

- Para encontrar o sucessor de um número devemos fazer o número mais 1.

Exemplos: Determine o consecutivo dos números abaixo:

a) + 10 → consecutivo = +10 + 1 = + 11

b) + 49 → consecutivo = + 49 + 1 = + 50

c) – 57 → consecutivo = – 57 + 1 = – 56

d) – 999 → consecutivo = – 999 + 1 = – 998

Exercícios

7) **(IAUPE)** A soma do número 1958 com o seu sucessor vale

a) 3914 b) 3915 c) 3916 d) 3917 e) 3918

Resolução:

O sucessor de 1958 é 1959.

Soma = 1958 + 1959 = 3917

GABARITO: D

2.6. Inverso ou Recíproco ou Inverso Multiplicativo de um número

- Para encontrar o inverso de um número devemos trocar as posições do numerador e do denominador, ou seja, o numerador do primeiro número passará a ser denominador do segundo número e o denominador do primeiro número passará a ser numerador do segundo número.

Exemplos: Determine o recíproco dos números abaixo:

a) + 7/4 → recíproco = + 4/7

b) + 45/17 → recíproco = + 17/45

c) – 6/11 → recíproco = – 11/6

d) + 4 → recíproco = + 1/4

e) – 19 → recíproco = – 1/19

BIZU !!!

- O produto entre um número e o seu inverso é igual a 1.

Exemplos:

a) $\left(+\frac{6}{11}\right).\left(+\frac{11}{6}\right) = +\frac{66}{66} = +1$

b) $\left(-\frac{2}{17}\right).\left(-\frac{17}{2}\right) = +\frac{34}{34} = +1$

Exercícios

8) O inverso multiplicativo do número 2/3 é:

a) – 2/3 b) – 3/2 c) 1 d) 0 e) 3/2

Resolução:

O inverso multiplicativo (inverso ou recíproco) do número 2/3 é 3/2.

GABARITO: E

2.7. Operações com números inteiros

A) Adição e Subtração:

- **Sinais iguais** → Devemos somar e repetir o sinal dos números.

Exemplos:

a) + 3 + 5 = +8

b) +10 + 4 + 9 = + 23

c) – 1 – 15 = – 16

d) – 17 – 11 – 1 = – 29

- **Sinais diferentes** → Devemos subtrair e repetir o sinal do número de maior módulo.

Exemplos:

a) + 10 – 6 = + 4 b) – 18 + 7 = – 11 c) + 25 – 12 = + 13 d) – 21 + 11 = – 10

Exercícios

9) **(IMA)** Dado que: X = – 55 + 95 – 115 + 21 – 70 e Y é igual ao simétrico do resultado da expressão (+ 80) + (– 35) + (– 45) + (+ 65), qual é o valor de X + Y ?

a) 189 b) – 189 c) 59 d) – 59

Resolução:

Inicialmente, vamos calcular o valor de X.

X = – 55 + 95 – 115 + 21 – 70 = 40 – 94 – 70 = – 54 – 70 = – 124

Em seguida, devemos calcular o resultado da expressão abaixo:

(+ 80) + (– 35) + (– 45) + (+ 65) = 80 – 35 – 45 + 65 = 45 – 45 + 65 = 65

Assim, Y = – 65

X + Y = (– 124) + (– 65) = – 189

GABARITO: B

B) Multiplicação e Divisão:

•**Sinais iguais** → O resultado será positivo

•**Sinais diferentes** → O resultado será negativo

Exemplos:

a) (+ 11) . (+ 7) = + 77 e) (– 15) . (+ 6) = – 90

b) (– 5) . (– 4) = + 20 f) (+ 64) : (– 32) = – 2

c) (+ 48) : (+ 24) = + 2 g) (– 36) : (+ 9) = – 4

d) (+ 35) . (– 1) = – 35

BIZU !!!

- Nos casos de multiplicações e/ou divisões compostas por mais de dois números, devemos contar a quantidade de sinais negativos. O sinal do resultado será obtido da seguinte forma:

1) Se a quantidade de sinais negativos for um número par, então o resultado será positivo;

2) Se a quantidade de sinais negativos for um número ímpar, então o resultado será negativo.

Exemplos:

a) (+ 5) . (+ 2) . (– 3) = – 30

b) (– 10) . (– 9) . (+ 2) = + 180

c) (+ 100) : (– 25) : (– 2) = + 2

d) (+ 48) : (– 6) . (– 9) : (– 4) = – 18

Exercícios

10) **(IMA)** Qual o valor numérico da expressão que segue:

{[(8 x 2 + 2) : 2 + (3 + 15 : 3) x 3] x 2 – (14 – 4) : 2} x 2 + 12

a) 134 b) 130 c) 124 d) 100

Resolução:

{[(8 x 2 + 2) : 2 + (3 + 15 : 3) x 3] x 2 – (14 – 4) : 2} x 2 + 12

= {[(16 + 2) : 2 + (3 + 5) x 3] x 2 – 10 : 2} x 2 + 12

= {[18 : 2 + 8 x 3] x 2 – 5} x 2 + 12

= {[9 + 24] x 2 – 5} x 2 + 12

= {33 x 2 – 5} x 2 + 12

= {66 – 5} x 2 + 12

= 61 x 2 + 12

= 122 + 12

= 134

GABARITO: A

C) Potenciação:

- A potenciação pode ser entendida como um produto de fatores iguais.

Exemplos:

a) $(+ 6)^2$ = (+ 6) . (+ 6) = + 36

b) $(+ 5)^3$ = (+ 5) . (+ 5) . (+ 5) = + 125

c) $(- 1)^4$ = (– 1) . (– 1) . (– 1) . (– 1) = + 1

d) $(- 2)^3$ = (– 2) . (– 2) . (– 2) = – 8

BIZU !!!

- Todo número, diferente de zero, elevado a zero é igual a 1.

Exemplos:

a) $(-15)^0 = 1$

b) $(+21)^0 = 1$

c) $(-7)^0 = 1$

- Todo número elevado a 1 é igual a ele mesmo.

Exemplos:

a) $(+100)^1 = +100$

b) $(-19)^1 = -19$

c) $(+27)^0 = +27$

- Se o expoente for um número par, então a potência será positiva.

Exemplos:

a) $(-2)^2 = +4$

b) $(+5)^4 = +625$

c) $(-1)^8 = +1$

- Se o expoente for um número ímpar, então a potência terá o mesmo sinal da base.

Exemplos:

a) $(-3)^3 = -27$

b) $(+2)^5 = +32$

c) $(-1)^{27} = -1$

d) $(+10)^3 = +1000$

Exercícios

11) **(CONSESP)** Dada a expressão $4^2 + 3^2 - (-1)^5$, qual é o seu valor numérico ?

a) 22

b) 23

c) 25

d) 26

Resolução:

$4^2 + 3^2 - (-1)^5 = 16 + 9 - (-1) = 16 + 9 + 1 = 26$

GABARITO: D

12) **(PUC – SP)** Sendo n inteiro, $(-1)^n$ é igual a:

a) – 1, se n é ímpar

b) – 1, se n é par

c) 1, se n é ímpar

d) Um número imaginário

e) NRA

Resolução:

Conforme estudado anteriormente, se o expoente for um número ímpar então a potência terá o mesmo sinal da base.

GABARITO: A

D) Radiciação:

- A radiciação é a operação inversa da potenciação.

Exemplos:

a) $\sqrt{49} = 7$ (como $7^2 = 49$, então $\sqrt{49} = 7$)

b) $\sqrt{121} = 11$ (como $11^2 = 121$, então $\sqrt{121} = 11$)

c) $\sqrt[3]{125} = 5$ (como $5^3 = 125$, então $\sqrt[3]{125} = 5$)

Exercícios

13) **(IDCAP)** Calcule o valor de $\left(\sqrt{8 \times \sqrt[3]{8}}\right)^3$ é:

a) 64 b) 16 c) 32 d) 8 e) 24

Resolução:

$\left(\sqrt{8 \times \sqrt[3]{8}}\right)^3 = \left(\sqrt{8 \times 2}\right)^3 = \left(\sqrt{16}\right)^3 = 4^3 = 64$

GABARITO: A

A seguir, faremos uma bateria de exercícios de todo conteúdo estudado neste capítulo.

Exercícios

14) **(EsSA)** Os números naturais eram inicialmente utilizados para facilitar a contagem. Identifique a alternativa que apresenta um número natural.

a) – 4 b) 8 c) $\sqrt{-7}$ d) – 8/3 e) $\sqrt{5}$

15) **(IMA)** Qual dos números abaixo representa um número inteiro relativo?

a) $3^{16}\sqrt{1}$ b) $3^{16}\sqrt{-1}$ c) $2{,}33\overline{3}$ d) $0{,}199\overline{9}$

16) **(UEG)** O conjunto A, formado pelos números A = {..., – 2, – 1, 0, 1, 2, 3, ...}, é chamado de conjunto de números

a) compostos b) ímpares c) naturais d) simples e) inteiros

17) **(EsSA)** Adicionando 10 ao simétrico de 7, temos:

a) 3 b) – 17 c) – 3 d) 17

18) **(ETAM)** Considere os números: – 13, – 7; – 3, 2, 10. O de **menor** valor absoluto é o:

a) – 13 b) – 7 c) – 3 d) 2

19) **(EEAR)** Assinale a alternativa correta:

a) $|-2| > |-3|$ b) – 2 = 4 – 2 c) – 2 > – 3 d) $-|-2| = |+2|$

20) **(EEAR)** Se a e b são dois números reais e a razão de a para b é 0,7, pode-se afirmar sempre que

a) $|a| > b$ b) $|a| > |b|$ c) $|a| < b$ d) $|a| < |b|$

21) **(EEAR)** Sejam dois números inteiros relativos "a" e "b", tal que $a < 0$, $a \cdot b < 0$ e $a + b > 0$. Conclui-se que

(Nota: |a| = módulo ou valor absoluto de "a")

a) $b < 0$ e $|a| < |b|$ b) $b < 0$ e $|a| > |b|$ c) $b > 0$ e $|a| < |b|$ d) $b > 0$ e $|a| > |b|$

22) Qual é o valor da expressão: $1+\left|-\frac{1}{9}\right|-\left|-\frac{1}{3}\right|+\left|\frac{1}{6}\right|-\left|-\frac{1}{6}\right|^{2}-\left|-\frac{1}{3}\right|^{0}$?

a) 0 b) 1 c) $\frac{1}{12}$ d) -12^{-1}

23) **(ESPCEX)** O valor da soma entre o menor e o maior valor assumido pela expressão $\frac{x}{|x|}+\frac{y}{|y|}+\frac{2xy}{|xy|}$, quando x e y variam no conjunto de todos os números reais não nulos, é

a) – 6 b) – 2 c) 2 d) 4 e) 6

24) **(ESPCEX)** Sejam x e y números reais não nulos. Das seguintes afirmações:

I. Se $|x| = |y|$ então $x = y$

II. $|x + y| \geq |x| + |y|$

III. Se $0 < x < 1$ então $x^2 < x$

IV. Se $x < 0$ então $x = \sqrt{x^2}$

Pode-se concluir que

a) todas são verdadeiras
b) somente a IV é falsa
c) somente I e III são verdadeiras
d) somente II e IV são falsas
e) somente a III é verdadeira

25) **(IMA)** No conjunto dos números inteiros, o antecessor do número (– 29) é o número:

a) – 30
b) – 28
c) 28
d) 30

26) **(EDUCA)** O sucessor de 7.779 é:

a) 7.778
b) 8.000
c) 7.780
d) 7.779
e) 7.800

27) **(INSTITUTO EXCELÊNCIA)** Qual o sucessor do número 2/3?

a) O número 2/3 não tem sucessor
b) O sucessor de 2/3 é 3/4
c) O sucessor de 2/3 é 2/4
d) O sucessor de 2/3 é 3/3
e) Nenhuma das alternativas

28) **(EsSA)** O sucessivo de n – 3 é:

a) n – 4
b) n + 4
c) n + 2
d) n – 2

29) **(AOCP)** A soma entre o antecessor do antecessor de 25 com o sucessor do sucessor de 31 resulta em um número

a) primo
b) par
c) ímpar
d) múltiplo de 3
e) divisível por 5

30) **(OBJETIVA)** Referente a antecessor e sucessor, analisar os itens abaixo:

I. O antecessor do número 26 é maior que o sucessor do número 23.

II. O sucessor do número 69 é menor que o antecessor do número 70.

a) Os itens I e II estão corretos.
b) Somente o item I está correto.
c) Somente o item II está correto.
d) Os itens I e II estão incorretos.

31) Se o recíproco de $(\frac{1}{x} - 1)$ é – 2, o valor de "x" é:

a) 1
b) 2
c) – 1
d) – 2
e) – 3

32) **(ESPM)** O inverso multiplicativo do número $7 + \sqrt{x}$ é o número $7 - \sqrt{x}$. O valor de $\sqrt{x+1}$ é igual a:

a) 7 b) 3 c) 12 d) 8 e) 5

33) **(FGV)** Uma lesma está no fundo de um poço com 12 m de profundidade. Durante o dia ela sobe 5m e, à noite, escorrega 3m. O número de dias necessários para ela sair do poço é:

a) 5 b) 6 c) 7 d) 8 e) 10

34) **(CFN)** Uma lesma resolve escalar uma pilha de 10 tijolos. Durante o dia, ela consegue subir três tijolos, mas, durante a noite, escorrega dois tijolos. Quantos dias e quantas noites ela vai demorar para chegar ao topo da pilha de tijolos?

a) 4 dias e 4 noites b) 8 dias e 7 noites c) 8 dias e 8 noites d) 10 dias e 10 noites

35) **(EsSA)** O General Osório foi vencedor em Tuiuti (1866), quando tinha 58 anos. Qual a sua idade ao falecer em 1879?

a) 61 anos b) 81 anos c) 77 anos d) 71 anos

36) Alexandre, o Grande, nasceu em – 356 e morreu em – 323. Quantos anos ele viveu ?

a) 36 b) 37 c) 33 d) 30 e) 31

37) **(CFN)** A tabela indica as médias das temperaturas máximas e mínimas, em graus Celsius, verificadas num certo mês de um determinado ano, em algumas cidades do mundo.

Cidade	Temperatura Máxima (°C)	Temperatura Mínima (°C)
Chicago (USA)	8	– 2
Moscou (URSS)	– 4	– 10
Oslo (Noruega)	0	– 4
Paris (França)	10	– 1
Pequim (China)	2	– 5
Seul (Coréia)	3	– 3
São Paulo (Brasil)	28	20

De acordo com a tabela, as cidades que registraram, respectivamente, a **maior** e a **menor** temperaturas no período considerado foram

a) Paris e Oslo
b) Chicago e Oslo
c) Pequim e São Paulo
d) São Paulo e Moscou
e) São Paulo e Chicago

38) **(EsSA)** A saída de uma mina de ouro está situada a 100 m acima do nível do mar. Considerando a altitude zero como ao nível do mar, as altitudes dos pontos 50m, 125m e 231m atingidas pelo elevador, quando desce, a partir da saída da mina, são indicadas pelos números:

a) – 50m, 25m e – 131m
b) – 50m, – 25m e – 131m
c) 50m, – 25m e – 131m
d) 50m, – 25m e 131m
e) 50m, 25m e 131m

39) **(EEAR)** Dentro de uma câmara frigorífica, a temperatura é de – 21°C e fora, 23°C. A diferença entre as temperaturas, em °C, é

a) 2 b) 22 c) 44 d) 45

40) **(EsSA)** Um termômetro marcava – 4° pela manhã, mas, à tarde, a temperatura aumentou para 6°. Houve, portanto, uma variação de:

a) 2° b) 10° c) 24° d) 1,5°

41) **(IPEFAE)** A cidade catarinense de São Joaquim é nacionalmente famosa por obter temperaturas negativas durante o período de inverno. Em determinado dia de 2017 obteve temperatura mínima de – 3,2 graus Célsius. A amplitude térmica daquele dia registrou 12 graus. Qual foi a temperatura máxima obtida naquele dia?

a) – 15, 2°C b) 3,2°C c) 8,8°C d) 12°C

42) Calcule o inverso do simétrico do quociente da soma dos números – 4, + 5, – 6, + 3, – 7 pelo oposto do recíproco da diferença entre – 5 e +3.

a) 1/72 b) –18 c) 18 d) 1/18 e) –1/18

43) Um produto de 16 números relativos é igual a –1854. Qual o produto dos 16 números relativos simétricos, respectivamente, dos fatores do primeiro produto?

a) 1854 b) – 1854 c) 1 d) 2780 e) 0

44) A soma do produto de sete números relativos com o produto de sete outros números relativos simétricos, respectivamente, dos primeiros é:

a) –2 b) –1 c) 0 d) 1 e) 2

45) **(EAM)** O valor da expressão 5 – 3 + 2 . 4 – 1 é:

a) 17 b) 13 c) 9 d) 8 e) – 17

46) **(EsSA)** O valor numérico da expressão $\frac{[4+2(-5)]}{(-2-1)}$ é:

a) 7 b) 1 c) 2 d) 6

47) **(EEAR)** Se o número X = 8 : 4 x 2 e Y = 8 : (4 x 2), então o valor de Y + $\frac{2X}{5}$ é:

a)7/5 b) 9/5 c) 11/5 d) 13/5

48) **(EsSA)** O valor de $\frac{2+3\times 8-4}{2}$ é:

a) 18 b) 10 c) 11 d) 7

49) **(EAM)** O valor da expressão numérica: [(4 + 5) + 3 . 7] : (5 . 1 + 5) + (60 – 5 . 12) é igual a

a) 3 b) 8 c) 25 d) 33 e) 63

50) **(CFN)** O valor numérico da expressão 1 – {1355 + [(420 – 529 : 23) x (– 225 : 75)]} é igual a

a) 165 b) 164 c) 163 d) – 163 e) – 164

51) **(EsSA)** Se P = [– 3 + 2(– 5 + 3) – 1], então P é igual a:

a) – 6 b) 1 c) – 8 d) – 3

52) **(EAM)** O valor de X = (20 – 4 : 2) + (8 . 4 – 2) é igual a

a) 24 b) 38 c) 40 d) 46 e) 48

53) **(CFN)** Sabendo que x = 10 – (– 8) : (+ 4) e y = 25 : (– 25) – 4 : (+ 4), qual é o valor de x – y ?

a) 6 b) 8 c) 10 d) 12 e) 14

54) **(EAM)** Somando todos os números inteiros desde – 50, inclusive, até 51, inclusive, obtém-se:

a) – 50 b) – 49 c) 0 d) 50 e) 51

55) O valor de 2006 – (2005 – (2004 – (... – (3 – (2 – 1))...))) é igual a:

a) 1001 b) 1002 c) 1003 d) 2001 e) 2002

56) **(CM – RJ)** O valor da expressão numérica 11 + (10 – (9 + (8 – (7 + (6 – (5 + (4 – (3 + (2 – 1))))))))) é

a) 16 b) 14 c) 12 d) 11 e) 10

57) **(CM – BRASÍLIA)** Qual o valor de 2006 – 2004 + 2002 – 2000 + 1998 – 1996 + ... + 6 – 4 + 2 ?

a)1000 b) 1002 c) 1004 d) 1006 e) 2006

58) **(ESPCEX)** Sejam **m** e **n** dois números inteiros positivos tais que **m** e **n** são ímpares consecutivos, com m . n = 483. Nestas condições, o valor de m + n é igual a:

a) 64 b) 52 c) 46 d) 44 e) 32

59) **(CM – BRASÍLIA)** Qual dos seguintes números é ímpar, para qualquer valor inteiro de ***n*** ?

a) 2006n b) $n^2 + 2006$ c) n + 2006 d) $n + 2006^2$ e) $2006.n^2 + 2007$

60) **(EAM)** Para que os números $\frac{k}{2}$, $\frac{k}{3}$, $\frac{k}{4}$ e $\frac{k}{5}$ sejam inteiros, o menor valor de k inteiro positivo é

a) 20 b) 30 c) 40 d) 50 e) 60

61) **(CM – RECIFE)** Sejam **a** e **b** números reais positivos tais que a + 3b = 30. O maior valor possível p para o produto **a . b** é

a) 55 b) 60 c) 75 d) 80 e) 90

62) **(CN)** Quantos valores de k ∈ ℤ existem, tais que, $\frac{113 \text{ x } K+7}{K+1}$ é um número inteiro?

a) 4 b) 5 c) 6 d) 7 e) 8

63) **(CM – RECIFE)** Sejam a, b e k números inteiros positivos tais que a = $\frac{2k}{5}$ e b = 35 – 2k. A soma de todos os possíveis valores de a, b e k é:

a) 32 b) 29 c) 30 d) 91 e) 87

64) **(CN)** O maior inteiro "n", tal que $\frac{n^2+37}{n+5}$ também é inteiro, tem como soma dos seus algarismos um valor igual a

a) 6 b) 8 c) 10 d) 12 e) 14

65) **(CN)** O menor valor inteiro da expressão $5n^2 - 195n + 1$ ocorre para n igual a

a) 10 b) 15 c) 20 d) 25 e) 30

66) **(CM – FORTALEZA)** O conjunto dos números inteiros que são menores que suas metades e maiores que seus quadrados:

a) é unitário
b) é vazio
c) possui 2 elementos
d) possui 3 elementos
e) possui 4 elementos

67) **(OBM)** Os inteiros *m* e *n* satisfazem 15m = 20n. Então é possível afirmar, com certeza, que mn é múltiplo de:

a) 5 b) 10 c) 12 d) 15 e) 20

68) **(CM – FORTALEZA)** Sejam **a** e **b** os menores números naturais não nulos tais que $\frac{3\mathbf{a}}{2} = \frac{5\mathbf{b}}{3}$.

Então, $\mathbf{a}^2 - \mathbf{b}^2$ é igual a:

a) 19 b) 20 c) 21 d) 22 e) 23

69) **(CM – FORTALEZA)** Sendo a e b dois números inteiros não nulos tais que 5a + 2b = 4b – (2a – 3b), podemos concluir que:

a) b é par e a é ímpar
b) a é múltiplo de 5 e b é múltiplo de 7
c) a e b são primos entre si
d) a é divisor de 5 e b é divisor de 7
e) a é múltiplo de 7 e b é múltiplo de 5

70) **(EAM)** O resultado da expressão $\sqrt{96 + \sqrt{7 + \sqrt{81}}}$ é:

a) 18 b) 16 c) 14 d) 12 e) 10

71) **(EEAR)** O valor de $\sqrt{6+\sqrt{5+\sqrt{4+\sqrt{144}}}}$ é:

a) 3 b) 15 c) $\sqrt{159}$ d) $\sqrt{221}$

72) **(EEAR)** O valor de $\sqrt{1+\sqrt{2+\sqrt[3]{6+\sqrt{4}}}}$ é:

a)3 b) $2\sqrt{2}$ c) $\sqrt{3}$ d) $\sqrt[6]{13}$

73) **(CM – FORTALEZA)** O valor de $\sqrt[3]{73-\sqrt{85-\sqrt[3]{72-\sqrt{66+\sqrt[3]{-8}}}}}$ é:

a) 2 b) 3 c) 4 d) 5 e) 6

74) **(CM – PORTO ALEGRE)** O valor da expressão $\sqrt{43+\sqrt{31+\sqrt{21+\sqrt{13+\sqrt{7+\sqrt{3+\sqrt{1}}}}}}}$ é

a) 1 b) 3 c) 7 d) 9 e) 13

75) **(CM – FORTALEZA)** Observe a soma: $2.(-1)^1 + 1.(-1)^2 + 1.(-1)^3 + 2.(-1)^4 + 2.(-1)^5 + 1.(-1)^6 + 1.(-1)^7 + 2.(-1)^8 + \ldots$, com 2008 parcelas. Sabendo-se que essas 2008 parcelas seguem a mesma sequência lógica das oito primeiras, então, o valor da soma é:

a) 0 b) – 1 c) – 2008 d) 2008 e) 2

76) **(CN)** Para x = 2013, qual é o valor da expressão $(-1)^{6x} - (-1)^{x-3} + (-1)^{5x} - (-1)^{x+3} - (-1)^{4x} - (-1)^{2x}$?

a) – 4 b) – 2 c) 0 d) 1 e) 4

77) **(EEAR)** O valor da expressão $5^0 - (\sqrt[3]{2 \,.\, 32})^2 - [(28 : 7) \,.\, (10 - 6 : 2)] : \{2 \,.\, [3 + (9-6)^2] + 2^2\}$, é

a) – 17 b) – 16 c) – 14 d) – 12

78) **(EEAR)** O valor da expressão $\{\sqrt[3]{-8} \,.\, [-6^2 - (-3)^3 - 16 : (-2)^3]\}$ dividido por $\{-1^2 \,.\, [(-3)^5 : (-3)^3 - \sqrt[3]{-125}\,]\} : (-8)^0$ é:

a) –1 b) 0 c) 1 d) 2

79) **(CN)** O resultado da expressão (18700^2 + 20900^2) : (18700 x 20900) é aproximadamente igual a

a) 2,01 b) 2,03 c) 2,05 d) 2,07 e) 2,09

80) Se x * y = x . y e x # y = x – y , então o valor de [2 * (8 # 12)] # [(3 * 2) # 5] é igual a:

a) – 5 b) – 6 c) – 8 d) – 9 e) – 12

81) **(CN)** Dadas as operações: x * y = x + y; x # y = x–y e x Δ y = x^y , o valor da expressão: [2*(8 # 12)] * {[(3*2) # 5] Δ [10 * (2 # (4 Δ 2))]}

a) não é um número real

b) é igual a –1

c) é igual a –2

d) é igual a –3

e) é igual a –4

82) **(CN)** Sejam as operações ∴ e # definidas no conjunto dos inteiros positivos, tais que x ∴ y = 2^x + y e x # y = x^2 + xy – 1. Determine o sucessor do número resultante da expressão $[(1\#3)^{1\#2}]$ ∴ [(1 # 2) # (2 # 1)].

a) 523 b) 524 c) 525 d) 526 e) 527

83) **(CN)** Sabendo que n é natural não nulo, e que x # y = x^y , qual é o valor de $(-1)^{n^4+n+1}$ + $\left(\frac{2\#(2\#(2\#2))}{((2\#2)\#2)\#2}\right)$?

a) 127 b) 128 c) 255 d) 256 e) 511

84) **(OBM)** Se *m* e *n* são inteiros não negativos com m < n, definimos m ∇ n como a soma dos inteiros entre *m* e *n*, incluindo *m* e *n*. Por exemplo, 5 ∇ 8 = 5 + 6 + 7 + 8 = 26.

O valor numérico de $\frac{22 \nabla 26}{4 \nabla 6}$ é:

a) 4 b) 6 c) 8 d) 10 e) 12

85) **(ESPCEX)** Em uma empresa, o acesso a uma área restrita é feito digitando uma senha que é mudada diariamente. Para obtenção da senha, utiliza-se uma operação matemática "#" definida por a # b = 4a (a + 2b).

A senha a ser digitada é o resultado da conversão de um código formado por três algarismos, xyz, através da expressão x # (y # z). Sabendo que a senha a ser digitada é 2660, e o código correspondente é 52z, então o algarismo z é

a) 1 b) 3 c) 5 d) 7 e) 9

86) **(OBM)** As letras O, B e M representam números inteiros. Se O x B x M = 240, O x B + M = 46 e O + B x M = 64, quanto vale O + B + M ?

a) 19 b) 20 c) 21 d) 24 e) 36

87) **(OBM)** O resto da divisão por 9 de $\sqrt{1111111111 - 22222}$ é:

a) 0 b) 1 c) 3 d) 6 e) 8

88) **(CN)** Um vendedor comprou 50 camisetas por R$ 425,00. Quantas camisetas, no mínimo, deverá vender a R$ 11,00 cada, para obter lucro ?

a) 37 b) 38 c) 39 d) 40 e) 41

89) **(CAP – UFRJ)** Determine todos os números naturais que são maiores do que $\frac{168}{12}$ e menores do que $\sqrt{350}$.

90) **(CM – RIO DE JANEIRO)** O maior inteiro que não excede a $\sqrt{n^2 - 10n + 29}$, para n = 20 072 007, é igual a:

a) 20 072 002 b) 20 072 003 c) 20 072 004 d) 20 072 005 e) 20 072 006

91) **(CN)** Assinale a opção que apresenta o único número que NÃO é inteiro

a) $\sqrt[6]{1771561}$ b) $\sqrt[4]{28561}$ c) $\sqrt[6]{482607}$ d) $\sqrt[4]{331776}$ e) $\sqrt[6]{148035889}$

92) **(CM – SALVADOR)** As letras *C*, *M* e *S* representam números inteiros. Se *C x M x S* = 240, *C x M + S* = 46 e *C + M x S = 64,* então *C + M + S* é igual a:

a) 19 b) 20 c) 21 d) 24 e) 36

93) **(CN)** Se a é um número natural, $a^5 - 5a^3 + 4a$ é sempre divisível por:

a) 41 b) 48 c) 50 d) 60 e) 72

94) **(CN)** Os números $\frac{4x}{2-x}$ e $\frac{2-x}{4x}$ são inteiros e positivos, com $x \in \mathbb{R} - \{0; 2\}$. Nessas condições, pode-se concluir que:

a) $x < 0$ b) $0 < x < 1/3$ c) $1/3 < x < ½$ d) $½ < x < 2/3$ e) $2/3 < x < 1$

95) **(CN)** Considere o operador matemático '*' que transforma o número real X em X + 1 e o operador '⊕' que transforma o número real Y em $\frac{1}{Y+1}$.

Se $\oplus\{*[*(\oplus\ \{\oplus[*(\oplus\{*1\})]\})]\} = \frac{a}{b}$, onde a e b são primos entre si, a opção correta é:

a) $\frac{a}{b} = 0,27272727...$

b) $\frac{b}{a} = 0,2702702...$

c) $\frac{2a}{b} = 0,540540540...$

d) $2b + a = 94$

e) $b - 3a = 6$

96) **(CN)** Seja *n* um número natural e ⊕ um operador matemático que aplicado a qualquer número natural, separa os algarismos pares, os soma, e a esse resultado, acrescenta tantos zeros quanto for o número obtido. Exemplo: ⊕(3256) = 2 + 6 = 8, logo fica: 800000000. Sendo assim, o produto [⊕(20)] · [⊕(21)] · [⊕(22)] · [⊕(23)] · [⊕(24)] · ... · [⊕(29)] possuirá uma quantidade de zeros igual a

a) 46 b) 45 c) 43 d) 41 e) 40

97) **(CN)** Considere # o operador matemático que associa a raiz quadrada do menor quadrado perfeito maior que a soma das parcelas envolvidas, isto é, $3 \# 8 = \sqrt{16} = 4$ porque o menor quadrado perfeito maior que a soma (3 + 8 = 11) é 16 e sua raiz quadrada é 4. Assim, se $x = \{5 \# [6 \# (7 \# 8)]\}^{2 \# 11}$ e $y = \{[(5 \# 6) \# 7] \# 8\}^{3 \# 5}$, é correto afirmar que o valor de x # y é

a) 11 b) 12 c) 13 d) 14 e) 15

98) **(CN)** Considere os três operadores matemáticos #, Δ e □ tais que $a \# b = a^b$, $a \Delta b = \frac{a}{b}$ e a □ b □ c = a + b + c. Sabendo que 'x' é um número real, pode-se afirmar que o valor máximo inteiro que a expressão [2(x # 2)□8 x □23]Δ[2(x # 2)□8 x □11] assume é:

a) 7 b) 6 c) 5 d) 4 e) 3

99) Escreva com números relativos, um acontecimento ocorrido 357 anos A.C., sendo as origens, respectivamente, o início da Era Cristã e o ano do descobrimento do Brasil.

a) –357 e –1143
b) 357 e 1857
c) 357 e –1143
d) –357 e 1857
e) –357 e 1143

100) Um termômetro marcava 18ºC ao meio-dia, mas ao entardecer a temperatura desceu para –4ºC. Qual a variação de temperatura?

a) 22ºC
b) 14ºC
c) – 14ºC
d) 4ºC
e) – 6ºC

101) Sejam A, B, C e D números reais positivos tais que AB = 3, BC = 6, AC = 72 e BD = 2, o valor de A + B + C + D é:

a) 20
b) $22\frac{1}{2}$
c) $20\frac{1}{2}$
d) 24
e) $21\frac{1}{2}$

102) **(CN)** Sabendo que os números x, y e z $\in \mathbb{Z}_+^*$ e que x + y + z é igual ao maior número inteiro de 4 algarismos distintos, assinale a opção que expressa o resultado da nova soma, caso seja acrescentado aos números x, y e z o menor número inteiro de 3 algarismos.

a) 10.176
b) 10.299
c) 10.182
d) 10.305
e) 10.083

GABARITOS

1) D	2) D	3) D	4) B	5) C	6) C	7) D	8) E
9) B	10) A	11) D	12) A	13) A	14) B	15) A	16) E
17) A	18) D	19) C	20) D	21) C	22) D	23) C	24) E
25) A	26) C	27) A	28) D	29) B	30) B	31) B	32) A
33) A	34) B	35) D	36) C	37) D	38) C	39) C	40) B
41) C	42) A	43) B	44) C	45) C	46) C	47) D	48) C
49) A	50) D	51) C	52) E	53) E	54) E	55) C	56) C
57) C	58) D	59) E	60) E	61) C	62) E	63) E	64) D
65) C	66) B	67) C	68) A	69) B	70) E	71) A	72) C
73) C	74) C	75) A	76) A	77) B	78) A	79) A	80) D

81) A	82) D	83) C	84) C	85) B	86) B	87) D	88) C
89) 15, 16, 17 e 18	90) A	91) C	92) B	93) D	94) C	95) C	96) D
97) x # y = 18	98) C	99) E	100) A	101) B	102) A		

Capítulo 2

Equação do 1º Grau

1. Definição:

- A equação do 1° grau possui a forma **ax + b = 0**, onde "x" é a incógnita, "a" é o coeficiente da incógnita e "b" é o termo independente.

Exemplos:

a) $2x + 8 = 0 \begin{cases} \text{x é a incógnita} \\ \text{2 é o coeficiente da incógnita} \\ \text{8 é o termo independente} \end{cases}$

b) $-3x + 11 = 0 \begin{cases} \text{x é a incógnita} \\ -3 \text{ é o coeficiente da incógnita} \\ \text{11 é o termo independente} \end{cases}$

BIZU !!!

- Na equação do 1° grau, o expoente da incógnita é igual a 1.

Exemplos:

a) A equação 5x + 7 = 0 é do 1° grau, pois o expoente da incógnita é igual a 1.

b) A equação $x^2 - 25 = 0$ é do 2° grau, pois o expoente da incógnita é igual a 2.

Exercícios

1) **(FAUEL)** Assinale a alternativa que contém uma equação do primeiro grau:

a) $2^x = 8$

b) f(x) = 2x – 5

c) $x^2 + 2x - 3 = 0$

d) 2x – 4 = 5x

Resolução:

Analisando as alternativas, é possível afirmar que a equação 2x – 4 = 5x é do primeiro grau.

GABARITO: D

2. Raiz da equação

- É o valor que substitui a incógnita e torna a equação verdadeira.

Exemplos:

a) Verificar se 1 é raiz da equação $3x + 7 = 10$

Para verificar se 1 é raiz da equação, devemos substituir x por 1.

$3x + 7 = 10$

$3 . 1 + 7 = 10$

$3 + 7 = 10$

$10 = 10$ (Verdadeiro)

Logo, 1 é raiz da equação $3x + 7 = 10$.

b) Verificar se 4 é raiz da equação $9x - 11 = 30$.

Para verificar se 4 é raiz da equação, devemos substituir x por 4.

$9x - 11 = 30$

$9 . 4 - 11 = 30$

$36 - 11 = 30$

$25 = 30$ (Falso)

Logo, 4 não é raiz da equação $9x - 11 = 30$.

Exercícios

2) **(FUNDATEC)** Se $x = 4$ é uma raiz para a equação do primeiro grau $(m - 1)x + 2 = 0$, então o valor de "m" será:

a) $m = 1/2$ b) $m = 1/3$ c) $m = 1/4$ d) $m = 1/5$ e) $m = 1$

Resolução:

Substituir $x = 4$ na equação $(m - 1)x + 2 = 0$.

$(m - 1). 4 + 2 = 0$

$4m - 4 + 2 = 0$

$4m - 2 = 0$

$4m = 2$

$m = 2/4 = 1/2$

GABARITO: A

3) Sabendo que 5 é raiz da equação 2x + 8t = 74, o valor de "t" é igual a:

a) 5 b) 6 c) 7 d) 8 e) 9

Resolução:

Como 5 é raiz da equação, então x = 5.

$2x + 8t = 74$

$2 . 5 + 8t = 74$

$10 + 8t = 74$

$8t = 74 - 10$

$8t = 64$

$t = 64/8$

$t = 8$

GABARITO: D

3. Equações equivalentes

- Duas equações do 1º grau são equivalentes quando possuem a mesma raiz.

Exemplos: Verifique se as equações abaixo são equivalentes:

a) $2x - 1 = 11$ e $x + 2 = 8$.

$2x - 1 = 11$	$x + 2 = 8$
$2x = 11 + 1$	$x = 8 - 2$
$2x = 12$	$x = 6$
$x = 12/2$	
$x = 6$	

Como as duas equações apresentaram a mesma raiz (x = 6), podemos dizer que as equações são equivalentes.

b) $x - 1 = 9$ e $4x - 1 = 15$

$x - 1 = 9$	$4x - 1 = 15$
$x = 9 + 1$	$4x = 15 + 1$
$x = 10$	$4x = 16$
	$x = 16/4$
	$x = 4$

Como as equações possuem raízes diferentes (x = 10 e x = 4), podemos dizer que as equações não são equivalentes.

Exercícios

4) Determine o valor de “p”, sabendo que as equações $5x - 2 = 8$ e $x + p = 18$ são equivalentes.

a) $p = 10$ b) $p = 12$ c) $p = 13$ d) $p = 15$ e) $p = 16$

Resolução:

$5x - 2 = 8$

$5x = 8 + 2$

$5x = 10$

$x = 10/5$

$x = 2$

Se as equações são equivalentes, então possuem a mesma raiz. Assim, vamos substituir $x = 2$ na segunda equação.

$x + p = 18$

$2 + p = 18$

$p = 18 - 2$

$p = 16$

GABARITO: E

4. Conjunto Universo (U)

- O conjunto Universo da equação do 1º grau é aquele que possui todos os valores possíveis que podem ser atribuídos à incógnita.

5. Conjunto Verdade (V)

- É o conjunto formado pelos valores da incógnita que tornam a equação uma sentença verdadeira.

BIZU !!!

- O Conjunto Verdade de uma equação do 1º grau deve ser formado observando-se o Conjunto Universo.

Exercícios

5) Determine o Conjunto Verdade da equação $2x - 4 = x + 5$ abaixo, sendo $U = \mathbb{Z}$.

a) $V = \{2\}$ b) $V = \{1\}$ c) $V = \{\ \}$ d) $V = \{9\}$ e) $V = \{10\}$

Resolução:

$2x - 4 = x + 5$

$2x - x = 5 + 4$

$x = 9$

Observe que 9 é raiz da equação e pertence ao Conjunto Universo ($U = \mathbb{Z}$). Assim, o Conjunto Verdade da equação é dado por V = {9}.

GABARITO: D

6) Determine o Conjunto Verdade da equação $4x + 11 = 3x + 2$, sendo $U = \mathbb{N}$.

a) V = {– 9} b) V = { } c) V = {9} d) V = {1} e) V = {5}

Resolução:

$4x + 11 = 3x + 2$

$4x - 3x = 2 - 11$

$x = -9$

Observe que – 9 é a raiz da equação e não pertence ao Conjunto Universo ($U = \mathbb{N}$). Assim, o Conjunto Verdade é vazio, ou seja, V = { }

GABARITO: B

7) Determine o Conjunto Verdade da equação $x + 4x + 8 = 5x + 7 + 3$, sendo $U = \mathbb{Q}$.

a) V = {2} b) V = {0} c) V = { } d) V = {5} e) V = {7}

Resolução:

$x + 4x + 8 = 5x + 7 + 3$

$5x + 8 = 5x + 10$

$5x - 5x = 10 - 8$

$0x = 2$

$x = 2/0$

Quando a raiz da equação for uma fração com numerador diferente de zero e denominador igual a zero, é impossível determinar o resultado da divisão. Assim, o Conjunto Verdade será vazio, ou seja, V = { } ou V = ø.

GABARITO: C

8) Determine o Conjunto Verdade da equação $8x + 10x + 15 = 7x + 11x + 32 - 17$, sendo $U = \mathbb{Q}$.

a) $V = \{1\}$ b) $V = \{2\}$ c) $V = \{\ \}$ d) $V = 3$ e) $V = \mathbb{Q}$

Resolução:

$8x + 10x + 15 = 7x + 11x + 32 - 17$

$18x + 15 = 18x + 15$

$18x - 18x = 15 - 15$

$0x = 0$

$x = 0/0$

Quando a raiz da equação for uma fração com numerador e denominador iguais a zero, o resultado da divisão será indeterminado. Assim, o Conjunto Verdade será igual ao conjunto Universo, ou seja, $V = \mathbb{Q}$

GABARITO: E

9) **(FGV)** A soma das raízes da equação $(2x + 7)(x - 8) = 0$ é

a) – 15 b) – 1 c) 4,5 d) 2 e) 7,5

Resolução:

O produto entre dois números é igual a zero, quando, pelo menos, um destes números é igual a zero.

Ex.: **5 x 0 = 0; 0 x 13 = 0; 0 x 0 = 0.**

Assim, para resolver a equação $(2x + 7)(x - 8) = 0$ devemos igualar a zero cada um dos fatores.

$2x + 7 = 0 \rightarrow 2x = -7 \rightarrow x = -7/2 \rightarrow x = -3,5$

$x - 8 = 0 \rightarrow x = 8$

Soma das raízes $= -3,5 + 8 = 4,5$.

GABARITO: C

6. Equações numéricas

- Uma equação é numérica quando não possui outras letras além da incógnita.

Exemplos:

a) $3x + 2 = x + 7$ → na equação temos que x é a incógnita

b) $y + 9 = 11$ → na equação temos que y é a incógnita

7. Equações fracionárias

- Uma equação é fracionária quando a incógnita aparece no denominador.

Exemplos:

a) $\frac{4}{x+1} = \frac{12}{x+2}$

b) $\frac{x}{x+1} + \frac{4}{x-1} = 7$

8. Resolução da equação do 1º grau

- Para resolver uma equação do 1º grau devemos usar a regra abaixo:

a) Caso a equação possua denominadores, devemos calcular o m.m.c entre eles;

b) Dividir o m.m.c por cada um dos denominadores;

c) Multiplicar o resultado encontrado pelos respectivos numeradores;

d) Isolar os termos que possuem incógnita em um dos membros e, os demais termos que não possuem incógnitas ficarão isolados no outro membro.

e) Trocar o sinal dos termos na transposição de um membro para o outro;

f) Reduzir os termos semelhantes;

g) Calcular o valor da incógnita;

h) Determinar o conjunto verdade da equação.

Exercícios

10) **(METROCAPITAL)** Assinale a alternativa que apresenta corretamente a resposta para a seguinte equação:

$x + 30 = 40$.

a) 5 b) 8 c) 10 d) 12 e) 15

Resolução:

$x + 30 = 40$

$x = 40 - 30$

$x = 10$

GABARITO: C

11) **(OBJETIVA)** A quantidade total de clientes atendidos em um dia por certo vendedor corresponde ao valor de x, que satisfaz a equação abaixo. Sendo assim, quantos clientes foram atendidos por esse vendedor nesse dia?

$4x - 116 = 36$

a) 38 b) 40 c) 42 d) 44

Resolução:

$4x - 116 = 36$

$4x = 36 + 116$

$4x = 152$

$x = 152/4$

$x = 38$

Como x = 38, então o vendedor atendeu 38 clientes.

GABARITO: A

12) **(AVANÇASP)** Assinale a alternativa que apresenta o resultado correto para a seguinte equação do primeiro grau:

$3x - 10 + 13 = -2x + 28$

a) 3 b) 4 c) 5 d) 6 e) 7

Resolução:

$3x - 10 + 13 = -2x + 28$

$3x + 3 = -2x + 28$

$3x + 2x = 28 - 3$

$5x = 25$

$x = 25/5$

$x = 5$

GABARITO: C

13) **(METROCAPITAL)** Solucione a seguinte equação de 1° grau e determine o valor de "y":

$10y - 5(1 + y) = 3(2y - 2) - 20$

a) 14 b) 18 c) 20 d) 21 e) 22

Resolução:

$10y - 5(1 + y) = 3(2y - 2) - 20$

$10y - 5 - 5y = 6y - 6 - 20$

$10y - 5y - 6y = -6 - 20 + 5$

$10y - 11y = -26 + 5$

$-y = -21 \quad x(-1)$

$y = 21$

GABARITO: D

14) **(FUNDATEC)** Assinale a alternativa que apresenta o valor para "x" tornar verdadeira a expressão: $\{2 + [5 . (3 - x) + 8]\} = 10$

a) 3 b) 4 c) 5 d) 6 e) 7

Resolução:

$\{2 + [5 . (3 - x) + 8]\} = 10$

$\{2 + [15 - 5x + 8]\} = 10$

$\{2 + [23 - 5x]\} = 10$

$2 + 23 - 5x = 10$

$25 - 5x = 10$

$-5x = 10 - 25$

$-5x = -15 \quad x(-1)$

$5x = 15$

$x = 15/5$

$x = 3$

GABARITO: A

15) **(GANZAROLI)** Qual é o número inteiro que é solução da equação abaixo:

$\frac{2x + 2}{3} + \frac{3x - 5}{2} = 9$

a) 1 b) 3 c) 4 d) 5

Resolução:

$\frac{2x + 2}{3} + \frac{3x - 5}{2} = 9$ **m.m.c (3, 2) = 6**

$\frac{2x+2}{3/2} + \frac{3x-5}{2/3} = \frac{9}{1/6}$

2(2x + 2) + 3(3x – 5) = 54

4x + 4 + 9x – 15 = 54

13x – 11 = 54

13x = 54 + 11

13x = 65

x = 65/13

x = 5

GABARITO: D

16) **(FUNDATEC)** O valor de "x" na proporção $\frac{x+4}{x-4} = \frac{2}{3}$ é:

a) x = – 10 b) x = – 20 c) x = – 30 d) x = – 40 e) x = – 50

Resolução:

$\frac{x+4}{x-4} = \frac{2}{3}$

3(x + 4) = 2(x – 4)

3x + 12 = 2x – 8

3x – 2x = – 8 – 12

x = – 20

GABARITO: B

17) **(UNOESC)** Resolva as duas equações representadas pelas balanças na figura a seguir. Qual é a diferença entre os resultados da primeira balança em relação à segunda balança?

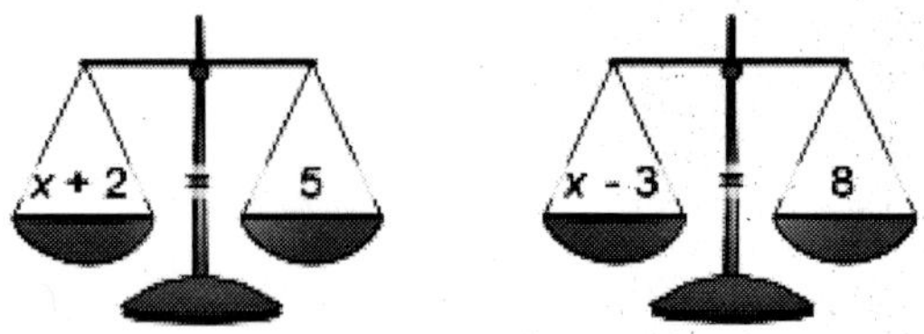

a) – 8 b) 14 c) – 11 d) 3

Resolução:

Primeira balança

x + 2 = 5

x = 5 – 2

x = 3

Segunda balança

x – 3 = 8

x = 8 + 3

x = 11

Diferença = 3 – 11 = – 8

GABARITO: A

BIZU !!!

- **Equação** é a igualdade que é verdadeira apenas para alguns valores, que são chamados de raízes.

Exemplos:

a) x + 2 = 5

A equação é verdadeira para x = 3. Assim, 3 é raiz da equação.

b) $x^2 - 2x + 1 = 0$

A equação é verdadeira para x = 1. Logo, 1 é raiz da equação.

c) $x^2 + 4x + 3 = 0$

A equação é verdadeira para x = – 1 e x = – 3. Assim, – 1 e – 3 são raízes da equação.

- **Identidade** é a igualdade que sempre é verdadeira, independentemente dos valores atribuídos às variáveis.

Exemplos:

a) a + b = b + a

b) $(x + y)^2 = x^2 + 2xy + y^2$

c) 4x – 3x + 8 = x + 15 – 7

A seguir, faremos uma bateria de exercícios de todo conteúdo estudado neste capítulo.

Exercícios

18) **(EAM)** Em relação ao conjunto dos números inteiros, qual é o conjunto solução da equação $3x - 4 = 2$?

a) {0} b) {1} c) {2} d) {3} e) {4}

19) **(EsSA)** Sendo U = Q, o valor de x na equação $3x - 13 + x = 10 - x$ é:

a) 23/3 b) – 3/5 c) – 1 d) 23/5

20) **(EsSA)** Resolvendo: $3x - 4(x - 2) = 8$, encontramos para x o valor:

a) 0 b) 1 c) 2 d) 3

21) **(EAM)** A raiz da equação $2 \cdot (3x + 2) = 2 \cdot (4 - x)$ é um número racional

a) compreendido entre 0 e 1
b) compreendido entre – 1 e 0
c) menor que – 1
d) maior que 1
e) igual a 1

22) **(CM)** Se o número – 2 é solução da equação $3(2x + 2) + 2t(x - 6) = x$, na incógnita x, então o valor da constante t é:

a) – 1 b) $\frac{1000}{5999}$ c) $-\frac{1}{4}$ d) $-\frac{1}{5}$

23) **(EsSA)** Na equação $(m - 3)x + 4(m - 5) + 3x = 0$, temos x = 2. Então, o valor de m é:

a) 10/3 b) 3/10 c) – 10/3 d) – 3/10

24) **(EsSA)** Qual a condição para que a equação $5x + b = a$ tenha raiz nula?

a) a = b b) a = 0 c) a ≠ b d) b = 0

25) Qual o valor de b que torna nula a solução da equação $bx - \frac{b+1}{2} = 0$?

a) 0 b) 3 c) 1 d) – 1 e) 2

26) **(CEFETEQ)** Determine o valor de **m** para que $\frac{5}{2}$ seja a solução da equação: $\frac{3 - 2m}{2} - \frac{x}{6} = \frac{3x - 1}{4}$

27) **(EEAR)** A raiz da equação $1 + \frac{2x+3}{2} = \frac{1+x}{3}$ é um número:

a) maior que 1

b) maior que – 3

c) menor que – 4

d) menor que – 3

28) **(EPSJV)** A raiz da equação $\frac{x-2}{5} = \frac{x+1}{2}$ é:

a) 1 b) 0 c) – 1 d) – 2 e) – 3

29) **(CN)** Resolver a equação $\frac{x}{4} - \frac{2x-1}{3} = \frac{x+1}{6}$

30) **(CESD)** A raiz da equação $\frac{x}{2} - \frac{x-1}{3} + \frac{15}{6} = x + \frac{x+7}{4}$ é

a) – 1 b) – 3/7 c) 1 d) 7/3

31) **(CEFETEQ)** Calcule o valor numérico de x na igualdade:

$\frac{1}{2} + \frac{1}{3} + \frac{1}{4} = \frac{x}{12}$

32) **(FCC)** Dada a equação $\frac{x-1}{4} + \frac{3x-7}{6} = \frac{2x-3}{3}$, sendo U = $\mathbb{Q}$, podemos afirmar que:

a) a raiz da equação é um número par

b) o quadrado da raiz da equação é 10

c) a raiz da equação é um número negativo

d) a raiz da equação é um número primo

e) a raiz da equação é divisível por 10

33) **(CPII)** Calcule o valor de x na equação $\frac{3x+5}{2} - \frac{2x-9}{3} = 8$.

34) **(EPCAR)** O valor de x que é solução da equação $3x - 2(x - 5) - \frac{5-3x}{2} = 0$ é tal que:

a) $-6 < x < 0$ b) $-12 < x < -8$ c) $3 < x < 10$ d) $12 < x < 18$

35) (**EsSA)** Resolvendo a equação $\frac{x-4}{3} + \frac{x-1}{2} = 4$, obtemos para o valor de x:

a) 8 b) 7 c) 6 d) 5 e) 4

36) **(EsSA)** Resolvendo a equação do 1º grau $\frac{x}{2} - 2 = 2 - \frac{x}{2}$, sendo U = R, obtemos:

a) {2} b) {0} c) {4} d) {– 2}

37) **(PUC)** A raiz da equação $\frac{x-3}{7} = \frac{x-1}{4}$ é:

a) – 3/5 b) – 5/3 c) 3/5 d) 5/3 e) 1

38) **(EsSA)** A raiz da equação $\frac{x-2}{3} - \frac{x+1}{4} = 4$ é igual a:

a) 53 b) 59 c) 49 d) 15

39) **(CESPE)** A solução da equação $\frac{x-1}{2} + \frac{x-3}{3} = 6$ é:

a) um número natural

b) um número inteiro negativo

c) um número racional fracionário

d) uma dízima periódica

e) o elemento neutro

40) **(EEAR)** A raiz da equação $\frac{3x-1}{3} - \frac{2\,(x+1)}{3} = 2 - \frac{x-3}{3}$ é

a) 6 b) 3 c) 2 d) 0

41) **(ESPCEX)** Calcule o valor de x na equação $\frac{x+3}{2} + \frac{x+4}{3} + \frac{x+5}{4} = 16$.

42) **(EsSA)** No universo Q, o conjunto solução da equação, $3x - \left(x - \frac{x-3}{3}\right) = -1$ é:

a) { } b) {1} c) {–1} d) {0}

43) **(CFN)** Resolva a seguinte equação de 1º grau com uma incógnita, sendo U = R: $x - \frac{3+x}{6} = \frac{1}{3} . \frac{(x-7)}{2}$

a) 2/3 b) +1 c) – 2 d) 3/2 e) – 1

44) **(CM)** Resolvendo a equação $\frac{y-1}{2} + \frac{y+1}{3} = 3 - \frac{y}{5}$ no conjunto dos números racionais, o valor de y obtido está compreendido entre os números naturais:

a) 1 e 2 b) 2 e 3 c) 3 e 4 d) 4 e 5 e) 5 e 6

45) **(EsSA)** No Universo **Z**, o conjunto solução da equação $\frac{1}{2}\left(\frac{2x}{3} + 4\right) - \frac{7\frac{1}{2} - x}{3} = \frac{x}{2}\left(\frac{6}{3} - 1\right)$, é:

a) { } b) {– 3} c) {3} d) {0}

46) **(CM – FORTALEZA)** Natali foi a primeira aluna a entrar na sala de aula. Logo de início, observou no quadro uma expressão matemática e notou que um dos números dessa expressão foi substituído pelo símbolo Ψ, conforme se vê abaixo:

$(\Psi + 3\times7) : 5 = 9$

O número que foi substituído pelo símbolo Ψ é:

a) divisível por 9

b) primo

c) ímpar

d) divisível por 6

e) divisor de 80

47) **(CN)** Resolver a equação $\frac{x-1}{4} - \frac{1}{8}\left(\frac{x-5}{4} - \frac{14-2x}{5}\right) = \frac{x-9}{2} - \frac{7}{8}$

48) **(EEAR)** A raiz da equação $x - \left(2x + \frac{3x-1}{10}\right) = \frac{1}{6}(2x - 9) - 1\frac{3}{5}$ é uma fração cuja diferença entre o numerador e o denominador é

a) 35 b) 37 c) 45 d) 47

49) **(EsSA)** Se o valor numérico da expressão 2x + 7 é 13, então **x** vale:

a) 3 b) 6 c) 4 d) 5

50) **(CM)** A solução real da equação $\frac{2x-1}{5} - \frac{x+1}{3} = x - 1$, pertence ao intervalo:

a) $\left[0, \frac{1}{4}\right]$ b) $\left[\frac{1}{3}, \frac{3}{5}\right]$ c) $\left[0, \frac{1}{5}\right]$ d) $\left[\frac{4}{5}, 1\right]$ e) $\left[\frac{1}{5}, \frac{1}{3}\right]$

51) **(EsSA)** A equação $\frac{2x-3}{x+8} - 1 = 0$:

a) não tem raízes

b) tem uma raiz igual a 11

c) não tem raízes reais

d) admite – 5 como raiz

52) **(OBM)** Se $\frac{1}{x+5} = 4$, o valor de $\frac{1}{x+6}$ é:

a) 1/5 b) ¼ c) 2/3 d) 4/5 e) 1

53) **(CFN)** Se $\frac{1}{a} + \frac{1}{b} = \frac{1}{c}$, $a = \frac{1}{2}$ e $b = \frac{1}{3}$, quanto vale c?

a) 1/6 b) 1/5 c) 2/5 d) 5/6 e) 5

54) Se $\frac{x}{y} = \frac{y + \frac{8}{5}}{x + \frac{24}{5}} = \frac{3}{5}$ então "y" é igual a:

a) – 16 b) $\frac{4}{5}$ c) 1 d) 2 e) $\frac{6}{5}$

55) **(CEFETEQ)** Obter o valor de x na equação seguinte:

$$\sqrt{13 + \sqrt{7 + \sqrt{3 + \sqrt{1 + \sqrt{x}}}}} = 4$$

56) **(EsSA)** O conjunto solução da equação x(x + 2) – x(x – 3) = x + 2 é:

a) {1} b) {1/2} c) {2} d) {3}

57) **(EsSA)** O único valor de "x" que verifica a equação, na incógnita "x", $(x - 2)^2 + (x + 1)(x - 1) = 2(x + 5)^2 - 167$, é divisor de:

a) 54 b) 12 c) 97 d) 33 e) 75

58) A equação (x + 4).(x + 6).(x – 5) = 0, onde U = Q, admite raízes:

a) – 4; 6; 5 b) – 4; 6; – 5 c) 4; – 6; 5 d) 4; 6; 5 e) – 4; – 6; 5

59) **(ACADEMIA DE POLÍCIA/SP)** Determine quantas soluções tem a seguinte equação: (x + 1).(x – 1).(x + 2) = 0

a) 1 b) 2 c) 3 d) 4

60) **(CEFET – RJ)** O maior valor real que t deve assumir na equação (x + 264)(tx – 408)(312 + tx) = 0, de modo que esta só tenha números inteiros como raízes, é:

a) 3 b) 6 c) 12 d) 24 e) 48

61) **(EEAR)** A raiz da equação $\sqrt{2}x - 3 + 5x = 4 - 3\sqrt{2}x$ está compreendido entre

a) –2 e –1 b) –1 e 0 c) 0 e 1 d) 1 e 2

62) A menor raiz da equação $\left(x - \frac{3}{4}\right)\left(x - \frac{3}{4}\right) + \left(x - \frac{3}{4}\right)\left(x - \frac{1}{2}\right) = 0$ é igual a

a) – ¾ b) ½ c) ⅝ d) ¾ e) 1

63) Sendo U = $\mathbb{Q}$, a raiz da equação $\frac{3x-1}{4} - \frac{2(3-x)}{3} = 5\left[x - \frac{2x+7(4x-5)}{15} - \frac{13}{60}\right]$ é:

a) 1 b) 2 c) 3 d) 4 e) 5

64) Determine o valor de x na equação abaixo, sendo U = R.

$\frac{2x-4}{5} - 6\frac{1}{6} = \frac{20-x}{4} - \frac{x+\frac{1}{2}}{3}$

a) 10 b) 11 c) 12 d) 13 e) 14

65) **(ESPCEX)** O conjunto verdade da equação $\frac{3x-1}{3} - \frac{2x-3}{2} = 3x - \frac{2x-4}{4}$ é um conjunto unitário. Determine o valor desse elemento.

a) $\left\{-\frac{1}{15}\right\}$ b) $\left\{\frac{1}{15}\right\}$ c) – 1 d) $\left\{-\frac{1}{3}\right\}$ e) {– 1}

66) **(CEFET – RJ)** A sentença $\frac{y}{2} - \frac{x-1}{3} = 1$ pode, também, ser escrita na forma:

a) 3y + 2x – 4 = 0
b) 3y – 2x + 4 = 0
c) 3y – 2x – 4 = 0
d) 3y + 2x + 4 = 0
e) 3y – 2x – 8 = 0

67) Se (a , b) **.** (c , d) = ac + bd e (x , 3) **.** (– 2 , 5) = 3, então o valor de "x" é:

a) – 9 b) – 6 c) $\frac{9}{5}$ d) $\frac{13}{3}$ e) 6

68) **(PUC)** As equações $x - \frac{x-2}{3} = 2 - \frac{2-x}{4}$ e $\frac{x+3}{2} + \frac{x+4}{3} + \frac{x+5}{4} = 16$ possuem soluções S_1 e S_2, inteiras e positivas. Nesse caso, o valor de $\sqrt{S_2 - S_1}$ é igual a:

a) 0 b) 1 c) 2 d) 3 e) 4

69) Se x = 7 e xy = 91, então o valor de x + 2y é:

a) 189 b) 27 c) 33 d) 40 e) 220

70) Se 3x + 7 = x^2 + k = 7x + 15, então <u>k</u> é igual a:

a) – 45 b) – 3 c) – 2 d) 2 e) 25

71) **(PUC)** A solução da equação $\frac{\frac{x-3}{2} - \frac{x+4}{3}}{\frac{x-2}{6} - \frac{x+3}{12}} = \frac{\frac{x-3}{3} - \frac{x+2}{6}}{\frac{x-4}{3} - \frac{x+3}{4}}$ é:

a) 3 b) $\frac{11}{3}$ c) 17 d) $\frac{41}{3}$ e) $\frac{19}{11}$

72) **(CN)** Que relação deve existir entre a e b a fim de que a equação $3x + 2a - \frac{2x+b}{3} = a + 20$ admita raiz igual a 2 ?

a) $a = b = -12$

b) $a = \frac{2b-36}{5}$

c) $a = 2b - 1$

d) $a = \frac{b+46}{3}$

e) $a = \frac{2b+13}{2}$

73) **(EsSA)** Se $x = \frac{8}{21} + \frac{1}{1+\frac{1}{1+\frac{1}{1+\frac{3}{5}}}}$, então x vale:

a) 2 b) 9/5 c) 3/2 d) 1 e) 19/21

74) **(EEAR)** A solução da equação $\frac{1}{6} - \frac{x}{2} = -\frac{2x}{3} + \frac{1}{4}$ no conjunto $U = \mathbb{Z}$ é:

a) S = { } b) S = {– 2} c) S = {+2} d) S = {½}

75) O conjunto verdade da equação $4x - 5 = 2x + 4$, onde U = N, é:

a) – 9/2 b) 9/2 c) 1 d) – 3 e) { }

76) **(EPCAR)** Com base na igualdade $\frac{5x-3}{2} - \frac{4}{5} + \frac{2x}{3} = \frac{19x-8}{6} - \frac{1}{2}$, é possível afirmar que:

a) tem apenas uma solução e esta é um número par

b) tem apenas uma solução e esta é um número ímpar

c) tem uma infinidade de soluções

d) não tem nenhuma solução

77) A equação $x - 4x + 7 - 5 + 3x = 2$, com U = Q

a) admite x = 10 como solução

b) é uma identidade

c) admite x = – 3 como solução

d) não admite solução

e) admite x = 2 como solução

78) **(EsSA)** Assinale a alternativa que apresenta uma equação equivalente a $x + 4 = 6$:

a) $5x = 10$ b) $x + 6 = 3$ c) $x = 1$ d) $2x = 3$ e) $8x + 12 = 24$

79) **(EsSA)** Duas equações do 1° grau, com um mesmo conjunto universo, são equivalentes quando tiverem o mesmo conjunto verdade. Supondo em todos os casos o conjunto dos números racionais como conjunto universo, dentre os pares seguintes, o de equações equivalentes é:

a) 3x + 2 = – 1 e 7x + 8 = 1
b) x + 5 = 0 e 3x = 15
c) 5x – 8 = 0 e 2x + 4 = 0
d) 5x – 8 = 0 e 5x = – 8
e) 2x – 6 = 0 e 2x = – 6

80) **(CESD)** Assinalar a alternativa que apresenta o par de equações equivalentes.

a) 2x + 5 = 7x e 3x + 4 = x
b) 5x – 3 = $\frac{x}{2}$ e 6x – 3 = 2x
c) 12 – 2x = 8 e 3x + 4 = 5x
d) 2x + 3 = 1 e 3x + 1 = 2x + 2

81) **(EEAR)** A equação equivalente a $\frac{x+2}{3} = \frac{3x+4}{2} + \frac{5-2x}{6}$ é

a) – 2x = 5
b) 1 = 2x
c) – 25x = 55
d) – 10x = 26

82) **(EsSA)** As equações $\frac{2x-1}{3} - \frac{x+1}{2} = \frac{5}{6}$ e $\frac{x}{2}$ + mx = x + 5 são equivalentes se m for igual a:

a) 10
b) 0
c) – 1
d) 1
e) – 5

83) **(EPCAR)** Resolvendo a equação $\frac{m}{n}\left(1 - \frac{m}{x}\right) + \frac{n}{m}\left(1 - \frac{n}{x}\right) = 1$ encontramos 7 como solução. Se m – n = 3, então m^n vale:

a) 32
b) 25
c) 49
d) 36
e) 64

GABARITOS

1) D	2) A	3) D	4) E	5) D	6) B	7) C	8) E
9) C	10) C	11) A	12) C	13) D	14) A	15) D	16) B
17) A	18) C	19) D	20) A	21) A	22) C	23) A	24) A
25) D	26) m = $\frac{-13}{24}$	27) D	28) E	29) x = $\frac{2}{7}$	30) C	31) x = 13	32) D
33) x = 3	34) A	35) B	36) C	37) B	38) B	39) A	40) A

41) x = 11	42) D	43) E	44) C	45) C	46) D	47) x = 17	48) D
49) A	50) B	51) B	52) D	53) B	54) D	55) x = 0	56) B
57) E	58) E	59) C	60) D	61) C	62) C	63) B	64) C
65) B	66) C	67) E	68) D	69) C	70) B	71) D	72) D
73) D	74) A	75) E	76) D	77) B	78) A	79) A	80) C
81) D	82) D	83) B					

Capítulo 3

Problemas do 1º Grau com uma Incógnita

1. <u>Introdução</u>:

- O problema do 1° grau com uma incógnita é aquele que pode ser resolvido utilizando uma equação do 1° grau.

Exercícios

1) **(UNA)** O triplo de um número adicionado ao seu dobro resulta em 585. Qual é o número?

a) 112 b) 120 c) 115 d) 117

Resolução:

Número: x

$3x + 2x = 585$

$5x = 585$

$x = 585/5$

$x = 117$

GABARITO: D

2) **(FUNDEP)** Ao dobro de um número, adiciona-se 60. O resultado é igual ao quíntuplo do mesmo número. Qual é esse número?

a) 20 b) 30 c) 40 d) 50

Resolução:

Número: x

$2x + 60 = 5x$

$60 = 5x - 2x$

$60 = 3x$

$x = 60/3$

$x = 20$

GABARITO: A

3) **(FAU)** O dobro de um número mais a sua quinta parte é igual a vinte e dois. Que número é esse?

a) 10 b) 12 c) 8 d) 6 e) 20

Resolução:

Número: x

$2x + \frac{x}{5} = 22$

$\frac{2x}{1/5} + \frac{x}{5/1} = \frac{22}{1/5}$

$10x + x = 110$

$11x = 110$

$x = 110/11$

$x = 10$

GABARITO: A

4) **(EsSA)** Determine o número cuja soma de sua metade, seu triplo e sua quinta parte com 26 é igual ao quíntuplo do próprio número:

a) 10 b) 20 c) 30 d) 40 e) 50

5) **(EEAR)** Equacionando-se a sentença: "Um pacote "pesa" dois quilogramas mais meio pacote", obtém-se:

a) $x = 2 + \frac{x}{2}$ b) $x + \frac{x}{2} = 2$ c) $x = 2 + \frac{1}{2}$ d) $x + 2 = \frac{1}{2}$

6) **(EAM)** Uma tora de madeira mais meia tora de madeira com as mesmas dimensões, tem massa igual a 27kg. Qual a massa de cada tora dessas madeiras?

a) 14 kg b) 15 kg c) 16 kg d) 17 kg e) 18 kg

7) **(EEAR)** A temperatura **y** de uma certa região é 7°C mais fria que a metade da temperatura **x** de uma outra região. A fórmula que expressa **y** em função de **x** é

a) y = 2x + 7°C b) $y = \frac{x}{2} - 7$°C c) $y = \frac{x}{2} + 7$°C d) y = x + 14°C

8) **(CETREDE)** A diferença entre o triplo de um número e sua terça parte excede em 10 unidades esse número. O quadrado desse número é

a) 36 b) 8 c) 64 d) 16 e) 49

Resolução:

Número: x

$3x - \frac{x}{3} = x + 10$

$\frac{3x}{1/3} - \frac{x}{3/1} = \frac{x}{1/3} + \frac{10}{1/3}$

$9x - x = 3x + 30$

$8x = 3x + 30$

$8x - 3x = 30$

$5x = 30$

$x = 30/5$

$x = 6$

Quadrado do número = $6^2 = 36$

GABARITO: A

9) **(CM – SANTA MARIA)** Muitos alunos têm dificuldade em transformar o enunciado de um problema escrito na Língua Portuguesa em uma equação representada por símbolos matemáticos.

Identifique a equação que representa o problema abaixo:

A diferença entre o triplo de um número e a soma da metade do mesmo número com a sua quinta parte é igual a soma do dobro do mesmo número com três.

a) $3x - \left(\frac{x}{2} + \frac{x}{5}\right) = 2x + 3$

b) $3\left(x - \frac{x}{2} + \frac{x}{5}\right) = 2(x + 3)$

c) $3x - \frac{x}{2} + \frac{x}{5} = 2x + 3$

d) $3\left(x - \frac{x}{2} + \frac{x}{5}\right) = 2x + 3$

e) $3x - \left(\frac{x}{2} + \frac{x}{5}\right) = 2(x + 3)$

10) **(EsSA)** Dois amigos têm juntos 80 selos. O mais velho possui o triplo do mais novo. O mais velho possui:

a) 20 selos b) 30 selos c) 40 selos d) 60 selos e) 70 selos

11) **(EEAR)** Três pessoas disputaram a eleição para presidente de um clube. Votaram 960 sócios. O vencedor obteve 60 votos a mais que o segundo colocado e este obteve 27 votos a mais que o terceiro colocado. Quantos votos obteve o vencedor?

a) 282 b) 309 c) 340 d) 369

12) **(FCC)** Nos três andares de um prédio de apartamentos moram 68 pessoas. Sabe-se que: o número de residentes no segundo andar é o dobro do número dos que residem no primeiro; os residentes no terceiro andar excedem em 20 pessoas o número dos que residem no primeiro andar. Se **x**, **y** e **z** são os números de residentes no primeiro, segundo e terceiro andares, respectivamente, então:

a) x = 15 b) y = 25 c) z = 36 d) x = 12 e) y = 20

Resolução:

Total de moradores: 68

- Número de residentes do primeiro andar = x
- Número de residentes do segundo andar = y = 2x
- Número de residentes do terceiro andar = z = x + 20

x + 2x + x + 20 = 68

4x + 20 = 68

4x = 68 – 20

4x = 48

x = 48/4

x = 12

Assim, temos o seguinte:

x = 12

y = 2x = 2 . 12 = 24

z = x + 20 = 12 + 20 = 32

GABARITO: D

13) **(CM – RJ)** Nestas últimas eleições para prefeitos municipais do Estado do Rio de Janeiro, em 03 de outubro passado, o 1º colocado do Município de São Sebastião do Alto teve 90 votos a mais que o dobro do 2º colocado e os dois juntos conseguiram 5967 votos. O número de votos do vencedor:

a) foi inferior a 3800 votos

b) ficou entre 3800 e 3900 votos

c) ficou entre 3900 e 4000 votos

d) ficou entre 4000 e 4100 votos

e) foi superior a 4100 votos

14) **(CESD)** 63 balas foram repartidas entre três meninas, de modo que a 2ª recebeu 5 a menos que a 3ª e a 1ª recebeu 2 a menos que a 2ª. O número de balas que a 2ª recebeu é divisor de:

a) 10 b) 25 c) 40 d) 55

15) **(EAM)** Certa quantidade de combustível deve ser distribuída entre três embarcações, de modo que a 2ª embarcação receba a terça parte da 1ª e a 3ª embarcação receba o dobro da 2ª. Se a diferença entre a maior e a menor quantidade de combustível das partes é 600ℓ , o valor de tal quantidade é:

a) 1.100ℓ b) 1.300ℓ c) 1.600ℓ d) 1.800ℓ e) 2.100ℓ

16) **(EEAR)** A soma de quatro números é 99. Sabendo-se que o segundo é o dobro do primeiro, o terceiro é o triplo do segundo e o quarto é o quádruplo do terceiro, o cubo do menor número é

a) 3 b) 9 c) 27 d) 81

17) **(EEAR)** São dados dois números dos quais o maior é 400. Tirando 210 do maior e 148 do menor, a soma dos resultados é 200. Nesta condição o menor número é:

a) 42 b) 62 c) 148 d) 158

18) Um gavião ao passar por uma revoada de pombas, falou:

"Bom dia minhas cem pombas!"

Uma das pombas replicou: "Cem pombas não somos, mas se a nós for acrescentada a metade de nós, mais você, gavião, cem seremos nós". Quantas eram as pombas?

a) 66 b) 78 c) 84 d) 90 e) 99

Resolução:

Total de pombas: x

$x + \frac{x}{2} + 1 = 100$

$x + \frac{x}{2} = 100 - 1$

$\frac{x}{1/2} + \frac{x}{2/1} = \frac{99}{1/2}$

$2x + x = 198$

$3x = 198$

$x = 198/3$

$x = 66$

GABARITO: A

19) **(CM – PORTO ALEGRE)** "Bom dia, minhas cem pombas.", disse o gavião a um bando de avezinhas que passava. "Bom dia, mas cem aves não somos nós!", respondeu uma delas. E continuou: "Para sermos cem é necessário que somemos nós a outro tanto de nós, mais a metade

de nós, mais a quarta parte de nós e, contigo, ó gavião, cem aves seremos nós." Esse é um conhecido problema de matemática, que a tradição oral ajudou a preservar. Ao resolvê-lo, encontramos o número de pombas que havia no bando. Podemos afirmar que esse número

a) tem 9 divisores naturais
b) é um múltiplo de 5
c) tem 18 divisores naturais
d) é um múltiplo de 8
e) é um múltiplo de 11

20) **(EAM)** Dentre as pessoas na sala de espera de um consultório médico, em um determinado momento, uma falou: "Se juntarmos a nós a metade de nós e o médico, seríamos 16 pessoas". Nesse momento, o número de pessoas aguardando atendimento é:

a) 5 b) 8 c) 9 d) 10 e) 12

21) **(CTUR)** No último concurso para ingresso ao curso de hotelaria do colégio Técnico da UFRRJ, concorreram 320 candidatos, sendo que o número de meninos foi equivalente a 2/3 do número de meninas. O número de meninas foi de:

a) 186 b) 192 c) 198 d) 200 e) 216

22) **(EEAR)** A soma das idades de Ana e Paula é igual a 49 anos. Paula possui ¾ da idade de Ana. Qual é a idade de Paula em anos?

a) 21 b) 23 c) 26 d) 28

23) **(EPCAR)** Uma sacola contém bolas brancas e bolas vermelhas. Se o número total de bolas for 65 e se o número de bolas brancas for igual a 5/8 do número de bolas vermelhas, então o número de bolas brancas será:

a) 15 b) 20 c) 25 d) 30 e) 40

24) **(EsSA)** Nestor fez três problemas a menos que Androvaldo. Androvaldo fez 13/12 do número de problemas feitos por Nestor. O número de problemas que os dois fizeram juntos é igual a:

a) 75 b) 65 c) 35 d) 85 e) 55

25) **(FESP)** Durante uma apresentação escolar de ginástica rítmica com fitas, ¼ das fitas eram amarelas, 1/3 eram azuis e 1/5 eram verdes. As 26 fitas restantes eram brancas. O número de fitas totalizava:

a) 80 b) 120 c) 180 d) 240

Resolução:

Total de fitas: x

• Número de fitas amarelas = 1/4 . x = x/4

• Número de fitas azuis = 1/3 . x = x/3

• Número de fitas verdes = 1/5 . x = x/5

• Número de fitas brancas = 26

$\frac{x}{4} + \frac{x}{3} + \frac{x}{5} + 26 = x$

$\frac{x}{4} + \frac{x}{3} + \frac{x}{5} + 26 = x$

$\frac{x}{{}^{4}/_{15}} + \frac{x}{{}^{3}/_{20}} + \frac{x}{{}^{5}/_{12}} + \frac{26}{{}^{1}/_{60}} = \frac{x}{{}^{1}/_{60}}$ **MMC (4, 3, 5) = 60**

15x + 20x + 12x + 1560 = 60x

47x + 1560 = 60x

60x – 47x = 1560

13x = 1560

x = 1560/13

x = 120

GABARITO: B

26) **(CN)** Um fazendeiro repartiu seu rebanho de 240 cabeças de boi entre seus três filhos da seguinte forma: o primeiro recebeu 2/3 do segundo, e o terceiro tanto quanto o primeiro mais o segundo. Qual o número de cabeças de boi que o primeiro recebeu?

a) 12 b) 30 c) 36 d) 48 e) 54

27) **(EPCAR)** Um terço dos alunos de um colégio são internos; um quarto semi-internos e 150 externos. Calculando o número de alunos internos você encontrará:

a) 100 b) 120 c) 110 d) 130 e) 150

28) **(EEAR)** Da quantia que Ricardo recebeu de salário, gastou 1/5 para pagar escola, 1/20 para pagar condução, comprou uma bicicleta de R$ 220,00 e guardou R$ 470,00 para despesas diversas. O salário de Ricardo é de R$ ....

a) 2000,00 b) 1800,00 c) 1280,00 d) 920,00

29) **(EsSA)** Em uma corporação militar os recrutas foram separados em três grupos: no primeiro ficaram 2/3 mais 60 recrutas, no segundo 1/15 mais 90 e no terceiro os 330 restantes. O número de recrutas na corporação é:

a) 2.300 b) 1.800 c) 920 d) 1.250

30) **(IME – ADAPTADA)** A coleção de selos de Roberto está dividida em três volumes. Dois décimos do total de selos estão no primeiro volume, alguns sétimos do total estão no segundo volume e 303 selos estão no terceiro volume. Quantos selos Roberto tem?

a) 3535 b) 3636 c) 3737 d) 3838 e) 3939

31) **(OBM)** Uma barra de chocolate é dividida entre Nelly, Penha e Sônia. Sabendo que Nelly ganha 2/5 da barra, Penha ganha ¼ e Sônia ganha 70 gramas, o peso da barra, em gramas, é:

a) 160 b) 200 c) 240 d) 280 e) 400

32) **(CM – RJ)** Há aproximadamente 3.600 anos, o faraó do Egito tinha um súdito cujo nome chegou até nossos dias: Aahmesu. O faraó presenteou este súdito com uma certa quantidade de pedras preciosas. Se esta quantidade de pedras, seus dois terços e sua metade, todas juntas perfazem um total de treze, a quantidade de pedras preciosas recebidas pelo súdito do faraó foi:

a) 18 b) 13 c) 12 d) 8 e) 6

33) **(EPCAR)** No 1º ano do ensino médio de uma escola, 1/3 dos alunos tem menos de 14 anos, 1/4 dos alunos tem idade de 14 a 17 anos e os 80 alunos restantes têm mais de 18 anos. Com base nisso, pode-se afirmar que:

a) a diferença entre o número de alunos com mais de 18 anos e o número de alunos com menos de 14 anos é o dobro de 16.

b) a escola possui mais de 200 alunos no 1º ano do ensino médio.

c) o total de alunos que tem de 14 a 17 anos é um número maior que 60.

d) a escola possui 128 alunos com pelo menos 14 anos.

34) Ubiratan pescou um peixe cuja cauda pesava 2kg, a cabeça tanto quanto a cauda e a metade do corpo e o corpo tanto quanto a cauda e a cabeça. Qual o peso do peixe?

a) 12kg b) 51kg c) 16kg d) 20kg e) 24kg

35) **(EAM)** Uma balança assinala 325g para um certo copo cheio de água. Jogando-se metade da água fora, a balança passa a assinalar 180g. Para esse copo vazio, quanto tal balança assinalará em gramas?

a) 20 b) 25 c) 35 d) 40 e) 45

36) **(EEAR)** Um copo cheio de água pesa 345gf e o copo com 2/5 da água total pesa 210gf. Quanto pesará, em gf, o copo com 1/3 da água total?

a) 120 b) 225 c) 195 d) 300

37) **(CM – SANTA MARIA)** O basquetebol é disputado nos Jogos Olímpicos desde 1936 e o maior vencedor é os Estados Unidos, país que criou o esporte.

Sabendo que, em um dos jogos de basquetebol dos Jogos Olímpicos de 2012, o time dos Estados Unidos venceu a equipe da Nigéria por uma diferença de 83 pontos, e a equipe da Nigéria marcou 73 pontos no total (x cestas de dois pontos cada uma e 11 cestas de 3 pontos cada uma); e o time dos Estados Unidos marcou y pontos no total (z cestas de 3 pontos cada uma e 45 cestas de 2 pontos cada uma). Determine os valores de x, y e z, respectivamente:

a) x = 20, y = 136 e z = 20
b) x = 20, y = 156 e z = 32
c) x = 22, y = 156 e z = 22
d) x = 20, y = 156 e z = 22
e) x = 22, y = 166 e z = 20

38) **(EEAR)** Ao aplicar uma prova, na qual foram propostas x questões, observou-se que determinado aluno acertou 4 das 15 principais questões, e 4/5 das questões restantes foram respondidas corretamente. Se o número de questões respondidas corretamente por aquele aluno equivale a 60% do total das questões da prova, ele errou .... questões.

a) 16 b) 18 c) 21 d) 24

39) **(EPCAR)** Um estudante, preparando-se para o Exame de Admissão ao CPCAR, resolveu todas as N questões de uma prova. Ele acertou 8 das 18 primeiras e acertou 5/6 das restantes.
Sabe-se que o estudante acertou 75% do total de questões da prova.
A quantidade de questões que ele errou nessa prova é um número compreendido entre:

a) 5 e 10 b) 10 e 15 c) 15 e 20 d) 20 e 25

40) **(CN)** Três pessoas A, B e C, que fizeram uma prova de múltipla escolha tiveram o seguinte resultado: A acertou 50% das questões, respondendo corretamente 9 das 15 primeiras e 1/5 das

questões restantes; B acertou 20% do total mais 3 questões e C 30% do total menos uma questão. Com relação à quantidade de acertos, podemos afirmar:

a) A > B + C b) A – B = 2C c) A + B < 2C + 3 d) 2B + 1 = A + C e) 2A – B > 3C

41) **(EAM)** A soma de dois números inteiros e consecutivos é igual a 11. Determine esses números.

a) 1 e 2 b) 4 e 5 c) 5 e 6 d) 11 e 12 e) 14 e 15

Resolução:

Números consecutivos: **x**, **x + 1**, **x + 2**, **x + 3**, **x + 4**, **x + 5**, ...

x + x + 1 = 11

2x = 11 – 1

2x = 10

x = 10/2

x = 5

Números $\begin{cases} x = 5 \\ x + 1 = 5 + 1 = 6 \end{cases}$

GABARITO: C

42) **(EPCAR)** Se a soma de 4 números inteiros consecutivos for 130, então:

a) o menor deles é um número par

b) o maior é múltiplo de 3

c) o maior é múltiplo de 7

d) o menor é múltiplo de 4

e) o menor é um número primo

43) **(EsSA)** A soma de dois números naturais consecutivos é 11. O produto desses números é:

a) 13 b) 22 c) 30 d) 9 e) 28

44) **(EPCAR)** Se a soma de 3 números inteiros e consecutivos for 120 então:

a) o menor deles será 49

b) o maior deles será 51

c) a soma dos dois menores será 49

d) a soma dos dois maiores será 61

e) 41 é um dos referidos números

45) **(UFF)** Três números naturais e múltiplos consecutivos de 5 são tais que o triplo do menor é igual ao dobro do maior. Dentre esses números, o maior é:

a) múltiplo de 3
b) ímpar
c) quadrado perfeito
d) divisor de 500
e) divisível por 4

46) **(EEAR)** A soma de três múltiplos consecutivos de 7 é 273. O maior desses números é um número

a) par
b) ímpar
c) múltiplo de 3
d) múltiplo de 4

47) **(EsSA)** A soma de quatro múltiplos consecutivos de 13 é 182. O antecedente do menor dos números é:

a) 15
b) 25
c) 35
d) 20

48) **(CEFET)** Considere dois números inteiros e consecutivos tais que a diferença entre o triplo do maior e o dobro do menor seja igual a 5. O maior dos números é:

a) 6
b) 5
c) 4
d) 3
e) 2

49) **(OBM)** A soma de três números naturais consecutivos é igual ao produto desses três números. A soma dos quadrados desses números é:

a) 14
b) 15
c) 18
d) 24
e) 36

50) A soma de três números pares consecutivos é 72. O menor dos números vale:

a) 20
b) 22
c) 26
d) 28
e) 30

Resolução:

Números pares consecutivos: **2x**, **2x + 2**, **2x + 4**, **2x + 6**, **2x + 8**, **2x + 10**, ...

$2x + 2x + 2 + 2x + 4 = 72$

$6x + 6 = 72$

$6x = 72 - 6$

$6x = 66$

$x = 66/6$

$x = 11$

Números $\begin{cases} 2x = 2 \,.\, 11 = 22 \\ 2x + 2 = 2 \,.\, 11 + 2 = 24 \\ 2x + 4 = 2 \,.\, 11 + 4 = 26 \end{cases}$

GABARITO: B

51) **(CM – RECIFE)** A soma de três números pares e consecutivos é 120. Um desses números é

a) 30 b) 38 c) 32 d) 34 e) 36

52) **(EPCAR)** Multiplicando os dois números pares consecutivos cuja soma é igual a 98, obteremos:

a) 2208 b) 2320 c) 2352 d) 2400 e) 2392

53) **(EPCAR)** Se somarmos sete números inteiros pares positivos e consecutivos, obteremos 770. O número de divisores naturais do maior dos sete números citados é

a) 6 b) 8 c) 10 d) 12

54) **(CM)** Se três números naturais são pares consecutivos tais que o triplo do menor é igual à soma dos outros dois, então o maior deles é igual a:

a) 10 b) 8 c) 6 d) 12 e) 14

55) **(FCC)** No almoxarifado de certa empresa há 68 pacotes de papel sulfite, dispostos em 4 prateleiras. Se as quantidades de pacotes em cada prateleira correspondem a 4 números pares sucessivos, então, dos números seguintes, o que representa uma dessas quantidades é o:

a) 8 b) 12 c) 18 d) 22 e) 24

56) **(UEL)** O número 625 pode ser escrito como uma soma de cinco números ímpares e consecutivos. Nessas condições, uma das parcelas dessa soma é um número

a) menor que 120
b) maior que 130
c) quadrado perfeito
d) divisível por 9
e) múltiplo de 15

Resolução:

Números ímpares consecutivos: **2x + 1**, **2x + 3**, **2x + 5**, **2x + 7**, **2x + 9**, **2x + 11**, **2x + 13**, ...

$2x + 1 + 2x + 3 + 2x + 5 + 2x + 7 + 2x + 9 = 625$

$10x + 25 = 625$

$10x = 625 - 25$

$10x = 600$

$x = 600/10$

$x = 60$

$$\text{Números}\begin{cases}2x+1=2.60+1=121\\2x+3=2.60+3=123\\2x+5=2.60+5=125\\2x+7=2.60+7=127\\2x+9=2.60+9=129\end{cases}$$

GABARITO: C

57) **(ESPCEX)** A soma de cinco números ímpares consecutivos é 55. Determine o menor deles.

a) 12 b) 13 c) 7 d) 9 e) 11

58) Um número é composto de 3 algarismos cuja soma é 12. O algarismo das unidades é o triplo do algarismo das centenas e o das dezenas é igual a diferença entre o algarismo das unidades e o das centenas. Qual é esse número?

a) 138 b) 246 c) 543 d) 264 e) 813

Resolução:

Número composto por 3 algarismos: xyz $\begin{cases}x \rightarrow \text{algarismo das centenas}\\y \rightarrow \text{algarismo das dezenas}\\z \rightarrow \text{algarismo das unidades}\end{cases}$

O algarismo das unidades é o triplo do algarismo das centenas → z = 3x

O algarismo das dezenas é igual a diferença entre o algarismo das unidades e o das centenas →

y = z – x = 3x – x = 2x

A soma dos três algarismos é igual a 12. Assim, temos o seguinte:

x + y + z = 12

x + 2x + 3x = 12

6x = 12

x = 12/6

x = 2

Logo, x = 2; y = 2x = 2 . 2 = 4; z = 3x = 3 . 2 = 6. Número = xyz = 246

GABARITO: B

59) **(CN)** Um número é composto de três algarismos, cuja soma é 18. O algarismo das unidades é o dobro do das centenas e o das dezenas é a soma do das unidades e das centenas. Qual é o número?

60) **(CM – RECIFE)** A soma dos três algarismos de um numeral é 19. O algarismo das dezenas é o quadruplo do algarismo das centenas e o algarismo das unidades é o consecutivo das dezenas. A raiz quadrada desse número é igual a

a) 13 b) 14 c) 15 d) 16 e) 17

61) **(CM – RJ)** Um número N é formado por três algarismos cuja soma de seus valores absolutos é 12. O valor absoluto do algarismo das unidades é o triplo do valor absoluto do algarismo das centenas. O valor absoluto do algarismo das dezenas é a média aritmética entre os valores absolutos dos algarismos das unidades e das centenas. O menor inteiro positivo que devemos somar a N para obtermos um quadrado perfeito é:

a) 11 b) 12 c) 8 d) 9 e) 10

62) **(EsSA)** Um número é formado por três algarismos, cuja soma é 15. O algarismo das dezenas é o triplo do algarismo das unidades e o algarismo das centenas é o sucessor do algarismo das dezenas. Esse número é:

a) 276 b) 267 c) 726 d) 762 e) 627

63) Uma pessoa tem 42 anos e a outra 12 anos. Daqui a quantos anos a idade da primeira será o triplo da idade da segunda?

a) 3 b) 4 c) 5 d) 6 e) 7

Resolução:

- Idade atual da primeira pessoa: 42 anos
- Idade da primeira pessoa daqui a X anos: (42 + X) anos
- Idade atual da segunda pessoa: 12 anos
- Idade da segunda pessoa daqui a X anos: (12 + X) anos

Daqui a quantos anos a idade da primeira será o triplo da idade da segunda?

$42 + X = 3(12 + X)$

$42 + X = 36 + 3X$

$42 - 36 = 3X - X$

$6 = 2X$

$X = 6/2$

$X = 3$

Observe que daqui a três anos a idade da primeira pessoa será 45 anos e a idade da segunda pessoa será 15 anos. Logo, a idade da primeira será o triplo da idade da segunda.

GABARITO: A

64) João tem 47 anos e seus filhos 3, 6 e 7 anos. Daqui a quantos anos a sua idade será igual ao dobro da soma das idades de seus filhos?

a) 1 b) 2 c) 3 d) 4 e) 5

65) **(CM – RECIFE)** Um pai tem hoje 54 anos e seus 4 filhos têm juntos, 39 anos. A idade do pai será igual à soma das idades de seus filhos daqui a:

a) 8 anos b) 5 anos c) 12 anos d) 10 anos e) 20 anos

66) **(EsSA)** A idade de uma pessoa é hoje o triplo da idade da outra e daqui a 11 anos será o dobro. A soma de suas idades atuais é:

a) 18 b) 36 c) 48 d) 40 e) 44

67) **(CFN)** Daniel tem 1/5 da idade de seu pai. Daqui a 5 anos ele terá 1/3 da idade de seu pai. Quais são, respectivamente, as idades de Daniel e de seu pai?

a) 8 anos e 40 anos
b) 7 anos e 35 anos
c) 6 anos e 30 anos
d) 5 anos e 25 anos
e) 4 anos e 20 anos

68) **(CM – BH)** Tenho 46 anos, o que é menos do que o quádruplo da idade do meu filho. Daqui a 4 anos minha idade será (maior) do que o triplo da idade do meu filho. Quantos anos meu filho tem atualmente:

a) 11 anos b) 12 anos c) 10 anos d) 14 anos e) 13 anos

69) **(EPCAR)** As idades de dois irmãos hoje são números inteiros e consecutivos. Daqui a 4 anos, a diferença entre as idades deles será 1/10 da idade do mais velho. A soma das idades desses irmãos, hoje, é um número

a) primo b) que divide 100 c) múltiplo de 3 d) divisor de 5

70) **(CM – SANTA MARIA)** Ranna e Lara são primas que estudam no Colégio Militar de Santa Maria (CMSM). Hoje, a idade de Ranna representa 60% da idade de Lara, mas daqui a 11 anos, o

dobro da idade de Ranna será igual à idade de Lara mais 13 anos. Podemos afirmar que a soma das idades de Ranna e Lara daqui a 5 anos será:

a) 29 b) 32 c) 34 d) 40 e) 26

71) **(ESAF)** Anair, Bela e Camilo fazem aniversário no mesmo dia. A soma das idades de Anair e Bela é igual ao triplo da idade de Camilo. Daqui a cinco anos, Camilo terá a idade que Anair tem hoje. Sabendo-se que Bela é 10 anos mais velha do que Anair, então a soma das idades de Anair, Bela e Camilo, daqui a dois anos será

a) 80 b) 85 c) 86 d) 95 e) 100

72) **(FCC)** Um pai tem 48 anos e seu filho 18. Há quantos anos a idade do pai foi o triplo da idade do filho?

a) 3 b) 4 c) 5 d) 6 e) 7

Resolução:

- Idade atual do pai: 48 anos
- Idade do pai há X anos: (48 – X) anos
- Idade atual do filho: 18 anos
- Idade do filho há X anos: (18 – X) anos

Há quantos anos a idade do pai foi o triplo da idade do filho?

$48 - X = 3(18 - X)$

$48 - X = 54 - 3x$

$-X + 3X = 54 - 48$

$2X = 6$

$X = 6/2$

$X = 3$

Há três anos a idade do pai era 45 anos e a idade do filho 15 anos. Logo, a idade do pai era o triplo da idade do filho.

GABARITO: A

73) **(CN)** Roberto tem 24 anos e Paulo 10 anos. No fim de quantos anos a idade de Roberto será o triplo da idade de Paulo?

74) **(CONSULPLAN)** Um pai tem atualmente 45 anos e os filhos, respectivamente, 17, 20 e 22 anos. Há quantos anos foi a idade do pai igual à soma das idades dos filhos?

a) 4 b) 5 c) 7 d) 9 e) 12

75) Luiz tem 43 anos e seus filhos 10, 11 e 13 anos. Há quantos anos a sua idade foi igual ao dobro da soma das idades de seus filhos?

a) 8 b) 7 c) 6 d) 5 e) 4

76) **(EEAR)** A soma das idades de um pai e de um filho é, hoje de 72 anos. Há 12 anos passados, a idade do pai era 7 vezes a idade do filho. Hoje, o quociente das idades é

a) 2 b) 3 c) 4 d) 6

77) **(OBM)** Há 18 anos, Hélio tinha precisamente três vezes a idade de seu filho. Agora, tem o dobro da idade desse filho. Quantos anos têm Hélio e seu filho?

a) 72 anos e 36 anos.
b) 36 anos e 18 anos.
c) 40 anos e 20 anos.
d) 50 anos e 25 anos.
e) 38 anos e 19 anos.

78) **(CM – RECIFE)** Um pai diz ao filho: "Hoje a sua idade é 2/7 da minha; há 5 anos, era 1/6. Hoje, a idade do filho é

a) 5 b) 10 c) 15 d) 20 e) 25

79) Dona Sebastiana é mãe de Maria Clara. Há 2 anos atrás, Dona Sebastiana era 6 vezes mais velha que sua filha. Daqui a 18 anos, será apenas 2 vezes mais velha que Maria Clara. Quantos anos tem Dona Sebastiana?

a) 5 b) 32 c) 33 d) 48 e) 50

80) **(EsSA)** A idade de um pai é hoje o quádruplo da idade de seu filho. Quatro anos atrás, a idade do pai era o sêxtuplo da idade do filho. Para que a idade do pai seja igual ao dobro da idade do filho, o tempo decorrido deverá ser de:

a) 30 anos b) 25 anos c) 20 anos d) 15 anos e) 10 anos

81) Atualmente, a soma das idades do Sr. Antônio e sua esposa é seis vezes a soma das idades de seus filhos. Há dois anos a soma das idades dos dois era dez vezes a soma das idades das

crianças. Sabendo que daqui a seis anos a soma de suas idades será três vezes a soma das idades dos filhos, o número de crianças é:

a) 2 b) 3 c) 4 d) 5 e) 6

82) **(CM – BH)** A idade de uma atleta olímpica é o triplo da diferença entre a terça parte da idade que ela terá daqui a 13 anos e a sexta parte da que ela teve há nove anos atrás. Sabendo disso podemos afirmar que a atleta tem:

a) 24 anos b) 25 anos c) 30 anos d) 32 anos e) 35 anos

83) **(EEAR)** Se do triplo da minha idade subtrairmos o quíntuplo da idade que eu tinha há 12 anos, teremos a minha idade atual. Qual é a minha idade?

a) 18 b) 20 c) 30 d) 40

84) **(CM – SALVADOR)** Leandro tinha, há 3 anos, um terço da idade do seu pai. Sabendo-se que hoje a diferença de idade entre eles é de 28 anos, a soma das idades atuais dos dois é:

a) 56 b) 59 c) 60 d) 62 e) 72

85) **(CM – RJ)** Quando minhas duas primas gêmeas nasceram, eu tinha 7 anos. Hoje, se somarmos as nossas idades, teremos juntos 76 anos. A diferença entre a minha idade daqui a 3 anos e a idade das minhas primas há 3 anos é:

a) 13 anos b) 10 anos c) 9 anos d) 7 anos e) 6 anos

86) **(EPCAR)** Há dois anos Letícia tinha 1/6 da idade que seu pai tem hoje. Daqui a um ano Letícia terá ¼ da idade atual de sua mãe. Hoje a soma das idades dos três é igual ao menor número natural de três algarismos distintos divisível por 3. Os irmãos gêmeos de Letícia têm hoje a metade da idade que Letícia terá daqui a oito anos.

Atualmente, a soma das idades dos três irmãos é

a) 24 b) 26 c) 28 d) 30

87) Carla, conversando com Dona Fátima, perguntou-lhe: "Mamãe, quantos anos a senhora tem de casada?" Ela respondeu: "Quando eu casei seu pai tinha 8 anos de magistério e, quando ele tiver tantos anos de casado quanto tem hoje de magistério, a soma destes dois períodos de tempo será igual a 48 anos". Há quanto tempo Dona Fátima é casada?

a) 12 b) 16 c) 20 d) 24 e) 28

88) **(EPCAR)** Quando eu tinha a idade que você tem, a sua idade era 1/3 da minha idade atual. Quando você tiver a minha idade atual, então o 1/7 de 0,666... do dobro da soma de nossas idades será igual a 12 anos.

Com base nesses dados é **INCORRETO** afirmar que

a) quando você nasceu, eu tinha 1/3 da idade que hoje tenho

b) a soma de nossas idades hoje é um número múltiplo de 5

c) quando você completou 3 anos, a minha idade, na época, era o quádruplo da sua idade

d) quando eu tiver o dobro de sua idade atual, você terá mais de 30 anos

89) **(ESPCEX)** Eu tenho duas vezes a idade que tu tinhas quando eu tinha a idade que tu tens. Quando tiveres a idade que eu tenho, a soma de nossas idades será 45 anos. Quantos anos tenho?

a) 10　　b) 15　　c) 18　　d) 20　　e) 25

90) **(CM – BRASÍLIA)** Tenho o dobro da idade que você tinha quando eu tinha a idade que você tem. Quando você tiver a idade que eu tenho, a soma das nossas idades será 81 anos. A minha idade atual é de

a) 54 anos　　b) 36 anos　　c) 27 anos　　d) 18 anos　　e) 9 anos

91) Eu tenho duas vezes a idade que tu tinhas quando eu tinha a idade que tu tens. Quando tiveres a idade que eu tenho, a soma de nossas idades será 45 anos. Quantos anos tenho?

a) 10　　b) 15　　c) 18　　d) 20　　e) 25

92) **(EsSA)** "Tenho o dobro da idade que tu tinhas, quando eu tinha a idade que tu tens".

O trecho acima constitui o início do enunciado de um dos problemas mais interessantes da álgebra elementar. Coloque-se na posição da pessoa que está fazendo tal afirmação; indique a sua idade pela incógnita x e a idade da outra por y. Uma equação que traduz algebricamente o trecho dado é:

a) $x - 2y = 0$　　b) $2x - y = 0$　　c) $3x - 2y = 0$　　d) $2x - 3y = 0$　　e) $3x - 4y = 0$

93) **(EPCAR)** Hoje, dia 29 de julho de 2012, José tem o dobro da idade que Luiz tinha quando José tinha a idade que Luiz tem. Quando Luiz tiver a idade que José tem, a soma das idades

deles será 90 anos. Em 29 de julho de 2017, a razão entre as idades de José e Luiz, nessa ordem, será

a) 6/5 b) 9/7 c) 5/4 d) 27/20

94) **(CM – RJ)** Benjamin e seu irmão aniversariam na mesma data. Ele tem o triplo da idade que o irmão tinha quando ele tinha a idade que o irmão tem hoje. Podemos afirmar que

a) daqui a cinco anos a soma das idades será 60 anos

b) Benjamin é 10 anos mais velho que o irmão

c) quando o irmão tiver a idade que Benjamin tem hoje, a soma das idades será múltiplo de 7

d) quando a idade de um for o dobro da idade do outro, a soma das idades será 54 anos

e) daqui a cinco anos a diferença das idades será 10 anos

95) **(CM – RJ)** Em um laboratório de matemática, há triângulos e quadrados no total de 30 polígonos e 108 vértices. Assim, temos que o número de triângulos e quadrados é, respectivamente:

a) 10 e 20 b) 12 e 18 c) 14 e 16 d) 16 e 14 e) 18 e 12

Resolução:

- Número de triângulos = x
- Números de quadrados = 30 – x
- Número de vértices de triângulos = 3.x
- Número de vértices de quadrados = 4 . (30 – x) = 120 – 4.x

Total de vértices (vértices de triângulos + vértices de quadrados) = 108

3.x + 120 – 4x = 108

3.x – 4.x = 108 – 120

– x = – 12   x (– 1)

x = 12

Assim, temos o seguinte $\begin{cases} \text{Número de triângulos} = x = 12 \\ \text{Número de quadrados} = 30 - x = 30 - 12 = 18 \end{cases}$

GABARITO: B

96) **(UERJ)** Em um restaurante há 12 mesas, todas ocupadas. Algumas, por 4 pessoas; outras, por apenas 2 pessoas, num total de 38 fregueses. O número de mesas ocupadas por apenas 2 pessoas é:

a) 4 b) 5 c) 6 d) 7

97) **(CM – BH)** Em certo dia, no estacionamento do CMBH, havia carros e motos, num total de 35 veículos e 110 rodas. Qual o número de carros que havia no estacionamento?

a) 10 b) 18 c) 20 d) 15 e) 25

Resolução:

- Número de carros = x
- Números de motos = 35 – x
- Número de rodas de carros = 4.x
- Número de rodas de motos = 2 . (35 – x) = 70 – 2.x

Total de rodas (rodas de motos + rodas de carros) = 110

4.x + 70 – 2.x = 110

4.x – 2.x = 110 – 70

2x = 40

x = 40/2

x = 20

Logo, temos o seguinte $\begin{cases} \text{Número de carros} = x = 20 \\ \text{Número de motos} = 35 - x = 35 - 20 = 15 \end{cases}$

GABARITO: C

98) **(VUNESP)** Numa fazenda há ovelhas e avestruzes, totalizando 90 cabeças e 260 patas. Comparando-se o número de avestruzes com o de ovelhas, pode-se afirmar que há:

a) igual número de ovelhas e avestruzes;

b) dez cabeças a mais de ovelhas;

c) dez cabeças a mais de avestruzes;

d) oito cabeças a mais de ovelhas;

e) oito cabeças a mais de avestruzes.

99) **(CM – RECIFE)** Numa marcenaria, empilham-se 50 tábuas, umas de 2 cm de espessura e outras de 5 cm de espessura. A altura da pilha é de 1,54m. A diferença entre os números de tábuas de cada espessura é

a) 12 b) 14 c) 16 d) 18 e) 25

100) **(CESD)** Numa loja há 56 cortes de pano; uns medem 3m e outros, 5m. Se a soma total é de 216m, a quantidade de cortes de 5m é

a) 24 b) 28 c) 32 d) 42

101) **(ESPCEX)** Numa partida de basquetebol, uma equipe, entre cestas de 2 (dois) pontos e 3 (três) pontos, fez 40 cestas, totalizando 98 pontos. Pode-se dizer que o número de cestas de 3 (três) pontos dessa equipe foi de:

a) 22 b) 20 c) 18 d) 24 e) 26

102) **(CN)** Em uma bolsa há Cr$ 35,50 em moedas de Cr$ 2,00 e de Cr$ 0,50. Sabendo-se que o total de moedas é 26, calcular o número de moedas de cada valor.

Resolução:

- Número de moedas de Cr$ 2,00 = x

- Números de moedas de Cr$ 0,50 = 26 – x

- Valor em moedas de Cr$ 2,00 = 2 . x

- Valor em moedas de Cr$ 0,50 = 0,50 . (26 – x) = 13 – 0,5.x

Valor total (valor em moedas de Cr$ 2,00 + valor em moedas de Cr$ 0,50) = Cr$ 35,50

2.x + 13 – 0,5.x = 35,50

2.x – 0,5.x = 35,50 – 13

1,5.x = 22,50

x = 22,5/1,5

x = 15

Assim, temos o seguinte $\begin{cases} \text{Número de moedas de Cr\$ } 2{,}00 = x = 15 \\ \text{Número de moedas de Cr\$ } 0{,}50 = 26 - x = 26 - 15 = 11 \end{cases}$

GABARITO: 15 moedas de Cr$ 2,00 e 11 moedas de Cr$ 0,50

103) **(EPCAR)** Um caixa automático de um banco só libera notas de R$ 5,00 e R$ 10,00. Uma pessoa retirou desse caixa a importância de R$ 65,00, recebendo 10 notas. O produto do número de notas de R$ 5,00 pelo número de notas de R$ 10,00 é igual a

a) 16 b) 25 c) 24 d) 21

104) **(EEAR)** Um aluno recebe R$ 500,00 por exercício que acerta e paga R$ 300,00 por exercício que erra. Sabendo que o aluno fez 30 exercícios e recebeu R$ 7.000,00, quantas questões ele errou?

a) 10 b) 14 c) 16 d) 18

Resolução:

- Número de exercícios certos = x
- Números de exercícios errados = 30 – x
- Valor recebido pelos exercícios certos = 500.x
- Valor pago pelos exercícios errados = 300 . (30 – x) = 9000 – 300.x

Total recebido (valor recebido nos exercícios certos – valor pago nos exercícios errados) = 7.000

500.x – (9000 – 300.x) = 7000

500.x – 9000 + 300.x = 7000

500.x + 300.x = 7000 + 9000

800.x = 16000

x = 16000/800

x = 20

Logo, temos o seguinte $\begin{cases} \text{Número de exercícios certos} = x = 20 \\ \text{Número de exercícios errados} = 30 - x = 30 - 20 = 10 \end{cases}$

GABARITO: A

105) **(EPCAR)** Assinale a alternativa que preenche corretamente a lacuna abaixo.

Numa prova de matemática, um aluno deve responder a 60 itens do tipo verdadeiro ou falso. Para cada item respondido corretamente, o aluno vai ganhar 2 pontos e, para cada item que errar, vai perder 1 ponto. A nota do aluno é função do número de itens que ele acertar. Se o aluno obteve 30 pontos, ele acertou ______ itens.

a) 20 b) 25 c) 30 d) 35

106) **(EEAR)** Um atirador deu 49 tiros, pagando R$ 0,10 de multa por tiro fora do alvo e recebendo R$ 0,25 de prêmio por tiro acertado no alvo. Se nada recebeu e nada pagou, então a multa foi de R$ ____ .

a) 1,40 b) 3,50 c) 5,00 d) 8,75

107) **(CM – PORTO ALEGRE)** Um teste de matemática tem vinte perguntas. Para a correção, são atribuídos sete pontos a cada resposta correta e deduzidos dois pontos a cada resposta incorreta. Não é atribuído nem deduzido nenhum ponto a cada pergunta não respondida. Uma pessoa obteve 87 pontos nesse teste. O número de perguntas que não foram respondidas é

a) múltiplo de 5

b) múltiplo de 2

c) múltiplo de 3

d) múltiplo de 7

e) zero

108) **(CN)** Numa prova de vinte questões, valendo meio ponto cada uma, três questões erradas anulam uma certa. Qual é a nota de um aluno que errou nove questões em toda essa prova?

a) quatro b) quatro e meio c) cinco d) cinco e meio e) seis e meio

109) **(UFF)** Um número **n** é formado por dois algarismos cuja soma é 12. Invertendo-se a ordem desses algarismos, obtém-se um número do qual subtrai-se **n** e o resultado encontrado é 54. Determine o número **n**.

Resolução:

• O número **n** é formado por dois algarismos cuja soma é 12.

• Número **n** →

Algarismo das dezenas	Algarismo das unidades
12 – x	x

• O número **n** pode ser escrito da seguinte forma: $10 \,.\, (12 - x) + x = 120 - 10x + x = 120 - 9x$

• Invertendo-se a ordem desses algarismos, obtemos um novo número.

• Novo Número →

Algarismo das dezenas	Algarismo das unidades
x	12 – x

• O novo número pode ser escrito da seguinte forma: $10 \,.\, x + 12 - x = 10x - x + 12 = 9x + 12$

• Um número do qual subtrai-se **n** e o resultado encontrado é 54. Assim, temos o seguinte:

⇒ Novo número – número n = 54

⇒ $9x + 12 - (120 - 9x) = 54$

⇒ $9x + 12 - 120 + 9x = 54$

⇒ $9x + 9x = 54 + 120 - 12$

⇒ $18x = 162$

⇒ $x = 9$

• Número **n** →

Algarismo das dezenas	Algarismo das unidades
12 – x = 12 – 9 = 3	x = 9

GABARITO: O número é igual a 39

110) **(PUC)** A soma dos algarismos que compõem a idade de Pedro é 8. Invertendo-se a posição de tais algarismos obtém-se a idade de seu filho João, que é 36 anos mais novo que ele. A soma das idades de Pedro e João, em anos, é

a) 82 b) 88 c) 94 d) 96 e) 98

111) Um número possui dois algarismos sendo que o primeiro é 4. Transpondo-se este algarismo para o último lugar, o número formado é 4/7 do primeiro. Qual é o número primitivo?

a) 24 b) 48 c) 28 d) 42 e) 84

112) **(CM – BRASÍLIA)** Um número de três algarismos é tal que a soma dos valores absolutos desses algarismos é 12 e o algarismo das unidades é 5. Se o algarismo das unidades for colocado no lugar das centenas, o algarismo das centenas for colocado no lugar das dezenas e o algarismo das dezenas for colocado no lugar das unidades, o número diminui 54 unidades. Qual é esse número?

a) 615 b) 435 c) 345 d) 255 e) 165

113) **(ETF)** Um número é composto de 2 algarismos. O algarismo das unidades é igual a 4/3 do algarismo das dezenas. Se os algarismos forem permutados entre si (invertidos), o número obtido será 9 unidades maior do que o primeiro. Então, a soma dos algarismos é:

a) 5 b) 13 c) 9 d) 7 e) 14

114) **(ESPCEX)** A soma dos valores absolutos dos algarismos de um número de dois algarismos é 12. Invertendo-se a ordem dos algarismos obtêm-se os 4/7 do primeiro número. Calcular o produto dos valores absolutos dos algarismos do número encontrado.

a) 12 b) 24 c) 32 d) 48 e) 84

115) A data da invenção da imprensa por Gutemberg é expressa por um número de 4 algarismos, cuja soma dos valores absolutos é 14. O valor absoluto do algarismo das dezenas é a metade do das unidades, e o das centenas é igual a soma do das dezenas e o das milhares. Somando-se 4905 a este número obtém-se um número em ordem inversa. Qual a soma dos algarismos das unidades e das centenas desse número?

a) 4 b) 7 c) 9 d) 10 e) 12

116) **(CN)** Os números naturais M e N são formados por dois algarismos não nulos. Se os algarismos de M são os mesmos algarismos de N, na ordem inversa, então M + N é necessariamente múltiplo de:

a) 2 b) 3 c) 5 d) 7 e) 11

117) **(EN)** Um número <u>inteiro</u> e positivo de três algarismos, ABC é tal que se dele subtrairmos o número CBA, obteremos para resto um número positivo terminado em 4. Assim, é possível afirmar que o resultado desta subtração é:

a) 404
b) 464
c) 494
d) 594
e) não é possível avaliar o resultado da subtração

118) **(OBM)** Um certo número *N* de dois algarismos é o quadrado de um número natural. Invertendo-se a ordem dos algarismos desse número, obtém-se um número ímpar. A diferença entre os dois números é o cubo de um número natural. Podemos afirmar que a soma dos algarismos de *N* é:

a) 7 b) 10 c) 13 d) 9 e) 11

119) Duas velas possuem tamanho e diâmetros diferentes. A maior queima em 7 horas e a menor queima em 10 horas. Após queimarem juntas durante 4 horas elas ficam com o mesmo comprimento. A razão entre os comprimentos da menor e da maior vela é igual a:

a) 7/10 b) 3/5 c) 4/7 d) 5/7 e) 2/3

Resolução:

- Para a vela ***maior*** temos o seguinte:

I) Comprimento da vela maior: X

II) A vela maior queima completamente em 7 horas

III) Após 4 horas, a vela maior terá queimado a seguinte fração: $\frac{4X}{7}$

IV) Comprimento que restou da vela maior após queimar por 4 horas: $X - \frac{4X}{7} = \frac{3X}{7}$

- Para a vela ***menor*** temos que:

I) Comprimento da vela menor: Y

II) A vela menor queima completamente em 10 horas

III) Após 4 horas, a vela menor terá queimado a seguinte fração: $\frac{4Y}{10}$

IV) Comprimento que restou da vela menor após queimar por 4 horas: $Y - \frac{4Y}{10} = \frac{6Y}{10} = \frac{3Y}{5}$

• Após as velas queimarem juntas durante 4 horas elas ficam com o mesmo comprimento

$\Rightarrow \frac{3X}{7} = \frac{3Y}{5}$

$\Rightarrow 15x = 21y$ (: 3)

$\Rightarrow 5X = 7Y$

$\Rightarrow \frac{Y}{X} = \frac{5}{7}$

GABARITO: D

120) **(FCC)** Certo dia em que faltou luz em uma cidade, duas velas de mesma altura e mesma forma foram acesas num mesmo instante. Relativamente a essas duas velas, sabe-se que: suas chamas se mantiveram acesas até que fossem totalmente consumidas; ambas queimaram em velocidades constantes; uma delas foi totalmente consumida em 4 horas, enquanto que a outra o foi em 3 horas. Assim sendo, a partir do instante em que as velas foram acesas, quanto tempo foi decorrido até que a medida da altura de uma das velas ficou igual ao triplo da medida da altura da outra?

a) 2 horas
b) 2 horas e 15 minutos
c) 2 horas e 40 minutos
d) 3 horas
e) 3 horas e 20 minutos

121) **(CN)** Duas embarcações, E_1 e E_2, solicitaram apoio para reabastecimento dos seus tanques, idênticos, de água. Para isso, foram utilizadas duas mangueiras, M_1 e M_2. Sabendo que as duas iniciaram a distribuição de água juntas e que M_1 enche o tanque de E_1 em 10 horas e M_2 completa o nível do tanque de E_2 em 8 horas, aproximadamente, ao final de quanto tempo o volume que falta para encher o tanque de E_2 será $\frac{1}{4}$ do volume que falta para encher o volume de E_1 ?

a) 7h e 30 min b) 7h c) 6h e 30 min d) 6h e) 5h

122) Um cão persegue uma raposa que tem 50 pulos de dianteira. Enquanto a raposa dá 5 pulos o cão dá 4 pulos e cada 6 pulos do cão valem 9 pulos da raposa. Quantos pulos deve dar o cão para alcançar a raposa?

a) 50 b) 100 c) 150 d) 200 e) 250

Resolução:

• De acordo com o enunciado da questão, sabemos que 6 pulos do cão valem 9 pulos da raposa. Logo, podemos concluir que 4 pulos do cão equivalem a 6 pulos da raposa.

- A cada sequência de 4 pulos do cão, ele se aproxima 6 – 5 = 1 pulo (da raposa).

- Como a distância inicial entre eles é de 50 pulos da raposa, então o cão percorrerá essa distância dando 50 : 1 = 50 sequências de pulos de cão. Assim, a distância percorrida pelo cão é igual a 50 x 4 = 200 pulos de cão.

GABARITO: D

123) Um cachorro persegue um coelho. Enquanto o cachorro dá 3 saltos, o coelho dá 4 saltos e cada 2 saltos do cachorro equivalem a 3 saltos do coelho. Estando o coelho adiantado 50 saltos de dianteira, quantos saltos deverá dar o cachorro para alcançar o coelho?

a) 100 b) 200 c) 300 d) 400 e) 500

124) **(EsSA)** Um cachorro persegue uma lebre. Enquanto o cachorro dá 4 pulos a lebre dá 9; porém, 2 pulos do cachorro valem 7 pulos da lebre. Sendo a distância entre os dois igual a 100 pulos da lebre, o número de pulos que deverá dar o cachorro para alcançar a lebre é de:

a) 40 b) 70 c) 80 d) 90 e) 50

125) Um cachorro persegue uma lebre. Enquanto o cachorro dá 5 pulos, a lebre dá 8 pulos. Porém, 2 pulos de cachorro valem 5 pulos de lebre. Sendo a distância entre os dois igual a 36 pulos de cachorro, o número de pulos que deverá dar o cachorro para alcançar a lebre é de:

a) 40 b) 50 c) 80 d) 70 e) 100

126) **(FJG)** Um gato persegue um rato que tem, inicialmente, uma vantagem de 35 pulos. A cada dois pulos que o gato dá em direção ao rato, este dá 5 pulos; mas os pulos do gato são 3 vezes maiores que o do rato. Dessa forma, o número de pulos que o gato deve dar para alcançar o rato é igual a:

a) 50 b) 60 c) 65 d) 70 e) 75

127) **(AFA)** Um cão e um gato, ambos parados, observam-se a uma distância de 35m. No mesmo instante, em que o cão inicia uma perseguição ao gato, este parte em fuga. O cão percorre 2m no

primeiro segundo, 4m no seguinte, 6m no terceiro segundo e, assim, sucessivamente. O gato, apavorado, percorre 3m no primeiro segundo, 4m no seguinte, 5m no terceiro segundo e, assim, sucessivamente.

Considerando que os dois animais se deslocam sempre sem interrupção em seu movimento e numa trajetória retilínea de mesmo sentido, assinale a alternativa **INCORRETA**.

a) Até o quinto segundo, o cão terá percorrido uma distância igual àquela que o separa do gato naquele instante.

b) Ao final dos três primeiros segundos, o cão ainda está 35m distante do gato.

c) Em dez segundos, o cão alcançará o gato.

d) No oitavo segundo, o gato percorre 14 metros.

128) **(EEAR)** Milton comprou um carro 0km e, pensando em economizar os pneus, usou os quatro colocados mais o estepe, numa viagem cujo percurso foi de 2.000km. Se cada pneu rodou a mesma quilometragem, então o estepe foi usado nessa viagem por

a) 2.000km b) 1.600km c) 1.200km d) 800km

129) **(UERJ)** No triângulo desenhado abaixo, os pequenos círculos deverão ser preenchidos com os algarismos significativos 1, 2, 3, 4, 5, 6, 7, 8 e 9, sem repeti-los, de modo que nos vértices sejam colocados os algarismos 7, 8 e 9, e que a soma dos algarismos dos 4 círculos em cada lado tenha sempre o mesmo valor.

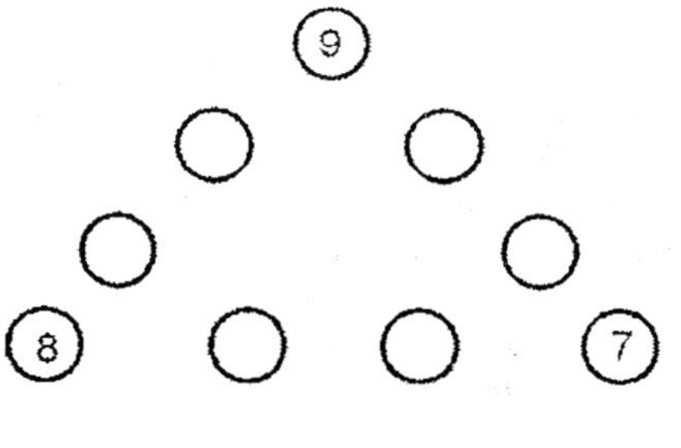

Assim, esta soma será:

a) 19 b) 21 c) 23 d) 81

130) **(CEFET)** O índice de massa corporal, que é encontrado dividindo-se o peso em kg pelo quadrado da altura em m, é uma das formas para conhecer a faixa de peso ideal de uma pessoa. Em que faixa se encontra quem pesa 64 kg, tendo 1,6 m de altura?

a) índice menor que 15 – magreza excessiva

b) índice $\in$ [15, 20[- magro

c) índice $\in$ [20, 25[- relação ideal

d) índice $\in$ [25, 30[- sobrepeso

e) índice $\in$ [30, 40[- obeso

131) **(ESAF)** O denominado Índice de Massa Corporal – IMC de uma pessoa é determinado pelo quociente entre o peso P da pessoa, medido em kilogramas, e a altura H da pessoa, medida em metros, ao quadrado, isto é IMC = P/H^2.

Determine o valor mais próximo do IMC de uma pessoa com 1,75m de altura e 70 kg de peso.

a) 21,7 b) 25,2 c) 26,1 d) 22,9 e) 23,8

132) **(CM – RJ)** Para avaliar se uma pessoa é obesa ou não, calcula-se o Índice de Massa Corporal (IMC), que é o número obtido dividindo-se a massa corporal "peso" (em quilogramas), pelo quadrado da altura. Quem tem esse índice superior a 30 é obeso. A reportagem a seguir foi extraída e adaptada da revista Veja.

Lauro diz que o guru do emagrecimento morreu acima do peso e com o coração em mau estado. O laudo preparado por médicos legistas de Nova York registra que o corpo de Robert Atkins pesava 117 quilos. A divulgação do documento na semana passada, dez meses depois da morte do médico americano, aos 72 anos, teve a repercussão de uma explosão nuclear no mundo dos regimes de emagrecimento. Significa que o guru das dietas morreu com 27 quilos acima do peso considerado ideal para seu 1,82 metro de altura.

Baseando-se nessas informações, calculamos o IMC de Robert Atkins, e encontramos:

a) 32 b) 33 c) 34 d) 35

133) **(EPSJV)** João Paulo foi à feira com seu pai e ficou impressionado ao ver uma balança em equilíbrio, como apresentada na figura abaixo.

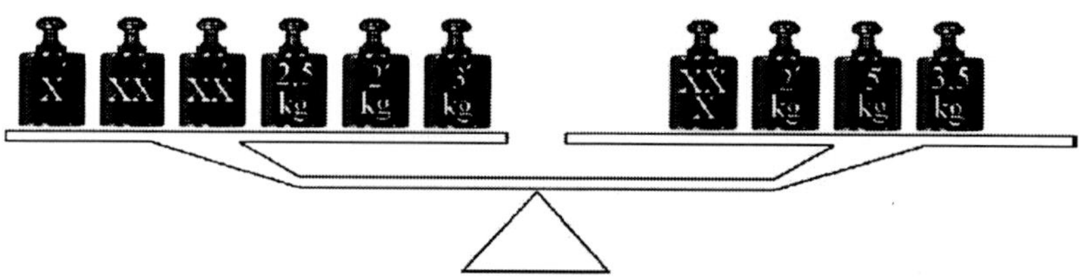

Ele percebeu que alguns pesos indicavam suas massas em quilogramas (kg), enquanto outros não. Ao aproximar-se da barraca, ouviu do feirante que, entre os pesos que não indicavam suas massas, o peso marcado com X possui a menor massa, que o peso marcado com XX possui o dobro da massa de X e assim sucessivamente. De acordo com os dados apresentados, a massa do menor peso, em quilogramas, é de:

a) 1 kg b) 1,5 kg c) 3 kg d) 2 kg e) 2,5 kg

134) **(CM – SALVADOR)** A balança da figura está em equilíbrio com bolas e saquinhos de areia em cada um de seus pratos. As bolas são todas iguais e os saquinhos também. Se cada bola pesa 30 gramas, então o peso total que está sobre cada um dos pratos é

a) 350g b) 420g c) 450g d) 500g e) 520g

135) **(CFN)**

Na balança acima, 15 maçãs, cada uma com 180 gramas, mais 8 laranjas, cada uma com x gramas, equilibram-se com uma melancia de 4.300g. Quantos gramas tem cada laranja?

a) 200g b) 210g c) 220g d) 222g e) 225g

136) **(CFN)** O desenho mostra uma balança em equilíbrio. Qual a massa de cada cubo?

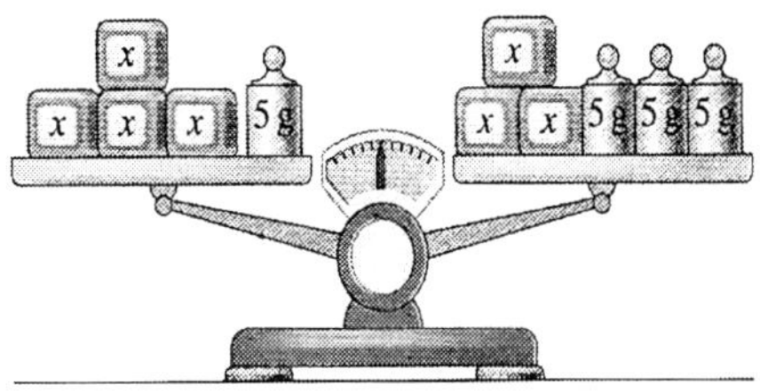

a) 10 gramas b) 20 gramas c) 28 gramas d) 34 gramas e) 35 gramas

137) **(FCC)** No esquema seguinte têm-se indicadas as operações que devem ser sucessivamente efetuadas, a partir de um número X, a fim de obter-se como resultado final o número 12.

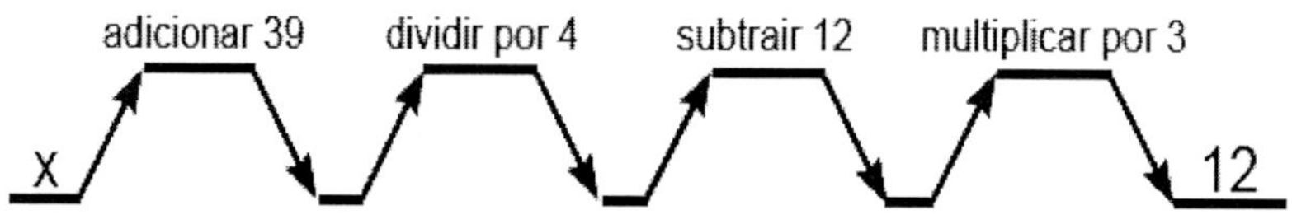

É verdade que o número X é:

a) primo

b) par

c) divisível por x

d) múltiplo de 7

e) quadrado perfeito

138) **(UERJ)** Nicole pediu a seu irmão João que pensasse em um número e efetuasse as seguintes operações, nesta ordem:

1º - multiplicar o número pensado por 5
2º - adicionar 6 ao resultado
3º - multiplicar a soma obtida por 4
4º - adicionar 9 ao produto
5º - multiplicar a nova soma por 5

João comunicou que o resultado é igual a **K**.

As operações que Nicole deve efetuar com **K**, para "adivinhar" o número pensado, equivalem às da seguinte expressão:

a) (K – 165) : 100

b) (K – 75) : 100

c) K : 100 + 165

d) (K + 165) : 100

139) **(FCC)** Pensei em um número e dele

- subtraí 3 unidades;
- multipliquei o resultado por 5;
- somei 9 unidades;
- obtive 24 como resultado.

É correto afirmar que o quadrado desse número é

a) 1 b) 4 c) 16 d) 25 e) 36

140) **(FCC)** Quando o usuário digita na tela um número positivo n, um programa de computador executa a seguinte sequência de operações:

I. Soma 0,71 ao número n.

II. Extrai a raiz quadrada do resultado obtido em (I).

III. Multiplica o resultado obtido em (II) por 7,2.

IV. Escreve na tela o resultado obtido em (III).

Após digitar na tela o número positivo, um usuário observou que esse programa escreveu na tela o número 15,12. O número digitado por esse usuário foi

a) 3,3 b) 3,4 c) 3,5 d) 3,6 e) 3,7

141) **(CM – SALVADOR)** Multiplicamos um número por 5 e somamos 5 ao resultado, obtendo 555. Se tivéssemos dividido aquele número por 5 e subtraído 5 do resultado, teríamos encontrado:

a) 17 b) 15 c) 5 d) 27 e) 22

142) **(EsSA)** Para que uma escada seja confortável, sua construção deverá atender aos parâmetros **e** e **p** da equação 2e + p = 63, onde **e** e **p** representam, respectivamente, a altura e o comprimento, ambos em centímetros, de cada degrau da escada. Assim, uma escada com 25 degraus e altura total igual a 4m deve ter o valor de **p** em centímetros igual a

a) 32 b) 31 c) 29 d) 27 e) 26

143) **(FCC)** A numeração dos sapatos brasileiros (N) relaciona-se com o comprimento do pé de uma pessoa, em centímetros, (c) por meio da fórmula:

$$N = \frac{5c+28}{4}$$

De acordo com essa fórmula, o comprimento, em centímetros, do pé de uma pessoa que calça 44 deve estar entre

a) 29 e 30 b) 32 e 33 c) 35 e 36 d) 40 e 41 e) 44 e 45

144) **(CM – FORTALEZA)** Sabe-se que no fim do século XVIII eram utilizadas mais de sessenta escalas termométricas diferentes. Destacam-se, entre elas, a Celsius, a Fahrenheit e a Kelvin. Cada país, de acordo com suas necessidades básicas e científicas, utilizava a escala que lhe fosse mais conveniente. Nos dias de hoje, os países de língua inglesa utilizam a escala Fahrenheit, embora a Celsius seja convencionada como sendo a escala termométrica padrão para todos os países. Desse modo, comumente surge a necessidade de se fazer a conversão de

valores de uma escala para outra. No caso das três escalas citadas acima, essa conversão é feita pelas proporções:

$\frac{C}{5} = \frac{F-32}{9} = \frac{K-273}{5}$, onde C, F e K representam, respectivamente, as temperaturas em graus Celsius (°C), graus Fahrenheit (°F) e Kelvin (K).

Considerando os dados acima, é correto afirmar que

a) 40°C correspondem a – 40K

b) 40°C correspondem a – 40°F

c) – 40°C correspondem a 40°F

d) – 40°C correspondem a – 40°F

e) – 40°C correspondem a 40K

145) **(FCC)** A relação entre a temperatura na escala Celsius (C) e na escala Fahrenheit (F) é dado por $\frac{F-32}{1,8}$. Chamado de C^* valores que constituem boa aproximação de C, podemos obter C^* por meio de diversas fórmulas que favorecem o cálculo mental como, por exemplo, $C^* = \frac{F-30}{2}$. No caso dessa fórmula, C^* estará mais próximo de C quanto mais o valor de F estiver próximo de

a) 30° b) 40° c) 50° d) 60° e) 70°

146) **(ESPCEX)** Dentre as várias formas de se medir temperatura, destacam-se a escala Celsius, adotada no Brasil, e a escala Fahrenheit, adotada em outros países. Para a conversão correta de valores de temperaturas entre essas escalas, deve-se lembrar que 0 grau, na escala Celsius, corresponde a 32 graus na escala Fahrenheit e que 100 graus, na escala Celsius, correspondem a 212 graus na escala Fahrenheit. Para obter um <u>valor aproximado</u> da temperatura, na escala Celsius, correspondente a uma temperatura conhecida na escala Fahrenheit, existe ainda uma regra prática definida por: "divida o valor da temperatura em Fahrenheit por 2 e subtraia 15 do resultado"

A partir dessas informações, pode-se concluir que o valor da temperatura, <u>na escala Celsius</u>, para o qual a regra prática fornece o <u>valor correto</u> na conversão é

a) 10 b) 20 c) 30 d) 40 e) 50

147) **(CM – BRASÍLIA)** A primeira equação de que se tem notícia consta do *papiro de Rhind*. Como os egípcios não utilizavam a linguagem das equações, o número desconhecido era sempre representado pela palavra "montão" e se calculava usando a ideia de proporção. O seguinte problema é um poema hindu do século VII (com adaptações)

"Um colar se rompeu quando brincava um casal de irmãos

Uma fileira de pérolas escapou e dessas pérolas:

- A sexta parte ao solo caiu
- A quinta parte na cama ficou
- Um terço pela jovem se salvou
- A décima parte o irmão recolheu
- E com dezoito pérolas o colar ficou"

Diga-me quantas pérolas tinha o colar?

a) 90 pérolas
b) 92 pérolas
c) 91 pérolas
d) 94 pérolas
e) 95 pérolas

148) A circunferência das rodas dianteiras de um automóvel é de 20dm e a das traseiras é de 25dm. As rodas traseiras deram 600 voltas a menos do que as dianteiras. Qual a distância que o automóvel percorreu?

a) 0,6 km b) 6 km c) 60 km d) 600 km e) 6000 km

149) Duas torneiras são abertas ao mesmo tempo. A primeira enche um tanque em 5 horas e a segunda um outro tanque de igual capacidade em 4 horas. No fim de quanto tempo o volume que falta para encher o segundo tanque será igual a ¼ do volume que falta para encher o primeiro tanque?

a) 3:45h b) 3:30h c) 3h d) 2:45h e) 2:30h

150) **(CN)** Num vaso há 12 litros de vinho e 18 litros de água; noutro há 9 litros de vinho e 3 litros de água. Quantos litros se devem tirar de cada vaso, para se obterem 14 litros que contenham partes iguais de água e vinho?

151) **(EPSJV)** Trinta e seis alunos de uma turma cotizaram-se para pagar a festa de formatura. Quatro alunos que foram reprovados resolveram não participar da festa, aumentando em R$ 15,00 a cota de cada um dos 32 restantes. A festa de formatura vai custar.

a) R$ 4.320,00 b) R$ 5.860,00 c) R$ 6.210,00 d) R$ 7.560,00 e) R$ 8.430,00

152) João vai à escola de ônibus ou metrô. Quando ele vai de metrô ele volta de ônibus. Durante "x" dias letivos, João foi de ônibus 8 vezes, voltou de ônibus 15 vezes e tomou metrô (ida ou volta) 9 vezes. O valor de "x" é:

a) 19 b) 18 c) 17 d) 16 e) 15

153) **(EN)** Um estudante em férias, durante d dias, observou que:

I) Choveu 7 vezes, de manhã ou de tarde.

II) Sempre que chovia de tarde, fazia bom tempo de manhã.

III) Houve 5 tardes de sol.

IV) Houve 6 manhãs de sol.

d é igual a:

a) 7 b) 9 c) 10 d) 11 e) 12

154) **(CN)** Uma jovem lê todos os dias, pela manhã, à tarde ou à noite, mas como é atarefada nunca consegue ler por três turnos consecutivos. Como é muito dedicada, também cuida para nunca ficar três turnos consecutivos sem sua leitura habitual. Seguindo essas regras, ela observou que o último livro que terminou foi lido de tal forma que:

- Foram necessários 28 turnos de leitura para finalizar esse livro;
- Em 12 manhãs, 7 tardes e 10 noites, ela não leu qualquer parte desse livro.

Com base somente nesses dados, quantos dias essa jovem gastou com a leitura desse livro?

a) 19 b) 17 c) 15 d) 13 e) 11

GABARITOS

1) D	2) A	3) A	4) B	5) A	6) E	7) B	8) A
9) A	10) D	11) D	12) D	13) D	14) C	15) D	16) C
17) D	18) A	19) A	20) D	21) B	22) A	23) C	24) A
25) B	26) D	27) B	28) D	29) B	30) A	31) B	32) E
33) D	34) C	35) C	36) C	37) D	38) A	39) D	40) D
41) C	42) E	43) C	44) E	45) A	46) A	47) B	48) D
49) A	50) B	51) B	52) D	53) A	54) A	55) C	56) C

57) C	58) B	59) 396	60) E	61) E	62) D	63) A	64) C
65) B	66) E	67) D	68) B	69) A	70) E	71) C	72) A
73) Há 3 anos	74) C	75) D	76) B	77) A	78) B	79) B	80) C
81) A	82) E	83) B	84) D	85) A	86) C	87) B	88) D
89) D	90) B	91) D	92) E	93) B	94) C	95) B	96) B
97) C	98) C	99) B	100) A	101) C	102) 15 moedas de Cr$ 2,00 e 11 moedas de Cr$ 0,50	103) D	104) A
105) C	106) B	107) A	108) A	109) 39	110) B	111) D	112) A
113) D	114) C	115) D	116) E	117) D	118) D	119) D	120) C
121) A	122) D	123) C	124) C	125) E	126) D	127) D	128) B
129) C	130) D	131) D	132) D	133) B	134) B	135) A	136) A
137) E	138) A	139) E	140) E	141) A	142) B	143) A	144) D
145) C	146) A	147) A	148) B	149) A	150) 10 e 4	151) A	152) D
153) B	154) A						

Capítulo 4

Quadrado Mágico

1. Introdução

- O Quadrado Mágico é uma tabela quadrada formada por números naturais, a partir do número 1 e sem repetição.

- Um Quadrado Mágico de lado **n** (ou ordem **n)** é formado por **n** linhas, por **n** colunas e $\mathbf{n^2}$ casas.

- Um Quadrado Mágico possui apenas 2 diagonais.

- Os dois tipos de Quadrados Mágicos mais cobrados em concursos são os seguintes: Quadrado Mágico Aditivo e Quadrado Mágico Multiplicativo.

2. Quadrado Mágico ou Quadrado Mágico Aditivo

- No Quadrado Mágico Aditivo, a soma dos números de cada uma das linhas é igual à soma dos números de cada coluna e, também, é igual à soma dos números de cada uma das diagonais.

- No Quadrado Mágico de ordem **n**, utilizamos os números naturais de **1** até $\mathbf{n^2}$ para preencher cada uma das casas.

- Em todo Quadrado Mágico Aditivo de lado **n**, a soma dos números de cada linha, de cada coluna e de cada diagonal é calculada pela seguinte fórmula: $S = \frac{n^3 + n}{2}$

- O Termo Central (TC) de um Quadrado Mágico Aditivo de ordem ímpar é dado por: $TC = \frac{S}{n}$

- Em muitas Questões de Concursos, o Quadrado Mágico Aditivo é chamado simplesmente de Quadrado Mágico.

Exemplos:

A) Quadrado Mágico Aditivo de ordem 3 (ou de lado 3)

4	9	2
3	5	7
8	1	6

- O Quadrado Mágico de ordem 3 (ou lado 3) é formado por 3 linhas e por 3 colunas (3x3);

- O Quadrado Mágico de ordem 3 (ou lado 3) é formado por 3^2 casas, isto é, 9 casas;

- O Quadrado Mágico de ordem 3 (ou lado 3) é formado pelos números naturais de 1 até 3^2, ou seja, de 1 até 9 sem repetição;

- No Quadrado Mágico de lado 3, a soma dos números de cada linha, de cada coluna e de cada diagonal é calculada pela seguinte fórmula:

$S = \frac{n^3+n}{2} = \frac{3^3+3}{2} = \frac{27+3}{2} = \frac{30}{2} = 15;$

- Soma de cada linha: 4 + 9 + 2 = 3 + 5 + 7 = 8 + 1 + 6 = 15;

- Soma de cada coluna: 4 + 3 + 8 = 9 + 5 + 1 = 2 + 7 + 6 = 15;

- Soma de cada diagonal: 4 + 5 + 6 = 2 + 5 + 8 = 15;

- O Termo Central (TC) do Quadrado Mágico de ordem 3 é dado por: $TC = \frac{S}{n} = \frac{15}{3} = 5.$

B) Quadrado Mágico Aditivo de ordem 4 (ou de lado 4)

1	15	14	4
12	6	7	9
8	10	11	5
13	3	2	16

- O Quadrado Mágico de ordem 4 (ou lado 4) é formado por 4 linhas e por 4 colunas (4x4);

- O Quadrado Mágico de ordem 4 é formado por 4^2 casas, isto é, 16 casas;

- O Quadrado Mágico de ordem 4 é formado pelos números naturais de 1 até 4^2, ou seja, de 1 até 16 sem repetição;

- No Quadrado Mágico de lado 4, a soma dos números de cada linha, de cada coluna e de cada diagonal é calculada pela seguinte fórmula:

$S = \frac{n^3+n}{2} = \frac{4^3+4}{2} = \frac{64+4}{2} = \frac{68}{2} = 34;$

- Soma de cada linha: 1+ 15 + 14 + 4 = 12 + 6 + 7 + 9 = 8 + 10 + 11 + 5 = 13 + 3 + 2 + 16 = 34;

- Soma de cada coluna: 1 + 12 + 8 + 13 = 15 + 6 + 10 + 3 = 14 + 7 + 11 + 2 = 4 + 9 + 5 + 16 = 34;

- Soma de cada diagonal: 1 + 6 + 11 + 16 = 4 + 7 + 10 + 13 = 34;

- O Quadrado Mágico de ordem 4 não possui o Termo Central (TC), pois a ordem é um número par.

C) <u>Quadrado Mágico Aditivo de ordem 5</u> (ou de lado 5)

11	24	7	20	3
4	12	25	8	16
17	5	13	21	9
10	18	1	14	22
23	6	19	2	15

- O Quadrado Mágico de ordem 5 (ou lado 5) é formado por 5 linhas e por 5 colunas (5x5);

- O Quadrado Mágico de ordem 5 é formado por 5^2 casas, isto é, 25 casas;

- O Quadrado Mágico de ordem 5 é formado pelos números naturais de 1 até 5^2, ou seja, de 1 até 25 sem repetição;

- No Quadrado Mágico de lado 5, a soma dos números de cada linha, de cada coluna e de cada diagonal é calculada pela seguinte fórmula:

$S = \frac{n^3+n}{2} = \frac{5^3+5}{2} = \frac{125+5}{2} = \frac{130}{2} = 65;$

- Soma de cada linha: 11 + 24 + 7 + 20 + 3 = 4 + 12 + 25 + 8 + 16 = 17 + 5 + 13 + 21 + 9 = 10 + 18 + 1 + 14 + 22 = 23 + 6 + 19 + 2 + 15 = 65;

- Soma de cada coluna: 11 + 4 + 17 + 10 + 23 = 24 + 12 + 5 + 18 + 6 = 7 + 25 + 13 + 1 + 19 = 20 + 8 + 21 + 14 + 2 = 3 + 16 + 9 + 22 + 15 = 65;

- Soma de cada diagonal: 11+12+13+14+15 = 3+8+13+18+23 = 65;

- O Termo Central (TC) do Quadrado Mágico de ordem 5 é dado por: $TC = \frac{S}{n} = \frac{65}{5} = 13$.

3. Quadrado Mágico Multiplicativo

- No Quadrado Mágico Multiplicativo, o produto dos números de cada uma das linhas é igual ao produto dos números de cada coluna e, também, é igual ao produto dos números de cada uma das diagonais.

<u>Exemplo</u>: Quadrado Mágico de ordem 3 (ou de lado 3)

2	64	32
256	16	1
8	4	128

- O Quadrado Mágico Multiplicativo de ordem 3 (ou lado 3) é formado por 3 linhas e por 3 colunas (3x3);

- O Quadrado Mágico Multiplicativo de ordem 3 (ou lado 3) é formado por 3^2 casas, isto é, 9 casas;

- Produto de cada linha: 2 x 64 x 32 = 256 x 16 x 1 = 8 x 4 x 128 = 4096;

- Produto de cada coluna: 2 x 256 x 8 = 64 x 16 x 4 = 32 x 1 x 128= 4096;

- Produto de cada diagonal: 2 x 16 x 128 = 32 x 16 x 8 = 4096.

- O Termo Central (TC) de um Quadrado Mágico Multiplicativo de ordem **n** ímpar é dado por: $TC = \sqrt[n]{P}$. Assim, calculando o TC do Quadrado Mágico Multiplicativo acima, temos que:

- n é a ordem do Quadrado Mágico Multiplicativo $\Rightarrow$ n = 3

- P é o valor do produto de cada linha, coluna ou diagonal $\Longrightarrow$ P = 4096
- TC = $\sqrt[n]{P} = \sqrt[3]{4096}$ = 16.

A seguir, faremos uma bateria de exercícios de todo conteúdo estudado neste capítulo.

Exercícios

1) **(CN)** Observe o quadrado em que as letras representam números naturais distintos desde 1 até 9. Se a adição de três números de cada linha, de cada coluna ou de cada diagonal, desse quadrado, tem sempre o mesmo resultado, então a letra **e** representa o número:

a	b	c
d	e	f
g	h	i

a) 1 b) 2 c) 3 d) 4 e) 5

2) **(OBM)** Em um quadrado mágico, a soma dos números de cada linha, coluna ou diagonal é sempre a mesma. No quadrado mágico a seguir, o valor de x é:

1	14	x
26		13

a) 20 b) 22 c) 23 d) 25 e) 27

3) **(OBM)** No quadrado mágico abaixo, a soma dos números em cada linha, coluna e diagonal é sempre a mesma.

15		35
50		
25	x	

Por isso, no lugar do x devemos colocar o número:

a) 30 b) 20 c) 35 d) 45 e) 40

4) **(UFF)** Um dos textos chineses mais antigos é o "I-King", ou livro das permutações. Nele aparece um diagrama "lo-shu", conhecido como "quadrado mágico". A soma dos elementos de cada linha, de cada coluna e de cada diagonal é a mesma.

Considere o quadrado mágico representado abaixo:

4	3x	z
x	5	7y
4z	y	6

Calcule os valores de x, y e z.

5) **(PUC/PR)** Um quadrado mágico é um arranjo quadrado de números tais que a soma dos números em cada fila (linha ou coluna) e nas duas diagonais é o mesmo. Os nove números n, n + 3, n + 6, ... , n + 24, em que n é um número inteiro positivo, podem ser usados para construir um quadrado mágico de três por três.

A soma dos números de uma fila deste quadrado vale:

a) 3n + 6 b) 3n + 36 c) 3n d) 3n + 24 e) 3n + 12

6) **(CM – SANTA MARIA)** Um *quadrado mágico* é um arranjo quadrado de números naturais onde a soma dos números em cada linha, coluna ou diagonal é a mesma como mostra o exemplo abaixo:

6	7	2
1	5	9
8	3	4

Pouco se conhece sobre a história primitiva dos quadrados mágicos, porém existem estudiosos do assunto que afirmam que eles surgiram há cerca de 3000 anos na China. Hoje sabemos que a soma de todos os números de um quadrado mágico n x n é dado pela fórmula $S_n = \frac{n^2\,(n^2+1)}{2}$. Qual é a soma em cada linha de um quadrado mágico 7x7?

a) 7 b) 49 c) 315 d) 1225 e) 175

7) **(OBM)** Abaixo temos um quadrado mágico multiplicativo, onde o produto dos números em cada linha, coluna e diagonal é o mesmo e igual ao número de quatro dígitos ABCD, onde cada letra representa um dígito, e cada casa contém um número inteiro. Se AC representa o número de dois algarismos no centro do quadrado, a soma A + B + C + D vale:

		4
	AC	
	C	24

a) 17 b) 18 c) 19 d) 20 e) 21

8) **(FCC)** Num quadrado mágico 4x4, os dezesseis números inteiros de 1 a 16 devem ser distribuídos entre as dezesseis células do quadrado (um número em cada célula) de modo que a soma dos quatro números de qualquer linha, qualquer coluna ou qualquer das duas diagonais seja sempre a mesma. Considere o quadrado mágico abaixo, parcialmente preenchido, em que as letras representam os números que estão faltando.

16	Q	R	13
S	T	11	8
U	V	7	X
4	Y	Z	1

Nessas condições, a diferença (Q – Z) vale

a) 13 b) 11 c) 1 d) – 11 e) – 13

9) **(CM – CAMPO GRANDE)** O **Quadrado Mágico** é uma tabela quadrada de lado **n**, na qual a soma dos números de qualquer linha, de qualquer coluna e das diagonais principais é constante, sendo que nenhum destes números se repete.

1/2	15/2	7	I/2
6	F/2	7/2	Z/2
F/2	5	11/2	5/2
13/2	L/2	1	8

Na observação do quadrado mágico acima, cuja constante é igual a 17, tendo em vista que cada letra representa um algarismo diferente, podemos concluir que o número que está representando a palavra FELIZ é

a) 68.349 b) 68.439 c) 86.349 d) 86.439 e) 86.946

10) **(COPESE)** A figura abaixo é um quadrado mágico de ordem 3. Dividindo-se em quadrados de uma unidade, obtêm-se 9 casas. Em cada casa, coloca-se um número de 1 a 9 de modo que, somando-se os elementos de cada linha, coluna e diagonal, obtém-se um valor constante, chamado de número planetário; neste caso, esse valor é 15.

15	15	15	15
4	9	2	15
3	5	7	15
8	1	6	15
			15

Para construir o quadrado mágico de ordem 4, procede-se de modo análogo. Neste caso, obtêm-se 16 casas que serão preenchidas com os números de 1 a 16. A soma dos termos colocados nas casas de cada linha, coluna e diagonal é 34. No Quadrado Mágico abaixo, alguns valores foram trocados por letras. A relação matemática CORRETA entre os valores de ***a***, ***b***, ***c*** e ***d*** é:

16	3	2	13
5	**a**	**b**	8
9	**c**	**d**	12
4	15	14	1

a) a + d = b + c

b) b – a = c – d

c) a + b = d + c

d) a + c = b + d

e) a – d = b – c

GABARITOS

1) E 2) E 3) B 4) x=3, y=1 e z=2 5) B 6) E 7) B

8) D 9) C 10) A

Capítulo 5

Problemas de Torneiras

1. Introdução

- Existem várias formas possíveis de resolver problemas envolvendo torneiras. Uma forma simples de resolver estas questões é utilizando as fórmulas abaixo:

1º CASO: ***AS TORNEIRAS REALIZAM TAREFAS IDÊNTICAS***

- Quando as duas torneiras estiverem enchendo um tanque ou quando as duas torneiras estiverem esvaziando um tanque, a solução da questão será encontrada através da fórmula abaixo:

$$T_T = \frac{T_1 \text{ x } T_2}{T_1 + T_2}$$

$$\begin{cases} T_T \Rightarrow \text{Tempo que as duas torneiras trabalham juntas} \\ T_1 \Rightarrow \text{Tempo que a primeira torneira trabalha sozinha} \\ T_2 \Rightarrow \text{Tempo que a segunda torneira trabalha sozinha} \end{cases}$$

Exercícios

1) **(ETFQ)** Uma torneira enche um tanque em três horas e uma outra torneira enche o mesmo tanque em seis horas, em quanto tempo as duas juntas encheriam o referido tanque?

Resolução:

As duas torneiras estão enchendo o tanque. Como as duas torneiras fazem tarefas idênticas, então podemos resolver a questão através da fórmula abaixo:

$$\begin{cases} T_T(\text{Tempo que as duas torneiras trabalham juntas}) = ? \\ T_1(\text{Tempo que a primeira torneira trabalha sozinha}) = 3 \text{ h} \\ T_2(\text{Tempo que a segunda torneira trabalha sozinha}) = 6\text{h} \end{cases}$$

$$T_T = \frac{T_1 \text{ x } T_2}{T_1 + T_2}$$

(Esta fórmula também pode ser utilizada para resolver problemas envolvendo operários, máquinas, etc.)

$T_T = \frac{3 \times 6}{3 + 6} = \frac{18}{9}$ h = 2h

<u>GABARITO</u>: As duas torneiras juntas enchem o tanque em 2 horas.

2) **(CN)** Duas torneiras enchem um tanque em 4 horas. Uma delas sozinha, enchê-lo-ia em 7 horas. Em quantos minutos a outra, sozinha, encherá o tanque?

<u>Resolução</u>:

As duas torneiras estão enchendo o tanque. Como as duas torneiras fazem tarefas idênticas, então podemos resolver a questão através da fórmula abaixo:

$$\begin{cases} T_T(\text{Tempo que as duas torneiras trabalham juntas}) = 4\text{h} \\ T_1(\text{Tempo que a primeira torneira trabalha sozinha}) = 7\text{h} \\ T_2(\text{Tempo que a segunda torneira trabalha sozinha}) = x \end{cases}$$

$$\boxed{T_T = \frac{T_1 \times T_2}{T_1 + T_2}}$$

$4 = \frac{7 \cdot x}{7 + x}$

7x = 4(7 + x)

7x = 28 + 4x

7x – 4x = 28

3x = 28

x = $\frac{28}{3}$ h x 60 (multiplicar por 60 para transformar em minutos)

x = 560 minutos

<u>GABARITO</u>: A segunda torneira enche sozinha o tanque em 560 minutos.

2º CASO: ***<u>AS TORNEIRAS REALIZAM TAREFAS OPOSTAS</u>***

- Quando uma torneira estiver enchendo um tanque e a outra torneira estiver esvaziando um tanque, a solução da questão será encontrada através da fórmula abaixo, sendo T1 > T2:

$$\boxed{T_T = \frac{T_1 \times T_2}{T_1 - T_2}}$$

$$\begin{cases} T_T \Rightarrow \text{Tempo que as duas torneiras trabalham juntas} \\ T_1 \Rightarrow \text{Tempo que a primeira torneira trabalha sozinha} \\ T_2 \Rightarrow \text{Tempo que a segunda torneira trabalha sozinha} \end{cases}$$

Exercícios

3) **(VUNESP)** Uma torneira enche completamente um tanque em 4 horas. Há um registro de saída no fundo do tanque e, quando aberto, esvazia esse tanque em 8 horas. Se a torneira for totalmente aberta com o tanque vazio, e o registro estiver totalmente aberto, o tanque estará completamente cheio em:

a) 12 horas b) 10 horas c) 8 horas d) 6 horas e) 5 horas

Resolução:

Uma torneira está enchendo o tanque e a outra está esvaziando o tanque. Para tarefas opostas devemos utilizar a fórmula abaixo:

$$\begin{cases} T_T(\text{Tempo que a torneira e o registro trabalham juntos}) = ? \\ T_1(\text{Tempo que o registro esvazia o tanque sozinho}) = 8h \\ T_2(\text{Tempo que a torneira enche o tanque sozinha}) = 4h \end{cases}$$

$$\boxed{T_T = \frac{T_1 \times T_2}{T_1 - T_2}}$$

$$T_T = \frac{8 \times 4}{8 - 4} = \frac{32}{4} = 8h$$

GABARITO: C

BIZUS !!!

1°) As fórmulas que foram apresentadas anteriormente, podem ser utilizadas para a resolução de problemas de torneiras, operários, máquinas, trabalhadores, escavadeiras, pedreiros, etc.

2°) Quando o enunciado da questão mencionar que existem três torneiras (T_1, T_2 e T_3), o resultado da questão será encontrado da seguinte forma:

- Calcular o T_T entre as duas torneiras que realizam tarefas idênticas;

- O resultado final será o cálculo entre o tempo calculado anteriormente e o tempo da torneira remanescente.

A seguir, faremos uma bateria de exercícios de todo conteúdo estudado neste capítulo.

Exercícios

4) **(EEAR)** Duas torneiras despejam água em um mesmo reservatório. A primeira, funcionando sozinha, pode enchê-lo em duas horas e a segunda enche-o em três horas quando funciona só. Abertas simultaneamente, o tempo que levarão para encher o mesmo tanque, em minutos, é

a) 45 b) 60 c) 72 d) 90

5) **(EsSA)** Uma torneira pode encher um tanque em 6 horas e uma segunda enche-o em 9 horas. Funcionando juntas encherão o tanque em:

a) 3h 36min b) 2h 24min c) 3h 30min d) 2h 36min

6) Um operário faz um trabalho em 12 dias e um outro em 6 dias. Em quantos dias os dois juntos terminarão o serviço?

a) 5 dias b) 4 dias c) 6 dias d) 3 dias e) 8 dias

7) **(EsSA)** Um tanque é alimentado por duas torneiras. A 1ª pode enchê-lo em 6 horas e a 2ª, em 4 horas. Em quanto tempo as duas torneiras juntas podem encher o tanque?

a) 2h b) 4h 30min c) 2h 24min d) 5h

8) **(EsSA)** Uma torneira enche um tanque em 12 horas e outra em 18 horas. As duas juntas, encherão o tanque em:

a) 15h exatamente
b) menos de 6h
c) mais de 8h
d) entre 6h e 8h
e) nenhuma acima

9) **(CFN)** Uma torneira X consegue encher uma piscina sozinha em 4 horas enquanto a torneira Y demora 6 horas. Em quanto tempo as torneiras X e Y conseguem encher juntas essa mesma piscina?

a) 2h 24 min b) 3h 40 min c) 5h d) 10h

10) **(CFN)** Uma torneira enche um tanque sozinha em 2 horas enquanto outra torneira demora 4 horas. Em quanto tempo as duas torneiras juntas encherão esse mesmo tanque?

a) 1h 10 min b) 1h 20 min c) 1h 30 min d) 1h 50 min e) 2h

11) **(FCC)** O faxineiro A limpa certo salão em 4 horas. O faxineiro B faz o mesmo serviço em 3 horas. Se A e B trabalham juntos, em quanto tempo, aproximadamente, espera-se que o serviço seja feito?

a) 2 horas e 7 minutos
b) 2 horas e 5 minutos
c) 1 hora e 57 minutos
d) 1 hora e 43 minutos
e) 1 hora e 36 minutos

12) **(EsSA)** Uma torneira enche um tanque em 3 horas e uma outra em 6 horas. Abertas as duas torneiras, o tempo necessário para encher a metade do tanque é:

a) 2h b) 1h c) 75 min d) 90 min e) 40 min

13) **(EPCAR)** Duas máquinas **A** e **B** de modelos diferentes, mantendo cada qual sua velocidade de produção constante, produzem juntas **n** peças iguais, gastando simultaneamente 2 horas e 40 minutos.

A máquina **A** funcionando sozinha, mantendo sua velocidade constante, produziria, em 2 horas de funcionamento, n/2 dessas peças.

É correto afirmar que a máquina **B**, mantendo sua velocidade de produção constante, produziria também n/2 dessas peças em

a) 40 minutos b) 120 minutos c) 160 minutos d) 240 minutos

14) **(EsSA)** Uma torneira pode encher um reservatório em 3 horas e uma segunda pode fazê-lo em 15 horas. O tempo que decorrerá até que as duas torneiras, funcionando juntas, encham 2/3 da capacidade do reservatório será de:

a) 1h 40 min b) 3h 20 min c) 130 min d) 126 min e) 180 min

15) Duas torneiras enchem juntas um tanque 2 horas. Se a primeira torneira enche sozinha o tanque em 6 horas, em quanto tempo a segunda torneira encherá sozinha o mesmo tanque?

a) 4h b) 3h c) 5h d) 7h e) 8h

16) **(CONSULPLAN)** Duas torneiras enchem juntas um tanque em 10 horas. Se uma delas enche o tanque em 30 horas, em quanto tempo a outra torneira poderá encher o mesmo tanque?

a) 12 horas b) 20 horas c) 15 horas d) 18 horas e) 24 horas

17) **(FCC)** Certo dia, Alfeu e Gema foram incumbidos de, no dia seguinte, trabalharem juntos a fim de cumprir uma certa tarefa; entretanto, como Alfeu faltou ao serviço no dia marcado para a execução de tal tarefa, Gema cumpriu-a sozinha. Considerando que, juntos, eles executariam a tarefa em 3 horas e que, sozinho, Alfeu seria capaz de executá-la em 5 horas, o esperado é que, sozinha, Gema a tenha cumprido em

a) 6 horas e 30 minutos
b) 7 horas e 30 minutos
c) 6 horas
d) 7 horas
e) 8 horas

18) Adriane faz um serviço 8 vezes mais rápido do que Amanda. Trabalharam juntas durante 4 horas. E após esse tempo, Amanda afastou-se e Adriane terminou o serviço em 2 horas. Em quanto tempo Amanda faria o serviço sozinha?

a) 6:30h b) 26h c) 39h d) 52h e) 65h

19) **(FCC)** Trabalhando individualmente, o funcionário A é capaz de cumprir certa tarefa em 8 horas, o funcionário B em 6 horas e o funcionário C em 5 horas. Nessas condições, se trabalharem juntos na execução dessa tarefa, o esperado é que ela seja cumprida em, aproximadamente,

a) 1 hora e 40 minutos
b) 2 horas, 2 minutos e 2 segundos
c) 2 horas e 20 minutos
d) 2 horas, 22 minutos e 30 segundos
e) 2 horas e 54 minutos

Resolução:

Os três funcionários fazem tarefas idênticas. Logo, para resolver a questão iremos utilizar a seguinte fórmula: $T_T = \frac{T_1 \times T_2}{T_1 + T_2}$ $\begin{cases} T_1(\text{Tempo que o funcionário A executa a tarefa}) = 8\text{h} \\ T_2(\text{Tempo que o funcionário B executa a tarefa}) = 6\text{ h} \\ T_3(\text{Tempo que o funcionário C executa a tarefa}) = 5\text{h} \end{cases}$

A fórmula é utilizada para resolver questões envolvendo apenas dois funcionários. Assim, vamos aplicar a fórmula para os funcionários A e B (Basta escolher dois funcionários quaisquer e aplicar a fórmula).

$T_T = \frac{8 \times 6}{8+6} = \frac{48}{14} = \frac{24}{7}$ h (Tempo que os funcionários A e B executam juntos a tarefa)

Para encontrar a resposta, devemos aplicar a fórmula utilizando o tempo que foi calculado e o tempo do funcionário remanescente.

$$T_T = \frac{\frac{24}{7} \times 5}{\frac{24}{7} + 5} = \frac{\frac{120}{7}}{\frac{59}{7}} = \frac{120}{7} \times \frac{7}{59} = \frac{120}{59} \text{ h} = 2\text{h } 2\text{min } 2\text{seg}$$

GABARITO: B

20) **(UFPR)** Um tanque é abastecido com água por três torneiras, cada uma com uma vazão diferente, que podem ser abertas e fechadas individualmente. Quando o tanque se encontra vazio, cada uma delas é capaz de enchê-lo em 2, 5 e 10 horas individualmente. Se as três torneiras forem abertas simultaneamente, no momento em que o tanque está vazio, quanto tempo será necessário para enchê-lo?

a) 1 hora e 15 minutos
b) 1 hora e 48 minutos
c) 3 horas e 20 minutos
d) 7 horas e 12 minutos

21) **(CM – BRASÍLIA)** Considere que um tanque possui 3 torneiras. Para enchê-lo, a 1ª gasta 2 horas, a 2ª três horas e a 3ª nove horas. Com as três torneiras abertas simultaneamente, o tanque ficará cheio em aproximadamente:

a) 35min b) 64min c) 63min d) 67min e) 75min

22) **(CM – MANAUS)** Uma torneira pode encher um tanque em 9 horas e outra pode encher o mesmo tanque em 12 horas. Se juntamente com estas duas torneiras fosse ligada uma terceira, o tanque ficaria cheio em 4 horas. Então, o tempo que a terceira torneira levaria para encher sozinha o tanque é de:

a) 12 horas b) 18 horas c) 20 horas d) 14 horas e) 16 horas

23) Uma torneira enche um tanque em 4 horas e uma outra o esvazia em 3 horas. Estando o tanque cheio e abrindo as torneiras ao mesmo tempo, em quanto tempo o tanque estará vazio?

a) 12h b) 10h c) 11h d) 15h e) 14h

24) **(CETREDE)** Uma mangueira enche um tanque em 10 horas; outra, o esvazia em 15 horas. Quantas horas levarão as duas mangueiras abertas para encherem o tanque quando estiver vazio?

a) 24 b) 26 c) 30 d) 22 e) 18

25) **(ESPCEX)** Um reservatório tem duas torneiras, sendo uma de entrada e uma de saída de água. A de entrada enche-o em 6 horas e a de saída esvazia-o em 14 horas. Estando vazio o reservatório, abrem-se, simultaneamente, as duas torneiras. Ao final de quantas horas o reservatório estará completamente cheio?

26) Uma torneira enche um tanque em 12 horas, e outra o esvazia em 15 horas. O tanque já está com ¼ de sua capacidade completa. Abrindo-se as duas torneiras ao mesmo tempo, o tanque ficará cheio em .... horas.

a) 30 b) 35 c) 40 d) 45 e) 55

27) Duas torneiras funcionando juntas, deixam um tanque cheio em 15 horas. A primeira enche o tanque em 6 horas. Em quantas horas a segunda esvazia o tanque?

a) 20h b) 25h c) 10h d) 5h e) 15h

28) Uma torneira enche um tanque em 4 horas e uma outra em 6 horas. Há um cano de escoamento que pode esvaziá-la em 3 horas. Funcionando as torneiras e o cano de escoamento, em quantas horas o tanque estará cheio?

a) 6h b) 8h c) 10h d) 12h e) 24h

Resolução:

De acordo com o enunciado da questão, existem duas torneiras que enchem o tanque e um cano de escoamento que esvazia o tanque.

$$\begin{cases} T_1(\text{Tempo que a primeira torneira enche o tanque}) = 4\text{h} \\ T_2(\text{Tempo que a segunda torneira enche o tanque}) = 6\text{ h} \\ T_3(\text{Tempo que o cano de escoamento esvazia o tanque}) = 3\text{h} \end{cases}$$

Vamos trabalhar inicialmente com as duas torneiras. Como as tarefas são idênticas devemos aplicar a fórmula abaixo:

$$\boxed{T_T = \frac{T_1 \times T_2}{T_1 + T_2}}$$

$T_T = \frac{4 \times 6}{4 + 6} = \frac{24}{10} = \frac{12}{5}$ h (Tempo que as duas torneiras enchem juntas o tanque)

Na sequência, devemos aplicar a fórmula considerando que existe uma torneira e um cano de escoamento. Logo, devemos utilizar a fórmula abaixo:

$$T_T = \frac{T_1 \times T_2}{T_1 - T_2}$$

$$T_T = \frac{3 \times \frac{12}{5}}{3 - \frac{12}{5}} = \frac{\frac{36}{5}}{\frac{3}{5}} = \frac{36}{5} \times \frac{5}{3} = \frac{180}{15}\,h = 12h$$

<u>GABARITO</u>: D

29) **(ESAF)** Em um tanque há 3 torneiras. A primeira enche o tanque em 5 horas, a segunda, em 8 horas, já a terceira o esvazia em 4 horas. Abrindo-se as 3 torneiras ao mesmo tempo e estando o tanque vazio, em quanto tempo o tanque ficará cheio?

a) 10h e 40minutos
b) 13h e 20minutos
c) 14h e 30minutos
d) 11h e 50 minutos
e) 12h e 10minutos

30) **(ESPCEX)** Um tanque de combustível dispõe de duas torneiras de entrada que o enchem em 5 horas e 6 horas, respectivamente, e uma torneira de saída que o esvazie completamente em 3 horas. Estando o tanque totalmente vazio, se as 3 torneiras estão abertas, simultaneamente, quantas horas são necessárias para encher o tanque?

31) **(EEAR)** Um tanque tem 3 torneiras. A 1ª enche o tanque em 25 horas, a 2ª, em 40 horas, já a 3ª, o esvazia em 20 horas. O tanque está com ¼ de água. Abrindo-se, simultaneamente, as três torneiras, ele ficará cheio em:

a) 55h 40min
b) 53h 12min
c) 52h
d) 50h

32) **(CM – RJ)** Uma torneira tem capacidade de encher um tanque em 5 horas. Outra torneira enche o mesmo tanque em 3 horas. Sabe-se que neste tanque existe um ralo que o esvazia em 2 horas. Estando o tanque vazio, abrimos as duas torneiras ao mesmo tempo. Após meia hora, abrimos também o ralo. O tempo que este tanque levará para transbordar será de:

a) 14,5 horas
b) 15 horas
c) 22 horas
d) 22,5 horas
e) 30 horas

33) Um operário já tinha executado um terço de um trabalho em 6 dias. Foi contratado um segundo operário para auxiliá-lo, e, juntos, concluíram o serviço em mais 4 dias de trabalho. Determinar em quantos dias o segundo operário executaria sozinho o serviço todo.

a) 15 b) 14 c) 12 d) 9 e) 6

34) Em 3 horas, uma torneira enche $\frac{4}{7}$ de um reservatório de água, e outra esvazia $\frac{2}{5}$ do mesmo reservatório. Estando o reservatório vazio e abrindo-se simultaneamente as duas torneiras, calcule em quantas horas ele ficará cheio.

a) 17:30h b) 15h c) 12h d) 9h e) 6h

Resolução:

Em 3 horas uma torneira enche 4/7 do reservatório e a outra esvazia 2/5 do mesmo reservatório. Assim, após 3 horas, com as duas torneiras funcionando, a fração do reservatório que estará cheio é $\frac{4}{{}^{7}/_{5}} - \frac{2}{{}^{5}/_{7}} = \frac{20-14}{35} = \frac{6}{35}$.

Tempo para o reservatório ficar totalmente cheio: 3 x $\frac{35}{6}$ h = $\frac{105}{6}$ h = 17:30h

GABARITO: A

35) Uma torneira pode encher um reservatório em 3 horas e uma segunda torneira pode fazê-lo em 15 horas. O tempo que decorrerá até que as duas torneiras, funcionando juntas, encham $\frac{2}{3}$ da capacidade do reservatório será de:

a) 1:40h b) 1:10h c) 3:20h d) 1:06h e) 3h

36) **(CN)** Um reservatório deve ser enchido completamente com uma mistura de 76% de gasolina e de 24% de álcool. A torneira que fornece gasolina enche este tanque, sozinha, em 4 horas, e a torneira que fornece álcool enche este tanque, sozinha, em 6 horas. Abrindo-se essas torneiras no mesmo instante, quanto tempo a mais uma delas deve ser deixada aberta, depois de a outra ser fechada, para que as condições estabelecidas sejam satisfeitas?

a) 1h 30 min b) 1h 36 min c) 1h 42 min d) 1h 48 min e) 1h 54 min

GABARITOS

1) 2 h	2) 560 min	3) C	4) C	5) A	6) B	7) C	8) D
9) A	10) B	11) D	12) B	13) D	14) A	15) B	16) C
17) B	18) D	19) B	20) A	21) B	22) B	23) A	24) C
25) 10h 30min	26) D	27) C	28) D	29) B	30) 30 h	31) D	32) D
33) D	34) A	35) A	36) B				

Capítulo 6

Problemas de Velocidades

1. Introdução

- A **velocidade** de um corpo é a **rapidez** com que este corpo percorre uma distância em determinado tempo.

- A velocidade de um corpo é calculada pela razão entre o seu deslocamento e o tempo gasto no deslocamento, ou seja, $\boxed{V = \frac{E}{T}}$.

$$\begin{cases} V = \text{Velocidade} \\ E = \text{Espaço ou Deslocamento ou Distância} \\ T = \text{Tempo} \end{cases}$$

- As unidades de velocidade normalmente utilizadas são as seguintes: ***m/s*** *(metros por segundo)* *e* ***km/h*** *(quilômetros por hora).*

Exercícios

1) **(EAM)** Suponha que uma pessoa corra em uma esteira 4.500m em 900 minutos. Sabendo que a velocidade é a razão da variação do espaço pelo tempo decorrido, determine a velocidade desenvolvida por essa pessoa, supondo que essa velocidade seja constante.

a) 5,0 km/h b) 2,5 km/h c) 1,5 km/h d) 0,8 km/h e) 0,3 km/h

Resolução:

- Espaço = 4.500m = 4,5km

- Tempo = 900 min = 15h

- Velocidade = ?

- Vamos aplicar a fórmula E = V x T para encontrar a solução da questão.

4,5 = V x 15

$V = \frac{4,5}{15}$

V = 0,3 km/h

GABARITO: E

2) **(CM – FORTALEZA)** "A Terra, assim como todos os planetas do sistema solar, gira em torno do Sol. A este movimento chama-se translação. Ela demora cerca de 365 dias, ou seja, um ano para dar uma volta completa em torno do Sol".

(http://www.minerva.uevora.pt/itic/1998_1999/ceu/sistemas)

Com base nas informações contidas no texto acima, considerando que a órbita da Terra é circular e que sua distância ao Sol é de $\frac{469755 \,.\, 10^3}{\pi}$ km, podemos afirmar que a velocidade de translação da Terra é de

a) 2574 . 10^3 km/h

b) 2574 . 10^2 km/h

c) 25740 km/h

d) 1072,5 . 10^3 km/h

e) 1072,5 . 10^2 km/h

Resolução:

- A órbita da terra é circular e sua distância ao Sol é de $\frac{469755 \,.\, 10^3}{\pi}$ km.

- Tempo = 365 dias = 365 x 24 = 8.760h

- Velocidade de translação da Terra = ?

- A distância da Terra até o Sol é igual ao raio da órbita da Terra. Assim, temos que: Raio (R) = $\frac{469755 \,.\, 10^3}{\pi}$ km

- O espeço é igual ao comprimento da circunferência e será calculado através da seguinte fórmula: E = 2 x π x R

$E = 2 \times \pi \times \frac{469755 \,.\, 10^3}{\pi}$

E = 2 x 469.755.000

E = 939.510.000 km

- Vamos aplicar a fórmula para encontrar a solução da questão (E = V x T)

939.510.000 = V x 8.760

$V = \frac{939.510.000}{8.760}$

V = 107.250 km/h

GABARITO: E

3) **(EEAR)** Um caminhão ao percorrer uma rodovia reta, passa pelo marco 50km às 8 horas e 20 minutos e pelo marco 170km às 9 horas e 50 minutos. A velocidade média nesse intervalo foi, em km/h, de

a) 60 b) 80 c) 92 d) 146

Resolução:

- O caminhão percorreu a rodovia do marco 50km até o marco 170km. Logo, Espaço (E) = 170 – 50 = 120km
- Tempo = 9 horas e 50 minutos – 8 horas e 20 minutos = 1hora e 30 minutos = 1,5h
- Velocidade Média = ?

- Vamos aplicar a fórmula para encontrar a solução da questão (E = V x T)

120 = V x 1,5

$V = \frac{120}{1,5}$

V = 80km/h

GABARITO: B

4) **(EEAR)** Um ônibus de 8m de comprimento, deslocando-se com uma velocidade constante de 36km/h atravessa uma ponte de 12m de comprimento. Qual o tempo gasto pelo ônibus, em segundos, para atravessar totalmente a ponte?

a) 1 b) 2 c) 3 d) 4

Resolução:

- Espaço = comprimento do ônibus + comprimento da ponte = 8m + 12m = 20m

- Velocidade = 36km/h = 36 **:** 3,6 = 10m/s

- Tempo = ?

- Vamos aplicar a fórmula para encontrar a solução da questão (E = V x T)

20 = 10 x T

$T = \frac{20}{10}$

T = 2 segundos

GABARITO: B

2. Conversão entre unidades

- Para transformar de ***m/s*** para ***km/h***, basta multiplicar por 3,6.

- Para transformar de ***km/h*** para ***m/s***, basta dividir por 3,6.

Exemplos:
Transforme de *m/s* para *km/h*:

a) 30 m/s = 30 x 3,6 = 108 km/h

b) 40 m/s = 40 x 3,6 = 144 km/h

c) 15 m/s = 15 x 3,6 = 54 km/h

Transforme de *km/h* para *m/s*:

a) 36 km/h = 36 : 3,6 = 10 m/s

b) 108 km/h = 108 : 3,6 = 30 m/s

c) 540 km/h = 540 : 3,6 = 150 m/s

Exercícios

5) **(FCC)** A velocidade de 120km/h equivale, aproximadamente, à

a) 33,33 m/s b) 35 m/s c) 42,5 m/s d) 54,44 m/s e) 60 m/s

Resolução:

Para transformar de km/h para m/s basta dividir por 3,6, ou seja, 120 km/h = 120 : 3,6 = 33,33 m/s.

GABARITO: A

3. Velocidade relativa

- A velocidade relativa entre dois corpos que estão em movimento é calculada de acordo com os casos abaixo:

A) *Os corpos se movimentam em sentidos opostos*

- A velocidade relativa é igual à soma das velocidades dos corpos.

B) Os corpos se movimentam no mesmo sentido

- A velocidade relativa é igual à diferença entre a velocidade maior e a velocidade menor.

4. Tempo de encontro

- O tempo de encontro entre dois corpos em movimento é calculado através da fórmula abaixo:

$$\boxed{T_E = \frac{E}{V_R}}$$

$$\begin{cases} T_E \Rightarrow \text{Tempo de encontro} \\ E \Rightarrow \text{Espaço entre os dois corpos} \\ V_R \Rightarrow \text{Velocidade relativa entre os dois corpos} \end{cases}$$

Exercícios

6) **(EPCAR)** Um ciclista parte da cidade **A** em direção a **B**, ao mesmo tempo em que outro parte de **B** em direção a **A**. A distância entre **A** e **B** é 120 km. O primeiro desenvolve velocidade de 24 km/h e o segundo, 16 km/h. Assim, os ciclistas se encontram ao fim de

a) 1 hora b) 2 horas c) 3 horas d) 4 horas

Resolução:

- Os ciclistas se movimentam em sentidos opostos. A Velocidade Relativa (V_R) é calculada pela soma das velocidades dos dois ciclistas, ou seja, V_R = 24 km/h + 16 km/h = 40 km/h.

- O espaço entre os ciclistas é de 120 km.

- Tempo de Encontro (T_E) = $\frac{\text{Espaço}}{\text{Velocidade Relativa}} = \frac{120}{40}$ = 3 horas.

GABARITO: C

7) A distância entre duas estações **A** e **B**, situadas sobre a mesma linha de estrada de ferro, é de 280 km. Às 9:00h parte da estação **A** para a estação **B** um trem com velocidade de 40 km/h e no mesmo instante parte de **B** para **A** outro trem com velocidade de 30 km/h. De acordo com o enunciado da questão, responda as perguntas abaixo:

a) Quanto tempo decorrerá até o momento de encontro dos trens?

b) A que distância da cidade **A** os dois trens se encontrarão?

c) A que horas os dois trens se encontrarão?

Resolução:

• A distância entre as estações **A** e **B** é igual a 280 km ⇒ E = 280 km

• Os dois trens partiram às 9:00h.

• A velocidade do primeiro trem é de 40km/h ⇒ V_1 = 40km/h

• A velocidade do segundo trem é de 30km/h ⇒ V_2 = 30km/h

• Os dois trens partiram em sentidos opostos. Assim, a velocidade relativa é igual a soma das velocidades dos trens.

⇒ $V_R = V_1 + V_2 = 40 + 30 = 70$km/h

a) Tempo de encontro = ?

- Sabemos que o tempo de encontro pode ser calculado pela seguinte fórmula: $T_E = \frac{E}{V_R}$

$T_E = \frac{280}{70} = 4$h

***GABARITO**: Os trens levarão 4 horas até o momento do encontro.*

b) A que distância da cidade **A** os dois trens se encontrarão?

• A velocidade do trem que parte da cidade **A** é de 40km/h ⇒ V = 40km/h

• O tempo do trem em movimento é de 4 horas ⇒ T = 4h

- E = V x T ⇒ E = 40 x 4 = 160km

***GABARITO**: Os trens se encontrarão a 160km da cidade A.*

c) A que horas os dois trens se encontrarão?

• Os trens partiram às 9:00h e levarão 4 horas até o encontro.

***GABARITO**: Os trens se encontrarão às 13:00h.*

5. Velocidade Média

- É possível calcular a velocidade média de um corpo de forma simplificada utilizando as fórmulas abaixo:

<u>1° CASO</u>: *O corpo percorre a primeira metade do percurso com uma velocidade V_1 e a segunda metade do percurso com uma velocidade V_2*

- A velocidade média do corpo pode ser calculada através da seguinte fórmula:

$$V_M = \frac{2 \times V_1 \times V_2}{V_1 + V_2}$$

Exercícios

8) **(ESAF)** Uma pessoa foi da localidade A para B a uma velocidade média de 75 km por hora (km/h); após, retorna de B para A a uma velocidade média de 50 km/h. Considerando todo o percurso de ida e volta, a velocidade média, em km/h foi de:

a) 50 b) 60 c) 62,5 d) 70 e) 72,5

Resolução:

- Velocidade na primeira metade do percurso: V_1 = 75km/h
- Velocidade na segunda metade do percurso: V_2 = 50km/h
- Velocidade média no percurso total = ?

- Vamos aplicar a fórmula abaixo para encontrar a solução da questão:

$$V_M = \frac{2 \times V_1 \times V_2}{V_1 + V_2}$$

$$V_M = \frac{2 \times 75 \times 50}{75 + 50}$$

V_M = 7500/125

V_M = 60km/h

<u>GABARITO</u>: B

<u>2° CASO</u>: *O corpo percorre um percurso de forma que o trecho E_1 é percorrido com uma velocidade V_1 e o trecho E_2 é percorrido com uma velocidade V_2*

- A velocidade média do corpo pode ser calculada através da seguinte fórmula:

$$V_M = \frac{(E_1 + E_2) \times V_1 \times V_2}{E_1 \times V_2 + E_2 \times V_1}$$

Exercícios

9) **(EEAR)** Um móvel percorreu 1/3 (um terço) de sua trajetória com a velocidade média de 80m/s. O restante do percurso, o móvel completa com a velocidade média de 40m/s. A velocidade média desse móvel, em m/s, durante todo percurso, vale

a) 44,0 b) 48,0 c) 53,3 d) 60,0

Resolução:

- Espaço percorrido no primeiro trecho: E_1 = 1/3
- Velocidade no primeiro trecho: V_1 = 80m/s
- Espaço percorrido no segundo trecho: E_2 = 2/3
- Velocidade no segundo trecho: V_2 = 40m/s
- Velocidade média no percurso total = ?

- Vamos aplicar a fórmula abaixo para encontrar a solução da questão.

$$\boxed{V_M = \frac{(E_1 + E_2) \times V_1 \times V_2}{E_1 \times V_2 + E_2 \times V_1}}$$

$$V_M = \frac{\left(\frac{1}{3}+\frac{2}{3}\right) \times 80 \times 40}{\frac{1}{3} \times 40 + \frac{2}{3} \times 80} = \frac{1 \times 80 \times 40}{\frac{40}{3}+\frac{160}{3}} = \frac{3200}{\frac{200}{3}} = 3200 \times \frac{3}{200} = \frac{9600}{200} = 48\text{km/h}$$

GABARITO: B

3° CASO: *O corpo percorre a primeira terça parte do percurso com uma velocidade V_1, a segunda terça parte do percurso com uma velocidade V_2 e a última terça parte do percurso com uma velocidade V_3*

- A velocidade média do corpo pode ser calculada através da seguinte fórmula:

$$\boxed{V_M = \frac{3 \times V_1 \times V_2 \times V_3}{V_1 \times V_2 + V_1 \times V_3 + V_2 \times V_3}}$$

Exercícios

10) **(FGV)** Em uma determinada competição de *triathlon*, um atleta deve percorrer distâncias iguais nadando, andando de bicicleta e correndo. Arquimedes completou a prova nadando a 2km/h, andando de bicicleta a 18km/h e correndo a 9km/h. A velocidade média de Arquimedes para a prova toda foi de

a) 9,7km/h b) 9,0km/h c) 7,8km/h d) 6,7km/h e) 4,5km/h

Resolução:

- Velocidade de Arquimedes nadando: V_1 = 2km/h
- Velocidade de Arquimedes andando de bicicleta: V_2 = 18km/h
- Velocidade de Arquimedes correndo: V_3 = 9km/h
- Velocidade média no percurso total = ?

- É importante observar que as distâncias percorridas por Arquimedes durante a natação (1/3 do percurso), o ciclismo (1/3 do percurso) e a corrida (1/3 do percurso) são iguais. Assim, vamos aplicar a fórmula abaixo para encontrar a solução da questão.

$$V_M = \frac{3 \times V_1 \times V_2 \times V_3}{V_1 \times V_2 + V_1 \times V_3 + V_2 \times V_3}$$

$$V_M = \frac{3 \times 2 \times 18 \times 9}{2 \times 18 + 2 \times 9 + 18 \times 9} = \frac{972}{36 + 18 + 162} = \frac{972}{216} = 4{,}5 \text{ km/h}$$

GABARITO: E

A seguir, faremos uma bateria de exercícios de todo conteúdo estudado neste capítulo.

Exercícios

11) **(CM – SANTA MARIA)** O teleférico ***Emirates Air Line*** sobre o rio Tâmisa foi a principal ligação entre dois importantes locais, durante as Olimpíadas de Londres: o teatro Arena O2 e o centro de exposições ExCel, sendo que o percurso de 800 metros entre os dois lugares é realizado em apenas 5 minutos.
Em média, qual é a velocidade, em quilômetros por hora, do teleférico ***Emirates Air Line***?

a) 8,6 b) 9,6 c) 10 d) 12,4 e) 16

12) **(CONSULPLAN)** A distância entre duas cidades é de 1600 km. Um carro viajando a 80 km/h gastará numa viagem de idade e volta entre essas cidades um tempo de:

a) 10h b) 40h c) 30h d) 48h e) 36h

13) **(EAM)** Um ciclista faz um percurso em 4 horas a uma velocidade constante de 9km por hora. Se o ciclista dobrar sua velocidade, qual será o tempo necessário para percorrer o mesmo trajeto?

a) 1 hora b) 2 horas c) 3 horas d) 4 horas e) 5 horas

14) **(EAM)** Um percurso de 40km é feito em 8 horas numa velocidade constante de 5km/h. Se for aumentado o percurso em 20% e a velocidade em 60%, quantas horas será necessário para fazer o novo percurso?

a) 3 b) 6 c) 8 d) 12 e) 15

15) **(CESGRANRIO)** Considere que a distância da Terra ao Sol seja, em certo dia, de 150 milhões de quilômetros. Sabendo que a velocidade da luz no vácuo é de 300 mil quilômetros por segundo, o tempo que a luz emitida do sol demora para chegar ao nosso planeta é de:

a) 8 minutos e 20 segundos
b) 9 minutos
c) 12 minutos e 40 segundos
d) 15 minutos e 30 segundos
e) 20 minutos

16) **(EEAR)** "O guepardo, também conhecido como *chitá*, é o mais rápido dos animais terrestres. Ele depende de sua velocidade de até 120 km/h para alcançar animais velozes como gazelas e antílopes..." (revista *SuperInteressante*, dezembro de 2000). Admitindo que o guepardo desenvolva sua velocidade máxima, como descrita acima, e sendo constante essa velocidade por 10 segundos, a distância percorrida, em linha reta, por esse animal durante este intervalo de tempo vale aproximadamente

a) 333m b) 333km c) 360km d) 360m

17) **(CFN)** Um trem mede 1km. Ele está a uma velocidade de 1km por minuto. Quantos minutos ele levará para atravessar totalmente um túnel de 1km?

a) 1 minuto
b) 1 minuto e meio
c) 2 minutos
d) 2 minutos e meio
e) 3 minutos

18) **(EEAR)** Um trem de 200m de comprimento, com velocidade escalar constante de 60km/h, gasta 36s para atravessar completamente uma ponte. A extensão da ponte, em metros, é de:

a) 600 b) 500 c) 400 d) 200

19) **(ESPCEX)** Um caminhão de 10m de comprimento, descrevendo um movimento retilíneo e uniforme, ingressa em uma ponte com uma velocidade de 36km/h. Passados 20s, o caminhão conclui a travessia da ponte. O comprimento da ponte é de:

a) 100m b) 110m c) 190m d) 200m e) 210m

20) **(CM – SANTA MARIA)** Um professor de matemática do CMSM nasceu no Espírito Santo, um dos estados mais belos do país. Nas férias de julho, em viagem de carro a sua terra natal, na primeira metade do percurso, viajou com uma velocidade média de 70km/h, e na segunda metade 90km/h. Qual foi a velocidade média no percurso total?

a) 70 km/h b) 75,5 km/h c) 78,75 km/h d) 80 km/h e) 81,05 km/h

21) **(ITA)** Um automóvel faz a metade de seu percurso com velocidade escalar média igual a 40km/h e a outra metade com velocidade escalar média de 60km/h. Qual a velocidade escalar média do carro no percurso total?

a) 48km/h b) 40km/h c) 70km/h d) 58km/h e) 60km/h

22) **(ESPCEX)** Um automóvel percorre a primeira metade de um trecho de 400 metros com velocidade de 120 km/h. Qual deve ser a maior velocidade média do carro na segunda metade do trecho, para que sua velocidade média, em todo o trecho, seja de 80 km/h?

a) 20km/h b) 48km/h c) 56km/h d) 60km/h e) 80km/h

23) **(AFA)** Um terço de percurso retilíneo é percorrido por um móvel com velocidade escalar média de 60km/h e o restante do percurso, com velocidade escalar média de 80km/h. Então, a velocidade escalar média do móvel, em km/h em todo percurso, é:

a) 70 b) 72 c) 73 d) 75

24) **(EEAR)** Durante uma Olimpíada, um velocista corre um quarto de um percurso retilíneo com velocidade escalar média V e o restante do percurso, com velocidade escalar média 2V. No percurso total, a velocidade escalar média do atleta é de

a) 1,2V b) 1,4V c) 1,6V d) 1,8V

25) **(CESGRANRIO)** Um carro leva um tempo T para ir da cidade A para a cidade B com velocidade constante igual a V. A seguir, vai da cidade B para a cidade C, também com

velocidade constante, só que igual à terça parte de V. O tempo gasto para ir de B até C, sabendo-se que essa distância é o dobro da percorrida de A até B, é:

a) T/3 b) 2T/3 c) 3T/2 d) 3T e) 6T

26) **(CN)** Um mensageiro vai de A até B de bicicleta, com a velocidade de 10km/h e volta de A, a pé, fazendo 4km/h. Calcule a distância AB sabendo-se que o tempo total de ida e volta foi de 7 horas.

a) 2km b) 5km c) 10km d) 20km e) 15km

27) Um empregado dispõe de 3 horas para dar um passeio. Viajando de carruagem com a velocidade de 12km/h, a que distância, em hm, do ponto de partida, deve deixar a carruagem para voltar à hora marcada se percorre, a pé, apenas 4km/h?

a) 9 b) 10 c) 60 d) 75 e) 90

28) **(FCC)** Um atleta fez um treinamento cuja primeira parte consiste em sair de casa e correr em linha reta até certo local à velocidade de 12km/h. Depois, sem intervalo, ele retorna andando a 8km/h. Se o tempo gasto nesse treinamento foi exatamente 3 horas, o tempo em que ele correu, superou o tempo em que caminhou em

a) 36 minutos b) 30 minutos c) 25 minutos d) 22 minutos e) 15 minutos

29) Uma canoa desce um rio com a velocidade de 12km/h e sobe o rio com a velocidade de 6km/h. Partindo do ponto **A** para descer, determinar o ponto **B** a que deverá chegar a canoa na descida, de sorte que no fim de 2 horas esteja novamente em **A** de regresso.

a) 24km b) 16km c) 12km d) 10km e) 8km

30) A tripulação de um escaler emprega 3 horas em remar 16 milhas rio abaixo e em regressar. Em remar 2 milhas rio acima, emprega o mesmo tempo que em remar 4 milhas rio abaixo. Achar a velocidade do rio.

a) 3 nós b) 4 nós c) 6 nós d) 8 nós e) 9 nós

31) **(CEFET – RJ)** O TRIATHLON é uma das provas mais difíceis do atletismo, compondo-se de três etapas: natação, ciclismo e maratona. Durante a etapa de ciclismo, um atleta percorreu um trecho em subida e descida, desenvolvendo uma velocidade constante de 20 km/h na subida e uma velocidade constante de 60 km/h na descida. Considerando que esta etapa envolve ida e

volta pelo mesmo percurso, e, ainda, que o atleta gastou 1h na ida e 1h 40min na volta, quantos quilômetros foram percorridos nesta etapa?

a) 100km b) 80km c) 60km d) 30km e) 20km

32) **(EsSA)** José se deslocou entre as cidades A e B três vezes pelo mesmo caminho, utilizando, em cada uma das vezes, um meio de transporte diferente. Na primeira vez foi de carro, com uma velocidade média de 60 km/h. Na segunda vez foi de bicicleta, com velocidade média de 30 km/h, e na terceira vez foi de moto, com velocidade média de 40 km/h. Sabendo que a soma dos tempos gastos nos três deslocamentos foi igual a 45 horas, o tempo gasto em cada um dos deslocamentos foi respectivamente:

a) 11h; 22h e 12h
b) 12,5h; 25h e 7,5h
c) 10h; 20h e 15h
d) 12h; 24h e 9h
e) 10,5h; 21h e 13,5h

33) Um piloto percorreu três trechos de um rali, de extensões 240 km, 300 km e 400 km, respectivamente. As velocidades médias nos três trechos foram 40 km/h, 75 km/h e 80 km/h, mas não necessariamente nessa ordem. Podemos garantir que o tempo total em horas gasto pelo piloto nos três trechos é:

a) menor ou igual a 13 horas
b) maior ou igual a 13 horas e menor ou igual a 16 horas
c) maior ou igual a 14 horas e menor ou igual a 17 horas
d) maior ou igual a 16 horas e menor ou igual a 18 horas
e) maior ou igual a 18 horas

34) **(CM – PORTO ALEGRE)** Numa corrida de carros, um piloto percorreu três trechos: um de 100 km, um de 120 km e um de 200 km. O piloto sabe que as velocidades médias nesses trechos foram 80 km/h, 90 km/h e 100 km/h, mas não lembra qual dessas velocidades corresponde a cada um desses trechos. Podemos garantir que o tempo total gasto pelo piloto para percorrer os três trechos foi

a) menor do que 4 horas
b) maior do que 4 horas e menor do que 5 horas
c) maior do que 5 horas e menor do que 6 horas
d) maior do que 6 horas e menor do que 7 horas
e) maior do que 7 horas

35) **(CEFET – RJ)** Um professor mora na cidade do Rio de Janeiro e trabalha numa escola na cidade de Angra dos Reis. Semanalmente ele sai de casa dirigindo seu automóvel, segue pela Rodovia Rio-Santos que liga as duas cidades e chega em sua escola na hora **H** da primeira aula. Na primeira semana de trabalho ele percorreu esse caminho na ida, com uma velocidade média de 80km/h num tempo disponível de 3 horas para chegar. Na segunda semana, também na ida, ao se preparar para fazer o mesmo trajeto de casa para a escola, percebeu que se atrasara um pouco e que o tempo que dispunha para chegar era reduzido em 20% em relação ao tempo da primeira semana. Para chegar na escola em Angra dos Reis, na mesma hora **H**, o referido professor deverá aumentar sua velocidade média para:

a) 85 km/h b) 90 km/h c) 95 km/h d) 100 km/h e) 105 km/h

36) **(EEAR)** Um trem, com velocidade de 42 km/h, deve percorrer a distância de A até B em 9 horas. Depois de percorrer 126 km, houve um desarranjo na locomotiva e teve que parar por 45 minutos. A velocidade com que o trem deve continuar a viagem para chegar em B na hora fixada é de .... km/h.

a) 38 b) 48 c) 36,75 d) 46,75

37) **(EEAR)** Um trator com velocidade constante de 18 km/h está percorrendo um trecho de rua retilíneo. Devido a um problema mecânico, ele está pingando óleo do motor à razão de 6 gotas por minuto. A distância entre os pingos que o trator está deixando na rua é de .... metros.

a) 30 b) 40 c) 50 d) 60

38) **(ESAF)** Uma picape para ir da cidade A para a cidade B gasta dois tanques e meio de óleo diesel. Se a distância entre a cidade A e a cidade B é de 500km e neste percurso ele faz 100km com 25 litros de óleo diesel, quantos litros de óleo diesel cabem no tanque da picape?

a) 60 b) 50 c) 40 d) 70 e) 80

39) **(OBM)** De Itacimirim a Salvador, pela Estrada do Coco, são 60 km. Às 11 horas, a 15 km de Salvador, dá-se um acidente que provoca um engarrafamento, que cresce à velocidade de 4 km/h, no sentido de Itacimirim. A que horas, aproximadamente, devemos sair de Itacimirim para chegar a Salvador ao meio-dia, sabendo que viajamos a 60 km/h, exceto na zona de engarrafamento, onde a velocidade é 6 km/h?

a) 10h 43min b) 10h 17min c) 10h 48min d) 10h 53min e) 11h 01min

40) **(ESAF)** Um passageiro, para viajar de A para C, deve ir de ônibus de A até B e de trem de B até C, sendo que B está na metade do caminho entre A e C. Os ônibus, de A para B, e os trens, de B para C, saem sempre no mesmo horário, a cada 20 minutos. Sabendo-se que a velocidade média do ônibus para ir de A até B é de 60km/h, que a distância entre A e C é de 100km e que o passageiro chegou em B, pegou o primeiro trem que partia para C e chegou em C exatamente uma hora e meia após partir de A, qual a velocidade média do trem para ir de B até C?

a) 100km/h b) 90km/h c) 70km/h d) 80km/h e) 60km/h

41) O passageiro de um trem, à velocidade constante, vê num marco quilométrico um número de dois algarismos. Transcorrida uma hora, vê outro marco com os algarismos do primeiro invertidos. Decorrida mais uma hora, vê outro marco com os algarismos do primeiro número tendo um zero entre eles. Qual a velocidade do trem?

a) 40km/h b) 45km/h c) 50km/h d) 60km/h e) 80km/h

42) **(ESAF)** Lúcio faz o trajeto entre sua casa e seu local de trabalho caminhando, sempre a uma velocidade igual e constante. Neste percurso, ele gasta exatamente 20 minutos. Em um determinado dia, em que haveria uma reunião importante, ele saiu de sua casa no preciso tempo para chegar ao trabalho 8 minutos antes do início da reunião. Ao passar em frente ao Cine Bristol, Lúcio deu-se conta de que se, daquele ponto, caminhasse de volta à sua casa e imediatamente reiniciasse a caminhada para o trabalho, sempre à mesma velocidade, chegaria atrasado à reunião em exatos 10 minutos. Sabendo que a distância entre o Cine Bristol e a casa de Lúcio é de 540 metros, a distância da casa de Lúcio a seu local de trabalho é igual a

a) 1.200m b) 1.500m c) 1.080m d) 760m e) 1.128m

43) **(FCC)** Um aeroporto X está localizado entre duas cidades A e B que distam entre si 440 km.

```
--------|→-------------------------|-----------------←|-----------------
                    A                         X                 B
```

Num mesmo instante, dois trens partem de A e B e, viajando em sentidos opostos, se encontram no aeroporto X. Se as velocidades médias dos trens que partem de A e B são, respectivamente, 84 km/h e 70 km/h, então o aeroporto X dista

a) 180 km de B
b) 240 km de A
c) 210 km de B
d) 230 km de A
e) 250 km de A

44) **(CEFET – RJ)** Dois carros partem às 9h 30min de duas cidades A e B, respectivamente, distantes entre si 430km, dirigindo-se um ao encontro do outro com velocidades diferentes. O que parte de A faz o percurso a 80km/h e o que parte de B a 70km/h. Qual a distância entre eles às 13 horas?

a) 35 km b) 70 km c) 95 km d) 105 km e) 110 km

45) **(NCE)** Dois mísseis são lançados diretamente um contra o outro, o primeiro a 18.000 km/h e o segundo a 12.000 km/h. Sabendo-se que no instante do lançamento eles se encontram a 4.768 km de distância um do outro, a distância entre eles, a 1 minuto da colisão, é em km:

a) 500 b) 750 c) 1.000 d) 1.500 e) 2.384

46) **(CN)** Duas cidades A e B distam 200km. Às 8h parte de A para B um trem com velocidade de 30km/h e, duas horas mais tarde, parte de B para A um outro trem com a velocidade de 40km/h. A que distância de A dar-se-á o encontro dos dois trens?

47) Da estação **A** parte um trem com a velocidade de 60 km/h. No mesmo instante, parte da estação **B**, no mesmo sentido, outro trem com a velocidade de 50 km/h. A estação **B** está na mesma linha e adiante 40 km da estação **A**. Quanto tempo decorrerá até o momento de encontro dos trens e a que distância da cidade **A** os trens passarão um pelo outro?

a) 2h e 100 km b) 3h e 150 km c) 4h e 240 km d) 5h e 250 km e) 6h e 300 km

48) **(EsSA)** Um ciclista percorre 13 km em uma hora e um pedestre 4km também em uma hora. O ciclista está 36 km atrás do pedestre. Após quantas horas será o pedestre alcançado pelo ciclista se ambos partiram ao mesmo tempo e na mesma direção?

a) 4h b) 6h c) 8h d) 16h e) 24h

49) **(EEAR)** Dois trens trafegam, no mesmo trilho e no mesmo sentido, em um trecho retilíneo de uma ferrovia. O trem que vai à frente está com velocidade constante de módulo igual a 36km/h, e o outro, que está atrás, mantém a velocidade constante de módulo igual a 72km/h. Assinale a alternativa que está indicando o tempo mínimo necessário para que o trem mais rápido colida com o outro de menor velocidade, a partir do instante em que a distância entre eles for de 18km.

a) 30 minutos b) 45 minutos c) 60 minutos d) 90 minutos

50) De uma cidade parte um correio com a velocidade de 95 km/h que vai ao encalço de outro que partira 3 horas antes com a velocidade de 80 km/h. A que distância da cidade se encontrarão?

a) 1120 km b) 1220 km c) 1320 km d) 1420 km e) 1520 km

51) **(CESGRANRIO)** Dois homens partiram do mesmo lugar e seguiram a mesma estrada. O que partiu primeiro andava 4 km por hora; o outro andava 6 km por hora e partiu 3 horas depois do primeiro. A que distância do ponto de partida eles se encontrarão?

a) 18 km b) 24 km c) 30 km d) 36 km e) 54 km

52) Um observador está situado à margem de uma estrada. Por ele passa um automóvel com velocidade de 72km/h, 24 segundos após passa uma charrete no mesmo sentido, com velocidade de 14,4 km/h. Supondo as velocidades uniformes, a que distância do observador o automóvel ultrapassou a charrete?

a) 100m b) 200m c) 400m d) 150m e) 120m

53) **(CEFET – RJ)** Na Meia Maratona do Rio de Janeiro de 2013, os corredores Robson e Hudson largaram juntos, com velocidades constantes. Sabendo que Robson chegou 411m na frente de Hudson e que a velocidade de Robson é 30% superior à velocidade de Hudson, qual a distância percorrida por Hudson até o momento em que Robson cruzou a linha de chegada?

a) 1200m b) 1256m c) 1300m d) 1370m

54) **(ESAF)** Um avião XIS decola às 13:00 horas e voa a uma velocidade constante de x quilômetros por hora. Um avião YPS decola às 13:30 horas e voa na mesma rota de XIS, mas a uma velocidade constante de y quilômetros por hora. Sabendo que y > x, o tempo, em horas, que o avião YPS, após sua decolagem, levará para alcançar o avião XIS é igual a

a) 2 / (x + y) horas
b) x / (y – x) horas
c) 1 / 2x horas
d) 1 / 2y horas
e) x / 2(y – x) horas

55) **(FAAP)** Há duas estradas ligando as cidades de Tabatinga e Itápolis. A primeira é 10 km mais longa que a segunda. Um carro trafega na primeira estrada e cobre a distância entre as cidades em 3,5 horas. Outro carro percorre a segunda estrada e gasta 2,5 horas entre as cidades. A velocidade média do primeiro carro é inferior em 20 km/h do segundo carro. Então as velocidades médias dos veículos são:

a) 70 km/h e 90 km/h
b) 40 km/h e 60 km/h
c) 80 km/h e 100 km/h
d) 50 km/h e 70 km/h
e) 60 km/h e 80 km/h

56) **(CN)** A ligação entre as cidades **A** e **B** pode ser feita por dois caminhos: C_1 e C_2. O caminho C_1 é mais curto, porém com mais tráfego, e o caminho C_2 é 14% mais longo do que C_1, mas possui tráfego menor, o que permite um aumento na velocidade de 20%. De quantos porcentos diminuirá o tempo de viagem para ir de **A** até **B** usando o caminho C_2?
Dado: Considere as velocidades sempre constantes e as maiores possíveis.

a) 5 b) 6 c) 7 d) 8 e) 9

57) **(EsSA)** O tempo que se gasta para ir de uma cidade A para uma cidade B, com uma velocidade média de 90 km/h é de 2 horas a menos do que o tempo que se gasta a uma velocidade média de 75 km/h. A distância entre as cidades A e B é de:

a) 900 km b) 600 km c) 300 km d) 100 km e) 30 km

58) **(CEFETEQ)** Célio e Oliveira partem do ponto A, ao mesmo tempo, fazendo o mesmo percurso para a cidade de Santos, distante 72km do ponto A. Célio, que anda 2km/h a mais que Oliveira, chega a Santos, 3 horas antes. Calcular, em km/h, a velocidade média de Célio.

59) **(UFRJ)** André e Ricardo, num dado instante, partem de um mesmo ponto de uma pista circular de 1500 metros de extensão. Eles dão várias voltas na pista, sendo que André corre com o quádruplo da velocidade de Ricardo. Determine a distância percorrida por Ricardo no instante em que os dois corredores se encontram, pela primeira vez após a largada, se:

a) eles correm em sentidos opostos;
b) eles correm no mesmo sentido.

60) **(CN)** Dois veículos partem juntos de um ponto **A**, em uma corrida de ida e volta entre os pontos **A** e **B**. Sabendo que a distância $\overline{AB}$ = 78km e que as velocidades dos veículos são de 70km/h e 1000 metros por minuto, concluímos que eles voltam a se encontrar depois do tempo de:

a) 1:30h b) 1:40h c) 1:12h d) 1:42h e) 1:36h

61) **(PUC – SP)** Em uma corrida de carros supõe-se que o vencedor gastou 1h 30min para completar o circuito, desenvolvendo velocidade média de 240 km/h. O outro automóvel tem

velocidade de 236 km/h. Se a pista tem 30km, quantas voltas o carro vencedor chegou à frente do segundo colocado?

a) 0,6 b) 0,5 c) 0,4 d) 0,3 e) 0,2

62) **(EPCAR)** Duas pessoas saíram para uma caminhada e percorreram a mesma distância **d**. A primeira pessoa foi 10% mais veloz que a segunda. Sabe-se que $\mathbf{t_1}$ e $\mathbf{t_2}$ foram, respectivamente, o tempo gasto pela primeira e segunda pessoas para percorrer a distância **d** e que $\mathbf{t_1} + \mathbf{t_2}$ = 2 horas e 48 minutos. É correto afirmar que o tempo gasto pela segunda pessoa para percorrer a distância **d** foi

a) 1 hora e 28 min.
c) 1 hora e 48 min.
b) 1 hora e 20 min.
d) 1 hora e 40 min.

63) **(OBM)** Ao redor de um grande lago existe uma ciclovia de 45 quilômetros de comprimento, na qual sempre se retorna ao ponto de partida se for percorrida num único sentido. Dois amigos partem de um mesmo ponto com velocidades constantes de 20 km por hora e 25 km por hora, respectivamente, em sentidos opostos. Quando se encontram pela primeira vez, o que estava correndo a 20 km por hora aumenta para 25 km por hora, e o que estava a 25 km por hora diminui para 20 km por hora. Quanto tempo o amigo que chegar primeiro ao ponto de partida deverá esperar pelo outro?

a) nada b) 10 min c) 12 min d) 15 min e) 18 min

64) **(CN)** Uma cidade **B** encontra-se 600km a leste de uma cidade **A**; e uma cidade **C** encontra-se 500km ao norte da mesma cidade **A**. Um ônibus parte de **B**, com velocidade constante, em linha reta e na direção da cidade **A**. No mesmo instante e com velocidade constante igual a do ônibus, um carro, também em linha reta, parte de **C** para interceptá-lo. Aproximadamente a quantos quilômetros de **A**, o carro alcançara o ônibus?

a) 92 b) 94 c) 96 d) 98 e) 100

65) **(FCC)** Em uma estrada, dois automóveis percorreram a distância entre dois pontos X e Y, ininterruptamente. Ambos saíram de X, o primeiro às 10h e o segundo às 11h 30min, chegando juntos em Y às 14h. Se a velocidade média do primeiro foi de 50 km/h, a velocidade média do segundo foi de:

a) 60km/h b) 70km/h c) 75km/h d) 80km/h e) 85km/h

66) **(CM – SANTA MARIA)** No século V a.C. alguns conceitos matemáticos não tinham uma base sólida e então surgiram algumas situações que contradiziam a intuição comum (*paradoxos*). Um dos paradoxos mais famosos foi a corrida entre Aquiles e a tartaruga, proposto por Zenão de Eléa, um filósofo que viveu nesta época: suponhamos que no início da corrida, Aquiles deu uma vantagem de 100m à tartaruga e, que as respectivas velocidades são 10m/s e 1m/s. Então, em 10 segundos Aquiles atinge o ponto onde a tartaruga partiu, mas durante esse tempo a tartaruga afastou-se 10 metros. Para atingir esse segundo ponto, Aquiles demora 1 segundo, mas, nesse segundo a tartaruga afasta-se mais 1 metro e, assim sucessivamente. Nessa linha de raciocínio, Aquiles nunca alcançaria a tartaruga, um *paradoxo*.

Qual a distância entre Aquiles e a tartaruga depois de 11,1 segundos do início da corrida?

a) 1cm b) 10cm c) 1m d) 10m e) 11,1m

67) **(EPCAR)** Dois aviões, respeitando as normas de segurança, voam em linha reta no mesmo sentido, com o objetivo de chegar à cidade D.

O primeiro, com uma velocidade média de 150000 m/h, passa pela cidade A, às 10 horas da manhã de certo dia.

O segundo, com uma velocidade média de 2km/min, passa pela cidade B, no mesmo instante em que o primeiro avião passa por A.

A cidade B está situada entre A e D e entre as cidades B e D existe uma torre C, alinhada com as três cidades.

Sabe-se que as cidades A, B e D, bem como a região onde está localizada a torre C, possuem mesmo fuso horário e que as velocidades médias dos dois aviões se mantiveram constantes durante todo o percurso.

Sabe-se, também, que a distância entre C e B é 12000 dam e entre A e C é 3240 hm.

Se os aviões chegam à cidade D, ao mesmo tempo, é correto afirmar que isso ocorreu entre

a) 16h e 20 min e 16h e 30 min

b) 16h e 30 min e 16h e 40 min

c) 16h e 40 min e 16h e 50 min

d) 16h e 50 min e 17h

68) **(CN)** Dois ciclistas, com velocidades constantes, porém diferentes, deslocam-se em uma estrada retilínea que liga os pontos A e B. Partem de A no mesmo instante e quando alcançam B, retornam a A, perfazendo o movimento A-B-A-B uma única vez. Quando o mais veloz alcança o ponto B, pela primeira vez, retorna no sentido de A encontrando o outro a 4km de B. Quando o

mais lento atinge o ponto B, retorna imediatamente e reencontra, no meio do percurso, o outro que está vindo de A. Desprezando-se o tempo gasto em cada mudança no sentido do percurso, a distância entre os pontos A e B, em km, é igual a

a) 10 b) 12 c) 14 d) 16 e) 18

69) **(ESAF)** Pedro e Paulo saíram de suas respectivas casas no mesmo instante, cada um com a intenção de visitar o outro. Ambos caminharam pelo mesmo percurso, mas o fizeram tão distraidamente que não perceberam quando se cruzaram. Dez minutos após haverem se cruzado, Pedro chegou à casa de Paulo. Já Paulo chegou à casa de Pedro meia hora mais tarde (isto é, meia hora após Pedro ter chegado à casa de Paulo). Sabendo que cada um deles caminhou a uma velocidade constante, o tempo total de caminhada de Paulo, de sua casa até a casa de Pedro, foi de

a) 60 minutos b) 50 minutos c) 80 minutos d) 90 minutos e) 120 minutos

70) **(CM – SANTA MARIA)** Isaac Newton nasceu prematuramente, no dia de Natal de 1642. Ele é considerado, por muitos, o pai do Cálculo diferencial, o mais belo monumento da Matemática. O problema que motivou o nascimento dessa nova ciência foi: conhecida a fórmula que descreve a distância percorrida por um corpo, em um intervalo de tempo qualquer, determinar a velocidade em cada instante. Se após t segundos a distância percorrida, em metros, por um corpo é $f(t) = 2t^2 + 3t$, qual é a velocidade média desse corpo entre os instantes t = 1s e t = 3s?

a) 11m/s b) 14m/s c) 14,5m/s d) 15m/s e) 16m/s

71) **(CN)** Observe a figura seguir:

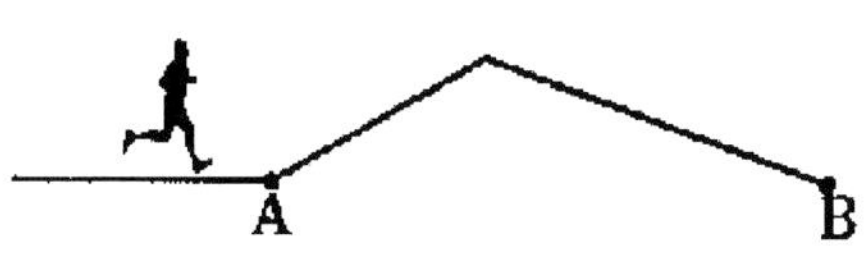

Ela esboça o percurso de um atleta amador, que partiu do ponto A e fez um trajeto que tem uma subida e uma descida. Ele chegou ao ponto B e retornou pelo mesmo caminho, seguindo o sentido oposto, onde o que era descida passou a ser subida e o que era subida passou a ser descida, finalizando no ponto de partida A. Sabendo que ele desenvolveu uma velocidade média de 8 km/h na subida e uma velocidade média de 12 km/h na descida e que gastou 1h e 30m na ida e 1h 45 m na volta, é correto afirmar que o percurso total corrido por ele em quilômetros é igual a:

a) 30,8 b) 31,2 c) 32,6 d) 34,4 e) 35,2

GABARITOS

1. E	2. E	3. B	4. B	5. A	6. C	7. a) 4h; b) 160 km; c) 13:00h
8. B	9. B	10. E	11. B	12. B	13. B	14. B
15. A	16. A	17. C	18. C	19. C	20. C	21. A
22. D	23. B	24. C	25. E	26. D	27. E	28. D
29. E	30. B	31. B	32. C	33. C	34. B	35. D
36. B	37. C	38. B	39. A	40. A	41. B	42. A
43. B	44. C	45. A	46. 120 km	47. C	48. A	49. A
50. E	51. D	52. E	53. D	54. E	55. E	56. A
57. A	58. 8km/h	59. a) 300m; b) 500m	60. C	61. E	62. A	63. A
64. A	65. D	66. B	67. C	68. D	69. A	70. A
71. B						

Capítulo 7

Sistemas de Equações do 1º Grau

1. Equação do 1° grau com duas incógnitas

- Nas equações do 1° grau com duas incógnitas abaixo, temos que:

Exemplos:

a) 8x + 7y = 10

$$\begin{cases} \text{Incógnitas} \longrightarrow \text{x e y} \\ \text{Coeficientes} \longrightarrow 8 \text{ e } 7 \\ \text{Termo independente} \longrightarrow 10 \end{cases}$$

b) 9x – 4y = 2

$$\begin{cases} \text{Incógnitas} \longrightarrow \text{x e y} \\ \text{Coeficientes} \longrightarrow 9 \text{ e } -4 \\ \text{Termo independente} \longrightarrow 2 \end{cases}$$

2. Solução de uma equação do 1° grau com duas incógnitas

- A solução da equação do 1° grau com duas incógnitas é o par ordenado (x,y) que torna a equação verdadeira. No par ordenado, o primeiro termo é o valor de x e o segundo termo é o valor de y.

Exemplos:

a) Verifique se o par (3,5) é solução da equação 4x + 2y = 22.

Para saber se o par (3,5) é solução da equação 4x + 2y = 22, devemos substituir os valores x = 3 e y = 5 na equação.

4.x + 2.y = 22

4.3 + 2.5 = 22

12 + 10 = 22

22 = 22 (Verdadeiro)

Logo, o par ordenado (3,5) é solução da equação 4x + 2y = 22.

b) Verifique se o par (7,1) é solução da equação 6x – 8y = 9

Para saber se o par (7,1) é solução da equação 6x – 8y = 9, devemos substituir x = 7 e y = 1 na equação.

6.x – 8.y = 9

6.7 – 8.1 = 9

42 – 8 = 9

34 = 9 (Falso)

Logo, o par ordenado (7,1) não é solução da equação 6x – 8y = 9.

Exercícios

1) **(CESD)** A equação 4x – 2.(y + 1) = 7 admite como solução o par ordenado (– 1, m). Sobre m, pode-se afirmar que

a) é maior que – 8

b) é um número inteiro

c) seu quadrado vale 25

d) é um número racional positivo

Resolução:

Como (– 1, m) é solução da equação 4x – 2(y + 1) = 7, então devemos substituir x = – 1 e y = m na equação.

4.x – 2.(y + 1) = 7

4 . (– 1) – 2.(m + 1) = 7

– 4 – 2m – 2 = 7

– 2m – 4 – 2 = 7

– 2m – 6 = 7

– 2m = 7 + 6

– 2m = 13   x (– 1)

2m = – 13

m = – 13/2

m = – 6,5

GABARITO: A

BIZU !!!

• Uma equação do 1º grau com duas incógnitas possui infinitas soluções.

• Uma equação do 1º grau com duas incógnitas é representada graficamente por uma reta.

3. Sistemas de equações do 1° grau com duas incógnitas

- Um sistema de equações do 1° grau com duas incógnitas é um conjunto de equações do 1° grau com duas incógnitas.

Exemplos:

a) $\begin{cases} 5x + 6y = 18 \\ 2x - 3y = 7 \end{cases}$

No sistema, temos que:

Incógnitas $\longrightarrow$ x e y

Coeficientes de x $\longrightarrow$ 5 e 2

Coeficientes de y $\longrightarrow$ 6 e – 3

Termos independentes $\longrightarrow$ 18 e 7

b) $\begin{cases} -x + y = 11 \\ 9x + 4y = 13 \end{cases}$

No sistema, temos que:

Incógnitas $\longrightarrow$ x e y

Coeficientes de x $\longrightarrow$ – 1 e 9

Coeficientes de y $\longrightarrow$ 1 e 4

Termos independentes $\longrightarrow$ 11 e 13

BIZU !!!

• A solução de um sistema de equações do 1° grau com duas incógnitas é o par ordenado (x,y) que ao ser substituído em cada uma das equações, torna as equações verdadeiras.

Exemplo: Verifique se o par ordenado (9,3) é solução do sistema $\begin{cases} x + y = 12 \\ x - y = 6 \end{cases}$

Para saber se o par ordenado (9,3) é solução do sistema, devemos substituir x = 9 e y = 3 em cada uma das equações do sistema. Se os resultados encontrados forem verdadeiros, então o par (9,3) será solução do sistema.

Vamos substituir x = 9 e y = 3 na primeira equação:

x + y = 12

9 + 3 = 12

12 = 12 (Verdadeiro)

Vamos substituir x = 9 e y = 3 na segunda equação:

x – y = 6

9 – 3 = 6

6 = 6 (verdadeiro)

Como ambos os resultados são verdadeiros, então o par ordenado (6,4) é solução do sistema, ou seja, S = {(6, 4)}.

4. Resolução de um sistema de equações do 1° grau com duas incógnitas

- Um sistema de equações do 1° grau pode ser resolvido através de vários métodos. Os principais métodos de resolução de um sistema de equações do 1° grau são os seguintes: **MÉTODO DA ADIÇÃO** e **MÉTODO DA SUBSTITUIÇÃO**.

A) ***MÉTODO DA ADIÇÃO***

- Para resolver um sistema de equações do 1° grau pelo método da adição, devemos somar as duas equações com o objetivo de anular uma das incógnitas.

Exemplos: Resolva os sistemas abaixo pelo método da adição:

a) $\begin{cases} x + y = 12 \\ x - y = 4 \end{cases}$

Observando o sistema, constatamos que podemos somar as duas equações para eliminar a incógnita y.

$$\begin{cases} x + \cancel{y} = 12 \\ x - \cancel{y} = 4 \end{cases} \quad (+)$$

x + x = 12 + 4

2x = 16

x = 16/2

x = 8

Agora precisamos encontrar o valor de y e, para isso, devemos eliminar a incógnita x. Como os coeficientes de x são iguais a 1, basta multiplicar uma das equações por (– 1). Assim, será possível eliminar a incógnita x.

$$\begin{cases} x + y = 12 \\ x - y = 4 \quad (-1) \end{cases}$$

$$\begin{cases} \cancel{x} + y = 12 \\ -\cancel{x} + y = -4 \end{cases} \quad (+)$$

y + y = 12 – 4

2y = 8

y = 8/2

y = 4

Representamos a solução de um sistema de equações do 1° grau da seguinte forma: S = {(x,y)}.

Logo, S = {(8,4)}

b) $\begin{cases} x + y = 18 \\ 2x + 5y = 66 \end{cases}$

Para eliminar a incógnita x, vamos multiplicar a primeira equação por (– 2)

$$\begin{cases} x + y = 18 \quad x(-2) \\ 2x + 5y = 66 \end{cases}$$

$$\begin{cases} -\cancel{2x} - 2y = -36 \\ \cancel{2x} + 5y = 66 \end{cases} \quad (+)$$

– 2y + 5y = – 36 + 66

3y = 30

y = 30/3

y = 10

Para eliminar a incógnita y, vamos multiplicar a primeira equação por (– 5)

$$\begin{cases} x + y = 18 \quad x(-5) \\ 2x + 5y = 66 \end{cases}$$

$$\begin{cases} -5x - \cancel{5y} = -90 \\ 2x + \cancel{5y} = 66 \end{cases} \quad (+)$$

– 5x + 2x = – 90 + 66

– 3x = – 24 x (– 1)

3x = 24

x = 24/3

x = 8

Assim, S = {(8, 10)}

B) ***<u>MÉTODO DA SUBSTITUIÇÃO</u>***

- Para resolver um sistema de equações do 1° grau pelo método da substituição, devemos isolar uma das incógnitas em uma das equações e fazer a substituição da expressão encontrada na outra equação.

<u>Exemplos</u>: Resolva os sistemas abaixo pelo método da substituição:

a) $\begin{cases} x + y = 10 \\ x - y = 2 \end{cases}$

Vamos, inicialmente, isolar o x na segunda equação.

$x - y = 2 \rightarrow x = 2 + y$

Substituindo x = 2 + y na primeira equação, temos o seguinte:

$x + y = 10$

$2 + y + y = 10$

$y + y = 10 - 2$

$2y = 8$

$y = 8/2$

$y = 4$

Para encontrar o valor de x, basta substituir y = 4 em qualquer uma das equações do sistema.

$x + y = 10$

$x + 4 = 10$

$x = 10 - 4$

$x = 6$

Assim, S = {(6, 4)}

b) $\begin{cases} x - y = 0 \\ 2x + 9y = 33 \end{cases}$

Isolando x na primeira equação, temos o seguinte:

$x - y = 0 \rightarrow x = y$

Agora, devemos substituir x = y segunda equação.

$2x + 9y = 33$

$2y + 9y = 33$

$11y = 33$

$y = 33/11$

$y = 3$

Assim, S = {(3, 3)}

Exercícios

2) **(AMEOSC)** Resolva o seguinte sistema:

$\begin{cases} 7x + 3y = 11 \\ 14x + 7y = 21 \end{cases}$

a) (2, – 1) b) (1, – 2) c) (2, 2) d) (1, – 1)

Resolução:

Os coeficientes de x são 7 e 14. Para eliminar a incógnita x, basta multiplicar a primeira equação por (– 2).

$$\begin{cases} 7x + 3y = 11 \quad x(-2) \\ 14x + 7y = 21 \end{cases}$$

$$\begin{cases} -14x - 6y = -22 \\ 14x + 7y = 21 \end{cases} (+)$$

– 6y + 7y = – 22 + 21

y = – 1

Para encontrar o valor de x, basta substituir y = – 1 em uma das equações.

7.x + 3.y = 11

7.x + 3.(– 1) = 11

7.x - 3 = 11

7.x = 11 + 3

7.x = 14

x = 14/7

x = 2

Logo, S = {(2, – 1)}

GABARITO: A

3) **(FAUEL)** Qual o resultado do produto entre os valores da solução do sistema de equações a seguir?

$$\begin{cases} 2x + 3y = 6 \\ x - 2y = -11 \end{cases}$$

a) + 6 b) + 3 c) + 8 d) – 12

Resolução:

Vamos resolver a questão eliminando a incógnita y.

$$\begin{cases} 2x + 3y = 6 \quad (x\,2) \\ x - 2y = -11 \quad (x\,3) \end{cases}$$

$$\begin{cases} 4x + 6y = 12 \\ 3x - 6y = -33 \end{cases} (+)$$

4x + 3x = 12 – 33

7x = – 21

x = – 21/7

x = – 3

Para achar o valor de y, vamos substituir x = – 3 na primeira equação.

2.x + 3.y = 6
2 . (– 3) + 3.y = 6
– 6 + 3.y = 6
3.y = 6 + 6
3.y = 12
y = 12/3
y = 4
Produto = (– 3) . 4 = – 12

<u>GABARITO</u>: D

5. Sistemas equivalentes
- Dois sistemas são equivalentes quando possuem a mesma solução.

<u>Exemplo</u>: Verifique se os sistemas S_1: $\begin{cases} x + y = 14 \\ x - y = 10 \end{cases}$ e S_2: $\begin{cases} 3x + 2y = 40 \\ x - 6y = 0 \end{cases}$ são equivalentes.

Vamos resolver os sistemas S_1 e S_2, para verificar se eles possuem a mesma solução.

S_1: $\begin{cases} x + y = 14 \\ x - y = 10 \end{cases}$

Para resolver S_1, vamos somar as duas equações. Assim, temos que:

$$\begin{cases} x + \not{y} = 14 \\ x - \not{y} = 10 \end{cases} +$$

x + x = 14 + 10

2x = 24
x = 24/2
x = 12
Substituindo x = 12 na primeira equação, encontraremos o valor de y.

x + y = 14

12 + y = 14

y = 14 – 12

y = 2

Assim, a solução do sistema S_1 é S = {(12, 2)}

S_2: $\begin{cases} 3x + 2y = 40 \\ x - 6y = 0 \end{cases}$

Para resolver S_2, vamos isolar o valor de x na segunda equação.

$x - 6y = 0 \rightarrow x = 6y$

Substituindo x = 6y na primeira equação, temos o seguinte:

$3x + 2y = 40$

$3 \cdot 6y + 2.y = 40$

$18.y + 2.y = 40$

$20.y = 40$

$y = 40/20$

$y = 2$

Se x = 6y, então x = 6 . 2 = 12

Logo, a solução do sistema S_2 é $S = \{(12, 2)\}$

Como os dois sistemas possuem a mesma solução, então S_1 e S_2 são equivalentes.

Exercícios

4) **(FUMARC)** Se os sistemas

$\begin{cases} x + y = 20 \\ x - y = 4 \end{cases}$ e $\begin{cases} ax + 2y = 32 \\ 3x - by = 20 \end{cases}$

possuem soluções iguais, então é CORRETO afirmar que o valor de (a + b) é igual a:

a) 13/12 b) 12/13 c) 3/10 d) 10/3

Resolução:

Os sistemas possuem soluções iguais, ou seja, os sistemas são equivalentes.

Inicialmente, vamos resolver o sistema $\begin{cases} x + y = 20 \\ x - y = 4 \end{cases}$

$$\begin{cases} x + y = 20 \\ x - y = 4 \end{cases} \quad (+)$$

$x + x = 20 + 4$

$2x = 24$

$x = 24/2$

$x = 12$

Para encontrar o valor de y, vamos substituir x = 12 na primeira equação.

$x + y = 20$

$12 + y = 20$

$y = 20 - 12$

$y = 8$

Como os sistemas são equivalentes, devemos substituir x = 12 e y = 8 no sistema $\begin{cases} ax + 2y = 32 \\ 3x - by = 20 \end{cases}$

$\begin{cases} a.12 + 2.8 = 32 \\ 3.12 - b.8 = 20 \end{cases}$

Resolvendo a primeira equação, temos o seguinte:

a . 12 + 2 . 8 = 32
12.a + 16 = 32
12.a = 32 – 16
12.a = 16

a = 16/12 (simplificar a fração por 4)

a = 4/3

Resolvendo a segunda equação, temos o seguinte:

3 . 12 – b . 8 = 20

36 – 8.b = 20

– 8.b = 20 – 36

– 8.b = – 16 x (– 1)

8.b = 16
b = 16/8
b = 2
Logo, a + b = $\frac{4}{3} + 2 = \frac{4}{3/1} + \frac{2}{1/3} = \frac{4+6}{3} = \frac{10}{3}$

<u>GABARITO</u>: D

5) **(ETFQ)** O par ordenado (x,y) solução do sistema $\begin{cases} kx - 6y = k - 1 \\ 2x + 3y = 10 \end{cases}$, satisfaz a relação x – y = 0.

Calcular o valor numérico de k.

<u>Resolução</u>:

Se x – y = 0, então x = y.

Substituindo **x = y** na segunda equação do sistema, temos o seguinte:

2x + 3y = 10

2x + 3x = 10

5x = 10

x = 10/5

x = 2

Vamos substituir **x = y = 2** na primeira equação do sistema.

kx – 6y = k – 1

k . 2 – 6 . 2 = k – 1

2k – 12 = k – 1

2k – k = – 1 + 12

k = 11

GABARITO: k = 11

6) **(EPCAR)** Resolvendo o sistema $\begin{cases} a + b = 14 \\ a + c = -6 \\ b + c = -12 \end{cases}$, vale afirmar que a + b + c é igual a:

a) – 2 b) 2 c) zero d) 8 e) – 8

Resolução:

Para resolver a questão, é preciso calcular o valor de a + b + c. Assim, vamos somar as equações do sistema.

$$\begin{cases} a + b = 14 \\ a + c = -6 \quad (+) \\ b + c = -12 \end{cases}$$

a + b + a + c + b + c = 14 + (– 6) + (– 12)

a + a + b + b + c + c = 14 – 6 – 12

2a + 2b + 2c = – 4 : 2 (dividir a equação por 2)

a + b + c = – 2

GABARITO: A

7) **(UFRN)** A solução do sistema $\begin{cases} x + y + z = 6 \\ 4x + 2y - z = 5 \\ x + 3y + 2z = 13 \end{cases}$ é:

a) (– 2, 7, 1) b) (4, -3, 5) c) (0, 1, 5) d) (2, 3, 1) e) (1, 2, 3)

Resolução:

O sistema abaixo é formado por três equações.

$$\begin{cases} x + y + z = 6 \text{ (equação 1)} \\ 4x + 2y - z = 5 \text{ (equação 2)} \\ x + 3y + 2z = 13 \text{ (equação 3)} \end{cases}$$

A solução do sistema pode ser encontrada da seguinte forma:

1°) **equação 1 + equação 2**

x + y + z + 4x + 2y – z = 6 + 5

x + 4x + y + 2y + z – z = 6 + 5

5x + 3y = 11

5x = 11 – 3y

x = $\frac{11-3y}{5}$

2°) **equação 1 – equação 3**

x + y + z – (x + 3y + 2z) = 6 – 13

x + y + z – x – 3y – 2z = 6 – 13

x – x + y – 3y + z – 2z = 6 – 13

– 2y – z = – 7 x (– 1)

2y + z = 7

z = 7 – 2y

Substituir os valores de x = $\frac{11-3y}{5}$ e z = 7 – 2y na equação 1.

x + y + z = 6

$\frac{11-3y}{5}$ + y + 7 – 2y = 6

$\frac{11-3y}{5}$ + y – 2y = 6 – 7

$\frac{11-3y}{5}$ – y = – 1

$\frac{11-3y}{5/1} - \frac{y}{1/5} = -\frac{1}{1/5}$

11 – 3y – 5y = – 5

– 3y – 5y = – 5 – 11

– 8y = – 16 x (– 1)

8y = 16

y = 16/8

y = 2

Cálculo do valor de x → x = $\frac{11-3y}{5} = \frac{11-3\,.\,2}{5} = \frac{11-6}{5} = \frac{5}{5}$ = 1

Cálculo do valor de z → z = 7 – 2y = 7 – 2 . 2 = 7 – 4 = 3

Solução do sistema (S) → S = {(x, y, z)} = {(1, 2, 3)}

GABARITO: E

A seguir, faremos uma bateria de exercícios de todo conteúdo estudado neste capítulo.

Exercícios

8) **(FUNDATEC)** Considere o seguinte sistema de equações lineares $\begin{cases} x + y = 10 \\ x - y = 2 \end{cases}$.

Neste caso, x . y resulta em:

a) 4 b) 6 c) 10 d) 12 e) 24

9) **(CESD)** As raízes do sistema $\begin{cases} -a - 2b = 0 \\ 5a - 2b = 1 \end{cases}$ são:

a) $-\frac{1}{7}$ e $-\frac{1}{14}$ b) $-\frac{1}{6}$ e $-\frac{1}{12}$ c) $\frac{1}{6}$ e $-\frac{1}{12}$ d) $\frac{1}{7}$ e $-\frac{1}{14}$

10) **(EsSA)** Resolvendo o sistema, achamos os seguintes valores para x e y: $\begin{cases} 3x + 5y = 7 \\ 2x - 3y = 11 \end{cases}$

a) x = 4 e y = 1

b) x = – 1 e y = 4

c) x = 4 e y = – 1

d) x = 1 e y = – 4

11) **(CESD)** Dado o sistema $\begin{cases} 2x + 3y = 7 \\ 3x - 5y = 1 \end{cases}$, conclui-se que 19x é igual a

a) 1 b) 2 c) 19 d) 38

12) **(CFN)** Se (x, y) é solução de $\begin{cases} 3x + y = 1 \\ 2x - 2y = 1 \end{cases}$ então o valor de x + y é

a) – 1/4 b) – 1/2 c) 1/4 d) 3/4 e) 1

13) **(EsSA)** O sistema de equações: $\begin{cases} 2x + 3y = 9 \\ 3x + 2y = 11 \end{cases}$

a) não tem solução

b) tem como solução o par (x = 9/5, y = 11/5)

c) tem como solução o par (x = 2, y = 3)

d) tem como solução o par (x = 3, y = 1)

14) **(CFN)** Sendo U = R x R, resolva o sistema $\begin{cases} x - y = -5 \\ 2x + 3y = 10 \end{cases}$

a) (– 25, 20) b) (– 3, 2) c) (–1, 4) d) $\left(\frac{50}{11}, -\frac{30}{11}\right)$ e) (3, – 2)

15) **(CESD)** Seja o sistema $\begin{cases} x - 2y = 4 \\ 3x + y = 5 \end{cases}$. O valor de x – y é:

a) 0 b) 1 c) 3 d) – 1

16) **(CESD)** Sabe-se que $\begin{cases} x + 5y = 17 \\ 3x - 5y = 11 \end{cases}$. O inverso multiplicativo de "x" é

a) – 7 b) $-\frac{1}{7}$ c) $\frac{1}{7}$ d) 7

17) **(CFS)** Considerando o sistema $\begin{cases} 2x - 3y = 11 \\ 2x + 7y = 1 \end{cases}$, temos que x + y vale:

a) 3 b) 5 c) – 3 d) – 5

18) **(EEAR)** O valor de x que é solução do sistema $\begin{cases} x - 2y = 1 \\ 2x - 3y = 3 \end{cases}$ é um número

a) par primo
b) ímpar primo
c) par não primo
d) ímpar não primo

19) **(EsSA)** Se 3x – 2y = 12 e 2x + 3y = – 5, então o valor do produto xy é:

a) – 14 b) 10 c) 12 d) – 6 e) – 8

20) **(CFN)** Se 2x – y = 2 e x + 3y = 15, dê o valor numérico de $x^2 + y^2$.

a) 25 b) 30 c) 35 d) 40 e) 45

21) **(CFC)** Sabendo que o par ordenado (x,y) é a solução do sistema $\begin{cases} 3x - 5y = -9 \\ 2y - 7x = 50 \end{cases}$, o valor do produto xy é

a) – 24 b) – 5 c) 5 d) 24

22) **(EEAR)** No sistema $\begin{cases} 3x + y = 1 \\ 2x + 2y = 1 \end{cases}$, o valor de x é

a) o dobro de y
b) igual ao de y
c) a metade de y
d) o quádruplo de y

23) **(EsSA)** No sistema $\begin{cases} 2x = 4 - y \\ 5x - 2y = 1 \end{cases}$, o valor de $\underline{x}$ é:

a) – 1 b) – 2 c) 2 d) 1

24) **(CN)** Resolver o sistema $\begin{cases} y = 5 + 3x \\ 2x - 3y = -8 \end{cases}$

25) **(CEFET)** A solução do sistema abaixo será o par ordenado (3, – 2), se tivermos: $\begin{cases} 2x + ay = 0 \\ bx - y = 8 \end{cases}$

a) a = 3 e b = 2

b) a = 2 e b = 3

c) a = b = – 5

d) a = – 3 e b = – 2

e) a = 1 e b = 0

26) **(ESFAO)** Se o par ordenado (2,1) é a única solução do sistema $\begin{cases} ax + by = 7 \\ bx - ay = 4 \end{cases}$ então o valor de $b^2 - 2a$ é:

a) – 5 b) – 2 c) – 1 d) 2 e) 5

27) **(CFN)** Qual o ponto de interseção das retas: x + y = 5 e x – 2y = – 4 ?

a) (2, 3) b) (8, 3) c) (– 2, 5) d) (8, 5) e) (– 2, – 3)

28) **(EEAR)** As retas y = kx + 2 e y = – x + m interceptam-se no ponto (1,4). Assim, o valor de k + m é

a) 8 b) 7 c) 6 d) 5

29) **(AMEOSC)** As retas (r) 3x – 4y – 5 = 0 e (s) 2x + y – 7 = 0 se encontram no ponto P(x, y). Assinale a alternativa que apresenta corretamente as coordenadas de P:

a) P(3, 1) b) P(0, 0) c) P(–1, 5) d) P(2, 7)

30) **(EsSA)** Sendo U = Q x Q, resolva o sistema $\begin{cases} x - 2(1 + y) = 20 \\ 4(3 - x) - 3y = 1 \end{cases}$,

a) (8, – 3) b) (– 7, 8) c) (8, – 7) d) (3, – 1)

31) **(EEAR)** No sistema $\begin{cases} x + 2(y + 3) = 15 \\ 2 - 3y = -(2x + 1) \end{cases}$, x é um número

a) par

b) primo

c) diferente de y

d) divisor de 16

32) **(CFS)** Resolvendo o sistema $\begin{cases} 2(x - 3) + 3(y + 4) = 6 \\ 3x - 2(y + 4) = 44 \end{cases}$ obtemos o par ordenado:

a) (6, 4) b) (6, – 4) c) (12, 8) d) (12, – 8)

33) **(EPCAR)** O par (x,y) tal que $\begin{cases} 2x + 5y = 4 \\ 4x + y = \frac{13}{5} \end{cases}$ dará à expressão $\frac{8x - 3y}{4x + y}$ o valor numérico:

a) 1 b) 13/11 c) 11/13 d) 13/5 e) 11/5

34) **(CFN)** Aplicando o método mais conveniente, resolva o seguinte sistema de equações do 1° grau: $\begin{cases} \frac{x}{2y} = 2 \\ 3x + 7y = 57 \end{cases}$

a) (3, 12) b) (6, 3) c) (6, 12) d) (12, 3) e) (12, 6)

35) **(CESD)** Resolvendo-se o sistema $\begin{cases} \frac{x+y}{3} + x = 15 \\ \frac{x-y}{5} + y = 6 \end{cases}$ conclui-se que uma das raízes é

a) múltipla de 3

b) menor do que 4

c) o triplo da outra

d) múltipla da outra

36) **(CM – RJ)** Na solução do sistema $\begin{cases} y = \frac{x-1}{2} - 1 \\ \frac{x+y}{4} - \frac{x-y}{3} = 1 \end{cases}$, a soma dos valores de x + y é:

a) $-\frac{12}{5}$ b) $\frac{27}{5}$ c) 8 d) 12 e) 0

37) **(EEAR)** Os números reais que verificam a solução do sistema $\begin{cases} \frac{x}{4} - \frac{y}{2} = 1 \\ 2(x-3) - 3(y+1) = -2 \end{cases}$ são raízes da equação

a) $k^2 - k - 2 = 0$

b) $k^2 + k - 2 = 0$

c) $k^2 - 2k - 1 = 0$

d) $k^2 - 2k + 1 = 0$

38) **(EPCAR)** Entre as raízes x_1 e x_2 de uma equação do segundo grau existem as relações $\begin{cases} x_2 + 3x_1 = 10 \\ x_1 + x_2 = 0 \end{cases}$. Indique qual é a equação:

a) $x^2 - 7x + 12 = 0$

b) $x^2 - 4x + 3 = 0$

c) $x^2 + 2x - 8 = 0$

d) $x^2 - 8x + 7 = 0$

e) $x^2 - 25 = 0$

39) **(CM – FORTALEZA)** Os números reais que compõem a solução do sistema $\begin{cases} x - y = \frac{1}{6} \\ 2x + 3y = 2 \end{cases}$ são também soluções da equação:

a) $6k^2 - 5k - 1 = 0$

b) $6k^2 + 5k - 1 = 0$

c) $6k^2 - 5k + 1 = 0$

d) $5k^2 - 6k - 1 = 0$

e) $5k^2 + 6k + 1 = 0$

40) **(CN)** Ache as raízes do sistema $\begin{cases} \frac{x}{4} + \frac{y}{5} = 2 \\ \frac{2x+1}{3} - \frac{y-3}{2} = 2 \end{cases}$

41) **(CTUR)** No sistema $\begin{cases} \frac{x}{5} - \frac{y}{10} = 2 \\ x + \frac{7y}{5} = -9 \end{cases}$, o conjunto verdade é dado por V= {(x, y)}. O valor de x + y é:

a) 3 b) 4 c) – 4 d) 5 e) – 5

42) **(CM – BH)** O par ordenado (a,b) é a solução do sistema $\begin{cases} \frac{-7x}{8} - \frac{8y}{7} = \frac{18}{5} \\ \frac{-y}{7} + \frac{x}{8} = \frac{-22}{5} \end{cases}$. Então a soma a + b vale:

a) – 10 b) – 9 c) – 8 d) 1 e) 120

43) O valor de x – y no sistema $\begin{cases} \sqrt{3}x - \sqrt{2}y = \sqrt{48} \\ 2x + \sqrt{6}y = 3 \end{cases}$

a) $3 + \sqrt{6}$ b) $3 - \sqrt{6}$ c) $\frac{6+\sqrt{6}}{2}$ d) $\frac{6-\sqrt{6}}{2}$ e) $\frac{3+\sqrt{6}}{2}$

44) Resolver o sistema $\begin{cases} \sqrt{5}x + y = 2 \\ 12x - 8\sqrt{5}y + 3\sqrt{5} = 0 \end{cases}$ obtém-se:

a) $x = \frac{\sqrt{5}}{2}$ b) $y = 2\sqrt{5}$ c) $x = \frac{1}{2}$ d) $y = \frac{3}{4}$ e) $x = y = \frac{\sqrt{5}}{5}$

45) **(CN)** Dado o sistema $\begin{cases} kx - 6y = k - 1 \\ 2x + 3y = 11 \end{cases}$, determinar k para que os valores de x e y sejam iguais.

46) **(ETVM)** O valor de k, no sistema $\begin{cases} 3x + ky = 20 \\ 2x - y = 4 \end{cases}$, para que os valores de x e de y sejam iguais, é:

a) 1 b) – 1 c) 3 d) 2 e) n.r.a

47) **(CN)** Determine o valor de k no sistema a seguir, de modo que as incógnitas sejam simétricas:

$\begin{cases} kx - 2 = x - y \\ x - ky = 1 - y \end{cases}$

48) **(CN)** Para que, no sistema $\begin{cases} x + my = 6 \\ \frac{x}{m} + \frac{y}{3} = 2 \end{cases}$ o valor de x seja o dobro do valor de y, m pode ter valores cuja soma é:

a) 1 b) – 2 c) 3 d) – 1 e) 5

49) **(EFOMM)** No sistema $\begin{cases} 5x + 2y = 18 \\ -2x + ky = 6 \end{cases}$, o valor de y será o dobro do valor de x somente se k for:

a) 0,5 b) – 2,5 c) 1 d) 2,5 e) 8

50) No sistema $\begin{cases} x + 2y - k = 0 \\ 3x + 4y - 11 = 0 \end{cases}$, os valores de x e y serão ambos positivos quando k for tal que:

a) $\frac{11}{5} < k < \frac{11}{2}$

b) $\frac{11}{3} < k < \frac{11}{2}$

c) 1,7 < k < 5,5

d) 0,666... < k < 8,666...

e) 3 < k < 6

51) No sistema $\begin{cases} x + 2y - k = 0 \\ 3x + 4y - 11 = 0 \end{cases}$, os valores inteiros de k a fim de que “x” e “y” sejam ambos positivos serão:

a) k = 1 ou k = 7

b) k = 0 ou k = 6

c) k = 4 ou k = 5

d) k = 3 ou k = 6

e) k = 3 ou k = 4

52) **(EPCAR)** Os valores de x e y no sistema $\begin{cases} x + 2y + k = 0 \\ 3x + 4y + 11 = 0 \end{cases}$ serão ambos negativos quando k for tal que

a) $\frac{11}{5} < k < \frac{11}{2}$

b) $\frac{11}{3} < k < \frac{11}{2}$

c) 0,666... < k < 8,666...

d) $3,\overline{6} < k < 5,2$

53) **(ESAF)** A soma dos valores de x e y que solucionam o sistema de equações $\begin{cases} x + 2y = 7 \\ 2x + y = 5 \end{cases}$ é igual a:

a) 6 b) 4 c) 3 d) 2 e) 5

54) **(EPCAR)** O valor de x que satisfaz o sistema $\begin{cases} kx + my = k \\ kx - my = c \end{cases}$ é:

a) $\frac{k-c}{2m}$ b) zero c) $\frac{2m}{k+c}$ d) $\frac{k+c}{2k}$ e) $\frac{k+c}{k}$

55) **(PUC)** Sabendo que a + b = 1200, b + c = 1100 e a + c = 1500, então a + b + c vale:

a) 3800 b) 3300 c) 2700 d) 2300 e) 1900

56) **(CM – RJ)** Se a, b e c são números naturais tais que $\begin{cases} a + b = 13 \\ a + c = 17 \\ b + c = 20 \end{cases}$, então o valor de a + b + c é:

a) 15 b) 20 c) 25 d) 30 e) 35

57) **(ESAF)** Dado o sistema de equações lineares $\begin{cases} 2x + 3y - 4z = 3 \\ x - y + 5z = 6 \\ x + 2y + 3z = 7 \end{cases}$. O valor de x + y + z é igual a:

a) 8 b) 16 c) 4 d) 12 e) 14

58) **(UFPE)** Sabendo-se que $\begin{cases} x + y + z = -1 \\ y + z + t = 7 \\ x + z + t = 5 \\ x + y + t = 4 \end{cases}$, assinale a única alternativa que indica o valor de x + y + z + t:

a) 15 b) 5 c) 3 d) 4 e) 17

59) **(EEAR)** No sistema $\begin{cases} 2x - 3y + z = -6 \\ \frac{x}{3} = \frac{y}{5} = \frac{z}{7} \end{cases}$, o valor de y é:

a) 9 b) 12 c) 15 d) 21

60) **(CN)** Resolver o sistema: $\begin{cases} \frac{x}{2} = \frac{y}{3} = \frac{z}{-1} \\ 2x + y + 3z = 8 \end{cases}$

61) **(EFOMM)** O valor de 2x + y + 3z no sistema linear abaixo vale: $\begin{cases} x + y + z = 2 \\ \frac{2x-y}{3z+2} = \frac{z+1}{2x+y} = 2 \end{cases}$.

a) – 29 b) – 73 c) – 85 d) – 98 e) – 135

62) **(CN)** Calcular x no sistema $\begin{cases} \frac{2x+1}{3y-4} = -\frac{2}{3} \\ \frac{2y+1}{3x-1} = \frac{10}{3} \end{cases}$.

a) $\frac{1}{2}$ b) $-\frac{1}{2}$ c) $\frac{1}{3}$ d) $-\frac{1}{3}$ e) 2

63) **(AMAN)** Dado o sistema $\begin{cases} x - y + 2z = -1 \\ 2x + y - z = 9 \\ x - 3y + z = -4 \end{cases}$, o valor de x + y + z será:

a) 16 b) 4 c) 3 d) 1 e) n.r.a

64) **(FGV)** Resolvendo o sistema abaixo, obtém-se para z o valor:

$\begin{cases} x + y + z = 0 \\ 2x - y - 2z = 1 \\ 6y + 3z = -12 \end{cases}$

a) – 3 b) – 2 c) 0 d) 2 e) 3

65) **(EFOMM)** Em relação ao sistema $\begin{cases} 2x - y + 3z = 1 \\ -x - 4y - 2z = 4 \\ x + 2y + 2z = -4 \end{cases}$, pode-se dizer que $x\sqrt{y} + z$ vale:

a) 0 b) 8 c) 14 d) – 9 e) 25

66) **(ESPCEX)** A soma dos valores de **x**, **y** e **z** que tornam o sistema $\begin{cases} 2x + y - z = 5 \\ 3x - 2y + z = -2 \\ x + z = 0 \end{cases}$ verdadeiro é:

a) 1 b) 3 c) 2 d) 5 e) 4

67) **(EFOMM)** Em relação ao sistema abaixo, podemos afirmar que x + y – z vale:

$\begin{cases} -x - 4y = 3 \\ 3x + 2y - z = -1 \\ 2x - y + 2z = 0 \end{cases}$

a) – 9/29 b) 13/29 c) – 12 d) 11/13 e) – 22/13

68) **(EEAR)** Se {(x, y, z)} é a solução do sistema $\begin{cases} x - y - 2z = 1 \\ -x + y + z = 2 \\ x - 2y + z = -2 \end{cases}$, então

a) x < y < z b) x < z < y c) y < x < z d) y < z < x

69) **(ESPCEX)** A soma das soluções do sistema $\begin{cases} x - y + z = 8 \\ 2x + y + z = 5 \\ x + 2y - z = -8 \end{cases}$ é:

a) 4 b) 5 c) 6 d) 7 e) 8

70) **(EEAR)** Se a solução do sistema $\begin{cases} x + y - z = 0 \\ x - y - 2z = 1 \\ x + 2y + z = 4 \end{cases}$ é {(a, b, c)}, então o valor de "a **.** b **.** c" é

a) – 12 b) – 18 c) – 24 d) – 30

71) **(ESPCEX)** Sabendo que (x, y, z) é solução do sistema $\begin{cases} x + y + z = 1 \\ x - y + 2z = 3 \\ 2x + 3y - z = 1 \end{cases}$, o valor de $x^2 + y^2 + z^2$

é:

a) 5 b) 6 c) 7 d) 9 e) 10

72) Resolvendo o sistema $\begin{cases} 5732x + 2134y + 2134z = 7866 \\ 2134x + 5732y + 2134z = 670 \\ 2134x + 2134y + 5732z = 11464 \end{cases}$, o valor de x – y – z é:

a) – 2 b) – 1 c) 0 d) 1 e) 2

73) **(CONTEMAX)** Quanto vale "?" na figura abaixo ?

a) 6 b) 7 c) 8 d) 9 e) 10

74) **(FUNDEP)** Observe os cálculos a seguir, em que cada figura representa um mesmo número.

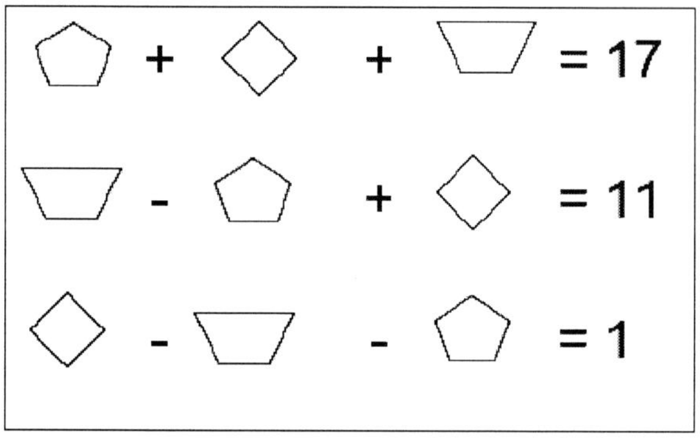

Identificando os valores das figuras, pode-se afirmar que o resultado da operação

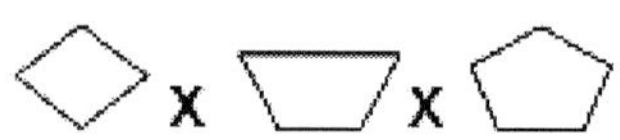 é igual a:

a) 29 b) 60 c) 135 d) 187

75) **(EEAR)** Resolvendo o sistema $\begin{cases} \frac{5}{x} + \frac{6}{y} = \frac{3}{2} \\ \frac{2}{x} - \frac{2}{y} = \frac{1}{9} \end{cases}$, obtém-se:

a) $\frac{1}{6}$ e $\frac{1}{9}$ b) $\frac{1}{3}$ e $\frac{1}{2}$ c) 6 e – 9 d) 6 e 9

76) **(CN)** Resolva o sistema de equações.

$$\begin{cases} \frac{1}{x} + \frac{1}{y} = 1 \\ \frac{1}{x} - \frac{2}{y} = -1 \end{cases}$$

77) **(ETFQ)** Resolvendo o sistema $\begin{cases} \frac{4}{x} - \frac{3}{y} = 8 \\ \frac{5}{x} + \frac{6}{y} = 12 \end{cases}$, encontramos para solução:

a) $\left(\frac{13}{28}, \frac{39}{8}\right)$ b) $\left(\frac{-28}{13}, \frac{8}{39}\right)$ c) $\left(\frac{28}{13}, \frac{39}{8}\right)$ d) $\left(\frac{28}{13}, \frac{-39}{8}\right)$ e) $\left(\frac{10}{13}, \frac{8}{5}\right)$

78) **(EPCAR)** Se o par (a,b) for a solução do sistema $\begin{cases} \frac{1}{x} + \frac{1}{y} = \frac{5}{12} \\ \frac{1}{x} - \frac{1}{y} = \frac{1}{12} \end{cases}$, então $\frac{1}{4}$ (b – a) será igual a:

a) 2^{-1} b) 3^{-1} c) 4^{-1} d) 5^{-1} e) 6^{-1}

79) **(EPCAR)** A solução (x,y) do sistema $\begin{cases} \frac{x}{6a} + \frac{y}{9b} = \frac{5}{18} \\ \frac{2x}{9a} - \frac{y}{6b} = \frac{1}{18} \end{cases}$, onde a ≠ 0 e b ≠ 0 é tal que

a) x + y = a – b

b) x – y = a + b

c) x – y = b – a

d) x . y = $a^2 - b^2$

e) x + y = a + b

80) **(EPCAR)** Considere os números positivos q, m e n, tais que $\frac{m}{n+q} = 2$ e $\frac{m}{n-q} = 3$. Ordenando-os, tem-se a sequência correta em:

a) m > n > q b) m > q > n c) n > m > q d) q > n > m

81) **(CN)** Resolver o sistema $\begin{cases} \frac{xy}{x+y} = \frac{6}{5} \\ \frac{1}{y} - \frac{1}{x} = \frac{1}{6} \end{cases}$

a) V = {(2 , 3)}

b) V = {(3 , 2)}

c) V = {(– 2 , – 3)}

d) V = {(– 3 , – 2)}

e) V = {(– 3 , +2)}

82) **(CN)** Achar o produto das raízes do sistema $\begin{cases} \frac{xy}{y-x} = \frac{4}{3} \\ \frac{1}{x} + \frac{1}{y} = \frac{1}{4} \end{cases}$

a) – 8 b) 6 c) – 4 d) – 10 e) – 12

83) **(CM – BH)** Dado o sistema $\begin{cases} \frac{2}{a}x + \frac{2}{b}y = 1 \\ \frac{2}{b}x + \frac{2}{a}y = 1 \end{cases}$, com a ≠ 0 e b ≠ 0, pode-se concluir que:

a) x . y = 1, quaisquer que sejam os valores de x e y

b) x e y são simétricos

c) x e y são primos entre si

d) x + y > 1, para todo x e y

e) x . y^{-1} = 1

84) **(CEFET)** Resolvendo o sistema de equações dado abaixo, sendo x, y e z ∈ ℝ, podemos afirmar que:

$$\begin{cases} \dfrac{1}{x}+\dfrac{3}{y}+\dfrac{2}{z}=2 \\ \dfrac{4}{x}-\dfrac{6}{y}+\dfrac{8}{z}=2 \\ \dfrac{5}{x}-\dfrac{3}{y}+\dfrac{2}{z}=2 \end{cases}$$

a) x = y b) x > y c) x < y d) x > y > z

85) Resolvendo o sistema :

$$\begin{cases} \frac{2}{x}-\frac{1}{y}-\frac{1}{z}=-1 \\ \frac{1}{x}+\frac{1}{y}+\frac{1}{z}=0 \\ \frac{3}{x}-\frac{2}{y}+\frac{1}{z}=4 \end{cases}$$, o valor de "x" é:

a) 3 b) – 3 c) 2 d) – 1 e) 5

86) A solução do sistema $\begin{cases} \frac{2}{x-y}+\frac{3}{2x+3y}=7 \\ \frac{3}{x-y}-\frac{4}{2x+3y}=2 \end{cases}$ é o par ordenado:

a) (1 , 0) b) (0 , 1) c) $(\frac{1}{2}, 0)$ d) $(0, \frac{1}{2})$ e) (1 , – 1)

87) Qual o valor de x que satisfaz ao sistema de equações?

$$\begin{cases} \dfrac{1}{x+y-1}-\dfrac{3}{x-y+1}=-\dfrac{7}{24} \\ \dfrac{2}{x+y-1}+\dfrac{4}{x-y+1}=\dfrac{2}{3} \end{cases}$$

a) 3 b) – 3 c) 10 d) – 10 e) 1

88) **(IME)** Resolva o sistema de equações abaixo.

$$\begin{cases} \dfrac{1}{1-x+2y}-\dfrac{1}{x+2y-1}=0 \\ \dfrac{1}{\dfrac{1}{1-x+2y}-\dfrac{1}{1-x-2y}}=2 \end{cases}$$

a) x = 1; y = 2

b) x = – 1; y = 1

c) x = 2; y = 2

d) x = 2; y = – 1

e) x = 0; y = 1

f) N.R.A.

89) **(CN)** O sistema $\begin{cases} mx - 5y = 3 \\ 3x + ky = 4 \end{cases}$ é equivalente ao sistema $\begin{cases} 2x - y = 4 \\ 3x + y = 1 \end{cases}$. Logo, pode-se afirmar que:

a) m – k = – 8 b) $k^m = -1$ c) $m^k = \frac{1}{7}$ d) m . k = $\frac{7}{2}$ e) m + k = 8

90) **(CN)** $\begin{cases} x - y = 0 \\ x + y = 2 \end{cases}$ e $\begin{cases} ax + by = 1 \\ bx - ay = 1 \end{cases}$

Dois sistemas de equações lineares são equivalentes quando toda solução de um é solução do outro e vice-versa. Qual é a soma dos valores de a e b, tais que os sistemas acima sejam equivalentes?

a) 1 b) 2 c) – 1 d) – 2 e) zero

91) **(CN)** Qual o valor a atribuir ao parâmetro m para que os sistemas $\begin{cases} mx + 2my = 1 \\ mx + 3my = 2 \end{cases}$ e $\begin{cases} x = a \\ y = -a \end{cases}$ sejam equivalentes?

92) **(EEAR)** Se $\begin{cases} ax + 2y = -1 \\ 3x + by = 3 \end{cases}$ e $\begin{cases} 2x + y = 1 \\ x - y = -4 \end{cases}$ são sistemas equivalentes, então o valor de a + b é

a) 11 b) 9 c) – 5 d) – 7

93) **(UEL/PR)** Se os sistemas $\begin{cases} x + y = 1 \\ x - 2y = -5 \end{cases}$ e $\begin{cases} ax - by = 5 \\ ay - bx = -1 \end{cases}$ são equivalentes, então $a^2 + b^2$ é igual a:

a) 1 b) 4 c) 5 d) 9 e) 10

94) **(CN)** Observe o sistema de equações lineares abaixo.

S_1: $\begin{cases} x\sqrt{2} + y\sqrt{3} = 12 \\ 2x + 7y = 4 \end{cases}$

Sendo (x_1, y_1) solução de S_1, o resultado de $(6 + \sqrt{2})\, x_1 + (21 + \sqrt{3})\, y_1$ é igual a

a) 18 b) 21 c) 24 d) 28 e) 32

95) **(CN)** Sabendo que 3x – y – 10z = 0 e que x + 2y – z = 0, o valor de $\frac{x^3 + x^2y}{xy^2 - z^3}$, sendo $z \neq 0$ é:

a) 18 b) 9 c) 6 d) 1 e) 0

96) **(CN)** Se $2x - 3y - z = 0$ e $x + 3y - 14z = 0$, com $z \neq 0$, o valor da expressão $\frac{x^2 + 3xy}{y^2 + z^2}$ é:

a) 7 b) 2 c) 0 d) – 20/17 e) – 2

97) Os valores reais de "x" e "y" que verificam a equação $(4x - y - 8)^2 + (3x + 2y - 17)^2 = 0$ são tais que x + y é igual a:

a) 5 b) 6 c) 7 d) 8 e) 9

98) **(FUVEST)** Sabendo que x, y e z são números reais e $(2x + y - z)^2 + (x - y)^2 + (z - 3)^2 = 0$, então x + y + z é igual a:

a) 3 b) 4 c) 5 d) 6 e) 7

99) **(FATEC)** Sabe-se que $(a + b - 3)^2 + (c - 5)^2 = 0$ com $a \in \mathbb{R}$, $b \in \mathbb{R}$ e $c \in \mathbb{R}$. Então é verdade que a + b + c é igual a:

a) 3 b) 5 c) 6 d) 7 e) 8

100) **(CBM/GO – OFICIAL)** Sabe-se que x, y e z são reais e que $(4x - 3y + 2)^2 + (2x + 4y - 10)^2 = 0$. Então, o valor de x . y é

a) 1 b) 2 c) 4 d) 6 e) 8

GABARITOS

1) A	2) A	3) D	4) D	5) k = 11	6) A	7) E	8) E
9) C	10) C	11) D	12) C	13) D	14) C	15) C	16) C
17) A	18) B	19) D	20) A	21) D	22) B	23) D	24) x = – 1 e y = 2
25) A	26) E	27) A	28) B	29) A	30) C	31) B	32) D
33) C	34) D	35) D	36) D	37) A	38) E	39) C	40) S = {(4, 5)}
41) E	42) C	43) A	44) D	45) $k = \frac{61}{6}$	46) D	47) k = – 2	48) D
49) D	50) B	51) C	52) B	53) B	54) D	55) E	56) C

57) C	58) B	59) C	60) $x = 4$, $y = 6$, $z = -2$	61) B	62) A	63) B	64) D
65) D	66) C	67) A	68) A	69) A	70) D	71) A	72) C
73) E	74) C	75) D	76) $x = 3$, $y = \frac{3}{2}$	77) A	78) A	79) E	80) A
81) B	82) A	83) E	84) C	85) B	86) C	87) C	88) A
89) D	90) A	91) $m = -\frac{1}{a}$	92) B	93) E	94) C	95) B	97) C
98) C	99) E	100) B					

Capítulo 8

Problemas do 1º Grau com duas Incógnitas

1. Introdução:

- O problema do 1º grau com duas incógnitas é aquele que pode ser resolvido utilizando um sistema de equações do 1º grau.

Exercícios

1) **(EsSA)** A soma de dois números é 40 e sua diferença é 12. Logo o maior número é:

a) 52 b) 26 c) 28 d) 14 e) 32

Resolução:

Números: x e y

$$\begin{cases} x + y = 40 \\ x - y = 12 \end{cases}$$

$$\begin{cases} x + \not{y} = 40 \\ x - \not{y} = 12 \end{cases} \quad (+)$$

2x = 52

x = 52/2

x = 26

Vamos substituir x = 26 na equação x + y = 40.

x + y = 40

26 + y = 40

y = 40 – 26

y = 14

Os números são 26 e 14.

GABARITO: B

2) Que horas são se o que resta do dia vale 5/7 do que já passou?

a) 8h b) 10h c) 18h d) 23h e) 14h

Resolução:

Já passou do dia (horas): x

Resta para terminar o dia (horas): y

O que resta do dia vale 5/7 do que já passou ⇒ $y = \frac{5x}{7}$ (I)

Já passou do dia (horas) + o que resta do dia (horas) = dia completo

⇒ $x + y = 24$ (II)

Vamos substituir (I) em (II):

$x + y = 24$

$x + \frac{5x}{7} = 24$ (x 7)

$7x + 5x = 168$

$12x = 168$

$x = 168/12$

$x = 14$ horas

GABARITO: E

3) Quantas horas marca um relógio, se o número de horas decorridas a partir do meio-dia excede em 5 unidades o sêxtuplo do número de horas restantes até a meia noite?

a) 9 b) 11 c) 12 d) 13 e) 14

4) **(CM – SANTA MARIA)** Uma fita de vídeo foi programada para gravar 6 horas. Quanto tempo já se gravou se o que resta para terminar a fita é 1/3 do que já passou?

a) 5 horas b) 4,5 horas c) 4 horas d) 3,5 horas e) 3 horas

5) **(CN)** Num grupo de rapazes e moças, 10 moças foram embora e o número de rapazes ficou igual ao número de moças. Após um certo tempo, 24 rapazes foram embora, e o número de moças ficou o quíntuplo do número de rapazes. Podemos afirmar que, inicialmente, havia no grupo

a) 30 moças b) 40 moças c) 40 rapazes d) 50 rapazes e) 60 pessoas

Resolução:

Número de rapazes: R

Número de moças: M

Como 10 moças foram embora, então o número de rapazes ficou igual ao número de moças

⇒ $M - 10 = R$ (I)

Como 24 rapazes foram embora, então número de moças ficou o quíntuplo do número de rapazes

⇒ $M - 10 = 5(R - 24)$ (II)

Vamos igualar as equações (I) e (II):

$R = 5(R - 24)$
$R = 5R - 120$
$R - 5R = - 120$
$- 4R = - 120 \ \ x (- 1)$
$4R = 120$
$R = 30$
Como $R = 30$ e $M - 10 = R$, então temos que:
$M - 10 = 30 \Rightarrow M = 40$

GABARITO: B

6) **(CN)** Um grupo de alunos faz prova numa sala. Se saírem do recinto 10 rapazes, o número de rapazes e moças, será igual. Se, em seguida, saírem 10 moças, o número de rapazes se tornará o dobro do número de moças. Sendo r o número de rapazes e m o número de moças podemos afirmar que 2r + m é igual a

a) 60 b) 70 c) 80 d) 90 e) 110

7) **(CFN)** Ao começar uma festa, o número de mulheres era o triplo do número de homens. Durante a festa, 75 mulheres foram embora e 150 homens chegaram. Ao terminar a festa, o número de homens era o dobro do número de mulheres. Quantas pessoas havia ao terminar a festa?

a) 60 b) 105 c) 210 d) 315 e) 405

8) **(CN)** O número 38 é dividido em duas parcelas. A maior parcela dividida pela menor dá quociente 4 e resto 3. Achar o produto dessas duas partes:

a) 240 b) 136 c) 217 d) 105 e) 380

9) **(EsSA)** A soma de dois números é 38. O quociente do menor por 2 excede em 3 unidades o quociente do maior por 6. Então, a diferença entre os dois números é:

a) 8 b) 22 c) 12 d) 10 e) 18

10) **(EPCAR)** Desdobrando o número 288 em duas partes tais que ¾ da primeira dê resultado igual a 3/2 da segunda, podemos concluir que:

a) o dobro da menor parte é 184
b) a diferença entre as duas partes é 96
c) a menor das partes é 48
d) a maior das partes é 190
e) a metade da maior é 94

11) **(EEAR)** Em uma escola há 56 professores, entre homens e mulheres. Se a metade do número de mulheres é igual ao triplo do de homens, então o número de mulheres supera o de homens em

a) 32 b) 36 c) 40 d) 44

12) **(EPCAR)** Dois atletas iniciam juntos uma marcha. O comprimento do passo do primeiro é 2/3 do comprimento do passo do segundo. Enquanto o primeiro dá 5 passos, o segundo dá 4 passos. Tendo o primeiro atleta percorrido 60km, pode-se dizer que o segundo terá percorrido:

a) 32km b) 50km c) 72km d) 90km

13) **(CAP – UFRJ)** A soma das idades de dois irmãos é 28 anos. Sabendo que a razão entre as idades é $\frac{3}{4}$, então o irmão mais velho tem quantos anos?

14) **(EPCAR)** Uma bola é abandonada de uma certa altura. Até que o movimento pare, a bola atinge o solo e volta a subir repetidas vezes. Em cada subida, alcança $\frac{1}{2}$ da altura em que se encontrava anteriormente. Se, depois do terceiro choque com o solo, ela sobe 100 cm, a altura em que foi abandonada a bola é, em metros, igual a:

a) 0,8 b) 1 c) 8 d) 0,5

15) **(EEAR)** Para comprar x bombons, todos do mesmo preço, dei y reais e recebi de troco 17 reais. A expressão algébrica que indica o preço de cada bombom é

a) $\frac{y+17}{x}$ b) $\frac{x-17}{y}$ c) $\frac{y-x}{17}$ d) $\frac{y-17}{x}$

16) **(UFF)** Cada filha de Luiz Antônio tem o número de irmãs igual à quarta parte do número de irmãos. Cada filho de Luiz Antônio tem o número de irmãos igual ao triplo do número de irmãs. O total de filhas de Luiz Antônio é:

a) 5 b) 6 c) 11 d) 16 e) 21

17) **(FUVEST)** Um casal tem filhos e filhas. Cada filho tem o número de irmãos igual ao número de irmãs. Cada filha tem o número de irmãos igual ao dobro do número de irmãs. Qual é o total de filhos e filhas do casal?

a) 3 b) 4 c) 5 d) 6 e) 7

18) **(OBM)** Samuel possui três irmãos a mais do que irmãs. O número de irmãos de Samila, irmã de Samuel, é igual ao dobro do número de suas irmãs. O número de filhos (homens e mulheres) que possui o pai de Samuel e Samila é:

a) 10 b) 13 c) 16 d) 17 e) 20

19) **(CN)** O conjunto dos trinta talheres de uma certa casa é constituído de garfos, facas e colheres, de aço inoxidável e aço comum. Sabe-se que

- existem cinco facas, seis garfos e sete colheres, todos de aço comum.
- o número total de garfos é o dobro do número de facas de aço inoxidável.
- o número de facas de aço inoxidável excede o número de colheres desse mesmo tipo de aço de duas unidades.
- Quantas colheres tem esse conjunto de talheres?

a) 10 b) 11 c) 12 d) 13 e) 14

20) **(CFN)** A massa do conjunto (barra e discos) é igual a 200kg. Determine a massa de cada um dos discos A, B e C, respectivamente, sabendo que a barra tem 20kg, a massa do disco C é o triplo da massa do disco A e a massa do disco B é o dobro da massa do disco A.

a) 10kg, 20kg e 25kg
b) 11kg, 18kg e 30kg
c) 9kg, 30kg e 50kg
d) 15kg, 18kg e 60kg
e) 30kg, 60kg e 90kg

21) **(FCC)** Em dois mercados, as condições de equilíbrio de manteiga e margarina, onde P_b é o preço da manteiga, P_m é o preço da margarina, são dadas pelas equações a seguir:

$$\begin{cases} 8P_b - 3P_m = 7 \\ -P_b + 7P_m = 19 \end{cases}$$

Os preços da manteiga e da margarina que levarão o modelo ao equilíbrio são, respectivamente:

a) 2 e 3 b) 3 e 2 c) 3 e 4 d) 4 e 2 e) 4 e 3

22) **(ENEM)** As curvas de oferta e de demanda de um produto representam, respectivamente, as quantidades que vendedores e consumidores estão dispostos a comercializar em função do preço do produto. Em alguns casos, essas curvas podem ser representadas por retas. Suponha que as quantidades de oferta e de demanda de um produto sejam, respectivamente, representadas pelas equações:

$QO = -20 + 4P$

$QD = 46 - 2P$

em que QO é a quantidade de oferta, QD é a quantidade de demanda e P é o preço do produto.

A partir dessas equações, de oferta e de demanda, os economistas encontram o preço de equilíbrio de mercado, ou seja, quando QO e QD se igualam.

Para a situação descrita, qual o valor do preço de equilíbrio?

a) 5 b) 11 c) 13 d) 23 e) 33

23) **(OBM)** Na balança a seguir temos pesadas bolas de chumbo, todas iguais, e leves saquinhos de plástico, todos com a mesma quantidade de bolinhas, iguais às que estão fora dos mesmos. Quantas bolinhas há em cada saquinho?

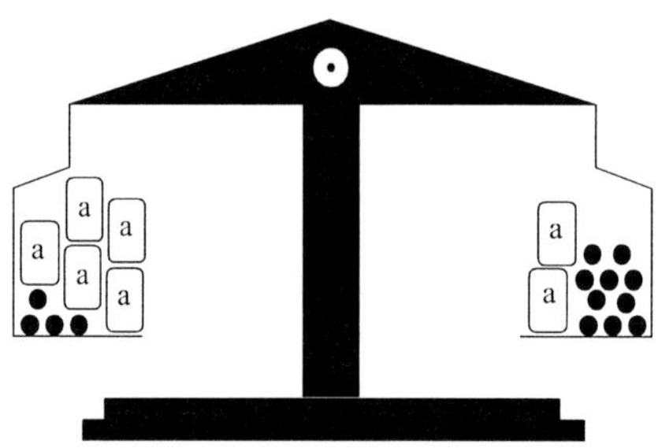

a) 1 b) 2 c) 3 d) 5 e) 6

24) **(ESPCEX)** A figura abaixo é formada por um dispositivo de forma triangular em que, nos vértices e nos pontos médios dos lados, estão representados alguns valores, nem todos conhecidos. Sabe-se que a soma dos valores correspondentes a cada lado do triângulo é sempre 24.

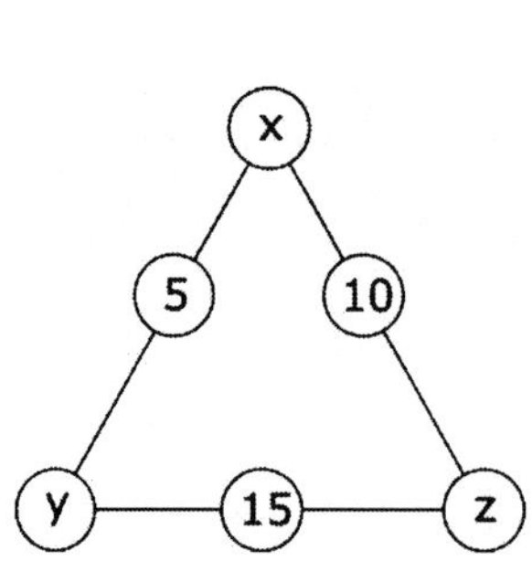

Assim, o valor numérico da expressão x – y **.** z é

a) – 2 b) – 1 c) 2 d) 5 e) 10

25) **(CM – RJ)** Cada um dos números naturais nos círculos é a soma dos dois números naturais desconhecidos que estão nos dois quadrados ao lado deles.

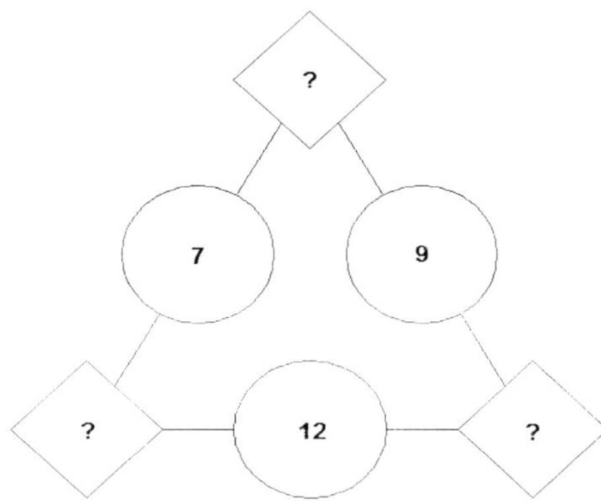

A soma dos três números desconhecidos que estão nos quadrados é:

a) 14 b) 15 c) 12 d) 13 e) 11

26) Nos quadrados abaixo, serão escritos os 14 dígitos de um cartão de crédito. Sendo a soma de quaisquer três dígitos consecutivos é 20, o valor de x é:

				9				x				7	

a) 3 b) 4 c) 5 d) 7 e) 9

27) **(UERJ)** O código de uma inscrição tem 14 algarismos; dois deles e suas respectivas posições estão indicadas abaixo.

5				8				x					

Considere que, nesse código, a soma de três algarismos consecutivos seja sempre igual a 20. O algarismo representado por x será divisor do seguinte número:

a) 49 b) 64 c) 81 d) 125

28) **(UFRJ)** Na figura a seguir, cada um dos sete quadros contém a medida de um ângulo expressa em graus. Em quaisquer três quadros consecutivos, temos os três ângulos internos de um triângulo.

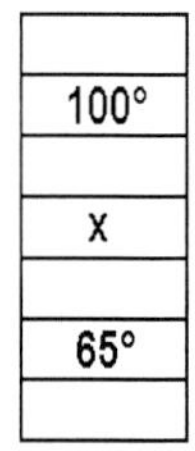

Determine o valor do ângulo x.

29) Na pirâmide a seguir, para as camadas acima da base, o número colocado em cada tijolo é a soma dos números dos dois tijolos nos quais ele se apoia e que estão imediatamente abaixo dele.

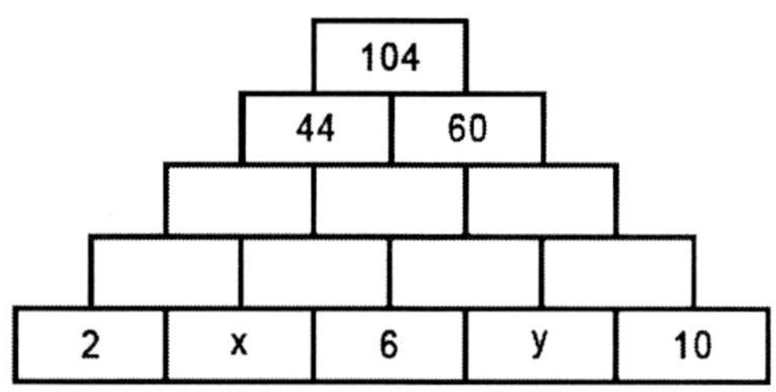

Calcule x + y.

a) 13 b) 14 c) 15 d) 16 e) 17

30) **(CM – RJ)** A figura abaixo mostra quinze retângulos, sendo seis numerados e nove não numerados. Cada retângulo dado está apoiado em dois outros, excluindo-se os cinco que formam a base da figura. Sabendo-se que o número natural em cada retângulo fora da base é igual ao produto dos dois números naturais observados nos dois retângulos em que ele se apoia (exemplo: 7.776 = 108 . 72), a soma dos números que estão faltando na figura é:

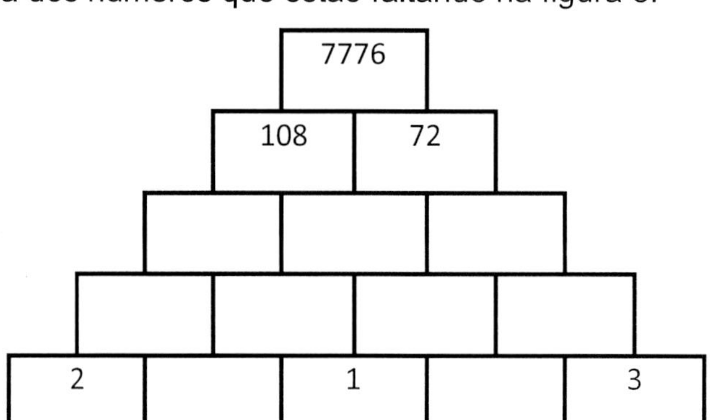

a) 28 b) 38 c) 48 d) 58 e) 68

31) **(EsSA)** Três amigos, Abel, Bruno e Carlos, juntos possuem um total de 555 figurinhas. Sabe-se que Abel possui o triplo de Bruno menos 25 figurinhas, e que Bruno possui o dobro de Carlos mais 10 figurinhas. Desses amigos, o que possui mais tem

a) 250 figurinhas
c) 275 figurinhas
e) 300 figurinhas
b) 365 figurinhas
d) 325 figurinhas

32) **(EEAR)** Dois tanques contêm juntos 830 litros de água. Se tirarmos 5 litros do primeiro e depositarmos 25 litros no segundo, o conteúdo do primeiro ficará o quádruplo do segundo. O 1º tanque supera o 2º em .... litros.

a) 360
b) 420
c) 480
d) 540

33) **(EPCAR)** Certo dia, Isabela e Ana Beatriz saíram para vender pastéis na praia. Elas tinham juntas 460 pastéis. No final do dia, verificou-se que Isabela conseguiu vender 3/5 dos pastéis que levara e Ana Beatriz 5/8 dos pastéis que levara. Ao final do dia, o número de pastéis que restou para Ana Beatriz era a metade do número de pastéis que restou para Isabela. Se Ana Beatriz, levou **x** pastéis para vender, então, a soma dos algarismos de **x** é

a) 6
b) 7
c) 8
d) 9

34) **(EPCAR)** Luiza e Ana Beatriz possuem uma coleção de bonecas. Se Luiza tivesse 5/6 da quantidade de bonecas que tem, e Ana Beatriz tivesse ¼ da quantidade de bonecas que possui, juntas teriam 3 bonecas a mais que Luiza. Mas se Luiza tivesse 4/9 da quantidade de bonecas que tem e Ana Beatriz tivesse 7/12 da quantidade de que possui, juntas teriam 2 bonecas a menos do que Luiza. Com base nessas informações, é correto afirmar que

a) a coleção de Ana Beatriz tem maior número de bonecas que a coleção de Luiza
b) a diferença do número de bonecas entre as duas coleções é um número primo
c) se Luiza der 3 bonecas para Ana Beatriz, as duas meninas terão a mesma quantidade de bonecas
d) juntas elas possuem menos de 100 bonecas

35) Duas vasilhas contêm, em conjunto, 36 litros de água. Se transferíssemos, para a que tem menos água, $\frac{2}{5}$ da água contida na outra, ficariam ambas com a mesma quantidade de água. Quantos litros contém cada vasilha?

a) 26 e 10
b) 20 e 16
c) 30 e 6
d) 18 e 18
e) 25 e 11

36) **(IBMEC)** Num prédio existem 12 andares, todos ocupados. Alguns, por 4 pessoas, outros, por apenas 2 pessoas, num total de 38 pessoas. O número de andares ocupados por 2 pessoas é:

a) 4 b) 5 c) 6 d) 8 e) 19

Resolução:

Número de andares ocupados por 2 pessoas: x

Número de andares ocupados por 4 pessoas: y

$$\begin{cases} x + y = 12 \\ 2x + 4y = 38 \end{cases}$$

$$\begin{cases} x + y = 12 \quad x\,(-4) \\ 2x + 4y = 38 \end{cases}$$

$$\begin{cases} -4x - 4y = -48 \\ 2x + 4y = 38 \end{cases} \quad (+)$$

– 4x + 2x = – 48 + 38

– 2x = – 10 x (– 1)

2x = 10

x = 10/2

x = 5

GABARITO: B

37) **(FCC)** Em um estacionamento há 31 veículos, alguns de duas rodas e os demais de quatro rodas. Se o total de rodas é 100, de quantas unidades o número de veículos de quatro rodas excede o de duas?

a) 13 b) 11 c) 9 d) 7 e) 5

Resolução:

Número de veículos de 2 rodas: x

Número de veículos de 4 rodas: y

$$\begin{cases} x + y = 31 \\ 2x + 4y = 100 \end{cases}$$

$$\begin{cases} x + y = 31 \quad x\,(-2) \\ 2x + 4y = 100 \end{cases}$$

$$\begin{cases} -2x - 2y = -62 \\ 2x + 4y = 100 \end{cases} \quad (+)$$

– 2y + 4y = – 62 + 100

2y = 38

y = 38/2

y = 19

Vamos substituir y = 19 na equação x + y = 31.

x + y = 31

x + 19 = 31

x = 31 – 19

x = 12

Logo, o número de veículos de quatro rodas excede o número de veículos de duas rodas em 7 unidades.

GABARITO: D

38) **(EEAR)** Num revendedor, entre carros e motos, há 46 veículos. O número total de rodas é 148. Supondo que cada moto pode transportar duas pessoas e cada carro cinco pessoas, o número de pessoas que esses veículos em conjunto podem transportar, é

a) 172 b) 174 c) 176 d) 178

39) **(CM – RECIFE)** Numa garagem existem bicicletas e automóveis num total de 50 veículos e 140 rodas. O número de automóveis é

a) 20 b) 30 c) 40 d) 10

40) **(EsSA)** Numa garagem com automóveis e bicicletas, o número de pneus é 480 e o número de veículos é 192. O número de bicicletas existentes na garagem é:

a) maior que 150
b) múltiplo de 12
c) ímpar
d) menor que 100
e) divisor de 300

41) **(EsSA)** Numa carpintaria empilham-se 50 tábuas, umas de 2cm e outras de 5cm de espessura. A altura da pilha é de 154cm. A diferença entre o número de tábuas de cada espessura é:

a) 12 b) 14 c) 16 d) 18 e) 25

Resolução:

Número de tábuas de 2 cm: x

Número de tábuas de 5 cm: y

$$\begin{cases} x + y = 50 \\ 2x + 5y = 154 \end{cases}$$

$$\begin{cases} x + y = 50 & x\,(-2) \\ 2x + 5y = 154 \end{cases}$$

$$\begin{cases} -2x - 2y = -100 \\ 2x + 5y = 154 \end{cases} \quad (+)$$

– 2y + 5y = – 100 + 154

3y = 54

y = 54/3

y = 18

Vamos substituir y = 18 na equação x + y = 50.

x + y = 50

x + 18 = 50

x = 50 – 18

x = 32

Logo, x – y = 32 – 18 = 14.

GABARITO: **B**

42) **(CONSULPLAN)** Quarenta e cinco tábuas foram empilhadas completando 1,81 m de altura. Sabendo-se que as tábuas têm espessuras, algumas de 3 cm e outras de 5 cm, qual o total de tábuas com 5 cm?

a) 18 b) 19 c) 23 d) 24 e) 21

43) **(CN)** Num depósito, estão guardadas 300 folhas de compensado de espessura 5,0mm e 1,5cm, respectivamente, formando uma pilha com 2,35m de altura. Qual a soma dos algarismos do número que expressa a quantidade de folhas de 5,0mm?

a) 5 b) 6 c) 7 d) 8 e) 9

44) **(EPCAR)** Em certo dia, numa fábrica de chocolates, serão produzidos dois tipos de barras de chocolate: branco e escuro, totalizando 500 barras. Sabe-se que as barras de chocolate são diferentes apenas na espessura, sendo 0,6 cm a espessura de cada barra de chocolate branco e 16 mm a espessura de cada barra de chocolate escuro.

Depois de prontas, as barras foram empilhadas. Sabendo-se que a pilha de chocolate formada possui 4,35 m de altura, pode-se afirmar que a diferença entre a quantidade de barras de chocolate branco e a quantidade de barras de chocolate escuro é um número cuja soma dos algarismos é igual a

a) 7 b) 5 c) 9 d) 14

45) **(CN)** Sejam 30 moedas, algumas de 1 centavo e outras de 5 centavos, onde cada uma tem, respectivamente, 13,5 e 18,5 milímetros de raio. Alinhando-se estas moedas, isto é, colocando-se uma do lado da outra, obtém-se o comprimento de 1 metro. O valor total de moedas é:

a) R$ 0,92 b) R$ 1,06 c) R$ 1,34 d) R$ 2,00 e) R$ 2,08

46) **(UFBA)** Uma pessoa retira R$ 70,00 de um banco, recebendo 10 notas, algumas de R$ 10,00 e outras de R$ 5,00. Calcule quantas notas de R$ 5,00 a pessoa recebeu.

a) 4 b) 5 c) 6 d) 7 e) 8

Resolução:

Número de notas de R$ 5,00: x

Número de notas de R$ 10,00: y

$$\begin{cases} x + y = 10 \\ 5x + 10y = 70 \end{cases}$$

$$\begin{cases} x + y = 10 & x\,(-10) \\ 5x + 10y = 70 \end{cases}$$

$$\begin{cases} -10x - 10y = -100 \\ \quad 5x + 10y = 70 \end{cases} \quad (+)$$

$-10x + 5x = -100 + 70$

$-5x = -30 \quad x\,(-1)$

$5x = 30$

$x = 30/5$

$x = 6$

GABARITO: C

47) **(UFG)** Em uma agência bancária, uma senhora retirou a quantia de R$ 1200,00 em cédulas de 20 e de 50 reais. Considerando que o número total de cédulas que a senhora retirou foi 36, então a quantidade de cédulas de R$ 50,00 que ela retirou foi igual a

a) 8 b) 16 c) 20 d) 30

48) **(UFMG)** Uma conta de R$ 140,00 é paga em cédulas de R$ 5,00 e R$ 10,00, num total de 18 cédulas. O número n de cédulas de R$ 5,00 usadas para o pagamento dessa conta é tal que:

a) $n < 5$ b) $5 < n < 10$ c) $7 < n < 10$ d) $n > 10$

49) **(EAM)** Na hora do almoço, Leonardo fala aos seus colegas: "Tenho exatamente 20 moedas no bolso, de R$ 0,10 e R$ 0,50, que somam R$ 5,20". E os desafia: "Quantas moedas de R$ 0,10 eu tenho"?

Quantas moedas de R$ 0,10 Leonardo possui?

a) 2 b) 7 c) 8 d) 12 e) 17

50) **(CM – RJ)** Para uma determinada sessão de cinema, foram vendidos 82 bilhetes e arrecadados R$ 745,00. Sabendo-se que a entrada custa R$ 10,00 e que estudante paga meia-entrada, ou seja, R$ 5,00, o número de estudantes na sessão era:

a) 15 b) 25 c) 27 d) 67

51) **(CM – BELO HORIZONTE)** Antes do fechamento do Maracanã, um jogo entre Flamengo e Vasco foi visto por 50.000 pessoas e apresentou uma renda de 1.300.000 reais. Havia dois tipos de ingressos: arquibancada a trinta reais e geral a dez reais. Quantas pessoas compraram mais ingressos para a arquibancada do que para a geral?

a) 40.000 b) 10.000 c) 35.000 d) 25.000 e) 30.000

52) **(EEAR)** Dois operários trabalharam, em junho, 17 e 24 dias, respectivamente, e receberam, juntos, Cr$ 512.000,00. A quantia que o primeiro recebe por 5 dias de trabalho é igual a que o segundo recebe por 8. Então, em junho, o primeiro recebeu, em cruzeiros,

a) 240.000 b) 272.000 c) 300.000 d) 480.000

53) **(EEAR)** Uma empresa adquiriu um total de 2100 componentes eletrônicos. Uma parte dos componentes foi adquirida no Brasil por 7 reais cada um e a outra parte foi importada por 5 reais cada componente. Sabendo-se que esta empresa gastou, no total, 13400 reais, quantos componentes foram importados?

a) 650 b) 750 c) 1350 d) 1450

54) **(CESD)** Uma fábrica de eletrodomésticos vendeu 40 videocassetes e 52 receptores de televisão por R$ 31.600,00. Determine o preço de cada vídeo, em reais, sabendo-se que uma televisão e um vídeo custam juntos R$ 700,00.

a) 200 b) 300 c) 400 d) 500

55) **(EEAR)** Com vinho de qualidade A, de R$ 3,00 o litro, e o vinho de qualidade B, de R$ 2,00 o litro, encheu-se uma vasilha de 23 litros. Se a mistura de vinho vale R$ 55,00, então a diferença entre as quantidades de litros de vinho B e A é:

a) 5 b) 6 c) 9 d) 14

56) **(EEAR)** O custo de um litro de álcool é de 60 centavos, e o de um litro de gasolina, 80 centavos. Criou-se um combustível novo, misturando-se álcool e gasolina, cujo custo por litro é de 65 centavos. Quantos litros de álcool precisam ser misturados para se preparar 100 litros desse combustível novo?

a) 75 b) 70 c) 60 d) 25

57) **(CM – RJ)** Zezinho comprou dois lápis e cinco canetas por R$ 17,10. Porém, se tivesse comprado quatro lápis e nove canetas, teria gasto R$ 31,00. Comprando uma caneta e um lápis, Zezinho pagará um total de:

a) R$ 3,70 b) R$ 3,75 c) R$ 3,80 d) R$ 3,85 e) R$ 3,90

58) **(EAM)** Numa determinada "festinha", alguns rapazes compraram 5 salgados e 3 refrigerantes pagando R$ 13,00. Numa outra rodada, ao chegarem mais amigos, compraram 4 salgados e 4 refrigerantes pagando R$ 12,00. Com base nos dados apresentados, quanto deveriam pagar na compra de 2 salgados e 1 refrigerante?

a) R$ 3,00 b) R$ 4,00 c) R$ 5,00 d) R$ 6,00 e) R$ 7,00

59) **(NCE/UFRJ)** Na saída do trabalho, um grupo de amigos foi a uma padaria e três deles se encarregaram de pagar as despesas. O primeiro pagou R$ 3,30 por três cafés e dois pães com manteiga. O segundo pagou R$ 3,20 por dois cafés e três pães com manteiga. O terceiro pagou, por dois cafés e um pão com manteiga, a quantia de:

a) R$ 1,80 b) R$ 1,90 c) R$ 2,00 d) R$ 2,10 e) R$ 2,20

60) **(EEAR)** Com Cr$ 27,00 comprei 6 revistas e 10 jornais. Se tivesse Cr$ 2,40 a mais poderia ter comprado 10 revistas e 8 jornais. Qual o preço de cada jornal?

a) Cr$ 1,40 b) Cr$ 1,50 c) Cr$ 1,60 d) Cr$ 1,80

61) **(EAM)** Paguei R$ 24,00 por um CD e um DVD. Se eu tivesse comprado 3 CDs e 4 DVDs, teria pago R$ 87,00. O preço desse CD, em reais, corresponde a uma fração do DVD igual

a) a um terço
b) à metade
c) a três quintos
d) a dois terços
e) a três quartos

62) **(EEAR)** Três latas iguais de massa de tomate e duas latas iguais de atum custam, juntas, R$ 3,93. Uma pessoa, necessitando dos itens anteriores, adquire, por engano, duas latas de massa de tomate e três latas de atum e paga por elas a quantia de R$ 4,32. Qual é o preço de uma lata de atum?

a) R$ 0,39 b) R$ 0,63 c) R$ 0,83 d) R$ 1,02

63) Um recipiente tem capacidade para 200 litros de água e foi cheio em 35 minutos por duas torneiras que se abriram em sucessão. Sendo que a primeira forneceu 7 litros por minuto e a segunda 4 litros por minuto. Durante quantos minutos a segunda torneira ficou aberta?

a) 20 b) 15 c) 9 d) 10 e) 12

64) **(CEFET)** Em um estande para treinamento de tiro ao alvo, Marcos e Pedro deram um total de 400 tiros. Marcos disparou 3 tiros por minuto, Pedro deu 2 tiros por minuto e treinou 25 minutos a mais que Marcos. Durante quanto tempo Pedro treinou?

a) 1h 15min b) 1h 21min c) 1h 30min d) 1h 35min e) 1h 40min

65) **(CN)** Um baleiro vende dois tipos de balas: b_1 e b_2. Três balas do tipo b_1 custam R$ 0,10 e a unidade da bala b_2 custa R$ 0,15. No final de um dia de trabalho, ele vendeu 127 balas e arrecadou R$ 5,75. O número de balas do tipo b_1 vendidas foi:

a) 114 b) 113 c) 112 d) 111 e) 110

66) **(UERJ)** Um comerciante deseja totalizar a quantia de R$500,00 utilizando cédulas de um, cinco e dez reais, num total de 92 cédulas, de modo que as quantidades de cédulas, de um e de dez reais sejam iguais. Nesse caso, a quantidade de cédulas de cinco reais de que o comerciante precisará, será igual a:

a) 12 b) 28 c) 40 d) 92

67) **(EsSA)** Uma pessoa deseja totalizar a quantia de R$ 600,00 utilizando cédulas de um, dez e vinte reais, num total de 49 cédulas, de modo que a diferença entre as quantidades de cédulas de dez e de um real seja igual a nove unidades. Nesse caso, a quantidade de cédulas de vinte reais de que a pessoa precisará será igual a:

a) 10 b) 19 c) 20 d) 21 e) 29

68) **(CM – BRASÍLIA)** Um pequeno comerciante observou que, ao final do dia, tinha recebido apenas moedas de 1, 10 e 25 centavos, num total de 2.000 moedas. O número de moedas arrecadadas de 10 centavos foi o triplo das de 1 centavo. A quantidade de moedas de 25 centavos foi o dobro das de 10 centavos. O valor arrecadado, em reais, foi

a) 2.000,00 b) 902,00 c) 380,00 d) 366,00 e) 362,00

69) **(FIOCRUZ – EPSJV)** Observe os conjuntos de bijuterias abaixo.

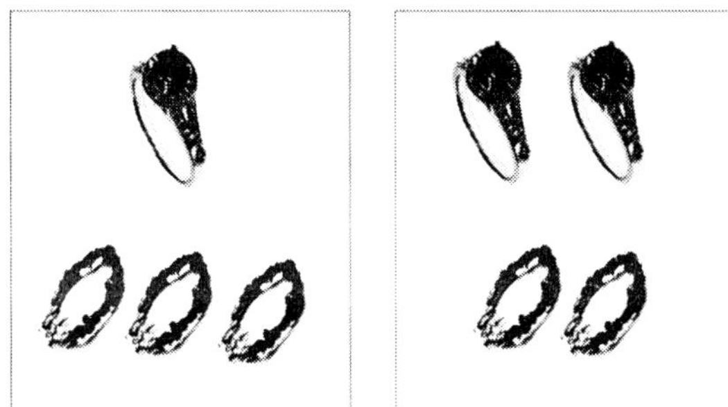

Conjunto I Conjunto II

Sabendo que o conjunto I custa R$ 11,50 e que o conjunto II custa R$ 12,00, podemos inferir que o valor a ser cobrado por um outro conjunto composto por três anéis e três pulseiras é de:

a) R$ 15,50 b) R$ 17,50 c) R$ 18,00 d) R$ 18,50 e) R$ 19,00

70) **(CM – SALVADOR)** Três bananas e uma laranja se equilibram com 13 kiwis em uma balança de dois pratos. Cinco kiwis e uma banana se equilibram com uma laranja, na mesma balança. Quantos kiwis são necessários para se equilibrarem com uma laranja?

a) 8 b) 7 c) 6 d) 5 e) 4

71) **(ESPCEX)** José e Maria, acompanhados de seu filho Pedro, queriam se pesar. Para tanto, utilizaram uma balança defeituosa que só indicava corretamente pesos superiores a 60 kg. Desta forma, eles se pesaram, dois a dois, e obtiveram os seguintes resultados:

José e Pedro: 87 kg

José e Maria: 123 kg

Maria e Pedro: 66 kg

Diante desses resultados, pode-se concluir que

a) cada um deles pesa menos de 60 kg

b) dois deles pesam mais que 60 kg

c) José é mais pesado que Maria e Pedro juntos

d) Maria é a mais pesada dos três

e) o peso de Maria é a média aritmética dos pesos de José e Pedro

72) **(AFA)** Pedro e Maria com seus filhos Gabriel e João foram a uma clínica médica para uma revisão de saúde. Fazia parte da avaliação aferir o peso de cada um. A balança da clínica era muito antiga e tinha um defeito, só indicava pesos maiores que 60kg. Para resolver a pesagem, procedeu-se da seguinte maneira: Pesou-se

- Pedro, Maria e Gabriel, totalizando 150 kg
- Pedro, Gabriel e João, totalizando 117 kg
- Maria, Gabriel e João, totalizando 97 kg
- Pedro, Maria, Gabriel e João, totalizando 172 kg

Com base nessas informações, é correto afirmar que

a) com essa balança é possível pesar Gabriel e João juntos.

b) a diferença entre os pesos de Pedro e Maria é o peso de João.

c) Pedro é mais pesado que Maria e João juntos.

d) não é possível pesar Maria sozinha nessa balança.

73) **(CN)** Num gibi, um ser de outro planeta capturou em uma de suas viagens três tipos de animais. O primeiro tinha 4 patas e 2 chifres, o segundo, 2 patas e nenhum chifre e o terceiro, 4 patas e 1 chifre. Quantos animais do terceiro tipo ele capturou, sabendo que existiam 227 cabeças, 782 patas e 303 chifres?

a) 24 b) 25 c) 26 d) 27 e) 28

74) **(CM – SALVADOR)** Na cantina do colégio, Arnaldo pagou R$ 1,50 por um pastel e um bombom; Bernaldo pagou R$ 1,90 por um pastel e um refrigerante; e Cernaldo pagou R$ 2,00 por um bombom e um refrigerante. Se Dervaldo comprou um refrigerante, um bombom e um pastel, ele gastou:

a) R$ 2,50 b) R$ 2,60 c) R$ 2,70 d) R$ 2,80 e) R$ 2,90

75) **(CM – RJ)** Na cantina do CMRJ, 3 hambúrgueres, 1 refrigerante, e 1 doce custam R$ 11,00; e 1 hambúrguer, 2 refrigerantes e 3 doces custam R$ 13,00. O aluno que comprar 3 refrigerantes e 5 doces pagará

a) R$ 12,00 b) R$ 13,00 c) R$ 14,00 d) R$ 15,00 e) R$ 16,00

76) **(EEAR)** A tabela mostra os pedidos de 4 clientes em uma lanchonete.

Cliente	Pedidos
1	1 suco de laranja, 2 hambúrgueres e 3 porções de batata frita
2	3 sucos de laranja, 1 hambúrguer e 2 porções de batata frita
3	2 sucos de laranja, 3 hambúrgueres e 1 porção de batata frita
4	1 suco de laranja, 1 hambúrguer e 1 porção de batata frita

Se os clientes 1, 2 e 3 pagaram, respectivamente, R$ 11,10, R$ 10,00 e R$ 11,90 por seus pedidos, então o cliente 4 pagou R$

a) 5,00 b) 5,10 c) 5,40 d) 5,50

77) **(ITA)** Em uma mesa de uma lanchonete, o consumo de 3 sanduíches, 7 xícaras de café e 1 pedaço de torta totalizou R$ 31,50. Em outra mesa, o consumo de 4 sanduíches, 10 xícaras de café e 1 pedaço de torta totalizou R$42,00. Então, o consumo de 1 sanduíche, 1 xícara de café e 1 pedaço de torta totaliza o valor de:

a) R$ 17,50 b) R$ 16,50 c) R$ 12,50 d) R$ 10,50 e) R$ 9,50

78) **(AFA)** Três amigos Samuel, Vitória e Júlia, foram a uma lanchonete.

• Samuel tomou 1 guaraná, comeu 2 esfirras e pagou 5 reais.

• Vitória tomou 2 guaranás, comeu 1 esfirra e pagou 4 reais.

• Júlia tomou 2 guaranás, comeu 2 esfirras e pagou **k** reais.

Considerando-se que cada um dos três pagou o valor exato do que consumiu, é correto afirmar que

a) o guaraná custou o dobro da esfirra.

b) os três amigos, juntos, consumiram 16 reais.

c) cada esfirra custou 2 reais.

d) Júlia pagou 8 reais pelo que consumiu.

79) **(EFOMM)** Durante uma visita turística ao Ver-o-peso em Belém-Pa, alguns turistas estavam à procura do tão conhecido Açaí, fruta típica do Pará, e dos pratos típicos saborosos: tacacá e

maniçoba extremamente consumidos na região Norte, para degustarem. Um grupo sentou-se a uma mesa e consumiu 9 tigelas de açaí, 7 cuias de tacacá e 6 pratos de maniçoba totalizando um valor de R$ 52,50. Outro grupo, em outra mesa, consumiu 5 tigelas de açaí, 4 cuias de tacacá e 3 pratos de maniçoba, totalizando um valor de R$ 25,00. Considerando esses valores, então o consumo de 2 tigelas de açaí, 1 de tacacá e 3 pratos de maniçoba totalizam um valor de:

a) R$ 32,50 b) R$ 41,00 c) R$ 30,50 d) R$ 45,50 e) R$ 50,00

80) **(ESPCEX)** No Brasil, três turistas trocaram por reais, no mesmo dia e pelas mesmas cotações, as quantias que possuíam em dólares, libras e euros, da seguinte forma:

Turista A: 10 dólares, 20 libras e 15 euros por 122 reais;

Turista B: 15 dólares, 10 libras e 20 euros por 114 reais;

Turista C: 20 dólares, 10 libras e 10 euros por 108 reais.

O valor em reais recebido por uma libra foi

a) 2,60 b) 2,80 c) 3,00 d) 3,20

81) **(ESPCEX)** Uma tropa realizou um exercício em que soldados, sargentos e oficiais executaram módulos padronizados de tiro, consumindo, individualmente, o número de munição estabelecido conforme o seu nível hierárquico. No primeiro dia atiraram 16 soldados, 8 sargentos e 4 oficiais, totalizando 96 munições; no segundo dia, 5 soldados, 4 sargentos e 3 oficiais, totalizando 38 munições; no terceiro dia, 16 soldados, 4 sargentos e 1 oficial, totalizando 78 munições. Quantas munições foram usadas no quarto dia, quando atiraram 14 soldados, 8 sargentos e 2 oficiais?

a) 78 b) 80 c) 82 d) 84 e) 86

82) **(ESPCEX)** Num curso de Matemática, cada bimestre teve três provas. As questões valiam um ponto cada uma, mas os pesos das provas eram diferentes. Alves, que acertou 6 questões na primeira prova, 5 na segunda e 6 na terceira, obteve, no final, um total de 57 pontos. Tadeu acertou 3, 6 e 6 questões, respectivamente na 1ª, 2ª e 3ª provas, totalizando 54 pontos. Por sua vez, João acertou 2, 7 e 3 questões, respectivamente na 1ª, 2ª e 3ª provas, atingindo a soma de 40 pontos no final. Sabendo que Xavier fez 5 questões certas na primeira prova, 8 na segunda e 3 na terceira, o total de pontos de Xavier foi

a) 49 b) 50 c) 51 d) 52 e) 53

83) **(EFOMM)** Durante o Treinamento Físico Militar na Marinha, o uniforme usado é tênis branco, short azul e camiseta branca. Sabe-se que um determinado militar comprou um par de tênis, dois

shorts e três camisetas por R$ 100,00. E depois, dois pares de tênis, cinco shorts e oito camisetas por R$ 235,00. Quanto, então, custaria para o militar um par de tênis, um short e uma camiseta?

a) R$ 50,00 b) R$ 55,00 c) R$ 60,00 d) R$ 65,00 e) R$ 70,00

84) **(AFA)** As quantidades dos produtos que Elaine, Pedro e Carla compraram num mercado estão esquematizadas na tabela que segue:

	produto A	produto B	produto C
Elaine	1	2	3
Pedro	3	6	2
Carla	2	4	1

Sabendo-se que Pedro gastou R$ 21,00 e Carla R$ 13,00, pode-se concluir, necessariamente, que:

a) Elaine gastou R$ 10,00

b) o preço do produto C é R$ 3,00

c) o preço do produto A é R$ 1,00

d) o preço do produto B é R$ 3,00

85) **(ESPCEX)** Um investidor possui ações das companhias A, B e C. A tabela abaixo fornece, em 3 dias consecutivos, as variações, em Reais, dos valores das ações e o lucro obtido em cada dia, também em Reais. Os valores negativos correspondem a desvalorizações, e os valores positivos a valorizações.

	Variações (R$)			**Lucro Total (R$)**
	A	**B**	**C**	
Dia 1	**4**	**5**	**-2**	**800**
Dia 2	**1**	**2**	**-1**	**200**
Dia 3	**2**	**3**	**3**	**1700**

Sabendo que o investidor não comprou nem vendeu ações nesses dias, pode-se afirmar que a soma das quantidades de ações das companhias A, B e C que ele possui é

a) 700 b) 600 c) 550 d) 400 e) 350

86) **(CN)** Marta comprou petecas, bolas e bonecas, pagando por cada unidade, respectivamente, R$ 1,00, R$ 10,00 e R$ 20,00. Gastou R$ 220,00 em um total de 101 unidades desses brinquedos. Quantas petecas ela comprou?

a) 95 b) 93 c) 92 d) 91 e) 90

87) **(EN)** O aspirante João Paulo possui, em mãos, R$ 36,00 em moedas de 5, 10, 25 e 50 centavos. Aumentando-se em 30% a quantidade de moedas de 10, 25 e 50 centavos, o aspirante passou a ter R$ 46,65. Quando o aumento da quantidade de moedas de 5, 10 e 25 centavos foi de 50%, o aspirante passou a ter R$ 44,00 em mãos. Considerando o exposto acima, a quantidade mínima de moedas de 50 centavos que o aspirante passou a ter em mãos é

a) 10 b) 20 c) 30 d) 40 e) 50

88) **(CM – FORTALEZA)** Em uma bolsa, existem peças em formatos de triângulos, quadrados e pentágonos, nas quantidades de x triângulos, y quadrados e z pentágonos. Sabendo-se que a soma das quantidades de peças é igual a 10; que, se somarmos as quantidades de vértices de todas as peças, obtemos 37; e que a quantidade de triângulos é igual a soma das quantidades de quadrados e pentágonos, o valor de $2x + 3y + z$ é

a) 18 b) 21 c) 25 d) 28 e) 30

89) **(EN)** A EN, a AMAN e a AFA disputaram 10 provas de atletismo. Em cada prova se outorga uma medalha de ouro (que vale 3 pontos), uma de prata (2 pontos) e uma de bronze (1 ponto). A AMAN ganhou mais medalhas de ouro que cada uma de suas adversárias e ganhou também, no total, uma medalha a mais que a AFA e duas medalhas a mais que a EN. Apesar disto, a EN venceu a competição com 1 ponto de vantagem sobre a AFA e 2 pontos de vantagem sobre a AMAN. Quantas medalhas de prata a EN conquistou?

a) 3 b) 4 c) 5 d) 6 e) 7

90) **(OBM)** Figuras com mesma forma representam objetos de mesma massa. Quantos quadrados são necessários para que a última balança fique em equilíbrio?

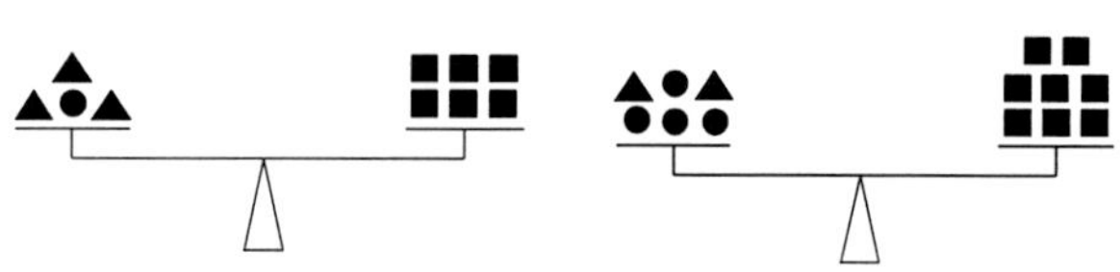

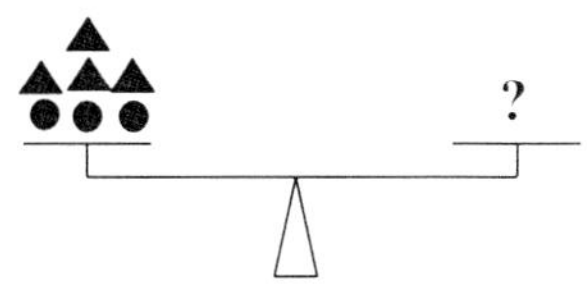

a) 7 b) 8 c) 9 d) 10 e) 12

91) **(UERJ)** Nas figuras abaixo, as embalagens de mesmo formato têm pesos iguais. Essas embalagens se equilibram conforme indicam as balanças representadas pelas figuras 1 e 2.

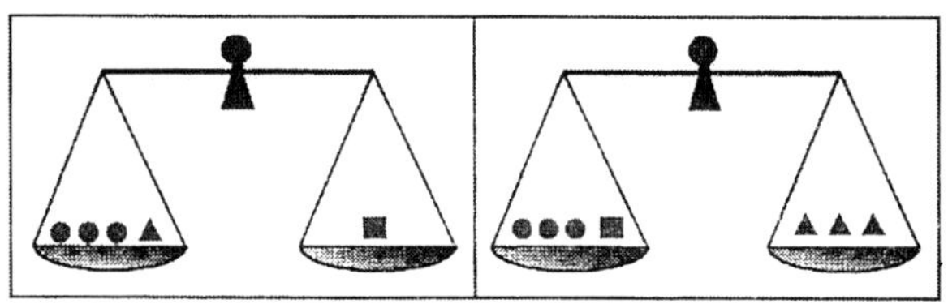

Figura 1 *Figura 2*

Assim, as embalagens do tipo ▲ têm peso de:

a) • • b) • • • c) • • • • d) • • • • •

92) **(EsSA)** Uma certa federação Estadual de Futebol resolveu fazer uma promoção para levar as famílias aos estádios em dias de jogos do campeonato estadual. Dessa maneira, um adulto sozinho paga R$ 20,00 pelo ingresso individual e um casal paga R$ 30,00 pelo ingresso familiar, com direito a levar uma criança. No jogo entre A e B compareceram 4.700 pessoas e foram vendidos 1.100 ingressos familiares, obtendo-se uma renda de R$ 73.000,00. Neste jogo, alguns casais não levaram crianças e não houve criança que pagou ingresso adulto. Pode-se afirmar que o total de crianças que assistiram ao jogo é:

a) 500 b) 1.100 c) 600 d) 700 e) 2.000

93) **(EsSA)** Um aluno recebe R$ 5,00 por exercício que acerta e paga R$ 3,00 por exercício que erra. Sabendo-se que o aluno fez 30 exercícios e recebeu R$ 70,00, o número de exercícios errados é igual a:

a) 10 b) 15 c) 5 d) 20 e) 12

Resolução:

Número de exercícios corretos: x

Número de exercícios errados: y

$$\begin{cases} x + y = 30 \\ 5x - 3y = 70 \end{cases}$$

$$\begin{cases} x + y = 30 & x\,(-5) \\ 5x - 3y = 70 \end{cases}$$

$$\begin{cases} -5x - 5y = -150 \\ 5x - 3y = 70 \end{cases} \quad (+)$$

– 5y – 3y = – 150 + 70

– 8y = – 80 x (– 1)

8y = 80

y = 80/8

y = 10

GABARITO: A

94) **(EsSA)** Em um programa de TV, o participante começa com R$ 500,00. Para cada pergunta respondida corretamente, recebe R$ 200,00; e para cada resposta errada perde R$ 150,00. Se um participante respondeu todas as 25 questões formuladas no programa e terminou com R$ 600,00, quantas questões ele acertou?

a) 14 b) 9 c) 10 d) 11 e) 12

95) **(UFF)** Um jogador de basquete fez o seguinte acordo com o seu clube: cada vez que ele convertesse um arremesso, receberia R$ 10,00 do clube e cada vez que ele errasse, pagaria R$ 5,00 ao clube. Ao final de uma partida em que arremessou 20 vezes, ele recebeu R$ 50,00. Pode-se afirmar que o número de arremessos convertidos pelo jogador nesta partida foi:

a) 0 b) 5 c) 10 d) 15 e) 20

96) **(CONSULPLAN)** Ian fez o teste de seleção para trabalhar numa empresa. Ele resolveu 20 testes. Para cada acerto, Ian ganhou 5 pontos e para cada erro, perdeu 2 pontos. Se ele obteve 72 pontos, quantos acertos Ian teve?

a) 17 acertos b) 18 acertos c) 4 acertos d) 12 acertos e) 16 acertos

97) **(CM – FORTALEZA)** A prova de um concurso é composta de 20 testes de múltipla escolha. Um candidato ganha 5,0 pontos por cada teste respondido corretamente e perde 3,0 pontos por cada resposta errada. Para ser aprovado no concurso, é necessário que o candidato faça uma pontuação maior ou igual a 60 pontos na prova. O número mínimo de testes que um candidato deve acertar para ser aprovado é

a) 12 b) 13 c) 14 d) 15 e) 16

98) **(CESGRANRIO)** Numa prova de 45 questões, cada questão respondida corretamente vale 8 pontos, e 7 pontos são deduzidos a cada questão errada. Uma pessoa faz essa prova e fica com nota zero. Quantas questões essa pessoa acertou?

a) 0 b) 15 c) 21 d) 24 e) 30

99) **(EsSA)** O critério de correção de um teste estipulava que seria atribuído 5 pontos a cada item com resposta certa e seriam retirados 3 pontos por item com resposta errada; itens deixados em branco não seriam computados. Um candidato respondeu a 42 itens e obteve 106 pontos. Se, nas questões feitas, houvesse errado o dobro dos itens que errou, teria obtido:

a) 2 pontos b) 18 pontos c) 34 pontos d) 50 pontos e) 66 pontos

100) **(EAM)** Numa competição de tiro-ao-alvo, cada atirador deve efetuar 25 disparos. Qual a porcentagem de acertos no alvo de um jogador que obtém +0,5 pontos, sabendo-se que cada tiro certo no alvo vale +0,4 e cada tiro fora do alvo vale –0,1?

a) 25 b) 24 c) 20 d) 16 e) 5

101) **(FGV)** Em uma prova de 20 questões, o candidato recebe 4 pontos por cada resposta certa e perde 1 ponto por cada questão não respondida corretamente. André obteve 20 pontos. Qual seria a nota de André, se cada resposta certa valesse 6 pontos e cada resposta errada fizesse com que ele perdesse 2 pontos?

a) 12 b) 16 c) 20 d) 22 e) 24

102) **(EEAR)** Para resolver uma série de problemas de Matemática, Marcos desafiou Ivo com a seguinte proposta: "a cada problema que você acertar, dou-lhe três passes de ônibus e a cada problema que eu acertar você só me dá dois passes". Ao final de um tempo estipulado, a quantidade de problemas resolvidos corretamente por Marcos somados aos de Ivo foi 20, e Marcos acabou ganhando 20 passes. Dessa forma, podemos concluir que Marcos acertou .... problemas.

a) 4 b) 12 c) 14 d) 16

103) **(EPCAR)** Um professor de Matemática, querendo incentivar o estudo da geometria, propôs uma lista com uma quantidade de problemas igual a $0,\overline{6}$ de 1/5 de 210. O professor combinou que, ao primeiro aluno que devolvesse a lista resolvida, seriam ofertados 4 chocolates por problema acertado, mas seriam recolhidos 3 chocolates por problema errado. O primeiro aluno

que entregou a lista de problemas resolvidos, após realizada a correção, ficou com 7 chocolates. Esse aluno errou y problemas. O número de divisores naturais de y é

a) 2 b) 4 c) 6 d) 8

104) **(CETRO)** Bernardo participou de um jogo em um programa de TV. Nesse jogo, ele teve que fazer 25 lances livres. Para cada acerto de lance livre, ele ganhava R$ 2,00 e, para cada erro, ele perdia R$ 1,50. Sabendo que, pela regra do jogo, ele começou com R$ 5,00 e terminou com R$ 34,00, assinale a alternativa que apresenta o número de lances livres que ele **errou**

a) 5 b) 6 c) 7 d) 8 e) 9

105) **(UNIRIO)** Num determinado teste psicológico, existem 20 questões, com três opções de resposta *a*, *b* e *c*. Cada opção *a* vale +1, cada opção *b* vale zero, e cada opção *c* vale –1. Uma pessoa fez o teste, respondendo a todas as questões, com uma só resposta por questão, totalizando –5 pontos. Com as mesmas marcações, uma pessoa totalizaria 54 pontos se cada opção *a* valesse +1, se cada opção *b* valesse +2, e se cada opção *c* valesse +4 pontos. O número de marcações feitas por essa pessoa na opção *b* foi de:

a) 2 b) 4 c) 6 d) 7 e) 9

106) Numa árvore pousam pássaros. Se pousarem dois pássaros em cada galho, fica um galho sem pássaros. Se pousar um pássaro em cada galho, fica um pássaro sem galho. Calcular o número de pássaros.

a) 4 b) 12 c) 3 d) 14 e) 5

Resolução:

Número de Galhos: G

Número de pássaros: P

Se pousarem dois pássaros em cada galho, fica um galho sem pássaros.

$\Rightarrow P = 2G - 2$ (I)

Se pousar um pássaro em cada galho, fica um pássaro sem galho

$\Rightarrow P = G + 1$ (II)

Igualando as equações (I) e (II), temos que:

$2G - 2 = G + 1$

$2G - G = 1 + 2$

$G = 3$

<u>Número de pássaros</u>: P = G + 1 = 3 + 1 = 4

<u>GABARITO</u>: A

107) **(CEFET)** Um professor de matemática apresentou um problema de aritmética contando a seguinte história: num trigal, havia certo número de postes de madeira que serviam de poleiro para as aves de arribação que ali buscavam descanso, num dia essas aves pousaram em dupla sobre todos os postes sobrando 7 aves a voar. Após uma revoada todas as aves pousaram em tripla para cada poleiro, sendo que apenas um poste restou sem nenhuma ave. Quantas aves havia no trigal?

a) 29 b) 25 c) 23 d) 21 e) 27

108) Um bando de gafanhotos atacou uma plantação de algodão. Se 100 gafanhotos atacassem cada pé de algodão, 60 gafanhotos ficariam sem pé para atacar. Como todos os pés foram atacados por 102 gafanhotos cada um, o número de gafanhotos é igual a:

a) 3000 b) 3020 c) 3040 d) 3060 e) 3080

109) **(EEAR)** A produção de melões de uma chácara foi acondicionada em caixas de duas dúzias. Se tivesse sido distribuída em caixas de três dúzias seriam usadas 10 caixas a menos. O número de melões está compreendido entre

a) 695 e 705 b) 706 e 715 c) 716 e 725 d) 726 e 735

110) **(FJG)** Ao arquivar todos os processos do setor onde trabalhava, um auxiliar técnico observou que:

- colocando 5 em cada pasta, sobravam 3 processos fora das pastas
- colocando 8 em cada pasta, sobravam 3 pastas vazias

A soma dos algarismos do número que representa o total de processos arquivados por este auxiliar é igual a:

a) 12 b) 14 c) 11 d) 13

111) **(FCC)** Dispõe-se de algumas pastas para acondicionar um certo número de documentos de um lote. Sabe-se que se forem colocados 30 documentos em cada pasta, sobrarão 36 documentos do lote; entretanto, se cada pasta receber 35 documentos, restarão apenas 11. O total de documentos do lote é um número

a) primo
b) quadrado perfeito
c) cubo perfeito
d) divisível por 5
e) múltiplo de 6

112) **(CM – BELO HORIZONTE)** Certa quantidade de provas precisam ser embaladas em envelopes. Se colocarem 20 provas em cada envelope, sobram 15 provas; se colocarem 25 provas em cada envelope, sobram 3 envelopes. O número de provas que precisa ser embalado é igual a:

a) 325 b) 350 c) 375 d) 400 e) 425

113) **(FCC)** No arquivo morto de um setor de uma Repartição Pública há algumas prateleiras vazias, onde deverão ser acomodados todos os processos de um lote. Sabe-se que, se forem colocados 8 processos por prateleira, sobrarão apenas 9 processos, que serão acomodados na única prateleira restante. Entretanto, se forem colocados 13 processos por prateleira, uma das prateleiras restantes ficará vazia e a outra acomodará apenas 2 processos. Nessas condições, é correto afirmar que o total de processos do lote é um número

a) par
b) divisível por 5
c) múltiplo de 3
d) quadrado perfeito
e) primo

114) **(CM – RJ)** Numa sala há vários bancos e várias pessoas. Se cada pessoa sentar em 1 banco, ficam 2 pessoas em pé, e se em cada banco sentam 2 pessoas, sobram 2 bancos vazios. Se em cada banco podem sentar 10 pessoas, quantas pessoas ainda poderiam entrar na sala e ficar sentadas?

a) 42 b) 48 c) 72 d) 52 e) 38

115) **(CM – SANTA MARIA)** Em uma corrida de carros de turismo, a quantidade de carros é diferente do número de pilotos credenciados para a prova. Em cada carro podem seguir um ou dois pilotos. Se ficasse um piloto em cada carro, sobraria um piloto sem carro. Se ficassem dois pilotos em cada carro, sobrariam dois carros sem piloto. Quantos são os pilotos e os carros, respectivamente?

a) 6 e 4 b) 5 e 4 c) 5 e 6 d) 6 e 5 e) 4 e 5

116) **(CM – MANAUS)** Um empresário decide presentear os alunos de uma escola com livros de sua biblioteca particular. Observou que se ele desse 2 livros a cada aluno, sobrariam 20 livros e, se ele desse 3 livros a cada aluno, faltariam 30 livros. A quantidade de livros que serão doados é:

a) 50 b) 120 c) 70 d) 80 e) 100

117) **(EPCAR)** Se as 156 camas de um dormitório forem distribuídas em **x** fileiras horizontais iguais, contendo **y** camas cada, sobrarão 6 camas. Se as mesmas 156 camas forem distribuídas em **(x + 5)** fileiras horizontais iguais, contendo **(y – 1)** camas cada, ainda continuarão sobrando 6 camas. Então (x + y) é igual a:

a) 31 b) 30 c) 29 d) 28

118) **(CEFETEQ)** Apesar de ser conhecido como uma arte japonesa, o costume de miniaturizar árvores surgiu na China, de onde foi levado, provavelmente junto com o budismo, para o Japão. A palavra ***bonsai*** deriva da palavra chinesa ***pun sai***. Ainda hoje existe a linha chinesa chamada ***penjing***, que segue padrões e estéticas diferentes dos modelos japoneses.

Clarissa, que produz árvores em miniatura, vai levar para uma exposição certo número de árvores. Ela tem determinada quantidade de caixas para transportar as árvores. Se ela colocar seis árvores em cada caixa, sobrarão 15 árvores e, com a mesma quantidade de caixas, se ela colocar sete árvores em cada uma, sobrarão cinco árvores. Nessas condições, a quantidade de árvores em miniatura de que Clarissa dispõe é de

a) 55 b) 95 c) 65 d) 85 e) 75

119) **(EsSA)** O Exército Brasileiro foi chamado para auxiliar no combate à Dengue. O Sargento Nilton recebeu um grupo de soldados, e a missão de distribuí-los nos bairros de uma cidade. Observou então, que se enviasse 12 soldados para cada bairro, sobrariam 4 soldados, e que se enviasse 16 soldados para cada bairro, 3 bairros não receberiam soldado algum. O número de soldados recebidos pelo Sargento Nilton é:

a) 192 b) 128 c) 144 d) 176 e) 160

120) **(EPCAR)** No concurso CPCAR, 1/10 dos aprovados foi selecionado para entrevista com psicólogos, que deverá ser feita em 2 dias. Sabendo-se que 20 candidatos desistiram, não confirmando sua presença para a entrevista, os psicólogos observaram que, se cada um atendesse 9 por dia, deixariam 34 jovens sem atendimento.

Para cumprir a meta em tempo hábil, cada um se dispôs, então, a atender 10 candidatos por dia.

Com base nisso, é correto afirmar que o número de aprovados no concurso

a) é múltiplo de 600
b) é divisor de 720
c) é igual a 3400
d) está compreendido entre 1000 e 3000

121) **(CM – FORTALEZA)** Certo número de moedas foi colocado em várias fileiras de maneira a preencherem um quadrado, sobrando sete moedas. As mesmas moedas colocadas em uma formação retangular, de modo que um lado tenha três moedas a mais do que o lado do quadrado formado anteriormente e o outro lado uma moeda a menos do que o lado do mesmo quadrado, faltaram quatro moedas. Então, o número total de moedas é

a) 43 b) 56 c) 59 d) 62 e) 68

122) **(CTUR)** Uma turma do Colégio Técnico da UFRRJ resolveu arrecadar dinheiro para uma excursão. Se cada aluno pagar R$14,00, faltarão R$32,00 para cobrir a despesa. Mas, se cada um der R$2,00 a mais, sobrarão R$32,00. O número de alunos que irão à excursão é:

a) 34 b) 16 c) 23 d) 14 e) 32

Resolução:

Número de alunos da turma que irão à excursão: A

Quantia arrecadada para cobrir a despesa: Q

Se cada aluno pagar R$14,00, faltarão R$32,00 para cobrir a despesa

$\Rightarrow Q - 32 = 14.\ A \Rightarrow Q = 14.A + 32$ (I)

Se cada um der R$2,00 a mais, sobrarão R$32,00

$\Rightarrow Q + 32 = 16.A \Rightarrow Q = 16.A - 32$ (II)

Vamos igualar as equações (I) e (II)

$14A + 32 = 16A - 32$

$14A - 16A = -32 - 32$

$-2A = -64 \ \ x(-1)$

$2A = 64$

$A = 32$

GABARITO: E

123) **(UFPR)** Um grupo de alunos deseja comprar um livro como presente para sua professora. Se cada aluno contribuir com R$ 9,00 para a compra do livro, haverá R$ 11,00 de troco ao final. Por outro lado, se cada aluno contribuir com R$ 6,00, faltarão R$ 16,00 para completar o valor do livro. Qual é o preço do livro?

a) R$ 56,00 b) R$ 64,00 c) R$ 70,00 d) R$ 85,00

124) **(EEAR)** Todos os funcionários de uma empresa devem ser recompensados com uma parcela do lucro. Para este fim deve ser utilizado um certo número de notas de R$ 50,00. Se cada funcionário receber 8 notas, sobrarão 44 notas e, se cada um receber 10, faltarão 40. O número de funcionários da empresa e o número de notas que se devem distribuir são, respectivamente,

a) 36 e 320 b) 40 e 360 c) 42 e 380 d) 44 e 396

125) Uma pessoa dá R$ 800,00 a cada pobre e lhe sobram R$ 2.000,00. Entretanto, se tivesse R$ 3.000,00 a mais, teria podido dar mais R$ 50,00 a cada um. O número de pobres está compreendido entre:

a) 51 e 61 b) 66 e 78 c) 70 e 17 d) 88 e 104 e) 105 e 112

126) **(ESAF)** Um homem caridoso observou alguns mendigos em uma praça e pensou: "Se eu der R$ 5,00 a cada mendigo, sobrar-me-ão R$ 3,00. Ah, mas se eu tivesse apenas mais R$ 5,00, eu teria a quantia exata para poder dar a cada um deles R$ 6,00". O número de mendigos era, portanto:

a) 5 b) 6 c) 7 d) 8 e) 9

127) Um avarento, obrigado a dar esmolas, responde: "se me duplicarem o meu dinheiro, darei R$ 140,00 a cada pobre e toda vez que duplicarem acrescentarei R$ 20,00 a cada esmola precedente". Aceita a proposta e no fim de 4 esmolas, faltam-lhe R$ 16,00. Quanto possuía o avarento?

a) R$ 144,00 b) R$ 180,00 c) R$ 198,00 d) R$ 240,00 e) R$ 288,00

128) **(CN)** Uma pessoa, querendo distribuir certa quantia entre mendigos, verificou que poderia dar a cada um Cr$ 13,00 e ainda lhe restariam Cr$ 5,00. Como dois pobres recusaram as suas partes, cada um dos outros recebeu Cr$ 19,00, sobrando Cr$ 1,00. Quantos eram os mendigos?

129) **(EPCAR)** Sr. Luiz pretende dividir a quantia **x** reais entre seus netos. Observou que se der 50 reais para cada um lhe faltarão 50 reais e se der 40 reais para cada um, lhe sobrarão 40 reais. Com base nisso, é correto afirmar que

a) Sr. Luiz possui menos de 500 reais para dividir entre seus netos

b) Sr. Luiz tem mais de 10 netos

c) se um dos netos do Sr. Luiz não quiser o dinheiro, os demais receberão menos de 45 reais cada um

d) é possível que o Sr. Luiz divida a quantia **x** em partes iguais entre todos os seus netos, de forma que não lhe sobre nenhum centavo

130) Andrea possui notas de Cz$ 500,00 e de Cz$ 1000,00, ao todo 24 notas. Se as notas de Cz$ 500,00 forem trocadas em notas de Cz$ 1000,00, e as notas de Cz$ 1000,00 forem trocadas em notas de Cz$ 500,00, ficará com 9/8 do número de notas que possui. Então, a quantidade de notas de Cz$ 500,00 e de Cz$ 1000,00 que possui é:

a) 16 e 8 b) 14 e 10 c) 6 e 18 d) 4 e 20 e) 8 e 16

131) **(CEPERJ)** Carlos e Márcio são irmãos. Carlos dá a Márcio tantos reais quanto Márcio possui e, em seguida, Márcio dá a Carlos tantos reais quanto Carlos possui. Se terminaram com 16 reais cada um, a quantia que Carlos tinha inicialmente era de:

a) 12 reais b) 15 reais c) 18 reais d) 20 reais e) 24 reais

Resolução:

Valor inicial de Carlos em reais: C

Valor inicial de Márcio em reais: M

Carlos dá a Márcio tantos reais quanto Márcio possui

⇒ Novo valor de Márcio: M + **M** = 2M

⇒ Novo valor de Carlos: C – **M**

Márcio dá a Carlos tantos reais quanto Carlos possui

⇒ Novo valor de Carlos: C – M + **C – M** = 2C – 2M

⇒ Novo valor de Márcio: 2M – **(C – M)** = 2M – C + M = 3M – C

Cada um terminou com 16 reais

⇒ Para Carlos temos que: 2C – 2M = 16 (: 2) ⇒ C – M = 8 **(I)**

⇒ Para Márcio temos que: 3M – C = 16 **(II)**

Vamos somar as equações (I) e (II):

$C - M + 3M - C = 8 + 16$
$2M = 24$
$M = 12$
Vamos substituir o valor de M = 12 na equação (I):

$C - M = 8$

$C - 12 = 8$

$C = 20$

GABARITO: D

132) Se **A** desse R$ 400,00 a **B**, ficariam com quantias iguais, mas se **B** desse R$ 400,00 a **A**, este ficaria com a quantia tripla daquele.

a) B tem 3/5 da quantia de A;

b) A tem ¼ a mais do que B;

c) B tem 1/3 da quantia de A;

d) A tem 3 vezes a quantia de B;

e) B tem 2 vezes a quantia de A.

133) **(EPCAR)** Pitágoras e Tales possuem hoje, cada um, certa quantia em reais. Se Pitágoras desse para Tales 50 reais, eles ficariam com a mesma quantia em reais, cada um. Porém se Tales desse para Pitágoras 100 reais, Tales passaria a ter ¼ da quantia de Pitágoras.
Dessa forma, é correto afirmar que

a) a quantia que os dois possuem hoje, juntos, é menor que 600 reais.

b) Pitágoras possui hoje, 2/3 do que Tales possui.

c) Tales possui hoje, mais que 220 reais.

d) a diferença entre os valores que eles possuem hoje é menor que 100 reais.

134) **(CM – PORTO ALEGRE)** Alex e Vinícius são dois irmãos que se ajudam quando necessitam. Se Alex emprestar R$ 1.000,00 para Vinícius, eles ficarão com quantias iguais, mas se Vinícius emprestar R$ 1.000,00 para Alex, este ficará com o dobro do outro. Podemos afirmar que os dois irmãos possuem, juntos, a quantia de

a) R$ 2.000,00

b) R$ 5.000,00

c) R$ 7.000,00

d) R$ 9.000,00

e) R$ 12.000,00

135) **(CM – BRASÍLIA)** Um burro disse a um jumento: "– Se eu te passar um dos sacos de farinha que carrego, ficaremos com cargas iguais; mas, se você passar um dos sacos que carrega, minha

carga ficará sendo o dobro da sua". Se a quantidade de sacos carregados pelo burro é X e pelo jumento é Y, então X + Y é igual a

a) 3 b) 8 c) 11 d) 12 e) 13

136) Um cavalo e um burro caminham juntos, levando sobre os lombos pesadas cargas. Lamentava-se o cavalo de seu revoltante fardo ao que obtemperou-lhe o burro: "De que te queixas? Se eu te tomasse um saco, minha carga passaria a ser o dobro da tua. Por outro lado, se eu te desse um saco, tua carga igualaria a minha". Ao todo, quantos sacos levaram os animais?

a) 10 b) 12 c) 14 d) 15 e) 16

137) **(EPCAR)** **A** dá a **B** tantos reais quanto **B** possui e **A** dá a **C** tantos reais quanto **C** possui. Depois, **B** dá a **A** e a **C** tantos reais quanto cada um possui e **C**, finalmente, faz a mesma coisa. Se, no final, terminam todos com 16 reais e sabendo que **C** começou com 50% de **B** mais um real, então **A** começou com:

a) 24 reais b) 28 reais c) 26 reais d) 30 reais

138) **(CN)** Quatro corredores, João, Pedro, André e Fábio combinaram que, ao final de cada corrida, o que ficasse em último lugar dobraria o dinheiro que cada um dos outros possuía. Competiram 4 vezes e ficaram em último lugar na 1ª, 2ª, 3ª e 4ª corridas, respectivamente, João, Pedro, André e Fábio. Se no final da 4ª competição, cada um ficou com R$ 16,00, então, inicialmente João possuía:

a) R$ 5,00 b) R$ 16,00 c) R$ 33,00 d) R$ 17,00 e) R$ 9,00

139) **(OBM)** Edmílson, Carlos e Eduardo ganharam um total de R$ 150,00 lavando carros. Eles ganharam quantidades diferentes de dinheiro. Como eles são muito amigos, decidiram dividir o dinheiro ganho em partes iguais. Para isso, Edmílson deu metade do que ganhou para dividir em partes iguais entre Carlos e Eduardo, porém, Carlos tinha muito dinheiro e, portanto, deu R$ 10,00 a cada um dos outros dois. Finalmente, para que cada um tivesse a mesma quantidade de dinheiro, Eduardo deu R$ 2,00 a Edmílson. Quanto Eduardo ganhou antes da divisão?

a) R$ 76,00 b) R$ 51,00 c) R$ 23,00 d) R$ 50,00 e) R$ 100,00

140) **(ESAF)** Três meninas, cada uma delas com algum dinheiro, redistribuem o que possuem da seguinte maneira: Alice dá a Bela e a Cátia dinheiro suficiente para duplicar a quantia que cada

uma possui. A seguir, Bela dá a Alice e a Cátia o suficiente para que cada uma duplique a quantia que possui. Finalmente, Cátia faz o mesmo, isto é, dá a Alice e a Bela o suficiente para que cada uma duplique a quantia que possui. Se Cátia possuía R$ 36,00 tanto no início quanto no final da distribuição, a quantia total que as três meninas possuem juntas é igual a:

a) R$ 214,00 b) R$ 252,00 c) R$ 278,00 d) R$ 282,00 e) R$ 296,00

141) **(CM – RJ)** Quatro irmãos possuem juntos um total de R$ 71,00. Se a quantidade de dinheiro do primeiro fosse aumentada de R$ 4,00, a do segundo diminuída de R$ 3,00, a do terceiro reduzida a metade e, ainda a do quarto fosse duplicada, todos os irmãos teriam a mesma importância. O valor da importância final de cada um dos irmãos, em reais, é:

a) R$ 13,00 b) R$ 14,00 c) R$ 15,00 d) R$ 16,00 e) R$ 17,00

142) **(CN)** Num determinado jogo, o apostador recebe, toda vez que ganha, o valor apostado inicialmente, mais 25% do mesmo; e recebe, toda vez que perde, apenas 25% do valor apostado inicialmente. Sabendo-se que foi feita uma aposta inicial de uma quantia x e que foram realizadas quatro jogadas, sempre sendo apostado o valor total obtido na jogada anterior, das quais ganhou-se duas e perdeu-se duas, qual é, aproximadamente, o percentual de x obtido no final?

a) 3,7 b) 4,7 c) 5,7 d) 6,7 e) 9,8

143) **(CM – RJ)** Boente e Amanda, ao praticarem tiro ao alvo, fizeram a seguinte aposta: quem acerta o alvo recebe R$ 5,00 do seu adversário. Se Boente e Amanda têm, inicialmente, R$ 560,00 e R$ 320,00 respectivamente e terminam a série de tiros com o mesmo valor, podemos concluir que o número de tiros que Amanda acertou a mais que Boente foi:

a) 18 b) 20 c) 22 d) 24 e) 26

144) **(EAM)** Os irmãos Antônio e Pedro, sem nenhuma economia, receberam de seu pai uma certa quantia em dólares, cada um, para fazer uma viagem. Percebendo a diferença entre essas quantias, Antônio dá a Pedro tantos dólares quanto Pedro possui; em seguida Pedro dá a Antônio tantos dólares quanto Antônio possui. Iniciam a viagem com US$ 1800,00 cada um. Quantos dólares cada um recebeu de seu pai inicialmente?

a) Antônio recebeu US$ 1000,00 e Pedro US$ 800,00

b) Antônio recebeu US$ 2000,00 e Pedro US$ 2250,00

c) Antônio recebeu US$ 1350,00 e Pedro US$ 2600,00

d) Antônio recebeu US$ 2250,00 e Pedro US$ 1000,00

e) Antônio recebeu US$ 2250,00 e Pedro US$ 1350,00

145) **(EsSA)** O Sargento Nilton recebeu a missão de distribuir 33 caixas de munição, com 100 cartuchos cada, para 46 soldados distribuídos em 3 grupamentos. No grupamento "A" cada soldado deverá receber 100 cartuchos e nos grupamentos "B" e "C" 50 cartuchos cada um dos soldados. Mas, na hora da distribuição, os grupamentos trocaram de posição e o Sargento distribuiu 100 cartuchos para cada soldado do grupamento "C" e 50 cartuchos para cada um dos soldados dos grupamentos "B" e "A". Isso fez com que sobrassem 400 cartuchos. Percebendo o erro, o Sargento refez a distribuição de modo correto e notou que não sobrou nenhum cartucho. Baseando-se nessa situação, pode-se afirmar que o número de soldados do grupamento "B" é:

a) 14 b) 13 c) 10 d) 11 e) 12

146) **(EPCAR)** Carlos, ao levantar o total de suas dívidas, percebeu que dispõe de uma poupança com saldo de **y** reais que lhe permitirá pagar 40% do que deve. Se ele acrescentar a esse saldo de poupança **x** reais, apurado com a venda à vista de seu carro, ele pagará tudo e ainda lhe sobrará 10.000 reais.

O irmão de Carlos, querendo ajudar, emprestou-lhe 3.200 reais para serem devolvidos sem juros assim que Carlos consiga vender o carro.

Usando todo o saldo de sua poupança e mais o empréstimo do irmão, Carlos reduzirá sua dívida para 7/15 de seu valor original, enquanto aguarda a venda do carro.

Com base nesses dados é correto afirmar que

a) o valor **x** apurado com a venda de seu carro à vista é maior que 30.000 reais.

b) o total de suas dívidas no levantamento original não chega a ser 20.000 reais.

c) se vender seu carro por **x** reais, ele pagará seu irmão, quitará o restante do que deve e ainda ficará com uma quantia maior que **y** reais.

d) sem recorrer à poupança e sem a ajuda do irmão, considerando somente os **x** reais da venda do carro, ele não quitará suas dívidas.

147) **(EPCAR)** Uma pessoa possui a quantia de x reais e pretende comprar um sítio. O valor x corresponde a 30% do valor do sítio. Se essa pessoa vender o apartamento em que atualmente reside e juntar ao valor x, ela conseguirá pagar o sítio e, ainda, lhe sobrarão R$ 15.000,00. Até que seja efetuada a venda do apartamento que reside, essa pessoa conseguiu com um amigo um empréstimo, sem juros, de R$ 60.000,00. Assim, juntou os x reais com os R$ 60.000,00 e efetuou parte do pagamento, ficando devendo 2/5 do valor total do sítio. Com base nessas informações, marque a alternativa FALSA.

a) O valor do sítio é maior que R$ 180.000,00.

b) Com a quantia x pode-se comprar um carro cujo valor é R$ 55.000,00 e ainda sobra dinheiro.

c) A quantia de x reais mais os R$ 60.000,00 de empréstimo somam menos de R$ 130.000,00.

d) O valor do apartamento onde a pessoa reside corresponde a ¾ do valor do sítio.

148) **(EPCAR)** Um casal que planejou uma viagem de férias para uma ilha, onde há um hotel com acomodações A e B, pagou antecipadamente **x** reais pelas diárias na acomodação A, que cobrava R$ 110,00 por dia.

Ao chegar no hotel eles optaram pela acomodação B, que cobrava R$ 100,00 pela diária, pois perceberam que, assim, eles poderiam ficar mais 2 dias hospedados neste hotel.

Sabendo que, além dos **x** reais já pagos, eles ainda gastaram R$ 150,00 por dia com alimentação e que não houve outras despesas, a quantia que esse casal gastou nesse hotel é um número compreendido entre

a) 5100 e 5400 b) 5400 e 5900 c) 5900 e 6300 d) 6300 e 6800

149) **(CN)** Observe a figura a seguir.

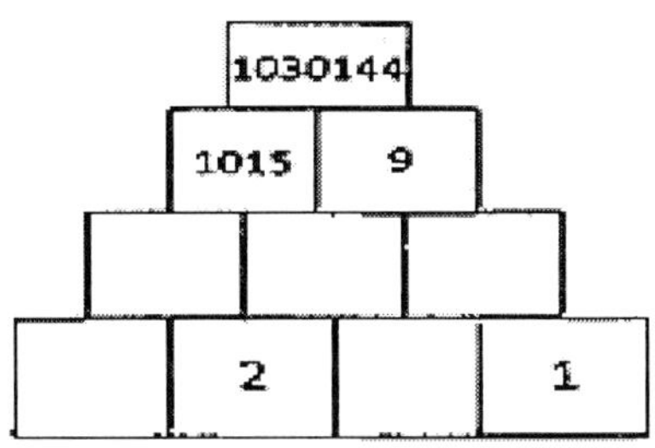

Essa figura apresenta dez retângulos, sendo cinco deles com números inteiros não negativos explícitos, e cinco deles com números inteiros não negativos ocultos. Sabe-se que cada retângulo dado está apoiado em dois outros, de modo que o número que ele exibe é a diferença entre os quadrados dos números exibidos nos retângulos em que ele se apoia, exceto a linha mais abaixo, com quatro retângulos, em que os números nesses retângulos foram previamente escolhidos. Para exemplificar, perceba que 1030144 = $1015^2 - 9^2$. Nessas condições, é correto afirmar que a soma dos números que estão ocultos é igual a:

a) 42 b) 79 c) 132 d) 168 e) 208

150) **(CN)** Um estudante, no retorno às aulas, comprou quatro tipos de materiais escolares em duas lojas diferentes conforme a tabela abaixo.

LOJA	PRODUTO	PREÇO UNITÁRIO (R$)	TOTAL (R$)
PAPEL E Cia	Lápis	3,00	50,00
	Caderno	5,00	
PAPELARIA MIX	Marca texto	4,00	44,00
	Borracha	2,00	

Ao chegar a casa, o estudante percebeu que havia trazido o mesmo número de lápis e marca texto. Assinale a opção que corresponde à quantidade de borrachas compradas, sabendo que o estudante comprou o maior número possível de cadernos.

a) 8 b) 9 c) 10 d) 11 e) 12

GABARITOS

1) B	2) E	3) B	4) B	5) B	6) C	7) D	8) C
9) D	10) B	11) C	12) C	13) 16 anos	14) C	15) D	16) A
17) E	18) C	19) A	20) E	21) A	22) B	23) B	24) A
25) A	26) B	27) A	28) 15º	29) B	30) D	31) B	32) D
33) B	34) C	35) C	36) B	37) D	38) C	39) A	40) B
41) B	42) C	43) D	44) B	45) B	46) C	47) B	48) B
49) D	50) A	51) E	52) B	53) A	54) C	55) A	56) A
57) B	58) C	59) C	60) D	61) C	62) D	63) B	64) D
65) A	66) A	67) C	68) E	69) C	70) B	71) C	72) D
73) B	74) C	75) E	76) D	77) D	78) C	79) A	80) D
81) D	82) A	83) D	84) B	85) B	86) E	87) D	88) B
89) D	90) D	91) B	92) A	93) A	94) D	95) C	96) E

97) D	98) C	99) A	100) B	101) E	102) D	103) B	104) B
105) D	106) A	107) E	108) D	109) C	110) A	111) E	112) C
113) E	114) D	115) D	116) B	117) A	118) E	119) E	120) A
121) B	122) E	123) C	124) C	125) D	126) D	127) A	128) 7 mendigos
129) A	130) B	131) D	132) A	133) A	134) E	135) D	136) B
137) C	138) C	139) C	140) B	141) D	142) E	143) D	144) E
145) A	146) C	147) D	148) B	149) A	150) E		

Capítulo 9

Potências

1. Definição:

Potência é um produto de fatores iguais.

$$a^n = \underbrace{a \cdot a \cdot a \dots a}_{\text{n fatores}}$$; onde:

$$\begin{cases} a \rightarrow \text{base da potência} \\ n \rightarrow \text{expoente da potência} \end{cases}$$

Exemplos:

a) $5^4 = 5 \cdot 5 \cdot 5 \cdot 5 = 625 \begin{cases} \text{base da potência} = 5 \\ \text{expoente da potência} = 4 \\ \text{potência} = 625 \end{cases}$

b) $6^3 = 6 \cdot 6 \cdot 6 = 216 \begin{cases} \text{base da potência} = 6 \\ \text{expoente da potência} = 3 \\ \text{potência} = 216 \end{cases}$

c) $\left(\frac{4}{7}\right)^2 = \frac{4}{7} \cdot \frac{4}{7} = \frac{16}{49} \begin{cases} \text{base da potência} = \frac{4}{7} \\ \text{expoente da potência} = 2 \\ \text{potência} = \frac{16}{49} \end{cases}$

Exercícios

1) **(IESES)** Quanto é 3 ao cubo?

a) 9 b) 27 c) 6 d) 18

Resolução:

3 ao cubo = $3^3 = 3 \times 3 \times 3 = 27$

GABARITO: B

2) **(COPEVE/UFAL)** A potência 2^5 é igual a

a) 2/5 b) 5/2 c) 10 d) 25 e) 32

Resolução:

$2^5 = 2 \times 2 \times 2 \times 2 \times 2 = 32$

GABARITO: E

3) **(FRAMINAS)** Efetuando $4^3 + 3^4 - 9^2$ encontramos:

a) 6 b) 64 c) 36 d) 32

Resolução:

$4^3 + 3^4 - 9^2 = 64 + 81 - 81 = 64$

GABARITO: B

4) **(CAIPIMES)** Na potência 256, de base 2, o expoente é:

a) 6 b) 8 c) 4 d) 10

Resolução:

Como $256 = 2^8$, então o expoente é igual a 8.

GABARITO: B

5) **(ALTERNATIVE CONCURSOS)** O número $\frac{343}{64}$ também pode ser representado por:

a) $\left(\frac{5}{3}\right)^5$ b) $\left(\frac{7}{4}\right)^3$ c) $\left(\frac{3}{7}\right)^2$ d) $\left(\frac{8}{3}\right)^6$

Resolução:

$\left(\frac{7}{4}\right)^3 = \frac{7}{4} \times \frac{7}{4} \times \frac{7}{4} = \frac{343}{64}$

GABARITO: B

2. Propriedades:

1ª) Propriedade: Todo número diferente de zero, elevado a zero, é igual a 1.

$$a^0 = 1, \text{ se } a \neq 0$$

Exemplos:

a) $5^0 = 1$ b) $\left(\frac{7}{11}\right)^0 = 1$ c) $(-9)^0 = 1$

BIZU !!!

- A expressão $\mathbf{0^0}$ é uma **indeterminação matemática**.

- $(-4)^0 \neq -4^0$

$(-4)^0 = 1$ ⇒ Todo número diferente de zero, elevado a zero, é igual a 1.

$-4^0 = -1$ ⇒ Quem está elevado ao expoente zero é o número 4. Assim, devemos repetir o sinal negativo e aplicar a propriedade.

Exercícios

6) **(ALTERNATIVE CONCURSOS)** O valor de $(3^2 - 5^0)$, é igual a ?

a) 5 b) – 4 c) – 88 d) – 9 e) 8

Resolução:

$3^2 - 5^0 = 9 - 1 = 8$

GABARITO: E

7) **(CONSESP)** Qual das alternativas corresponde ao valor da Potência 1001^0 ?

a) 1 b) 10 c) 100 d) 10.000

Resolução:

$1001^0 = 1$

GABARITO: A

8) **(INTELECTUS)** Calcule $\left(\frac{5}{10}\right)^0$

a) 1 b) 0,05 c) 0,5 d) 0

Resolução:

$\left(\frac{5}{10}\right)^0 = 1$

GABARITO: A

2ª) <u>Propriedade</u>: Todo número elevado a um é igual a ele mesmo.

$$a^1 = a$$

<u>Exemplos</u>:

a) $9^1 = 9$ b) $\left(\frac{4}{5}\right)^1 = \frac{4}{5}$ c) $(-11)^1 = -11$

<u>Exercícios</u>

9) **(IDHTEC)** O número $10^2 + 10^1 + 10^0$ é a representação de que número:

a) 100 b) 101 c) 010 d) 111 e) 110

<u>Resolução</u>:

$10^2 + 10^1 + 10^0 = 100 + 10 + 1 = 111$

<u>GABARITO</u>: D

10) **(OBJETIVA)** A diferença entre 100^1 e 1^{100} é igual a:

a) 101 b) 99 c) 100 d) 98

<u>Resolução</u>:

$100^1 - 1^{100} = 100 - 1 = 99$

<u>GABARITO</u>: B

3ª) <u>Propriedade</u>: Toda potência, de base diferente de zero, elevada a expoente par é positiva.

<u>Exemplos</u>:

a) $(+2)^2 = (+2) . (+2) . (+2) = +8$

b) $(-6)^4 = (-6) . (-6) . (-6) . (-6) = +1296$

c) $(-1)^6 = (-1) . (-1) . (-1) . (-1) . (-1) . (-1) = +1$

<u>BIZU</u> !!!

- $(-6)^2 \neq -6^2$

$(-6)^2 = (-6) . (-6) = +36$ $\Longrightarrow$ Quem está elevado ao expoente 2 é o número (– 6).

$-6^2 = -(6 \cdot 6) = -36$ ⟹ Quem está elevado ao expoente 2 é apenas o número 6.

4ª) <u>Propriedade</u>: Toda potência, com base diferente de zero, elevada a expoente ímpar, conserva o sinal da base da potência.

<u>Exemplos</u>:

a) $(+1)^5 = (+1) \cdot (+1) \cdot (+1) \cdot (+1) \cdot (+1) = +1$

b) $(-5)^3 = (-5) \cdot (-5) \cdot (-5) = -125$

c) $(+6)^7 = (+6) \cdot (+6) \cdot (+6) \cdot (+6) \cdot (+6) \cdot (+6) \cdot (+6) = +279.936$

d) $(-1)^9 = (-1) \cdot (-1) \cdot (-1) \cdot (-1) \cdot (-1) \cdot (-1) \cdot (-1) \cdot (-1) \cdot (-1) = -1$

5ª) <u>Propriedade</u>: Todo número, diferente de zero, elevado a um expoente negativo, é igual ao inverso do número elevado ao expoente com o sinal positivo.

$$a^{-n} = \left(\frac{1}{a}\right)^n$$

<u>Exemplos</u>:

a) $\left(\frac{8}{11}\right)^{-2} = \left(\frac{11}{8}\right)^2 = \frac{11}{8} \cdot \frac{11}{8} = \frac{121}{64}$

b) $5^{-3} = \left(\frac{1}{5}\right)^3 = \frac{1}{5} \cdot \frac{1}{5} \cdot \frac{1}{5} = \frac{1}{125}$

c) $(-3)^{-4} = \left(-\frac{1}{3}\right)^4 = \left(-\frac{1}{3}\right) \cdot \left(-\frac{1}{3}\right) \cdot \left(-\frac{1}{3}\right) \cdot \left(-\frac{1}{3}\right) = \frac{1}{81}$

<u>*Exercícios*</u>

11) **(FUNDATEC)** Os numerais podem ser escritos e representados de diversas formas. Uma delas é sob a forma de potências. O seguinte número fracionário $\frac{1}{243}$ pode ser escrito sob a forma:

a) 3^5 b) 9^3 c) 3^{-5} d) 27^{-2} e) 5^3

<u>Resolução</u>:

$3^{-5} = \left(\frac{1}{3}\right)^5 = \frac{1}{243}$

<u>GABARITO</u>: C

12) **(INSTITUTO AOCP)** Resolvendo a expressão $\left(-\frac{1}{5}\right)^{-2} - (5)^1$, obtém-se como resultado

a) 20 b) 15 c) 25 d) 5 e) 10

Resolução:

$\left(-\frac{1}{5}\right)^{-2} - (5)^1 = \left(-\frac{5}{1}\right)^2 - (5)^1 = 25 - 5 = 20$

GABARITO: A

13) **(BIG ADVICE)** O valor de $(x - y)^{y-x}$, quando x = 5 e y = 3 é:

a) ¼ b) 4 c) – 4 d) – ¼ e) 1

Resolução:

$(x - y)^{y-x} = (5 - 3)^{3-5} = 2^{-2} = \left(\frac{1}{2}\right)^2 = \frac{1}{4}$

GABARITO: A

6ª) Propriedade: Todo número elevado a um expoente fracionário pode ser escrito na forma de radical, de acordo com a regra a seguir:

I) A base da potência será a base do radicando;

II) O numerador do expoente da potência será o expoente do radicando;

III) O denominador do expoente da potência será o índice do radical.

$$a^{m/n} = \sqrt[n]{a^m}$$

Exemplos:

a) $7^{3/4} = \sqrt[4]{7^3} = \sqrt[4]{343}$

b) $11^{1/2} = \sqrt[2]{11^1} = \sqrt[2]{11} = \sqrt{11}$

c) $13^{2/3} = \sqrt[3]{13^2} = \sqrt[3]{169}$

Exercícios

14) **(FUNCERN)** Sendo $y = 8^{-2/3}$, o valor de y é igual a

a) ¼ b) – 4 c) 1/16 d) – 1/16

Resolução:

$y = 8^{-2/3} = \left(\frac{1}{8}\right)^{2/3} = \sqrt[3]{\left(\frac{1}{8}\right)^2} = \sqrt[3]{\frac{1}{64}} = \frac{1}{4}$

GABARITO: A

15) **(CONRIO)** O valor de $(32)^{0,2}$ é:

a) – 1 b) 1 c) 2 d) 0,5

Resolução:

$(32)^{0,2} = (32)^{2/10} = (32)^{1/5} = \sqrt[5]{32^1} = \sqrt[5]{32} = 2$

GABARITO: C

7ª) Propriedade: Para elevarmos uma potência a um expoente, devemos repetir a base e multiplicar os expoentes.

$$(a^m)^n = a^{m\,.\,n}$$

Exemplos:

a) $(5^2)^{10} = 5^{2\,.\,10} = 5^{20}$

b) $(7^8)^6 = 7^{8\,.\,6} = 7^{48}$

c) $[(13^4)^2]^5 = 13^{4\,.\,2\,.\,5} = 13^{40}$

BIZU !!!

- $(y^2)^3 \neq y^{2^3}$

$(y^2)^3 = y^{2\,.\,3} = y^6$ ⟹ Para resolver a potência, basta repetir a base e multiplicar os expoentes.

$y^{2^3} = y^{2\,.\,2\,.\,2} = y^8$ ⟹ Para resolver a potência, basta começar de cima para baixo.

- Para resolvermos as potências a seguir, devemos começar de cima para baixo:

a) $5^{4^3} = 5^{4\,.\,4\,.\,4} = 5^{64}$

b) $7^{6^0} = 7^1 = 7$

c) $13^{5^{1^8}} = 13^{5^1} = 13^5$

Exercícios

16) **(CEV UECE)** Os valores de $(2^2)^3$ e 2^{2^3} apresentam entre si uma diferença igual a

a) 0 b) 64 c) 128 d) 192 e) 256

Resolução:

$(2^2)^3 = 2^6 = 64$

$2^{2^3} = 2^8 = 256$

Diferença = 256 – 64 = 192

GABARITO: D

17) **(CEPERJ)** O resultado da expressão 2^{3^2} vale:

a) 36 b) 64 c) 128 d) 512 e) 1024

Resolução:

$2^{3^2} = 2^9 = 512$

GABARITO: D

8ª) Propriedade: Para multiplicarmos potências de mesma base, devemos repetir a base e somar os expoentes.

$$a^m \cdot a^n = a^{m+n}$$

Exemplos:

a) $5^{10} . 5^2 = 5^{10+2} = 5^{12}$

b) $\left(\frac{3}{7}\right)^9 . \left(\frac{3}{7}\right)^5 . \left(\frac{3}{7}\right)^7 = \left(\frac{3}{7}\right)^{9+5+7} = \left(\frac{3}{7}\right)^{21}$

c) $8^6 . 8^8 . 8 = 8^{6+8+1} = 8^{15}$

Exercícios

18) **(FUNDATEC)** Assinale a alternativa que apresenta o resultado correto para a seguinte operação: $2^6 \times 2^4$.

a) 2^{24} b) 2^2 c) 512 d) 2^{10} e) 256

Resolução:

$2^6 \times 2^4 = 2^{6+4} = 2^{10}$

GABARITO: D

9ª) Propriedade: Para dividirmos potências de mesma base, devemos repetir a base e subtrair os expoentes.

$$a^m : a^n = a^{m-n}$$

Exemplos:

a) $9^6 : 9^4 = 9^{6-4} = 9^2$

b) $x^{10} : x^7 = x^{10-7} = x^3$

c) $\frac{y^{12}}{y^5} = y^{12-5} = y^7$

d) $3^8 : 3^{-1} = 3^{8-(-1)} = 3^{8+1} = 3^9$

Exercícios

19) **(INSTITUTO EXCELÊNCIA)** Usando propriedades de potenciação, qual a solução da equação $\frac{(3^2)^3 \cdot 3^6}{3^7}$?

a) 243 b) 2187 c) 81 d) Nenhuma das alternativas

Resolução:

$\frac{(3^2)^3 \cdot 3^6}{3^7} = \frac{3^6 \cdot 3^6}{3^7} = \frac{3^{6+6}}{3^7} = \frac{3^{12}}{3^7} = 3^{12-7} = 3^5 = 243$

GABARITO: A

20) **(CONSCAM)** A metade de 2^{28} é:

a) 1^{28}
b) 2^{14}
c) 1^{14}
d) 2^{27}
e) Nenhuma das anteriores

Resolução:

Metade de $2^{28} = \frac{2^{28}}{2} = 2^{28-1} = 2^{27}$

GABARITO: D

10ª) Propriedade: Para elevarmos um produto a um expoente, devemos elevar cada fator do produto ao expoente.

$$(a \cdot b)^m = a^m \cdot b^m$$

Exemplos:

a) $(3 \cdot 4)^5 = 3^5 \cdot 4^5$

b) $(6 \cdot 8 \cdot 10)^4 = 6^4 \cdot 8^4 \cdot 10^4$

c) $(m^2 \cdot n^6 \cdot p^8)^6 = m^{12} \cdot n^{36} \cdot p^{48}$

11ª) Propriedade: Para elevarmos uma fração a um expoente, devemos elevar o numerador e o denominador da fração ao expoente.

$$\left(\frac{a}{b}\right)^m = \frac{a^m}{b^m}$$

Exemplos:

a) $\left(\frac{x}{y}\right)^3 = \frac{x^3}{y^3}$ b) $\left(\frac{3}{5}\right)^4 = \frac{3^4}{5^4}$ c) $\left(\frac{m^3}{n^2}\right)^5 = \frac{m^{15}}{n^{10}}$

Exercícios

21) **(IESES)** Assinale a propriedade INCORRETA sobre potenciação ?

a) $a^0 = 1$

b) $a^{10}/\,a^4 = a^6$

c) $(a\,.\,b)^2 = (a^2\,.\,b^2)$

d) $(a^2)^4 = a^6$

Resolução:

$(a^2)^4 = a^{2\,\cdot\,4} = a^8$

GABARITO: D

22) **(IESES)** Assinale a propriedade INCORRETA sobre potenciação?

a) $a^m \,/\, a^n = a^{m-n}$

b) $a^0 = 0$

c) $(a\,.\,b)^n = (a^n\,.\,b^n)$

d) $(a^n)^m = a^{n\,\cdot\,m}$

Resolução:

$a^0 = 1$

GABARITO: B

3. Potências de 10:

Um número é uma potência de 10 quando pode ser escrito na forma 10^n, sendo n um número inteiro.

Exemplos:

a) 10^3 b) 10^5 c) 10^{-7} d) 10^{-6}

O resultado de uma potência de 10 é calculado em função do seu expoente, de acordo com as regras a seguir:

1º CASO: ***Potências de 10 com expoente positivo***

O resultado será igual ao número 1 seguido de uma quantidade de zeros igual ao expoente.

Exemplos:

a) 10^1 = 10

b) 10^2 = 100

c) 10^3 = 1.000

d) 10^4 = 10.000

e) 10^7 = 10.000.000

2º CASO: ***Potências de 10 com expoente negativo***

O resultado será um número decimal com as seguintes características:

I) A parte inteira é nula, isto é, o número começará com 0 (zero);

II) A parte decimal será formada pelo número 1, antecedido por uma quantidade de zeros igual ao módulo do expoente da potência de 10, menos 1.

III) A quantidade de casas decimais será igual ao módulo do expoente da potência de 10.

Exemplos:

a) 10^{-4} = 0,0001 $\begin{cases} \text{Quantidade de zeros} = |-4| - 1 = 4 - 1 = 3 \\ \text{Quantidade de casas decimais} = |-4| = 4 \end{cases}$

b) 10^{-2} = 0,01 $\begin{cases} \text{Quantidade de zeros} = |-2| - 1 = 2 - 1 = 1 \\ \text{Quantidade de casas decimais} = |-2| = 2 \end{cases}$

c) 10^{-6} = 0,000001 $\begin{cases} \text{Quantidade de zeros} = |-6| - 1 = 6 - 1 = 5 \\ \text{Quantidade de casas decimais} = |-6| = 6 \end{cases}$

4. Transformação de um número racional finito em uma potência de 10

É possível escrever os números racionais finitos (exatos) utilizando uma potência de 10, através da seguinte regra:

I) O expoente será positivo quando a vírgula se deslocar para a esquerda;

II) O expoente será negativo quando a vírgula se deslocar para a direita.

Exemplos: Transforme os números abaixo numa potência de 10:

a) 70.000 = 7 x 10^4

b) 18.000 = 18 x 10^3

c) 2.460.000.000 = 246 x 10^7

d) 5.000.000.000 = 5 x 10^9

e) 0,000159 = 159 x 10^{-6}

f) 12,79852 = 1279852 x 10^{-5}

g) 0,000009 = 9 x 10^{-6}

h) 0,0000284 = 284 x 10^{-7}

A seguir, faremos uma bateria de exercícios de todo conteúdo estudado neste capítulo.

Exercícios

23) **(CESD)** 5 . 2^3 é igual a

a) 30 b) 40 c) 100 d) 1000

24) **(EsSA)** As expressões $-\left(\frac{1}{3}\right)^2$ e $\left(-\frac{1}{3}\right)^2$ são, respectivamente, iguais a:

a) 1/9 e – 1/9 c) – 1/9 e 1/9

b) – 1/9 e – 1/9 d) 1/9 e 1/9

25) **(EsSA)** O resultado de $\{[(-1)^2]^2\}^3$ é:

a) – 1 b) 1 c) 0 d) 12

26) **(EsSA)** Efetuando $2^3 - (-2)^2 + 2^0$, encontramos:

a) 1 b) 2 c) 3 d) 4 e) 5

27) **(EsSA)** Efetuando $(x^2)^3 - (x^3)^2 + x^0$, encontramos:

a) x^5 b) 0 c) 1 d) 2

28) **(EsSA)** A expressão $(3 \cdot 3^2 \cdot 3^3)^4$ é igual a:

a) 3^{20} b) 3^{1296} c) 3^{625} d) 3^{24}

29) **(EsSA)** Resolvendo $a^2 \cdot a^3 \cdot a^{-4}$, obtemos:

a) a^2 b) 1 c) a^{-24} d) a

30) **(CFN)** O quociente $a^m : a^n$ é igual a

a) a^{m+n} b) a^{m-n} c) a^{n-m} d) $a^{m:n}$ e) a^0

31) **(CFN)** O número de elementos distintos da sequência -2^0, 2^0, 2^1, 2^{-1}, -2^2, -2^{-2} é

a) 2 b) 3 c) 4 d) 5 e) 6

32) **(FCC)** Se mudarmos a posição dos parênteses da expressão $(-1)^4 \cdot 5 + 2 \cdot 3^3$ para $-1^4 \cdot (5 + 2) + 3^3$ o resultado irá

a) diminuir em 130 unidades

b) diminuir em 248 unidades

c) diminuir em 378 unidades

d) aumentar em 130 unidades

e) permanecer inalterado

33) **(EsSA)** Entre os números abaixo, é quadrado de um número natural:

a) $4^3 .\ 5^2 .\ 9^3$ b) $2^4 .\ 4^2 .\ 5^3$ c) $2^6 .\ 5^4 .\ 6^3$ d) $2^4 .\ 3\ .\ 5^2$ e) $2^5 .\ 3^2 .\ 4^6$

34) **(EEAR)** Dado o número 3/4, a diferença entre o seu quadrado e o seu cubo é:

a) 0

b) 1/4

c) um quadrado perfeito

d) o próprio número

35) **(CN)** Considere as sentenças abaixo:

(I) $3^{5^0} = 1$

(II) $2^{3^{\sqrt{3}}} = 2^{3^{3/2}}$

(III) $-3^{-2} = \frac{1}{9}$

(IV) $81^{1/2} = \pm 9$

Pode-se afirmar que o número de sentenças verdadeiras é

a) 4 b) 3 c) 2 d) 1 e) 0

36) **(EPCAR)** Considere $a = 11^{50}$, $b = 4^{100}$ e $c = 2^{150}$ e assinale a alternativa correta.

a) $c < a < b$ b) $c < b < a$ c) $a < b < c$ d) $a < c < b$

37) **(CM – BELO HORIZONTE)** Dados os números 5^{135}, 9^{90} e 3^{225}, podemos afirmar que:

a) $5^{135} > 9^{90} > 3^{225}$

b) $3^{225} > 5^{135} > 9^{90}$

c) $9^{90} > 5^{135} > 3^{225}$

d) $5^{135} > 3^{225} > 9^{90}$

e) $9^{90} > 3^{225} > 5^{135}$

38) **(CN)** Se $x = 7^{200}$, $y = 1024^{40} .\ 3^{100}$ e $z = 16^{25} .\ 625^{50}$, pode-se afirmar que

a) $x < y < z$ b) $x < z < y$ c) $y < x < z$ d) $y < z < x$ e) $z < x < y$

39) **(EEAR)** Transformando o produto $2^{10} \times 3^{15}$ em potência de um número, encontra-se

a) $(6^{10})^5$ b) 32^{10} c) 108^5 d) 243^{10}

40) **(ETFQ)** Considerando a expressão $(6^a \,.\, 6^a \,.\, 2^a \,.\, 3^a)^2 = 46.656$, concluímos que o valor numérico de "a" é igual a:

41) **(CESD)** O valor de **n** na expressão 3^9: n = 3^3 é

a) 3^9 b) 3^6 c) 3^3 d) 3^2

42) **(EEAR)** Para a = 16, efetuando-se $(a)^{0,34}$ **:** $(a)^{0,09}$, obtém-se um

a) número ímpar
b) número primo
c) número irracional
d) dos divisores de 15

43) **(EsSA)** Efetuando $\frac{2^3 \,.\, 2^2}{2^4}$, encontramos:

a) 2 b) 2^2 c) 2^9 d) 2^{20}

44) **(EsSA)** O resultado da expressão $\frac{(3 \times 5)^{10}}{(15^3)^3}$ é:

a) 15^4 b) 15^6 c) 15 d) 15^9

45) **(EsSA)** Reduzindo a uma só potência a expressão $\frac{x^{3^2}}{(x^3)^2}$, vamos obter:

a) 1 b) 0 c) x d) x^3

46) **(CM – RECIFE)** Simplificando a expressão $\left(\frac{a^2 \times a^3}{(a^2)^3}\right)^{-\frac{1}{2}}$ obtemos

a) 1 b) a c) a^2 d) $\sqrt{a}$ e) $\frac{1}{a}$

47) **(ZAMBINI)** A expressão numérica abaixo apresenta como resultado

$$\frac{(3)^{2^{2^2}}}{((3^2)^2)^2} \cdot \frac{(3^2)^{2^2}}{(3^{2^2})^2}$$

a) 243 b) 729 c) 2.187 d) 6.561

48) **(EsSA)** Calculando $\frac{2^7 \,.\, 2^3 \,.\, 2}{\frac{16^8}{8^8}}$, encontramos:

a) 6 b) 2^2 c) 1^3 d) 8

49) **(EEAR)** A expressão $\frac{(n^2 . n^7)^2 . n^{-10}}{n^{-2} . (n^3)^5}$, para $n \neq 0$, é igual a

a) n^5 b) n^6 c) n^{-5} d) n^{-12}

50) **(CM – RECIFE)** Sabe-se que $a^x = 10$. Então o valor numérico da expressão $5 . a^x + 2 . a^{2x}$ é

a) 260 b) 250 c) 240 d) 220 e) 450

51) **(CFN)** Qual o valor da expressão $\frac{10^{-3} x\ 10^5}{10\ x\ 10^4}$?

a) 10 b) 100 c) 1000 d) 10^{-2} e) 10^{-3}

52) **(EAM)** Reduza a uma só potência a expressão $(3^{-4} . 9^4 : 3^{-6}) : (81 : 3^{-2})$.

a) 3^2 b) 3^4 c) 3^6 d) 3^8 e) 3^{10}

53) **(EsSA)** Resolvendo a expressão $\frac{\frac{3^{n+1}}{3^{2n-1}}}{3^{3-n}}$, obtemos:

a) 3 b) 1/27 c) $3^{-(2n+1)}$ d) 3^{-2n-3} e) 1/3

54) **(CM – MANAUS)** O quociente de 50^{50} por 25^{25} é igual a:

a) 25^{25} b) 10^{25} c) 100^{25} d) 2^{25} e) $2 . 25^{25}$

55) **(EAM)** Quanto vale a metade de 2^{2014} ?

a) 2^2 b) 2^7 c) 2^{1007} d) 2^{1013} e) 2^{2015}

56) **(MPE/RS)** A metade de 4^{40} é igual a

a) 2^{20} b) 2^{39} c) 2^{40} d) 2^{79} e) 2^{80}

57) **(CM – RECIFE)** A metade do número $4^8 + 2^{13}$ é igual a:

a) $2^{15} + 4^6$ b) $4^7 + 12^{12}$ c) $2^8 + 2^{13}$ d) $2^7 + 2^5$ e) $2^8 + 1^{13}$

58) **(QUADRIX)** Numa colônia de bactérias, calculou-se que em determinado momento havia um total de 10^6 bactérias e, numa segunda medição, havia exatamente a metade, ou seja:

a) 10^3 b) $5 . 10^4$ c) $5 . 10^5$ d) 10^5 e) $2 . 10^4$

59) **(EsSA)** Dividindo 2^{100} por meio, encontra-se:

a) 2^{50} b) 1^{100} c) 2^{99} d) 2^{101} e) 4^{100}

60) **(CEFETEQ)** Calcule o valor de k para que a metade de $(2^{31} \,.\, 4^{50})$ seja 4^{5k}.

61) **(EEAR)** A potência $\left(-\frac{3}{5}\right)^{-2}$ é igual a

a) $-\frac{9}{25}$ b) $-\frac{25}{9}$ c) $\frac{9}{25}$ d) $\frac{25}{9}$

62) **(CM – RECIFE)** Resolvendo a subtração $64^{0,666\ldots} - 144^{0,5}$ você encontrará como resultado:

a) 4 b) – 4 c) $\sqrt{3}$ d) $4\sqrt{2}$ e) 1

63) **(EsSA)** Efetuando $(-8)^{-2/3}$, obtemos:

a) – 2 b) ¼ c) ½ d) 2 e) 4

64) **(EsSA)** O resultado da expressão $\left(\frac{1}{2}\right)^{-1} - \left(\frac{1}{2}\right)^{0}$ é:

a) ½ b) 0 c) 1 d) – ½

65) **(EEAR)** A potência $81^{-2^{-2}}$ é igual a

a) 1/9 b) 1/3 c) 3 d) 9

66) **(CM – RJ)** Que termos devem ser retirados da expressão $2^{-1} + 4^{-1} + 6^{-1} + 8^{-1} + 10^{-1} + 12^{-1}$ para que a soma dos restantes seja igual a 1 ?

a) 8^{-1} e 10^{-1} b) 2^{-1} e 4^{-1} c) 6^{-1} e 8^{-1} d) 8^{-1} e 4^{-1} e) 12^{-1} e 10^{-1}

67) **(EsSA)** O valor de $[(-2)^3 - 1^0]^2$ é:

a) 81 b) 64 c) – 81 d) – 64

68) **(EEAR)** Determine o valor de $\frac{16^{-4} \text{ x } 32}{8^{-6}}$

a) $\frac{1}{2^{29}}$ b) 2^6 c) 2^7 d) 256

69) **(EEAR)** A razão entre 2^{-1} e $2^{-1/2}$ é:

a) ½ b) $1^{1/2}$ c) $\sqrt{2}$ d) $\frac{\sqrt{2}}{2}$

70) **(CN)** Calcular a expressão $\left[2^{-1} + \left(\frac{1}{2}\right)^{-2} - 1207^0 + 4^{3/2}\right]$

71) **(EEAR)** Para x = 2 e y = 1, o resultado de $(x^3)^2$ **.** x **:** y^{-6} é igual a

a) $\frac{1}{2^5}$ b) -2^{-7} c) $\frac{1}{2^{-7}}$ d) $\frac{1}{2^{-6}}$

72) **(EEAR)** Para x ≠ 0 e y ≠ 0, a expressão $\left[\left(\frac{x}{y}\right)^{-3}\right]^{-2} : \left[\left(\frac{y}{x}\right)^{5}\right]^{-1}$ é igual a

a) $\frac{y}{x}$ b) $\frac{x^{-2}}{y^{-2}}$ c) $\frac{x^{11}}{y^{11}}$ d) xy^{-1}

73) **(EsSA)** A expressão $\left(\frac{2^0 - 2^{-1}}{2^{-1} - 2}\right)^{-1}$ é igual a:

a) –1 b) 3 c) – 3 d) 1/3

74) **(EsSA)** Calculando $\frac{3^{-1} + 3^{-2}}{2^{-2} - 2^{-3}}$, obtemos:

a) 2/9 b) 3/2 c) $3\,\frac{5}{9}$ d) 4 e) 6

75) **(EsSA)** O valor de $(4^{-1} - 3^{-1})^{-1}$ é igual a:

a) – 12 b) – 1 c) 1/12 d) 1 e) 12

76) **(CM – BRASÍLIA)** Quando simplificada a expressão $(x^{-1} + y^{-1})^{-1}$, é igual a

a) x + y b) $\frac{x+y}{xy}$ c) xy d) $\frac{1}{xy}$ e) $\frac{xy}{x+y}$

77) **(CM – FORTALEZA)** O valor da expressão $\frac{(x^{-1} + y^{-1})^{-x}}{(x+y)^{-1}}$, para x = 1 e y ∉ {– 1, 0} é

a) y b) – 1/y c) 1/y d) – y e) 2y

78) **(EEAR)** O resultado de $\frac{8^2 : 4^7 \,.\, 16^5}{2^{2^3}}$ pertence ao conjunto

a) $\{x \in \mathbb{N} / 58 \leq x \leq 64\}$
b) $\{x \in \mathbb{N} / 58 \leq x \leq 60\}$
c) $\{x \in \mathbb{Z} / 16 < x \leq 18\}$
d) $\{x \in \mathbb{Z} / 16 \leq x < 20\}$

79) **(EEAR)** O valor da expressão $\sqrt[5]{(64)^2}$ x $\frac{1}{2^{-3/5}}$ é igual a:

a) 2^3 b) 2^4 c) $4\sqrt[5]{2}$ d) $5\sqrt[5]{2}$

80) **(CM – RECIFE)** Resolvendo a expressão: 81 x $(0{,}444\ldots)^2 + (0{,}222\ldots)^{-1} \div \frac{1}{2}$, você achará como resultado o número

a) 21 b) 22 c) 23 d) 24 e) 25

81) **(CESD)** O número real expresso por $(-2)^2 - \left(-\frac{1}{2}\right)^2 : (+3)^2 + \left(-\frac{1}{6}\right)^2$ é

a) – 2 b) – 4 c) 3 d) 4

82) **(CESD)** Calculando-se o valor da expressão $\left[8^{1/3} + \left(\frac{1}{25}\right)^{-1/2} + 0{,}017^0\right] \times \frac{1}{0{,}888\ldots}$, o resultado será

a) 8 b) 9 c) 10 d) 11

83) **(EEAR)** Resolver: $\left[3^{-1} + \left(\frac{3}{7}\right)^{-2} - (3{,}812812)^0 + \sqrt[3]{9^{1,5}}\right]$

a) $5\frac{1}{9}$ b) $6\frac{5}{7}$ c) $7\frac{7}{9}$ d) $8\frac{3}{7}$

84) **(CM – MANAUS)** O valor da expressão $\frac{(81^2)^{\frac{1}{4}} \cdot \sqrt[5]{32^3} \cdot 125^{\frac{2}{3}}}{\sqrt[3]{27^2} \cdot \left(\frac{2}{3}\right)^{-3} \cdot \left(\frac{9}{4}\right)^{-2}}$ é:

a) 525 b) 330 c) 400 d) 300 e) 600

85) **(EEAR)** O valor da expressão $\left[-\frac{1}{2} + \left(\frac{1}{2}\right)^{-1}\right] : \left(\frac{2}{5}\right)^{-1}$ é

a) – 3/5 b) 3/5 c) 1 d) 15/4

86) **(EEAR)** O resultado de $-\left(-\frac{3}{2}\right)^2 + \sqrt{10^{-2} + 5{,}75}$ é

a) – 20/3 b) – 3/20 c) 3/20 d) 20/3

87) **(EEAR)** O simétrico do inverso do resultado de $\left(-\frac{1}{5}\right)^2 + \left(-\frac{5}{2}\right)^{-2}$ é

a) – 5 b) – 1/5 c) 5 d) 1/5

88) **(EPCAR)** Se A = $\left(-2\,\frac{1}{2}\right)^3 - \left(-\frac{3}{2}\right)^2$ e B = $2\,\frac{1}{4} + \left(\frac{2}{5}\right)^{-3}$ então:

a) A + B = 0 b) B – A = 0 c) A – B = 0 d) $\frac{B}{A} = 2$ e) $\frac{B}{A} = -2$

89) **(CN)** Resolvendo a expressão $X = \frac{8^{0,666...} + 4^{3/2} - 2^{\sqrt{9}} + 9^{0,5}}{\left(\frac{1}{49}\right)^{-1/2}}$, encontra-se:

a) 1 b) 2 c) 3 d) 4 e) 5

90) **(EEAR)** O valor de M, tal que M = $(0{,}25)^{1/4} \,.\, (0{,}125)^{-1/2} \,.\, \sqrt{32}$, é

a) $2^{1/2}$ b) $2^{3/2}$ c) $2^{5/2}$ d) $2^{7/2}$

91) **(EEAR)** O valor da expressão $2^{-1} - (-2^2)^3 \div \left[-\left(4^{-\frac{1}{2}}\right)\right]$ é

a) 129 b) – 127 c) $\frac{257}{2}$ d) $-\frac{255}{2}$

92) **(EEAR)** A expressão $\left(\frac{1}{2}\right)^2 \,.\, \frac{1^3}{2} : \frac{1^{-2}}{2}$ é equivalente a:

a) ½ b) $\frac{1}{2^2}$ c) $\frac{1}{2^3}$ d) $\frac{1}{2^7}$

93) **(EEAR)** Qual o valor da expressão abaixo?

$$\frac{1 + (1 + 2^{-2})\, 2^{-2}}{\frac{7 \text{ x } 2^{-3}}{3^{-1}}}$$

a) 0 b) ½ c) 1/3 d) 16/7

94) **(EEAR)** A expressão $\frac{\left[\left(\frac{1}{4}\right)^{3/2} + 8^{\,1/3}\right] - \frac{1}{2}}{\frac{1}{8^{-1}} : \frac{1}{0,3}}$ é igual a

a) 25/96 b) 65/96 c) 43/24 d) 130/10

95) **(CN)** O valor da expressão $\left[\sqrt{\left(\frac{1}{6}\right)^{-3} . 0{,}666 ...} + \sqrt{\left(\frac{2}{3}\right)^{0} - \frac{1}{1{,}333...}}\right]^{-\frac{1}{2}}$ é:

a) $\frac{\sqrt{2}}{5}$ b) $\sqrt{\frac{2}{5}}$ c) $\sqrt{\frac{5}{2}}$ d) $\frac{5\sqrt{2}}{2}$ e) $\frac{2\sqrt{5}}{5}$

96) **(CFN)** Determine o valor da expressão $\left[\sqrt{\left(\frac{1}{6}\right)^{-3} . 0{,}666 ...} + \sqrt{\left(\frac{2}{3}\right)^{0} - \frac{1}{1{,}333...}}\right]^{-2}$

a) 4/625 b) 345 c) 6/540 d) 7/625 e) 7/630

97) **(EEAR)** Assinalar a alternativa correta.

a) $a^b < 0$, se a < 0 e b > 0

b) $a^b < 0$, se a > 0 e b > 0

c) $a^b < 0$, se a < 0 e b = número par

d) $a^b < 0$, se a < 0 e b = número ímpar

98) **(EEAR)** Simplificando a expressão $(-0{,}125)^{(-3)^2} . 128^{-3^2}$, obtém-se

a) -2^{-90} b) -2^{-72} c) 2^{-90} d) 2^{-72}

99) **(EEAR)** O valor da expressão $(6^{-1} + 2^{-3}) : (5^0 + 4^{-2})$ é

a) 8/7 b) 51/14 c) 14/51 d) 119/184

100) **(CM – JUIZ DE FORA)** Efetuando as operações e simplificando o máximo possível, assinale o valor que obteremos para a expressão abaixo.

$\frac{(2^3)^2 . 2^{-9} - \left(\frac{2}{3}\right)^{-2}}{2{,}4\overline{3} - \sqrt{2{,}25} . 3^{-2}}$ (Observação: $2{,}4\overline{3}$ = 2,4333...)

a) – 15/16 b) 7/90 c) – 16/17 d) – 15/2

101) **(EEAR)** Simplificando-se a expressão $\frac{x^{2n-1} . y^{n+1}}{x^{1+2n} . y^n}$ e dando a resposta com expoente positivo, tem-se

a) $\frac{x^2}{y}$ b) x^2y c) y d) $\frac{y}{x^2}$

102) **(CM – BRASÍLIA)** O resultado da expressão $\frac{-2^{-2} + 10\% \text{ de } 7{,}5 - 0{,}666...}{1 - \frac{1}{3}}$ é

a) – 0,50 b) – 0,25 c) 0,50 d) – 0,75 e) 0,75

103) **(VUNESP)** Um professor de matemática colocou, na lousa, o dia e o mês em que será aplicada a sua prova, da seguinte maneira:

$$\text{Dia} = \frac{\frac{1}{2} + \sqrt{25}}{\left(\frac{1}{2}\right)^2} \qquad \text{Mês} = \frac{(2^6 - 2 \cdot 3^2) \cdot \left(\frac{1}{5}\right)}{\frac{2}{5} + \frac{3}{4}}$$

O dia e o mês da aplicação da prova será

a) 21 de setembro
b) 20 de junho
c) 22 de agosto
d) 21 de julho
e) 22 de setembro

104) **(EsSA)** Sendo x = $(2+\sqrt{3})^{89}$ e y = $(2-\sqrt{3})^{89}$, então o produto xy é igual a:

a) $(4-\sqrt{3})^{89}$
b) 2^{90}
c) 1
d) 2^{198}
e) $(4+2\sqrt{3})^{89}$

105) **(EPCAR)** Dentre as identidades a seguir, marque a **FALSA**.

a) $\left(\frac{4^{-1}}{2^{-2}}+\frac{6^{-2}}{2^{-2}}\right)^2$ = 0,81
b) $\frac{3^8 \,.\, 4^4}{6 \,.\, 12^4}=\frac{27}{2}$
c) $\frac{-(-2)^2-\sqrt[3]{-27}}{(-3+5)^0-2}$ = 1
d) $\frac{\sqrt[6]{1728}}{\sqrt[6]{64}}=\sqrt{3}$

106) **(EPCAR)** Sabendo que y = $(2010)^2$. 2000 – 2000 **.** $(1990)^2$, o valor de $\frac{y}{10^7}$ é igual a

a) 8
b) 16
c) 20
d) 32

107) **(EEAR)** Sabendo-se que $\left[(3^4)^2 \,.\, 3^{3^2}\right] : (3^2)^3 = 3^x$, então

a) x = 5
b) x = 8
c) x = 11
d) x = 23

108) **(EEAR)** Resolvendo a equação $(0{,}0625)^{x-2}$ = 0,25, obtemos "x" igual a:

a) 2/9
b) 2/5
c) 5/2
d) 9/2

109) **(EEAR)** Se $(0{,}0625)^{x+2}$ = 0,25, então $(x+1)^6$ vale

a) – 3/2
b) 1/32
c) 64
d) 1/64

110) **(EEAR)** Se $8^{x-9}=16^{x/2}$, então "x" é um número múltiplo de

a) 2
b) 3
c) 5
d) 7

111) **(EEAR)** A raiz real da equação $4^{x-1}=\frac{1}{8}$ é um número

a) inteiro positivo
b) inteiro negativo
c) racional positivo
d) racional negativo

112) **(EsSA)** Se $5^{x+2} = 100$, então 5^{2x} é igual a

a) 4 b) 8 c) 10 d) 16 e) 100

113) **(EEAR)** Se x é a raiz da equação $\left(\frac{2}{3}\right)^{x} = 2{,}25$, então o valor de x é

a) 5 b) 3 c) – 2 d) – 4

114) **(ESPCEX)** A solução de $2^{\left(\frac{48}{x}\right)} = 8$ é um

a) múltiplo de 16 b) múltiplo de 3 c) número primo d) divisor de 8 e) divisor de 9

115) **(EEAR)** Para que a igualdade $\frac{0{,}072\ .\ 25600}{128\ .\ 36} = 4 \times 10^{x}$ seja verdadeira, o valor de "x" deve ser

a) – 2 b) – 1 c) 0 d) 1

116) **(EEAR)** No conjunto dos números reais, a equação $(3^{x})^{x} = 9^{8}$ tem por raízes

a) um número positivo e um negativo

b) um número negativo e o zero

c) dois números negativos

d) dois números positivos

117) **(FCC)** Se $5^{x^2 - 5} = 0{,}04$, então:

a) x = 1 ou x = – 1

b) x = 0,2

c) $x = \sqrt{7}$ ou $x = -\sqrt{7}$

d) a equação não tem solução no conjunto dos reais

e) $x = \sqrt{3}$ ou $x = -\sqrt{3}$

118) **(EsSA)** Se $a^{-1} + b^{-1} = c^{-1}$, $a = -\frac{1}{2}$ e $b = \frac{1}{3}$, então **<u>c</u>** vale:

a) – 1 b) 1 c) $\frac{1}{6}$ d) $-\frac{1}{6}$ e) $\frac{1}{5}$

119) **(EEAR)** Resolvendo a expressão $10^{-3} \cdot \frac{1}{10^{-2}} + 5$, obtém-se:

a) 0,105 b) 5,1 c) 6 d) 105

120) **(EEAR)** O valor da expressão $\frac{(0{,}001)^2\ .\ 100^2}{(0{,}1)^2}$ é igual a:

a) 1 b) 10 c) 10^{-2} d) 10^{-4}

121) **(EEAR)** O valor da expressão $\frac{0{,}001\,.\,(0{,}01)^2\,.\,10}{(0{,}1\,.\,10^2)^{-4}}$ é

a) 1 b) 0,1 c) 0,01 d) 0,001

122) **(EsSA)** Simplificar $\frac{0{,}01\,.\,1000}{10^{-2}\,.\,0{,}001\,.\,10^4}$:

a) 0,1 b) 10 c) 100 d) 10^{-2}

123) **(CEFET)** O número 3,576 também pode ser escrito na seguinte forma:

a) 3576 x 10^{-3}

b) 3576 x 10^3

c) 35,76 x 10^3

d) Nenhuma das alternativas anteriores

124) **(EEAR)** Dados os números racionais m = 0,03 . 10^{-20}, k = 0,3 . 10^{-21} e p = 300 . 10^{-22} , é correto afirmar que

a) m < k < p b) m = k > p c) k < m < p d) m = k < p

125) **(EsSA)** O valor da expressão x = 25 . 10^3 . 8 . 10^{-7} é:

a) 20 . 10^{-3} b) 20 . 10^{-4} c) 2 . 10^{-3} d) 2 . 10^{-2} e) 20 . 10^{-2}

126) **(FCC)** Se x = 1,25 . 10^{-2} e y = 0,75 . 10^{-3}, então x + y é igual a

a) 0,1325 . 10^{-4}

b) 1,325 . 10^{-4}

c) 13,25 . 10^{-4}

d) 132,5 . 10^{-4}

e) 1325 . 10^{-4}

127) **(EsSA)** Simplificando a expressão $\frac{0{,}002\,.\,0{,}0003\,.\,10^8}{0{,}1\,.\,6\,.\,10^4}$, obtém-se:

a) 0,001 b) 0,01 c) 0,06 d) 0,6

128) **(CFN)** Observe abaixo os números e suas respectivas representações em notação científica.

I) 6.000.000.000 = 6 . 10^9

II) 0,0000000567 = 56,7 . 10^{-8}

III) 1.598.000.000 = 1,598 . 10^7

Analise as igualdades acima e assinale a alternativa que apresenta somente a(s) igualdade(s) correta(s).

a) I b) III c) I e II d) I e III e) I, II e III

129) **(FGV)** O corpo humano possui cerca de 50 bilhões de células e a população brasileira é de cerca de 200 milhões de habitantes. A quantidade de células de toda a população brasileira é cerca de:

a) 10^{16} b) 10^{17} c) 10^{18} d) 10^{19} e) 10^{20}

130) **(CM – FORTALEZA)** Uma partícula minúscula de uma substância pesa 1,5 x 10^{-24} Kg; então a metade dessa partícula pesa:

a) 1,5 x 5^{-24} Kg c) 0,75 x 5^{-24} Kg e) 0,75 x 10^{-24} Kg

b) 1,5 x 10^{-12} Kg d) 750 x 10^{-24} Kg

131) **(EPCAR)** Ao se resolver a expressão numérica $\left[\sqrt[3]{\frac{(25\,.\,10^{-6})\,.\,0{,}000075}{10}}\right] : \left[\frac{5\sqrt[3]{1{,}5}}{10^4}\right]\,.\,(-0010)^0$ o valor encontrado é

a) $\sqrt[3]{2}$ b) $\sqrt[3]{3}$ c) 1 d) 0,1

132) **(EPCAR)** O valor da expressão $\left[\frac{(6{,}25 \text{ x } 10^{-2})^{1/4}}{(6{,}4 \text{ x } 10^{-2})^{-1/3}}\right]^{-1/2}$ é

a) $\sqrt{5}$ b) $\frac{\sqrt{5}}{5}$ c) $\sqrt{3}$ d) $\sqrt{7}$

133) **(EPCAR)** Analise as expressões abaixo.

$$A = \sqrt[3]{\frac{(0{,}005)^2\,.\,(0{,}000075)}{10}}$$

$$B = -\left[\frac{(5\,.\,10^{-4})\,.\,(2^{-1/3})}{3^{-1/3}}\right]$$

Marque a resposta correta.

a) A + B > 0 b) A . B = – 1 c) $\frac{A}{B}$ = – 1 d) A^{-1} = B

134) **(EsSA)** Calculando $\left(\frac{3}{2}\right)^6 . \left(\frac{2}{30}\right)^6$, obtemos:

a) 0,0001 b) 0,00001 c) 0,000001 d) 0,0000001 e) 0,00000001

135) **(EPCAR)** O valor da expressão $\left[\left(\frac{1}{2}\right)^3 - (169)^{0,5} \text{ x } (128)^{-1/7}\right]$ x 0,002 é

Obs.: Considere x o sinal de multiplicação.

a) – 12,750 x 10^{-3}
b) – 12,750 x 10^{-6}
c) 12,750 x 10^{-6}
d) 12,750 x 10^{-3}

136) **(FUNRIO)** Ao resolver uma questão de matemática, um aluno encontrou como resposta a expressão dada por $4^3 + 4^3 + 4^3 + 4^3$. Esse resultado equivale ao seguinte número:

a) 4^{12} b) 4^4 c) 16^3 d) 16^{12} e) 12^{24}

137) **(EsSA)** Encontre o valor numérico da expressão: E = $11^7 + 11^7 + 11^7 + 11^7 + 11^7 + 11^7 + 11^7 + 11^7 + 11^7 + 11^7 + 11^7$.

a) 11^8 b) 11^{14} c) 11^{77} d) 121^7 e) 121^{77}

138) **(UFF)** A expressão $\frac{10^{10} + 10^{20} + 10^{30}}{10^{20} + 10^{30} + 10^{40}}$ é equivalente a:

a) 1 + 10^{50} b) $\frac{10^{10}}{2}$ c) 10^{-10} d) 10^{10} e) $\frac{10^{10}-1}{2}$

139) **(CTUR)** O valor da expressão $\frac{2^7 + 2^7 + 2^7 + 2^7 + 2^7 + 2^7}{4^3 + 4^3 + 4^3 + 4^3}$ é:

a) 3 b) 2 c) 12 d) ¾ e) 4

140) **(EEAR)** A alternativa FALSA é:

a) $2^n + 2^{n+3} = 9 \cdot 2^n$
b) $2^n + 2^{3n} = 2^n (1 + 2^{2n})$
c) $(2^n + 2^{n-2})(2^{n+2} + 2^n) = 1$
d) $\frac{\left(-\frac{1}{2}\right)^3 \cdot \left(-\frac{1}{2}\right)^2}{\left[\left(-\frac{1}{2}\right)^3\right]^2} = -2$

141) **(CM – FORTALEZA)** Simplificando-se a expressão $\frac{2^{n+8} - 16 \cdot 2^{n+1}}{7 \cdot 2^{n+4}} - 1$, onde n é um número natural, obtém-se o resultado

a) – 1 b) 1 c) 2 d) 4 e) 7

142) **(CM – FORTALEZA)** O professor Manuel, durante suas aulas, resolveu passar um problema no quadro a fim de contribuir para a nota bimestral de seus alunos. O exercício era simples,

bastava que o aluno simplificasse a equação $\frac{2^{n+1} + 2^{n+2} + 2^{n+3} + 2^{n+4}}{2^{n-1} + 2^{n-2} + 2^{n-3} + 2^{n-4}}$. O valor correto encontrado pelos alunos foi:

a) 4 b) 16 c) 32 d) 64 e) 128

143) **(CM – RJ)** Se $\frac{3^{n-2} + 3^{n-1} + 3^{n} + 3^{n+1}}{2^{n-2} + 2^{n-1} + 2^{n} + 2^{n+1}} = \frac{10 \,.\, 7^{n+1} + 2 \,.\, 7^{n}}{7^{n+2} - 37 \,.\, 7^{n}}$, então o valor de *n* é

a) – 4 b) – 2 c) 0 d) 2 e) 4

144) **(EEAR)** A expressão $\frac{8^{4a} - 4^{2a}}{8^{2a} - 4^{a}}$ é equivalente a

a) $1 - 2^{4a}$ b) $2^{2a}\,(2^{4a} + 1)$ c) $3^{2} \,.\, 2^{2a}$ d) $2^{4a}\,(2^{4a} + 1)$

145) **(CM – BRASÍLIA)** A expressão $\frac{8^{88} - 4^{44}}{8^{44} - 4^{22}}$ é equivalente a

a) $1 - 2^{88}$ b) $2^{44} \times (2^{88} + 1)$ c) $8^{44} - 4^{22}$ d) $2^{44} \times (2^{88} - 1)$ e) $2^{88} \times (2^{88} + 1)$

146) **(EEAR)** O valor da expressão $\frac{4^{249} + (-2)^{498}}{2^{500} + (-2)^{500}}$ é

a) 1/8 b) ¼ c) ½ d) 1

147) **(CM – FORTALEZA)** Simplificando a expressão $\sqrt{\frac{8^{6} + 4^{15}}{8^{8} + 4^{6}}}$, obtemos o valor:

a) 8 b) 10 c) 4 d) 2 e) 16

148) **(CM – SANTA MARIA)** A expressão $\sqrt[5]{\frac{3^{23} + 3^{25}}{270}}$ é igual a:

a) 70 b) 81 c) 92 d) 97 e) 103

149) **(CM – BRASÍLIA)** Dadas as expressões $X = \frac{2^{10} - 3^{6}}{2^{5} + 3^{3}}$ e $Y = \frac{2^{3+x} - 2^{x-3}}{2^{x} + 2^{x-3}}$, determine o valor de $X^{-1} \,.\, Y$

a) – 0,71 b) 1,4 c) 0,71 d) – 1,4 e) – 0,14

150) **(CEFETEQ)** Sendo $2^{n} = \left(\frac{4^{15} + 4^{15} + 4^{15} + 4^{15}}{3^{15} + 3^{15} + 3^{15}}\right) \,.\, \left(\frac{6^{15} + 6^{15} + 6^{15} + 6^{15} + 6^{15} + 6^{15}}{2^{15} + 2^{15}}\right)$, onde n é um inteiro positivo, determine o valor de n.

151) Se $\frac{4^5+4^5+4^5+4^5}{3^5+3^5+3^5} \cdot \frac{6^5+6^5+6^5+6^5+6^5+6^5}{2^5+2^5} = 2^n$, onde <u>n</u> é um número inteiro positivo. Então "n" é igual a:

a) 10 b) 12 c) 14 d) 16 e) 18

152) **(ESPCEX)** Se *n* é um número inteiro positivo, então o valor de $(-2)^n + (-2)^{n+1}$ será sempre igual a

a) zero

b) 2

c) 2^n, para todo *n*

d) $(-2)^n$, se *n* for ímpar

e) -2^n , se *n* for par

153) **(CM – RECIFE)** Seja S = $(-1)^n + (-1)^{2n} + (-1)^{n+1} + (-1)^{n+2}$, com n ∈ N.

A soma dos cubos dos possíveis valores de S é:

a) – 1 b) 0 c) 1 d) 2 e) 8

154) **(EAM)** Observe a resolução de um aluno para a expressão $\left(\frac{1}{2}\right)^{-2} + (-2)^2 - 2^2$.

LINHA 1: $\left(\frac{1}{2}\right)^{-2} + (-2)^2 - 2^2$
LINHA 2: $\cancel{(}2)^2 + \cancel{(-}2)^2 - 2^2$
LINHA 3: -2^2
LINHA 4: – (2 . 2)
LINHA 5: -4

Constatou-se, acertadamente, que o aluno errou pela primeira vez ao escrever a LINHA:

a) 1 b) 2 c) 3 d) 4 e) 5

155) **(CN)** Considere a seguinte questão já resolvida por um aluno: Numere a 2ª coluna de acordo com a 1ª:

1ª COLUNA	2ª COLUNA
(1) A soma dos quadrados de três e cinco	(2) $(-3)^2$
(2) Menos três ao quadrado	(5) – (7 – 5)
(3) O quadrado da soma de três e cinco	(1) $(3+5)^2$
(4) O quadrado do oposto de três	(8) $x^2 - 3x$
(5) O oposto de sete menos cinco	
(6) O oposto da diferença entre sete e cinco	
(7) A diferença entre o quadrado e o triplo de um Número	
(8) O quadrado de um número menos três, vezes o Mesmo número	

Logo, o número de acertos do aluno é:

a) 4 b) 3 c) 2 d) 1 e) 0

156) **(EPCAR)** Se A = $\frac{-5^3 - 6^2}{-7^2}$ e B = $\frac{(-5)^3 + (-6)^2}{(-7)^2}$ então A – B = $\frac{k}{49}$, onde k vale:

a) 250 b) 72 c) – 72 d) zero e) 178

157) **(EPCAR)** Se x = $1{,}0\overline{62} + \frac{\left[(-2)^{(2\sqrt{2}+1)}\right]^{(2\sqrt{2}-1)}}{64}$, então x está compreendido entre

a) – 1 e – 0,9 b) – 0,9 e – 0,8 c) – 0,8 e – 0,7 d) – 0,7 e – 0,6

158) **(EPCAR)** O oposto do número real x = $\frac{526}{495} + \left[\frac{\left((-2)^{(2\sqrt{2}-1)}\right)^{(2\sqrt{2}+1)}}{128}\right]^{-1}$ está compreendido entre

a) – 0,061 e – 0,06

b) – 0,062 e – 0,061

c) – 0,063 e – 0,062

d) – 0,064 e – 0,063

159) **(EPCAR)** Simplificando-se a expressão $S = \dfrac{(x^{-2})^{2^{2^2}} . \left[(-x^{-2})^{3^{2^2}}\right]^{-1}}{x^{2^3} . \left[(-x^3)^{3^2}\right]^{2^3}}$, onde $x \neq 0$, $x \neq 1$ e $x \neq -1$, obtém-se

a) $-x^{-94}$ b) x^{94} c) x^{-94} d) $-x^{94}$

160) **(CN)** O valor mais aproximado de $\dfrac{16^{-0,75} + \sqrt[5]{0,00243}}{\frac{2}{3} + 4,333...}$ é:

a) 0,045 b) 0,125 c) 0,315 d) 0,085 e) 0,25

161) **(CN)** Seja o número $N = (10.000)^{(-2)^{(-2)}}$, o número de divisores positivos de N é:

a) 6 b) 13 c) 15 d) 4 e) 2

162) **(EPCAR)** $0,363636... + \dfrac{\frac{1}{3} \text{ x } 0,6 - 0,3}{\left(-\frac{1}{2}\right)^3 : \frac{3}{8}}$. O seu valor numérico é:

a) 7/110 b) 73/110 c) 109/330 d) 131/330 e) 109/110

163) **(EPCAR)** O valor da expressão $\left[\sqrt[3]{\dfrac{(0,005)^2 . 0,000075}{10}}\right] \div \left[\dfrac{5 . 10^{-4} . 2^{-\frac{1}{3}}}{3^{-\frac{1}{3}}}\right]$ é:

a) 1 b) 2 c) 0,1 d) $\sqrt[3]{2}$ e) $\sqrt[3]{3}$

164) Se "x" e "y" são números reais e $2^x = m$ e $2^y = n$, então 4^{x-y} é igual a:

a) $2(m - n)$ b) $\frac{m-n}{2}$ c) $-\frac{m}{n}$ d) $\frac{m^2}{n^2}$ e) $2^{\frac{m}{n}}$

165) **(CN)** Na expressão $\dfrac{(0,125)^{b-a}}{8^{a-b}} + 21\left(\dfrac{b}{a}\right)^0 + a^b = 191$, a e b são números inteiros e positivos, a + b vale:

a) 15 b) 14 c) 13 d) 12 e) 11

166) **(CN)** O valor de $\left[\left(\dfrac{1}{5^{-\frac{2}{3}}}\right)^3 - \left(\dfrac{2^{12}}{2^{10}}\right)^{\frac{1}{2}}\right] - \left[\dfrac{(0,333...)^{-\frac{5}{2}}}{\sqrt{3}} - \dfrac{\left(5^{\frac{5}{3}}\right)^2}{\sqrt[3]{5}}\right]$ é:

a) 92 b) 120 c) 139 d) 121 e) 100

167) **(CN)** Calcule a diferença y – x, de forma que o número $2^x \cdot 3^4 \cdot 26^y$ possa ser expresso como uma potência de base 39.

a) 8 b) 0 c) 4 d) 2 e) 3

168) **(EEAR)** Se $a^2 = 99^6$, $b^3 = 99^7$ e $c^4 = 99^8$, então $(abc)^{12}$ é igual a:

a) 99^{12} b) $99^{21/2}$ c) 99^{28} d) 99^{88}

169) **(CM – PORTO ALEGRE)** Considere os números reais **a**, **b** e **c**. Sabendo que $\mathbf{a^2 = 22^7}$, que $\mathbf{b^4 = 22^9}$ e que $\mathbf{c^8 = 22^{31}}$, tem-se que o valor de $\mathbf{(a.b.c)^8}$ é igual a

a) 22^{78} b) 22^{77} c) 22^{76} d) 22^{75} e) 22^{74}

170) **(CN)** Sendo $x^2 = 343$, $y^3 = 49^2$ e $z^6 = 7^5$, o algarismo das unidades simples do resultado de $\left(\frac{xy}{z}\right)^{24}$ é

a) 1 b) 3 c) 5 d) 7 e) 9

171) **(CM – BRASÍLIA)** Se $x^2 = 3^3$, $y^3 = 3^2$ e $z^6 = \frac{1}{3^3}$, calcule o valor de $\left(\frac{xy}{z^2}\right)^6$

a) 3^7 b) 3^{10} c) 3^{15} d) 3^{17} e) 3^{19}

172) **(CN)** Sabendo que $\sqrt[3]{x^2} = 1999^6$, $\sqrt{y} = 1999^4$ e $\sqrt[5]{z^4} = 1999^8$, (x > 0, y > 0 e z > 0), o valor de $(x \cdot y \cdot z)^{-\frac{1}{3}}$ é:

a) 1999^9 b) 1999^6 c) $1999^{1/9}$ d) 1999^{-6} e) 1999^{-9}

173) **(CM – RJ)** Seja **(a, b, c, d)** a quádrupla de números inteiros tais que $\mathbf{52^a \cdot 77^b \cdot 88^c \cdot 91^d = 2002}$. O valor de **a + b – c – d** é igual a:

a) 4 b) 6 c) 8 d) 10 e) 12

174) Sabendo que $60^a = 3$ e $60^b = 5$ então $12^{\left[\frac{1-a-b}{2(1-b)}\right]}$ é igual a:

a) $\sqrt{3}$ b) 2 c) $\sqrt{5}$ d) 3 e) $\sqrt{12}$

175) **(CN)** O valor da expressão $E = 9a^3 - 3a$, para $a = \left(0{,}2666... + \frac{5^{-1} \cdot (3^3 + 3^2 \cdot (-2)^3)}{(0{,}333...)^{-3} \cdot (-5)}\right)^{1/2}$ é:

a) $\sqrt{3}$ b) $\sqrt{2}$ c) $\frac{\sqrt{5}}{5}$ d) 0 e) 1

176) **(CN)** O valor da expressão $\left(\frac{1}{16}\right)^{-1/2} \times 2^{9^{0,5}} : \left[\frac{(12^2-6)+17:3}{15}\right]^{[(3^2+1)\times 0,1]-1^{73}}$

a) 10 b) 11 c) 12 d) 13 e) 14

177) **(CN)** Resolvendo-se a expressão $\frac{\left\{\left[\left(\sqrt[3]{1,331}\right)^{12/5}\right]^0\right\}^{-7,2} - 1}{8^{33}+8^{33}+8^{33}+8^{33}+8^{33}} \times \frac{1}{2^{102}}$ encontra-se

a) 4 b) 3 c) 2 d) 1 e) 0

178) **(CN)** Coloque (F) Falso ou (V) Verdadeiro nas afirmativas e assinale a opção correta.

( ) Se $x^2 = 4$ então $x^6 = 64$

( ) Se $x^6 = 64$ então x = 2

( ) $(2^2)^3 < 2^{2^3}$

( ) Se $10^x = 0,2$ então $10^{2x} = 0,04$

( ) $2^{n+2} + 2^n = 5 \cdot 2^n$

a) (F)(V)(V)(V)(F)

b) (V)(F)(V)(V)(V)

c) (V)(F)(V)(V)(F)

d) (V)(V)(F)(V)(V)

e) (V)(F)(V)(F)(V)

179) **(CM – PORTO ALEGRE)** O algarismo das unidades do produto $A = (5 + 1)(5^3 + 1)(5^6 + 1)(5^9 + 1)(5^{12} + 1)$ é igual a

a) 6 b) 5 c) 2 d) 1 e) 0

180) **(CM – BRASÍLIA)** Dados os números reais $x = (0,111\ldots)^6$ e y = 1,2666... , assinale a opção que representa o valor numérico da expressão $\frac{x^{\frac{1}{6}} - x^{\frac{1}{4}}}{y}$ em sua forma fracionária irredutível.

a) 13/170 b) 10/171 c) 7/172 d) 4/173 e) 1/174

181) Determine o valor de "x":

$$125^{\sqrt{3}^{\sqrt{32}^{x}}} = \left(\sqrt{25}\right)^{243}$$

a) 6/5

b) 5/6

c) 1

d) 5

e) impossível de calcular

182) **(CN)** Qual o valor da expressão abaixo?

$$\left(\frac{1+2+3+\ldots+50}{5+10+15+\ldots+250}\right)^{-\frac{1}{2}}\left(\sqrt[3]{2\sqrt{1,25}}\right)^{-1}$$

a) 1 b) $\sqrt{5}$ c) $\frac{\sqrt{5}}{5}$ d) $\frac{\sqrt[3]{5}}{5}$ e) $\sqrt[3]{5}$

183) **(CN)** Considere as afirmativas abaixo:

(I) $2^{68} + 10^{68} = 2^{68} + (2 \times 5)^{68} = 2^{68} + 2^{68} \times 5^{68} = 4^{68} \times 5^{68} = 20^{68}$

(II) $2^{68} + 10^{68} = 2^{68} + (2 \times 5)^{68} = 2^{68} + 2^{68} \times 5^{68} = 2^{136} \times 5^{68}$

(III) $6^{17} + 10^{23} = (2 \times 3)^{17} + (2 \times 5)^{23} = 2^{17} \times 3^{17} + 2^{23} \times 5^{23} = (2^{17} \times 2^{23}) + (3^{17} \times 5^{23})$

Pode-se afirmar que:

a) apenas a afirmativa I é verdadeira

b) apenas as afirmativas I e III são verdadeiras

c) apenas a afirmativa II é verdadeira

d) apenas as afirmativas II e III são verdadeiras

e) as afirmativas I, II e III são falsas

184) **(CN)** Simplificando a expressão $\frac{(6 \times 12 \times 18 \times \ldots \times 300)}{(2 \times 6 \times 10 \times 14 \times \ldots \times 98) \times (4 \times 8 \times 12 \times 16 \times \ldots \times 100)}$ obtém-se:

a) 3^{50} b) $\frac{3}{2}$ c) $\left(\frac{3}{2}\right)^{25}$ d) $\frac{3}{4}$ e) 2^{25}

185) **(CN)** O valor de $\left(a^2 + a^{4/3}b^{2/3}\right)^{1/2} + \left(b^2 + a^{2/3}b^{4/3}\right)^{1/2}$ é

a) $\left(a^{2/3} + b^{3/2}\right)^{2/3}$

b) $\left(a^{2/3} + b^{3/2}\right)^{3/2}$

c) $\left(a^{3/2} + b^{2/3}\right)^{2/3}$

d) $\left(a^{3/2} + b^{2/3}\right)^{3/2}$

e) $\left(a^{2/3} + b^{2/3}\right)^{3/2}$

186) **(CN)** O valor da expressão $\left(\sqrt[3]{-\frac{16}{27} + \frac{16}{9}\cdot(0,333\ldots + 1) - \left(-\frac{3}{4}\right)^{-2}}\right)^{\frac{\sqrt{25}}{2}+3}$ é:

a) $\sqrt[3]{-\frac{1}{3}}$ b) $\sqrt[3]{\frac{2}{3}}$ c) 0 d) 1 e) – 1

187) **(CN)** Um fabricante observou que tem condições de aumentar, mensalmente, a sua produção em 1/5 da produção do mês anterior. Considerando a condição dada, se, em janeiro de

2004, a sua produção for P, em que mês desse mesmo ano a sua produção será, pela primeira vez, maior ou igual a 2P?

a) abril b) maio c) junho d) julho e) agosto

188) **(CN)** Uma máquina é capaz de fabricar, ligada durante um tempo inteiro de minutos T, 3^T peças, sendo que 20% delas são defeituosas. Para obter-se, no mínimo, 605 peças perfeitas essa máquina deverá funcionar quantos minutos?

a) 4 b) 5 c) 6 d) 7 e) 8

189) **(CN)** Analise as afirmativas a seguir.

I) $(3^{0,333...})^{27} = \left(\sqrt[3]{3}\right)^{3^3}$

II) $\left(2+\sqrt{3}\right)^{-1} = 2-\sqrt{3}$

III) 10^{3k} tem (3k + 1) algarismos, qualquer que seja o número natural k.

Assinale a opção correta.

a) Apenas a afirmativa II é verdadeira

b) Apenas as afirmativas I e II são verdadeiras

c) Apenas as afirmativas I e III são verdadeiras

d) Apenas as afirmativas II e III são verdadeiras

e) As afirmativas I, II e III são verdadeiras

190) **(CN)** O valor de $\sqrt{9^{0,5} \text{ x } 0{,}333\ldots + \sqrt[7]{4 \text{ x } \sqrt{0{,}0625}} - \frac{(3{,}444\ldots+4{,}555\ldots)}{\sqrt[3]{64}}}$ é

a) 0 b) $\sqrt{2}$ c) $\sqrt{3}-2$ d) $\sqrt{2}-2$ e) 1

191) **(CN)** Qual é o valor da expressão $\left[(3^{0,333...})^{27} + 2^{2^{1^7}} - \sqrt[5]{239 + \sqrt[3]{\frac{448}{7}}} - \left(\sqrt[3]{3}\right)^{3^3}\right]^{\sqrt[7]{92}}$?

a) 0,3 b) $\sqrt[3]{3}$ c) 1 d) 0 e) – 1

192) **(CN)** Analise as afirmativas abaixo.

I) Se $2^x = A$, $A^y = B$, $B^z = C$ e $C^k = 4096$, então x . y . z . k = 12

II) $t^m + (t^m)^p = (t^m)(1 + (t^m)^{p-1})$, para quaisquer reais t, m e p não nulos

III) $r^q + r^{q^w} = (r^q)\left(1 + r^{q^{(w-1)}}\right)$, para quaisquer reais q, r e w não nulos

IV) Se $(10^{100})^x$ é um número que tem 200 algarismos, então x é 2

Assinale a opção correta.

a) Apenas as afirmativas I e II são falsas

b) Apenas as afirmativas III e IV são falsas

c) Apenas as afirmativas I e III são falsas

d) Apenas as afirmativas I, II e IV são falsas

e) Apenas as afirmativas I, III e IV são falsas

193) **(CN)** Seja K = $\left(\frac{9999...997^2-9}{9999...994}\right)^3$ onde cada um dos números 9999...997 e 9999...994, são constituídos de 2015 algarismos 9. Deseja-se que $\sqrt[i]{k}$ seja um número racional. Qual a maior potência de 2 que o índice i pode assumir?

a) 32 b) 16 c) 8 d) 4 e) 2

194) **(CN)** Calcule o valor de X = $\left(\frac{\sqrt{1^{1256}}+8943^0+\frac{3125}{5^5}+\sqrt[7]{1}}{1{,}5-2^{-1}+(-1)^{2058}}\right)^{\sqrt[7]{\frac{3^{21}+3^{23}}{10}}}$ e assinale a opção correta.

a) 2^{16} b) 2^{20} c) 2^{24} d) 2^{26} e) 2^{27}

195) **(CN)** Sabendo que $5^k = 561 + 2^{2p}$ e $5^{k/2} = 17 + 2^p$, o valor de $\frac{p^k - k^p}{p^k + k^p}$ é igual a

a) 7/11 b) 19/35 c) 17/145 d) 11/127 e) 13/368

196) **(CN)** Considere a expressão $(2018^{2018})^{2018}$, que é potência de uma potência. É correto afirmar que o último algarismo do resultado dessa expressão é:

a) 0 b) 2 c) 4 d) 6 e) 8

197) **(CN)** Na natureza há bactérias que se multiplicam tão rapidamente que dobram de volume a cada minuto. Partindo-se de uma bactéria, em 50min um ambiente estará cheio de bactérias. Em quanto tempo, aproximadamente, esse mesmo processo irá acontecer se o estudo for feito com duas bactérias idênticas.

a) 0,4 horas b) 0,5 horas c) 0,6 horas d) 0,7 horas e) 0,8 horas

198) **(CN)** Sejam m, n e x números reais, tais que m = 2^2 , m^n = 32 e m – n = x. O valor da expressão $m^{-x} . x^{-4}$. 9n é:

a) $\left(\frac{5}{6}\right)^{-1}$ b) $0{,}\overline{6}$ c) $0{,}\overline{5}$ d) $(3)^{-1}$ e) $\left(\frac{1}{2}\right)^{-1}$

GABARITOS

1) B	2) E	3) B	4) B	5) B	6) E	7) A	8) A
9) D	10) B	11) C	12) A	13) A	14) A	15) C	16) D
17) D	18) D	19) A	20) D	21) D	22) B	23) B	24) C
25) B	26) E	27) C	28) D	29) D	30) B	31) E	32) B
33) A	34) C	35) E	36) A	37) B	38) C	39) C	40) a = 1
41) B	42) B	43) A	44) C	45) D	46) D	47) D	48) D
49) C	50) B	51) E	52) B	53) E	54) C	55) D	56) D
57) A	58) C	59) D	60) k = 13	61) D	62) A	63) B	64) C
65) B	66) A	67) A	68) C	69) D	70) 11,5	71) C	72) D
73) C	74) C	75) A	76) E	77) A	78) D	79) A	80) E
81) D	82) B	83) C	84) D	85) B	86) C	87) A	88) A
89) A	90) D	91) D	92) B	93) B	94) B	95) A	96) A
97) D	98) A	99) C	100) A	101) D	102) B	103) C	104) C
105) A	106) B	107) C	108) C	109) D	110) B	111) D	112) D
113) C	114) A	115) B	116) A	117) E	118) B	119) B	120) A
121) C	122) C	123) A	124) D	125) D	126) D	127) B	128) A
129) D	130) E	131) C	132) A	133) C	134) C	135) A	136) B
137) A	138) C	139) A	140) C	141) B	142) C	143) E	144) B
145) B	146) B	147) A	148) B	149) B	150) n = 32	151) B	152) E
153) E	154) B	155) E	156) A	157) A	158) C	159) A	160) D
161) D	162) B	163) A	164) D	165) A	166) C	167) A	168) D
169) B	170) A	171) E	172) E	173) B	174) B	175) D	176) C
177) E	178) B	179) A	180) B	181) A	182) E	183) E	184) A
185) E	186) C	187) B	188) D	189) E	190) D	191) C	192) B
193) A	194) E	195) C	196) D	197) E	198) C		

Capítulo 10

Equação do 2º Grau

1. Introdução

- É toda equação que possui a forma $\boldsymbol{ax^2 + bx + c = 0}$, sendo ***a***, ***b*** e ***c*** números reais e $\boldsymbol{a \neq 0}$.

- Os números ***a***, ***b*** e ***c*** são chamados de coeficientes e ***x*** é chamado de incógnita.

- Na equação do 2º grau, o maior expoente da incógnita é igual a 2.

Exemplos:

1) Determine os coeficientes ***a***, ***b*** e ***c*** nas equações do 2º grau abaixo:

a) $7x^2 + 9x + 11 = 0$ ($a = 7$, $b = 9$, $c = 11$)

b) $x^2 + 5x + 6 = 0$ ($a = 1$, $b = 5$, $c = 6$)

c) $-x^2 + 8x + 7 = 0$ ($a = -1$, $b = 8$, $c = 7$)

d) $2x^2 - 3x = 0$ ($a = 2$, $b = -3$, $c = 0$)

e) $-x^2 - 2 = 0$ ($a = -1$, $b = 0$, $c = -2$)

f) $4x^2 = 0$ ($a = 4$, $b = 0$, $c = 0$)

2) Determine o valor de m, para que a equação $(m + 4)x^2 + 3x + 7 = 0$ seja do 2º grau.

Na equação do 2º grau sabemos que $a \neq 0$. Assim, temos que:

$m + 4 \neq 0 \Rightarrow m \neq -4$

Resposta: $m \neq -4$

Exercícios

1) **(INSTITUTO EXCELÊNCIA)** Toda equação que pode ser escrita na forma $ax^2 + bx + c = 0$, com $a \neq 0$, recebe o nome de:

a) Equação de 1º grau

b) Equação de 2º grau

c) Equação de 3º grau

d) Nenhuma das alternativas

Resolução:

A equação do 2º grau possui a forma $ax^2 + bx + c = 0$, com $a \neq 0$.

GABARITO: B

2) **(EsSA)** A equação $(m^2 - 1)x^2 + 4mx + 3 = 0$ será do 2º grau, somente se:

a) $m = \pm 1$ b) $m = 1$ c) $m = -1$ d) $m \neq \pm 1$

Resolução:

$m^2 - 1 \neq 0 \Rightarrow m^2 \neq 1 \Rightarrow m \neq \pm\sqrt{1} \Rightarrow m \neq \pm 1$

GABARITO: D

2. Equação do 2º grau completa e incompleta

- As equações do 2º grau podem ser classificadas como completas e incompletas.

2.1) Equação do 2º grau completa
- Uma equação do 2º grau é chamada de completa quando $a \neq 0$, $b \neq 0$ e $c \neq 0$.

Exemplos:

a) $2x^2 + 5x - 7 = 0$ $(a = 2, b = 5, c = -7)$

b) $-x^2 + 10x + 18 = 0$ $(a = -1, b = 10, c = 18)$

2.2) Equação do 2º grau incompleta
- Uma equação do 2º grau é chamada de incompleta quando ocorrer um dos casos abaixo:

1º CASO: *Equação incompleta em **b** e **c** ($a \neq 0, b = 0, c = 0$)*

Exemplo: $6x^2 = 0$ $(a = 6, b = 0, c = 0)$

2º CASO: *Equação incompleta em **b** ($a \neq 0, b = 0, c \neq 0$)*

Exemplo: $x^2 - 9 = 0$ $(a = 1, b = 0, c = -9)$

3º CASO: *Equação incompleta em **c** ($a \neq 0, b \neq 0, c = 0$)*

Exemplo: $-x^2 + 5x = 0$ $(a = -1, b = 5, c = 0)$

3. Raiz da equação do 2º grau

- É o número real que substituído no lugar da incógnita torna a equação do 2º grau verdadeira.

Exemplos:

a) Verifique se 2 é raiz da equação $x^2 - 7x + 10 = 0$.

Vamos substituir o número 2 no lugar da incógnita "x", ou seja, $x = 2$.

$x^2 - 7x + 10 = 0$

$\Rightarrow 2^2 - 7 \,.\, 2 + 10 = 0$

$\Rightarrow 4 - 14 + 10 = 0$

$\Rightarrow -10 + 10 = 0$

$\Rightarrow 0 = 0$ (verdadeiro)

Logo, 2 é raiz da equação.

b) Verifique se 5 é raiz da equação $2x^2 + x + 1 = 0$.

Vamos substituir o número 5 no lugar da incógnita "x", ou seja, $x = 5$.

$2x^2 + x + 1 = 0$

$\Rightarrow 2 \cdot 5^2 + 5 + 1 = 0$

$\Rightarrow 2 \cdot 25 + 5 + 1 = 0$

$\Rightarrow 50 + 6 = 0$

$\Rightarrow 56 = 0$ (falso)

Logo, 5 não é raiz da equação.

Exercícios

3) **(CN)** Na equação $x^2 - 5x + c = 0$, que valor se deve atribuir a c para que uma das raízes seja 2?

Resolução:

Como 2 é raiz, então $x = 2$. Assim, temos o seguinte:

$x^2 - 5x + c = 0$

$2^2 - 5 \cdot 2 + c = 0$

$4 - 10 + c = 0$

$-6 + c = 0$

$c = 6$

GABARITO: c = 6

4. Resolução da equação do 2º grau incompleta

1º CASO: *Equação incompleta em* ***b*** *e* ***c*** *($a \neq 0$, $b = 0$, $c = 0$)*

- A equação do segundo grau possui a forma $ax^2 = 0$.

- Quando $b = 0$ e $c = 0$, então a equação possui como solução duas raízes reais nulas ou uma raiz dupla nula.

Exemplos: Resolva as equações do 2° grau incompletas abaixo:

a) $3x^2 = 0$ (a = 2, b = 0, c = 0)

Como a equação do 2° grau $3x^2 = 0$ possui b = 0 e c = 0, então as raízes da equação são nulas, ou seja, iguais a zero ($x_1 = x_2 = 0$).

Logo, V = {0}.

b) $5x^2 = 0$ (a = 4, b = 0, c = 0)

Como a equação do 2° grau $5x^2 = 0$ possui b = 0 e c = 0, então as raízes da equação são nulas, ou seja, iguais a zero ($x_1 = x_2 = 0$).

Logo, V = {0}.

2º CASO: *Equação incompleta em* ***b*** *(a ≠ 0, b = 0, c ≠ 0)*

- A equação do segundo grau possui a forma $\boldsymbol{ax^2 + c = 0}$
- Quando b = 0, então a equação possui como solução duas raízes simétricas.

Exemplos: Resolva as equações do 2° grau incompletas abaixo:

a) $x^2 - 36 = 0$

$x^2 = 36 \Rightarrow x = \pm\sqrt{36} \Rightarrow x = \pm 6$

V = {– 6, 6}

b) $16x^2 - 49 = 0$

$16x^2 = 49 \Rightarrow x^2 = \frac{49}{16} \Rightarrow x = \pm\sqrt{\frac{49}{16}} \Rightarrow x = \pm\frac{7}{4}$

$V = \{-\frac{7}{4}, \frac{7}{4}\}$

c) $x^2 + 25 = 0$

$x^2 = -25 \Rightarrow x = \pm\sqrt{-25} \notin \mathbb{R}$

V = ∅ ou V = { }

3º CASO: *Equação incompleta em* ***c*** *(a ≠ 0, b ≠ 0, c = 0)*

- A equação do segundo grau possui a forma $\boldsymbol{ax^2 + bx = 0}$
- Quando c = 0, então a equação do 2° grau possui como solução uma de suas raízes nula (igual a zero).

- Para resolver esse tipo de equação do 2º grau incompleta, colocamos o fator comum em evidência e, em seguida, igualamos cada um dos fatores a zero.

<u>Exemplos</u>: Resolva as equações do 2º grau incompletas abaixo:

a) $x^2 + 7x = 0$

$\Rightarrow x \,.\, (x + 7) = 0 \therefore \begin{cases} x = 0 \\ x + 7 = 0 \ \Rightarrow x = \ -7 \end{cases}$

V = {0, – 7}

b) $3x^2 - 11x = 0$

$\Rightarrow x \,.\, (3x - 11) = 0 \therefore \begin{cases} x = 0 \\ 3x - 11 = 0 \ \Rightarrow 3x = 11 \ \Rightarrow x = 11/3 \end{cases}$

$V = \left\{0,\ \frac{11}{3}\right\}$

5. Resolução da equação do 2º grau completa

- Podemos resolver uma equação do 2º grau completa através da fórmula de Báskara.

$$x = \frac{-\,b \pm \sqrt{\Delta}}{2\,.\,a} \quad \text{ou} \quad x = \frac{-\,b \pm \sqrt{b^2 - 4\,.\,a\,.\,c}}{2\,.\,a}$$

- A letra Grega Δ (Delta) é chamada de discriminante, sendo que $\boldsymbol{\Delta = b^2 - 4\,.\,a\,.\,c}$

- A fórmula de Báskara pode ser utilizada para resolver as equações do 2º grau completas e incompletas.

<u>Exemplos</u>: Resolva as equações do 2º grau completas abaixo:

a) $x^2 - 5x + 6 = 0$ (a = 1, b = – 5, c = 6)

$$\Delta = b^2 - 4\,.\,a\,.\,c$$

$\Rightarrow \Delta = (-5)^2 - 4\,.\,1\,.\,6$

$\Rightarrow \Delta = 25 - 24$

$\Rightarrow \Delta = 1$

$$x = \frac{-\,b \pm \sqrt{\Delta}}{2\,.\,a}$$

$\Rightarrow x = \frac{-\,(-5) \pm \sqrt{1}}{2\,.\,1}$

$\Rightarrow x = \frac{5 \pm 1}{2} \therefore \begin{cases} x_1 = \frac{5+1}{2} = 3 \\ x_2 = \frac{5-1}{2} = 2 \end{cases}$

V = {2, 3}

b) $2x^2 - 11x + 5 = 0$ (a = 2, b = – 11, c = 5)

$\Delta = b^2 - 4 \,.\, a \,.\, c$

$\Rightarrow \Delta = (-11)^2 - 4 \,.\, 2 \,.\, 5$

$\Rightarrow \Delta = 121 - 40$

$\Rightarrow \Delta = 81$

$x = \frac{-b \pm \sqrt{\Delta}}{2 \,.\, a}$

$\Rightarrow x = \frac{-(-11) \pm \sqrt{81}}{2 \,.\, 2}$

$\Rightarrow x = \frac{11 \pm 9}{4} \therefore \begin{cases} x_1 = \frac{11+9}{4} = \frac{20}{4} = 5 \\ x_2 = \frac{11-9}{4} = \frac{2}{4} = \frac{1}{2} \end{cases}$

V = $\{5, \frac{1}{2}\}$

Exercícios

4) **(CONSESP)** Quais são as duas raízes da equação do 2º grau a seguir ?

$2x^2 + 50 = 100$

a) – 2 e 5 b) 2 e 10 c) – 5 e 5 d) – 10 e 20

Resolução:

$2x^2 + 50 = 100$

$2x^2 = 100 - 50$

$2x^2 = 50$

$x^2 = 50/2$

$x^2 = 25$

$x = \pm\sqrt{25}$

$x = \pm 5$

GABARITO: C

5) **(FAUEL)** Assinale a alternativa que contém a soma dos valores possíveis de x na equação $2x^2 - 8x = 0$?

a) 0 b) 2 c) 3 d) 4

Resolução:

$2x^2 - 8x = 0$

$x \,.\, (2x - 8) = 0 \therefore \begin{cases} x = 0 \\ 2x - 8 = 0 \Rightarrow 2x = 8 \Rightarrow x = 4 \end{cases}$

Soma dos valores de x = 0 + 4 = 4

GABARITO: D

6) **(AMEOSC)** Qual o valor de "A" na equação a seguir?

$A^2 = 8A$

a) – 2 b) 8 c) 4 d) 2

Resolução:

$A^2 = 8A$

$A^2 - 8A = 0$

$A \,.\, (A - 8) = 0 \therefore \begin{cases} A = 0 \\ A - 8 = 0 \Rightarrow A = 8 \end{cases}$

GABARITO: B

7) **(FUNDATEC)** Assinale a alternativa que apresenta o conjunto-verdade da seguinte equação: $x^2 + 8x - 20 = 0$.

a) {3, – 8} b) {1, – 9} c) {2, – 10} d) {– 2, 10} e) {4, 10}

Resolução:

$x^2 + 8x - 20 = 0 \begin{cases} a = 1 \\ b = 8 \\ c = -20 \end{cases}$

$\mathbf{\Delta = b^2 - 4 \,.\, a \,.\, c}$

$\Rightarrow \Delta = 8^2 - 4 \,.\, 1 \,.\, (-20)$

$\Rightarrow \Delta = 64 + 80$

$\Rightarrow \Delta = 144$

$\mathbf{x = \frac{-b \pm \sqrt{\Delta}}{2 \,.\, a}}$

$\Rightarrow$ x = $\dfrac{-8 \pm \sqrt{144}}{2\,.\,1}$

$\Rightarrow$ x = $\dfrac{-8 \pm 12}{2}$ $\therefore \begin{cases} x_1 = \dfrac{-8+12}{2} = \dfrac{4}{2} = 2 \\ x_2 = \dfrac{-8-12}{2} = \dfrac{-20}{2} = -10 \end{cases}$

GABARITO: C

6. Relações entre coeficientes e raízes da equação do 2º grau

- Sendo x_1 e x_2 as raízes da equação do 2º grau $ax^2 + bx + c = 0$, temos as seguintes relações:

I) Soma das raízes (S)

$$S = x_1 + x_2 = -\frac{b}{a}$$

II) Soma dos inversos das raízes

$$\frac{1}{x_1} + \frac{1}{x_2} = -\frac{b}{c}$$

III) Produto das raízes (P)

$$P = x_1 \,.\, x_2 = \frac{c}{a}$$

IV) Produto dos inversos das raízes

$$\frac{1}{x_1} \,.\, \frac{1}{x_2} = \frac{a}{c}$$

V) Diferença entre as raízes

$$x_1 - x_2 = \pm \frac{\sqrt{\Delta}}{a}$$

VI) Diferença dos inversos das raízes

$$\frac{1}{x_1} - \frac{1}{x_2} = \pm \frac{\sqrt{\Delta}}{c}$$

VII) Diferença dos quadrados das raízes

$$(x_1)^2 - (x_2)^2 = \pm \frac{b\sqrt{\Delta}}{a^2}$$

VIII) Diferença dos inversos dos quadrados das raízes

$$\left(\frac{1}{x_1}\right)^2 - \left(\frac{1}{x_2}\right)^2 = \pm \frac{b\sqrt{\Delta}}{c^2}$$

IX) Soma dos quadrados das raízes

$$(x_1)^2 + (x_2)^2 = \frac{b^2 - 2ac}{a^2}$$

X) Soma dos inversos dos quadrados das raízes

$$\left(\frac{1}{x_1}\right)^2 + \left(\frac{1}{x_2}\right)^2 = \frac{b^2 - 2ac}{c^2}$$

XI) Soma dos cubos das raízes

$$(x_1)^3 + (x_2)^3 = \frac{3abc - b^3}{a^3}$$

XII) Soma dos inversos dos cubos das raízes

$$\left(\frac{1}{x_1}\right)^3 + \left(\frac{1}{x_2}\right)^3 = \frac{3abc - b^3}{c^3}$$

XIII) Média aritmética das raízes (MA)

$$MA = \frac{x_1 + x_2}{2} = -\frac{b}{2a}$$

XIV) Média geométrica das raízes (MG)

$$MG = \sqrt{x_1 \, . \, x_2} = \sqrt{\frac{c}{a}}$$

XV) Média harmônica das raízes (MH)

$$MH = \frac{2 \,.\, x_1 \,.\, x_2}{x_1 + x_2} = -\frac{2c}{b}$$

Exemplos: A equação do 2º grau $x^2 - 10x + 24 = 0$ possui raízes x_1 e x_2. Determine:

Na equação do 2º grau $x^2 - 10x + 24 = 0$, temos o seguinte: a = 1, b = – 10 e c = 24.

a) A soma das raízes

$S = x_1 + x_2 = -\frac{b}{a} = -\frac{(-10)}{1} = 10$

b) A soma dos inversos das raízes

$\frac{1}{x_1} + \frac{1}{x_2} = -\frac{b}{c} = -\frac{(-10)}{24} = \frac{10}{24} = \frac{5}{12}$

c) O produto das raízes

$P = x_1 \,.\, x_2 = \frac{c}{a} = \frac{24}{1} = 24$

d) O produto dos inversos das raízes

$\frac{1}{x_1} \cdot \frac{1}{x_2} = \frac{a}{c} = \frac{1}{24}$

e) A diferença entre as raízes

$\Delta = b^2 - 4.a.c\ (-10)^2 - 4 \,.\, 1 \,.\, 2 = 100 - 96 = 4$

$x_1 - x_2 = \pm \frac{\sqrt{\Delta}}{a} = \pm \frac{\sqrt{4}}{1} = \pm 2$

f) A diferença dos inversos das raízes

$\frac{1}{x_1} - \frac{1}{x_2} = \pm \frac{\sqrt{\Delta}}{c} = \pm \frac{\sqrt{4}}{24} = \pm \frac{1}{12}$

g) A diferença dos quadrados das raízes

$$(x_1)^2 - (x_2)^2 = \pm \frac{b\sqrt{\Delta}}{a^2} = \pm \frac{(-10)\,.\,\sqrt{4}}{1^2} = \pm\ 20$$

h) A diferença dos inversos dos quadrados das raízes

$$\left(\frac{1}{x_1}\right)^2 - \left(\frac{1}{x_2}\right)^2 = \pm \frac{b\sqrt{\Delta}}{c^2} = \pm \frac{(-10)\,.\,\sqrt{4}}{24^2} = \pm \frac{5}{144}$$

i) A soma dos quadrados das raízes

$$(x_1)^2 + (x_2)^2 = \frac{b^2 - 2ac}{a^2} = \frac{(-10)^2 - 2\,.\,1\,.\,24}{1^2} = \frac{100-48}{1} = 52$$

j) A soma dos inversos dos quadrados das raízes

$$\left(\frac{1}{x_1}\right)^2 + \left(\frac{1}{x_2}\right)^2 = \frac{b^2 - 2ac}{c^2} = \frac{(-10)^2 - 2\,.\,1\,.\,24}{24^2} = \frac{100 - 48}{576} = \frac{13}{144}$$

k) A soma dos cubos das raízes

$$(x_1)^3 + (x_2)^3 = \frac{3abc - b^3}{a^3} = \frac{3\,.\,1\,.\,(-10)\,.\,24 - (-10)^3}{1^3} = \frac{-720 + 1000}{1} = 280$$

l) A soma dos inversos dos cubos das raízes

$$\left(\frac{1}{x_1}\right)^3 + \left(\frac{1}{x_2}\right)^3 = \frac{3abc - b^3}{c^3} = \frac{3\,.\,1\,.\,(-10)\,.\,24 - (-10)^3}{24^3} = \frac{280}{13824} = \frac{35}{1728}$$

m) A média aritmética das raízes

$$MA = \frac{x_1 + x_2}{2} = -\frac{b}{2a} = -\frac{(-10)}{2\,.\,1} = 5$$

n) A média geométrica das raízes

$$MG = \sqrt{x_1\,.\,x_2} = \sqrt{\frac{c}{a}} = \sqrt{\frac{24}{1}} = \sqrt{24} = \sqrt{4\,.\,6} = 2\sqrt{6}$$

o) A média harmônica das raízes

$$MH = \frac{2\,.\,x_1\,.\,x_2}{x_1 + x_2} = -\frac{2c}{b} = -\frac{2\,.\,24}{(-10)} = \frac{(-48)}{(-10)} = \frac{24}{5}$$

7. Equações do 2º grau com raízes comuns

1º CASO: *Duas equações do 2º grau distintas com uma raiz comum*

- Quando ocorrer esse caso, aplicaremos a seguinte regra:

I) Formar um sistema com as duas equações do 2º grau;

II) Eliminar o coeficiente de x^2 e resolver o sistema

Exemplo: Determine o valor do parâmetro ***m***, para que as equações $3x^2 - 17x + m = 0$ e $5x^2 - 29x + 2m = 0$ tenham uma raiz em comum.

Como as equações possuem uma raiz em comum, então vamos aplicar a regra:

I) Formar um sistema com as duas equações do 2° grau;

$$\begin{cases} 3x^2 - 17x + m = 0 \\ 5x^2 - 29x + 2m = 0 \end{cases}$$

II) Eliminar os coeficientes de x^2 e resolver o sistema.

$$\begin{cases} 3x^2 - 17x + m = 0 & x\,(-5) \\ 5x^2 - 29x + 2m = 0 & x\,3 \end{cases}$$

$$\Rightarrow \begin{cases} -15x^2 + 85x - 5m = 0 \\ 15x^2 - 87x + 6m = 0 \end{cases} \ (+)$$

$\Rightarrow - 2x + m = 0$

$\Rightarrow m = 2x$

Substituindo ***m = 2x*** em uma das equações do sistema temos que:

$3x^2 - 17x + m = 0$

$\Rightarrow 3x^2 - 17x + 2x = 0$

$\Rightarrow 3x^2 - 15x = 0$ (: 3)

$\Rightarrow x^2 - 5x = 0$

$\Rightarrow x\,.\,(x - 5) = 0 \therefore \begin{cases} x = 0 \\ x - 5 = 0 \Rightarrow x = 5 \end{cases}$

Vamos encontrar o valor de ***m***

- Se $x = 0 \Rightarrow m = 2x = 2\,.\,0 = 0$
- Se $x = 5 \Rightarrow m = 2x = 2\,.\,5 = 10$

Resposta: m = 0 ou m = 10

<u>***2º CASO***</u>: *Duas equações do 2º grau distintas com duas raízes comuns*

- Se as equações do 2º grau $\boldsymbol{ax^2 + bx + c = 0}$ e $\boldsymbol{a'x^2 + b'x + c' = 0}$ possuem duas raízes comuns (as mesmas raízes ou equivalentes), então os seus coeficientes são proporcionais, isto é, $\frac{a}{a'} = \frac{b}{b'} = \frac{c}{c'}$

<u>Exemplo</u>: Determine o valor dos parâmetros ***p*** e ***q***, para que as equações $x^2 - (p + 3)x + q + 4 = 0$ e $2x^2 - (3p + 2)x + 3q + 2 = 0$ possuam as mesmas raízes.

Os coeficientes das equações do 2º grau são os seguintes:

$x^2 - (p + 3)x + q + 4 = 0$ ($a = 1$, $b = -p - 3$ e $c = q + 4$)

$2x^2 - (3p + 2)x + 3q + 2 = 0$ ($a' = 2$, $b' = -3p - 2$ e $c' = 3q + 2$

Condição para que as duas equações do 2º grau possuam as mesmas raízes: $\frac{a}{a'} = \frac{b}{b'} = \frac{c}{c'}$

Assim, temos que: $\frac{1}{2} = \frac{-p-3}{-3p-2} = \frac{q+4}{3q+2}$

$\Rightarrow \frac{1}{2} = \frac{-p-3}{-3p-2}$	$\Rightarrow \frac{1}{2} = \frac{q+4}{3q+2}$
$\Rightarrow 2(-p-3) = 1(-3p-2)$	$\Rightarrow 1(3q+2) = 2(q+4)$
$\Rightarrow -2p - 6 = -3p - 2$	$\Rightarrow 3q + 2 = 2q + 8$
$\Rightarrow -2p + 3p = -2 + 6$	$\Rightarrow 3q - 2q = 8 - 2$
$\Rightarrow p = 4$	$\Rightarrow q = 6$

<u>**Resposta**</u>: $p = 4$ e $q = 6$

8. Equação do 2º grau com raízes múltiplas

- Quando uma das raízes da equação do 2º grau $\boldsymbol{ax^2 + bx + c = 0}$ é um número múltiplo da outra raiz, vale a seguinte relação:

$$\boxed{R \cdot b^2 = a \cdot c \cdot (R + 1)^2}$$

$$\begin{cases} a, b, c \rightarrow \text{coeficientes da equação do } 2^{\text{o}} \text{ grau} \\ R \rightarrow \text{razão entre as raízes} \end{cases}$$

Exemplo: Determine o valor de ***p***, de modo que uma das raízes da equação $x^2 - 8x + p = 0$ seja o triplo da outra.

Coeficientes da equação do 2º grau: a = 1, b = – 8 e c = p

Como uma raiz é o triplo da outra, então podemos dizer que as raízes da equação do 2º grau são x_1 e $3x_1$.

Razão entre as raízes: $R = \frac{3x_1}{x_1} = 3$.

Vamos substituir os valores na relação: $R \cdot b^2 = a \cdot c \cdot (R + 1)^2$

$\Rightarrow 3 \cdot (-8)^2 = 1 \cdot p \cdot (3 + 1)^2$

$\Rightarrow 3 \cdot 64 = p \cdot 16$

$\Rightarrow 16p = 192$

$\Rightarrow p = 192/16$

$\Rightarrow p = 12$

Resposta: p = 12

9. Composição da equação do 2º grau

- Uma equação do 2º grau pode ser obtida através da seguinte fórmula:

$$X^2 - SX + P = 0$$

$$\begin{cases} S \to \text{soma das raízes} \\ P \to \text{produto das raízes} \end{cases}$$

Exemplo: Obtenha uma equação do 2º grau de raízes 4 e 6.

S = soma das raízes = 4 + 6 = 10

P = produto das raízes = 4 . 6 = 24

Vamos substituir os valores na fórmula $X^2 - SX + P = 0$

$\Rightarrow X^2 - 10X + 24 = 0$

Resposta: Logo, $X^2 - 10X + 24 = 0$ é a equação procurada.

10. Forma fatorada da equação do 2º grau

- A equação do 2º grau completa $ax^2 + bx + c = 0$ pode ser escrita da seguinte forma fatorada:

$$a(x - x_1)(x - x_2) = 0$$

$$\begin{cases} a \to \text{coeficiente de } x^2 \text{ da equação do } 2^o \text{ grau} \\ x_1 \text{ e } x_2 \to \text{raízes da equação do } 2^o \text{ grau} \end{cases}$$

Exemplo: Determine a equação do 2º grau, sendo a = 2, $x_1 = 3$ e $x_2 = 5$.

Vamos substituir os valores dados acima na fórmula $a(x - x_1)(x - x_2) = 0$.

$\Rightarrow 2(x - 3)(x - 5) = 0$

$\Rightarrow 2(x^2 - 5x - 3x + 15) = 0$

$\Rightarrow 2(x^2 - 8x + 15) = 0$

$\Rightarrow 2x^2 - 16x + 30 = 0$

Resposta: A equação do 2º grau é $2x^2 - 16x + 30 = 0$.

11. Equação do 2º grau literal

- É a equação do 2º grau que apresenta em seus coeficientes letras que são diferentes da incógnita.

- As letras que são diferentes da incógnita são chamadas de parâmetros.

Exemplo: Na equação literal $x^2 - 8mx + 9m^2 = 0$, temos que: a = 1, b = – 8m, c = $9m^2$, incógnita = x e parâmetro = m.

12. Equação do 2º grau fracionária

- A equação do 2º grau é chamada de fracionária quando a incógnita aparece no denominador.

Exemplo: $\frac{5}{x^2} + \frac{3}{x-1} = 8$

A seguir, faremos uma bateria de exercícios de todo conteúdo estudado neste capítulo.

Exercícios

8) **(EEAR)** Qual o valor do parâmetro "m" na equação $(m + 2)x^2 - 4mx = 20$, se uma das raízes vale – 2?

a) 1 b) – 1 c) 2 d) 7/6

9) **(EsSA)** Para que a equação $3x^2 - 2x + 2m = 0$ admita uma raiz igual a 2, o valor de **m** é:

a) 2 b) – 4 c) 4 d) – 2

10) **(CN)** Que valor se deve dar a b na equação $x^2 + bx + 10 = 0$ para que uma das raízes seja igual a 5?

11) **(EsSA)** O valor de **m**, para que uma das raízes da equação $mx^2 + (m-1)x + 2m - \frac{3}{4} = 0$ seja igual a 1, é:

a) $\frac{1}{4}$ b) $\frac{\sqrt{5}}{2}$ c) $\frac{7}{16}$ d) 7

12) **(EsSA)** Dada a equação $x^2 + 7x + m = 0$ e uma raiz igual a -1, o valor de **m** é:

a) 8 b) – 8 c) 6 d) – 6

13) **(EPCAR)** Na equação $4x^2 - (2 + k)x + 3 = 0$, onde a unidade é uma das raízes, tem-se para k um número

a) primo
b) menor que 4
c) divisível por 2
d) maior que 5

14) **(EsSA)** Uma das raízes da equação $3x^2 - px - q = 0$, na qual **x** é a variável, é o elemento -1. O valor de $p - q$ é:

a) – 1 b) 0 c) – 3 d) 3 e) 1

15) **(CM – BRASÍLIA)** Uma das raízes da equação $3x^2 + px - q = 0$ é 1. Então, o valor de $p - q$ é:

a) 2 b) 3 c) – 3 d) – 2 e) – 1

16) **(CM – RJ)** Uma das raízes da equação $\mathbf{ax^2 + bx - 3 = 0}$ é **–1**. Sabendo que os coeficientes **a** e **b** são números positivos e primos, podemos afirmar que $\mathbf{a^2 + b^2}$ é igual a:

a) 3 b) 6 c) 11 d) 15 e) 29

17) **(CM – RJ)** A equação do segundo grau $ax^2 + bx - 3 = 0$ tem -1 como uma de suas raízes. Sabendo que os coeficientes a e b são números primos positivos e que $a > b$, podemos afirmar que $a^2 - b^2$ é igual a

a) 15 b) 18 c) 21 d) 34 e) 53

18) **(CN)** Para que $4 + \sqrt{11}$ seja uma das raízes da equação $x^2 - BX + C = 0$, com B e C inteiros, o produto BC será:

a) 20 b) 40 c) 30 d) 60 e) 64

19) **(EPCAR)** A equação $ax^2 + bx + c = 0$, em que $a = 8$, tem conjunto verdade $V = \left\{-\frac{1}{4}, \frac{7}{2}\right\}$. Daí se conclui que $b + c$ vale:

a) – 33 b) – 13/4 c) – 36/8 d) – 7/8 e) – 36

20) **(EPCAR)** Numa equação do 2º grau, apresentada sob a forma geral, o primeiro coeficiente é 5, o segundo (– 3) e uma raiz é igual a 0,75. Calcular a outra raiz e o terceiro coeficiente.

a) – 3/20 e – 9/16

b) – 27/20 e – 81/80

c) – 3/20 e 9/16

d) 1/3 e – ½

e) – 3/20 e – 9/80

21) **(CM – RECIFE)** O valor de k na equação $x^2 - 5x + 3k = 0$, de modo que suas raízes sejam consecutivas é

a) 1 b) ¾ c) 2 d) 0 e) 3

22) **(CM – BELO HORIZONTE)** O valor de **m** para que a equação $x^2 - mx + 20 = 0$ admita raízes naturais e consecutivas é:

a) – 7 b) 7 c) 5 d) 9 e) – 9

23) **(CM – BELO HORIZONTE)** O valor de K para que a equação $x^2 - Kx + K + 1 = 0$ admita duas raízes naturais e consecutivas é:

a) 1 b) 2 c) 3 d) 4 e) 5

24) **(EsSA)** Se $x^2 - 3x = 0$, então os valores de **x** que satisfazem a equação são:

a) 0 e – 3 b) 3 e 9 c) 0 e 3 d) 9 e 6

25) **(EsSA)** As raízes da equação $x^2 - 9 = 0$ é:

a) 3 b) – 3 c) – 9 e 3 d) ± 3

26) **(EsSA)** A equação que não admite raízes reais é:

a) $3x^2 - 1 = 0$

b) $-x^2 + 1 = 0$

c) $x^2 + 25 = 0$

d) $x^2 - 3 = 0$

27) **(EEAR)** Resolvendo a equação $x^2 + 2 = 0$, é correto afirmar-se que:

a) possui raízes reais

b) não possui raízes reais

c) o valor da raiz é $-\sqrt{2}$

d) o valor da raiz é $\pm\sqrt{2}$

28) **(CM – JUIZ DE FORA)** Considere as seguintes equações:

I. $x^2 + 9 = 0$

II. $x^2 - 5 = 0$

III. $0,3x = 0,2$

Sobre as soluções dessas equações, podemos afirmar que em:

a) III é um número irracional

b) II são números irracionais

c) II e III são números racionais

d) I e III são números racionais

29) **(EEAR)** A equação $(x^2 + 3)(x - 2)(x + 1) = 0$ tem .... raízes reais.

a) 3
b) 2
c) 1
d) 0

30) **(EsSA)** O produto das raízes da equação $x^3 - 4x = 0$ é:

a) 0
b) – 2
c) – 3
d) – 6
e) 6

31) **(EEAR)** A menor raiz da equação $x^2 + x - 2 = 0$ é

a) – 3
b) – 2
c) 1
d) 2

32) **(EsSA)** A menor raiz da equação $x^2 - x - 6 = 0$ é:

a) – 2
b) 3
c) 1
d) 2

33) **(EsSA)** A maior raiz da equação $x^2 + 9x + 8 = 0$ é:

a) 1
b) 8
c) 0
d) – 8
e) – 1

34) **(EsSA)** As raízes da equação $x^2 - 8x - 20 = 0$ são:

a) 10 e – 2
b) – 10 e 2
c) – 10 e – 2
d) 10 e 2

35) **(EsSA)** As raízes da equação $x^2 - 3x - 10 = 0$ são:

a) 2 e 3
b) 2 e 5
c) – 2 e 5
d) – 2 e – 10

36) **(EsSA)** Se $x^2 - 12x + 35 = 0$ então, os valores de **x** que satisfazem a equação são:

a) – 12 e 35 b) – 35 e 12 c) 5 e 7 d) – 5 e – 7

37) **(EAM)** Assinale a opção que corresponde ao maior número que é solução da equação $x^2 - 3x + 2 = 0$.

a) 5 b) 4 c) 3 d) 2 e) 1

38) **(EsSA)** As raízes de $2x^2 - 7x + 3 = 0$ são:

a) 3 e 1/2 b) 3 e 5/6 c) 1 e 1/2 d) 2 e 4 e) 2 e 1/2

39) **(EsSA)** As raízes da equação $6x^2 + x - 1 = 0$ são:

a) 1/2 e 1/3 b) 1/2 e –1/3 c) – 1/2 e – 1/3 d) – 1/2 e 1/3

40) **(EsSA)** A raiz de maior valor absoluto da equação $-x^2 - x + 6 = 0$ é:

a) 2 b) 6 c) – 3 d) 3

41) **(EsSA)** As raízes da equação $6 = 5x - x^2$ são:

a) 2 ou 3 b) 1 ou 6 c) iguais a $\frac{2}{3}$ d) 5 ou 6

42) **(EsSA)** O conjunto solução da equação $2x^2 - 3x - 2 = 0$ é:

a) $\left\{2, -\frac{1}{2}\right\}$ b) $\left\{\frac{14}{5}, 1\right\}$ c) $\left\{-\frac{1}{2}, 4\right\}$ d) {4, – 2} e) 0

43) **(CM – RECIFE)** Sobre a equação $100x^2 - 101x - 102 = 0$, podemos afirmar que

a) tem 2 raízes positivas

b) tem 2 raízes reais e distintas

c) não tem raízes reais

d) tem 2 raízes reais e simétricas

e) tem 2 raízes negativas

44) **(EEAR)** A equação $\frac{(x+2)^2}{6} - \frac{x+2}{2} = -\frac{1}{3}$ possui

a) uma raiz nula

b) raízes simétricas

c) duas raízes não reais

d) duas raízes reais e iguais

45) **(EEAR)** As raízes da equação $4x(x - 2) - 3(x - 5) = (x - 3)(x - 5)$ são números

a) pares b) ímpares c) irracionais d) consecutivos

46) **(EAM)** O lucro mensal de uma fábrica é dado por $L(x) = -2x^2 + 32x - 56$, sendo x medido em milhares de peças fabricadas e L em milhões de Reais.

Quando o lucro é nulo, isto é, $-2x^2 + 32x - 56 = 0$, a quantidade de peças produtivas é a solução positiva da equação, multiplicada por mil, então a quantidade de peças para que o lucro seja nulo é:

a) 2.000 ou 14.000
b) 3.000 ou 16.000
c) 4.000 ou 12.000
d) 5.000 ou 16.000
e) 7.000 ou 18.000

47) **(CM – RECIFE)** Seja a equação $x^2 - kx + 37 = 0$ e k um número natural. Sabe-se que essa equação possui duas raízes pertencentes ao conjunto dos números naturais. Então, o valor de k é:

a) 41 b) 40 c) 39 d) 38 e) 37

48) **(CM – PORTO ALEGRE)** Sabendo que o número real **a** é uma raiz da equação $\mathbf{x^2 - 5x + 3 = 0}$, podemos afirmar que **(a – 4).(a – 1).(a – 7).(a + 2)** é igual a

a) 1 b) 13 c) – 13 d) – 17 e) zero

49) **(EPCAR)** Resolvendo a equação $\left(4x - \frac{1}{2}\right)(3x - 5) - \frac{88x^2 - 170x + 23}{8} = 0$, obtém-se o conjunto verdade:

a) $V = \emptyset$ b) $V = \left\{\frac{3}{4}, \frac{1}{2}\right\}$ c) $V = \{3, 2\}$ d) $V = \left\{\frac{1}{3}, \frac{2}{5}\right\}$ e) $V = \left\{\frac{3}{7}, \frac{1}{3}\right\}$

50) **(EsSA)** A soma das raízes da equação $2x^2 - 3x + 1 = 0$ é:

a) – 5/2 b) 5/2 c) 3/2 d) 2/3

51) **(EAM)** A soma das raízes da equação $4x^2 - 11x + 6 = 0$ é:

a) 11/4 b) 11 c) 6 d) 3/2 e) 4

52) **(EsSA)** A soma (S) e o produto (P) das raízes da equação $5x^2 + 3x - 4 = 0$ é:

a) S = – 3 e P = – 4
b) S = 3 e P = – 4
c) S = – 3/5 e P = – 4/5
d) S = 3/5 e P = – 4/5

53) **(EsSA)** A equação $ax^2 + bx + c = 0$ possui duas raízes reais x' e x". Podemos afirmar que:

a) $x' + x'' = \frac{b}{a}$

b) $x' + x'' = -\frac{b}{2a}$

c) $x' + x'' = 0$

d) $x' + x'' = \frac{c}{a}$

e) $x' + x'' = -\frac{b}{a}$

54) **(CM – SANTA MARIA)** A equação do 2° grau $ax^2 + bx + c = 0$ possui coeficientes iguais a "a", "b", e "c" e raízes iguais a x' e x".

Identifique a correta relação entre os coeficientes e as raízes.

a) $x' + x'' = -\frac{a}{b}$

b) $x' \,.\, x'' = -\frac{c}{a}$

c) $x' + x'' = -\frac{c}{a}$

d) $x' \,.\, x'' = -\frac{b}{a}$

e) $x' + x'' = -\frac{b}{a}$

55) **(EEAR)** Sejam as equações:

$x^2 - 4x - 1 = 0$

$x^2 + 3x - 2 = 0$

$x^2 - 6x + 5 = 0$

A soma das raízes das três equações é igual a

a) – 7 b) – 5 c) 5 d) 7

56) **(CFN)** A soma dos possíveis valores de **x** que verificam a igualdade $x^2 = 5x$ é um

a) número par

b) divisor de 8

c) número primo

d) múltiplo de 8

e) número negativo

57) **(EsSA)** Sendo x_1 e x_2 as raízes da equação $(x - 3)^2 + (x - 1)(x - 3) = 0$, admitindo-se U = $\mathbb{R}$, então $x_1 + x_2$ é:

a) 5 b) 6 c) 10 d) 12 e) 2

58) **(EEAR)** A soma das raízes da equação $x + \frac{1}{1 - \frac{1}{x}} = 4\frac{1}{2}$ é:

a) 9/2 b) – 9/2 c) – 3/2 d) 3/2

59) **(EAM)** A soma das raízes reais da equação $\sqrt{2}\,x^2 - (2\sqrt{2} + 2)x + 4 = 0$ é:

a) 0 b) $2 - \sqrt{2}$ c) $\sqrt{2}$ d) $2 + \sqrt{2}$ e) $4\sqrt{2}$

60) **(EEAR)** Dada a equação do 2º grau $(m - 1)x^2 + (m + 1)x - (2m - 3) = 0$, na variável x, o valor de m, para que a soma das raízes seja 2, é:

a) 1 b) 2 c) 3 d) 1/3

61) **(EAM)** O valor de k na equação $(k - 1)x^2 - (k + 6)x + 7 = 0$, de modo que a soma de suas raízes seja 8, é

a) – 2 b) – 1 c) 0 d) 1 e) 2

62) **(CN)** A soma de todas as raízes da equação $(3x - 12)(x + 2)(x - 2) = (3x - 12)(-x + 6)$ é:

a) – 3 b) – 1 c) 0 d) 1 e) 3

63) **(CN)** Sejam **r** e **s** as raízes da equação $x^2\sqrt{3} + 3x - \sqrt{7} = 0$. O valor numérico da expressão $(r + s + 1)(r + s - 1)$ é

a) 2/7 b) 3/7 c) 9/7 d) 4/3 e) 2

64) **(CM – MANAUS)** A soma das raízes da equação $x = \frac{4}{1 - \frac{3}{4 - x}}$ é:

a) Zero b) – 2 c) 5 d) 2 e) – 5

65) **(CN)** A equação do 2º grau $x^2 - 2x + m = 0$, $m < 0$, tem raízes x_1 e x_2. Se $x_1^{n-2} + x_2^{n-2} = a$ e $x_1^{n-1} + x_2^{n-1} = b$, então $x_1^n + x_2^n$ é igual a

a) 2a + mb b) 2b – ma c) ma + 2b d) ma – 2b e) m(a – 2b)

66) **(EsSA)** A soma dos inversos das raízes da equação $x^2 - 36x + 180 = 0$ é:

a) 1/5 b) 1/6 c) 1/30 d) 1/36 e) 2/15

67) **(CN)** Sendo A uma constante, achar a soma dos inversos das raízes da equação $2x^2 + Ax + 2A = 0$.

a) 2 b) 2A c) – 2A d) – 1/2 e) – 1

68) **(EPCAR)** Dada a equação $9x^2 - mx + 20 = 0$ e sabendo-se que a soma dos inversos das raízes é 63/20, então m é um número divisível por

a) 5 b) 6 c) 7 d) 8

69) **(EsSA)** A soma dos inversos das raízes da equação do 2º grau, em "x",

$(m + 1)x^2 - 2mx + (m - 1) = 0$, $m \neq -1$, é igual a 3. Assim, o valor de m^2 é igual a:

a) 1 b) 0 c) 4 d) 16 e) 9

70) **(EPCAR)** Na equação $x^2 + kx + 36 = 0$, de modo que entre as raízes x' e x'' exista a relação $\frac{1}{x'} + \frac{1}{x''} = \frac{5}{12}$, o valor de **k** é um número

a) negativo b) primo c) par d) natural

71) **(EFOMM)** Considere a equação $2x^2 - 5x + k = 3$, cujas raízes são a e b. Para que se tenha $\frac{1}{a} + \frac{1}{b} = \frac{4}{3}$, k deve valer:

a) 3/4 b) – 4/3 c) 27/4 d) zero e) 9

72) **(CM – FORTALEZA)** Sendo **a** e **b** as raízes da equação $\sqrt{2}x^2 - 4x - 3\sqrt{2} = 0$, podemos afirmar que o valor de $\mathbf{3} \cdot \left(\frac{1}{a} + \frac{1}{b}\right)$ é:

a) $\sqrt{2}$ b) $-2\sqrt{2}$ c) $\sqrt{6}$ d) $2\sqrt{6}$ e) $-\sqrt{2}$

73) **(EEAR)** O produto das raízes da equação $(2x - 5)(x - 2) = -(x + 2)(1 - x) - 4$, é

a) 16 b) 25 c) 36 d) 49

74) **(EEAR)** Para que a equação $(k + 1)x^2 - 7x + 2k - 1 = 0$ tenha como raízes dois números inversos, o valor de k deve ser

a) 0 b) 1 c) 2 d) 3

75) **(CM – RJ)** O valor de k, de modo que as raízes da equação $4kx^2 - kx + k + 2 = 0$ sejam inversas, é:

a) 0 b) 1/3 c) 2/3 d) 1 e) 4/3

76) **(CN)** Dada a equação $(m + p)x^2 - 5mx + 4m - 5p = 0$, determinar a relação entre m e p, para que as raízes somem 10/3 e uma seja o inverso da outra.

a) p = 2m b) p – 2m = 2 c) m + p = 1 d) m – 4p = 2 e) p = m/2

77) **(EAM)** Sejam `S´ e `P´ a soma e o produto, respectivamente, das raízes da equação $x^2 - 5x + 6$. O valor do produto `S P´ é:

a) 30 b) 40 c) 50 d) 60 e) 70

78) **(CM – RECIFE)** A soma e o produto das raízes reais da equação:

$(x^2 - 5x + 6)^2 - 5(x^2 - 5x + 6) + 6 = 0$, são respectivamente

a) 4 e 9 b) 10 e 12 c) 10 e 15 d) 15 e 16 e) 15 e 20

79) **(EsSA)** Sendo **m** e **n** raízes da equação $x(x - 2) = x + 4$, o valor de $(2^m)^n$ é:

a) 16 b) 8 c) 1/16 d) – 8 e) – 16

80) **(EAM)** Sendo **a** e **b** raízes reais da equação $x^2 - 4x + 2 = 0$, o valor numérico de $(ab^2 + a^2b)$ é

a) 1 b) 4 c) 5 d) 6 e) 8

81) **(EPCAR)** Sejam m e n as raízes inteiras da equação $x^2 - qx + p = 0$. Sabendo-se que $m^n \cdot n^m \cdot m^m \cdot n^n = 81$, pode-se afirmar que

a) p é divisor de 4

b) m e n são ímpares

c) pq é inteiro negativo

d) q é um múltiplo de 81

82) As raízes da equação $x^2 - 4x + k = 0$ são os números racionais S e R e entre estas raízes existe a relação: $S^S \cdot R^R \cdot S^R \cdot R^S = 256$. Achar o valor de k.

a) – 16 b) – 8 c) 8 d) 16 e) 4

83) **(EEAR)** A soma e o produto das raízes da equação $nx^2 + (m + n)x + m - 13 = 0$ são respectivamente – 2 e 3. O valor da expressão m – 2n é

a) zero b) – 13/2 c) + 13/2 d) 15

84) **(EPCAR)** Na equação $2px^2 + 3pqx + 3q = 0$, a soma das raízes é 9 e o produto é 12. Calculando p + q, encontra-se

a) 21/4 b) – 21/4 c) – 27/4 d) – 27 e) 27/4

85) **(EEAR)** Se a soma e o produto das raízes da equação $2x^2 - (m + n)x + m - n = 0$ são respectivamente $3\sqrt{3}$ e 6, o valor de **m** é

a) $3(2 - \sqrt{3})$ b) $6(\sqrt{3} + 2)$ c) $3(2 + \sqrt{3})$ d) $6(\sqrt{3} - 2)$

86) **(EEAR)** O valor de k para que a soma das raízes da equação $(k - 2)x^2 - 3kx + 1 = 0$ seja igual ao seu produto é

a) 1/2 b) 1/3 c) 2/3 d) 1/6

87) **(EsSA)** Se p e q são raízes não nulas da equação $x^2 + 5px - 8q = 0$, então o valor de p + q é igual a:

a) – 32 b) 32 c) 64 d) 40 e) 56

88) **(EPCAR)** Sendo **a** e **b** raízes da equação $x^2 - 5 = mx$ e se $(a + b) + (a . b) = 1$, tem-se para **m** um número

a) primo maior que 3
b) ímpar negativo
c) natural múltiplo de 3
d) irracional

89) **(EEAR)** Se as raízes da equação $x^2 + bx + 12 = 0$ são, cada uma, 7 (sete) unidades maiores que as raízes de $x^2 + \beta x + 12 = 0$, então, β é igual a

a) – 7 b) – 5 c) 5 d) 7

90) **(CN)** Os números a e b são raízes da equação em x: $10x^2 + 3x + 10ab = 0$; calcule a e b sabendo-se que o quíntuplo do inverso de a é igual ao simétrico do dobro do inverso de b.

a) – ¾ e 3/10 b) – ½ e 1/5 c) 4/3 e – 3/10 d) 2 e 5 e) ½ e 1/5

91) **(EsSA)** No ano "A", as idades de um sargento e seu irmão eram, numericamente, as raízes da equação do 2º grau dada por $m_1x^2 + m_2x + 105 = 0$. A diferença entre suas idades é 6 anos e, nesse mesmo ano "A", o produto das idades desses irmãos era 315. Assim, podemos afirmar que o produto $m_1 . m_2$ é:

a) 3 b) – 12 c) – 4 d) 1/3 e) – 1/4

92) **(CM – PORTO ALEGRE)** A diferença entre a maior e a menor raiz da equação $(x - 1)(x + 2) + 10x = 10$ nesta ordem é

a) – 11 b) 11 c) 12 d) 13 e) – 13

93) **(EEAR)** Se X_1 e X_2 são as raízes da equação $\frac{x + 4}{x - 2} + 1 = \frac{10+2x}{5}$, com $X_1 > X_2$, então $X_1 - X_2$ vale

a) 2 b) 7 c) 8 d) 9

94) **(CM – MANAUS)** A diferença entre a maior raiz e a menor raiz da equação $(2x - 45)^2 - (x - 21)^2 = 0$ é:

a) 2 b) 3 c) 4 d) 5 e) 6

95) **(EEAR)** Se "a" e "b" são raízes não nulas da equação $x^2 - 5ax + b = 0$, então "a – b" pode ser

a) 3 b) 2 c) – 2 d) – 3

96) **(EAM)** O valor de $k > 0$ na equação $x^2 + 2kx + 16 = 0$, de modo que a diferença entre as suas raízes seja 6, é

a) 2 b) 3 c) 4 d) 5 e) 7

97) **(EPCAR)** Se a diferença entre as raízes da equação $x^2 - 15x + (6m + 2) = 0$ for igual a 3, então o valor de m será:

a) 26/3 b) 22/3 c) 32/3 d) 35/3 e) 22/3 ou 32/3

98) **(CN)** O valor de k positivo, para que a diferença das raízes da equação $x^2 - 2kx + 2k = 1$ seja 10, é:

a) 6 b) 8 c) 5 d) 1 e) 10

99) **(CM – BELO HORIZONTE)** Sabendo que a diferença entre as raízes da equação do 2º grau dada por $x^2 + (-m + 1)x = m$ é 3, o produto dos possíveis valores de **m** é:

a) 8 b) 4 c) 1 d) – 4 e) – 8

100) **(EEAR)** Se a diferença entre os quadrados das raízes da equação $x^2 - 2x + k = 0$ é 8, então o valor de "k" é

a) 5 b) – 5 c) 3 d) – 3

101) **(EEAR)** Se a diferença entre os quadrados das raízes da equação $3x^2 - 7x + c = 0$ é 35/9, então o valor de "c" é

a) – 2/3 b) – 2 c) 2/3 d) 2

102) **(CN)** Determinar o valor de p de modo que a diferença entre os quadrados das raízes da equação $3x^2 - 13x + p = 0$, seja 65/9.

a) – 5 b) + 4 c) – 7 d) – 15 e) 12

103) **(EFOMM)** Determinar o valor de m na equação $x^2 - 2x + m = 0$ para que se tenha $x_1^2 - x_2^2 = 2$.

a) ¾ b) 5/4 c) 1 d) – 5/4 e) – ½

104) **(CN)** Determinar a soma dos quadrados das raízes da equação $2x^2 - 8x - 2220 = 0$.

a) 2236 b) 2136 c) $2 + \sqrt{1114}$ d) $2 - \sqrt{1114}$ e) 2228

105) **(CN)** A soma dos quadrados das raízes da equação $2x^2 - 2kx - 6k^2 = 0$ é:

a) $6k^2$ b) $12k^2$ c) $7k^2$ d) $4k^2$ e) 2k

106) **(EEAR)** A soma dos quadrados das raízes da equação $x^2 - (a - 5)x - (a + 4) = 0$ é k. Para que "a" seja real, o menor valor de "k" deve ser

a) 15 b) 17 c) 18 d) 19

107) **(EEAR)** A soma dos quadrados das raízes da equação $6x^2 - px - 2p = 0$ é $\frac{25}{36}$. Um dos valores que **p** pode assumir é

a) 1 b) 2 c) 25 d) 50

108) **(EEAR)** Para que a soma dos quadrados das raízes da equação $w^2 - w - 5 + k = 0$ seja 19, o valor de "k" deve ser

a) – 2 b) – 3 c) – 4 d) – 5

109) **(EPCAR)** A soma dos quadrados das raízes da equação $5x^2 - 2px - p = 0$ é $\frac{104}{25}$. Vale então dizer que o valor positivo de p será equivalente a

a) 10 b) 4 c) 8 d) 13 e) 13/2

110) **(CM – MANAUS)** A soma dos inversos das raízes da equação $x^2 + 4x + m = 0$ é $\frac{1}{3}$. A soma dos quadrados das raízes da equação é igual a:

a) 26 b) 40 c) 58 d) 80 e) 96

111) **(CM – BRASÍLIA)** A soma dos quadrados das raízes da equação $x^2 + 4x + m = 0$ é 40. A soma dos inversos das raízes é igual a

a) 1/3 b) 2/3 c) ½ d) ¼ e) 1/5

112) **(EPCAR)** A soma dos quadrados das raízes da equação $5x^2 - 2px - p = 0$ é $\frac{104}{25}$. Vale então dizer que o valor positivo de p é um número

a) par
b) primo maior que 10
c) divisor de 15
d) menor que 1

113) **(CM – RECIFE)** Determine o maior valor de P, de modo que a equação: $x^2 - (2P + 1)x + 4P = 0$, tenha a soma dos quadrados das raízes igual a 1.

114) **(ESPCEX)** Dada a equação $x^2 - 4x + p = 0$, calcular o valor de p, para que a soma dos quadrados das raízes seja igual a 58.

a) 12 b) – 2 c) + 3 d) – 17 e) – 21

115) **(EEAR)** Sendo **m** e **n** as raízes da equação $x^2 - x - 5 = 0$, o valor de $\frac{m}{n} + \frac{n}{m}$ é

a) – 2 b) $-\frac{1}{10}$ c) $-\frac{11}{5}$ d) $-\frac{\sqrt{21}}{5}$

116) **(CM – BRASÍLIA)** Sendo r_1 e r_2 as raízes da equação $x^2 - x - 5 = 0$, então o valor da expressão $\frac{r_1}{r_2} + \frac{r_2}{r_1}$ é:

a) 1 b) 0 c) $\frac{1+\sqrt{21}}{22}$ d) $-\frac{11}{5}$ e) $\frac{1-\sqrt{21}}{20}$

117) **(EEAR)** Se **r** e **s** são as raízes da equação $ax^2 + bx + c = 0$, $a \neq 0$ e $c \neq 0$, o valor de $\frac{1}{r^2} + \frac{1}{s^2}$ é

a) $b^2 - 4ac$ b) $\frac{b^2 - 2ac}{c^2}$ c) $b^2 - 2ac$ d) $\frac{b^2 - 4ac}{c^2}$

118) **(CN)** A soma dos quadrados dos inversos das raízes da equação $kx^2 - wx + p = 0$, sendo $kp \neq 0$, é:

a) $\frac{w^2 - 2kp}{p^2}$ b) $\frac{w^2 - 4kp}{p^2}$ c) $\frac{2kp - w^2}{p^2}$ d) $\frac{4kp - w^2}{p^2}$ e) $\frac{kp}{w}$

119) **(CM – RECIFE)** Considere a equação $k^2 - 4k + 7 = 0$ e sejam m e n suas raízes. Então $\frac{1}{m^2} + \frac{1}{n^2}$ vale:

a) 16/49 b) 2/49 c) ½ d) 49/2 e) 49/16

120) **(CN)** A soma dos cubos das raízes da equação $x^2 + x - 3 = 0$, é:

a) – 10 b) – 8 c) – 12 d) – 6 e) – 18

121) **(CN)** Calcule a soma dos cubos das raízes da equação $x^2 + x - 1 = 0$

a) 1 b) – 4 c) – 3 d) – 8 e) – 6

122) **(CM – SALVADOR)** A soma dos cubos das raízes da equação $x^2 - 3x + 7 = 0$ é:

a) – 12 b) – 27 c) – 36 d) – 42 e) – 63

123) **(CN)** A soma dos cubos das raízes da equação $x^2 - \sqrt[3]{3}x + \sqrt[3]{9} = 0$ é:

a) – 3 b) – 12 c) – 9 d) 12 e) – 6

124) **(CM – BRASÍLIA)** Sejam x_1 e x_2 as raízes da equação $2x^2 - 3x + k = 0$. O valor de k, de modo que $x_1^3 + x_2^3 = -\frac{243}{8}$, é

a) par b) múltiplo de 3 c) divisor de 1 d) primo e) negativo

125) **(CN)** Sendo <u>m</u> e <u>n</u> as raízes da equação $x^2 - 10x + 1 = 0$, o valor da expressão $\frac{1}{m^3} + \frac{1}{n^3}$ é:

a) 970 b) 950 c) 920 d) 900 e) 870

126) **(EAM)** A média das raízes da equação $2x^2 - 22x + 56 = 0$ é:

a) 1,5 b) 2,5 c) 3,5 d) 4,5 e) 5,5

127) **(CN)** A soma da média aritmética com a média geométrica das raízes da equação $ax^2 - 8x + a^3 = 0$ dá:

a) $\frac{4 - a^2}{a}$ b) $\frac{-4 + a^2}{a}$ c) $\frac{8 + a^2}{a}$ d) $\frac{4 + a^2}{a}$ e) 5

128) **(CM – BRASÍLIA)** Somando-se a média aritmética e a média geométrica das raízes da equação do 2º grau $ax^2 - 6x + a^3 = 0$ encontramos:

a) $\frac{3 - a^2}{a}$ b) $\frac{-3 + a^2}{a}$ c) $\frac{6 + a^2}{a}$ d) $\frac{3 + a^2}{a}$ e) $5a^2$

129) **(CN)** A média harmônica entre as raízes da equação $340x^2 - 13x - 91 = 0$ é:

a) 7 b) – 7 c) 340/7 d) 1/7 e) – 14

130) **(CN)** Se na equação $ax^2 + bx + c = 0$ a média harmônica das raízes é igual ao dobro da média aritmética destas raízes, podemos afirmar que:

a) $2b^2 = ac$ b) $b^2 = ac$ c) $b^2 = 2ac$ d) $b^2 = 4ac$ e) $b^2 = 8ac$

131) **(CN)** As raízes da equação $2x^2 - x - 16 = 0$ são r e s ($r > s$). O valor da expressão $\frac{r^4 - s^4}{r^3 + r^2s + rs^2 + s^3}$, é

a) $\frac{\sqrt{129}}{2}$

b) $\frac{\sqrt{127}}{2}$

c) $\frac{127}{4}$

d) $\frac{129}{4}$

e) impossível de ser calculado

132) **(CM – RJ)** Se *r* e *s* são raízes da equação $ax^2 + bx + c = 0$, $a \neq 0$, o valor de $r^4 + r^2s^2 + s^4$ é:

a) $\frac{(a^2 + b^2)}{c^2}$

b) $(a^2 + b^2 - c^2)b^2$

c) $\frac{(b^2 - c^2)(b^2 - 3c^2)}{a^2}$

d) $\frac{(b^2 + a^2)(c^2 + b^2)}{a^2}$

e) $\frac{(b^2 - ac)(b^2 - 3ac)}{a^4}$

133) **(EPCAR)** Se **m** e **n** ($m, n \in \mathbb{R}$) são raízes reais da equação $x^2 - bx + b = 0$ e **b** é um número natural primo, é correto afirmar que

a) $(m - 2)(n - 2)$ é, necessariamente, um número natural ímpar.

b) $m^2 + n^2$ é, necessariamente, um número natural par.

c) $m^3 + n^3$ é, necessariamente, um número inteiro par.

d) $\frac{1}{m} + \frac{1}{n}$ é diferente da unidade.

134) **(CM – SALVADOR)** As equações $x^2 - 5x + 6 = 0$ e $x^2 - 7x + c = 0$ possuem uma raiz comum. Os valores inteiros positivos de c são:

a) 10 e 15 b) 12 e 15 c) 10 e 18 d) 10 e 12 e) 12 e 18

135) **(FGV)** As equações $x^2 - 4x + 3 = 0$ e $x^2 + x + m = 0$ tem uma raiz em comum. A soma dos possíveis valores de *m* é

a) 4 b) – 4 c) – 7 d) – 12 e) – 14

136) **(EEAR)** O valor de **a** para que as equações $x^2 - ax + 8 = 0$ e $x^2 - (a - 1)x + 6 = 0$ tenham uma raiz comum é

a) 4 b) 4,5 c) 5,5 d) 6

137) **(CN)** O conjunto dos valores de m para os quais as equações $3x^2 - 8x + 2m = 0$ e $2x^2 - 5x + m = 0$ possuem uma e apenas uma raiz real comum é

a) unitário, de elemento positivo

b) unitário, de elemento não negativo

c) composto de dois elementos não positivos

d) composto de dois elementos não negativos

e) vazio

138) A fim de que a equação $ax^2 + 6x + 3 = 0$, $a \neq 0$ e $2x^2 + 4x + n = 0$ sejam equivalentes, o valor de a + n deverá ser igual a:

a) – 4 b) 3 c) 4 d) 5 e) 8

139) **(CN)** Calcular a soma dos valores de m e n de modo que as equações $(2n + m)x^2 - 4mx + 4 = 0$ e $(6n - m)x^2 + 3(n - 1)x - 2 = 0$ tenham as mesmas raízes.

a) 9/5 b) 7/5 c) – 9/5 d) 0 e) 1

140) **(CN)** Determinar p e q para que as equações a seguir sejam equivalentes $(p + 2q)x^2 - 4px - 3 = 0$ e $(8p + 4q)x^2 - 6(q - 1)x - 9 = 0$.

a) p=6 e q=3 c) p = –1 e q=3 e) p=7 e q=5

b) p=2 e q=5 d) p=1 e q = – 2

141) **(CN)** Se as equações do 2º grau $(2p + q)x^2 - 6qx - 3 = 0$ e $(6p + 3q)x^2 - 3(p - 2)x - 9 = 0$ têm as mesmas raízes, então:

a) p = 6q + 2 b) p + q = 7 c) 3q = p + 2 d) p – 2 = 0 e) 2p + 3q = 8

142) **(EEAR)** Uma das raízes da equação $x^2 - 6x + k = 0$ é o triplo da outra, quando o valor de k é

a) 17/4 b) 27/4 c) 17/2 d) 27/2

143) **(CN)** Que valor se deve dar a c̲ na equação $x^2 - 20x + c = 0$ para que uma das raízes seja o triplo da outra?

144) **(CN)** Determinar c̲ na equação $64x^2 - 160x + c = 0$ de modo que uma raiz seja o triplo da outra.

145) **(EsSA)** Na equação $x^2 - bx + 48 = 0$, uma das raízes será o triplo da outra se b for igual a:

a) ± 4 b) ± 16 c) ± 12 d) ± 48

146) **(EsSA)** A equação $x^2 - 6x + p + 3 = 0$ tem uma raiz igual ao dobro da outra. O valor de **p** é:

a) 9 b) 8 c) 7 d) 6 e) 5

147) **(EEAR)** Na equação $2x^2 - (m + 1)x + (m - 1) = 0$, uma das raízes será o dobro da outra se o valor de "m" for

a) 5 ou 2 b) – 5 ou 2 c) 5 ou – 2 d) – 5 ou – 2

148) **(EPCAR)** Calcular o valor inteiro do parâmetro m na equação $x^2 - (m + 1)x + m + 5 = 0$ de modo que uma raiz seja o triplo da outra.

a) m = 2 b) m = – 2 c) m = 7 d) m = – 7 e) m = 2/7

149) **(EPCAR)** Entre as raízes x_1 e x_2 da equação $x^2 - 5kx + 12 = 0$ existe a relação $x_1 = 4x_2$. Logo k vale:

a) $5\sqrt{3}$ b) $4\sqrt{3}$ c) $3\sqrt{3}$ d) $2\sqrt{3}$ e) $\sqrt{3}$

150) **(CN)** O valor de k na equação $x^2 + Mx + k = 0$, para que uma de suas raízes seja o dobro da outra e o seu discriminante seja igual a 9 é:

a) 20 b) 10 c) 12 d) 15 e) 18

151) **(CN)** Na equação $x^2 - mx - 9 = 0$, a soma dos valores de m, que fazem com que as suas raízes a e b satisfaçam a relação 2a + b = 7 dá:

a) 3,5 b) 20 c) 10,5 d) 10 e) 9

152) **(EsSA)** Sejam S e P, respectivamente, a soma e o produto das raízes de uma equação do 2º grau. Então a equação pode ser escrita:

a) $x^2 - Sx - P = 0$
b) $x^2 - Sx + P = 0$
c) $x^2 + Sx + P = 0$
d) $x^2 + Sx - P = 0$
e) $x^2 + Px - S = 0$

153) **(EsSA)** A equação do 2º grau cujas raízes são 5 e 2 é:

a) $x^2 + 7x + 10 = 0$
b) $x^2 - 10x + 7 = 0$
c) $x^2 - 7x + 10 = 0$
d) $x^2 - 7x - 10 = 0$
e) $x^2 + 10x + 7 = 0$

154) **(CFN)** Indique qual da equação abaixo tem 2 e – 3 como raízes.

a) $y^2 - 5y + 6 = 0$
b) $x^2 + x - 5 = 0$
c) $x^2 + x - 6 = 0$
d) $x^2 + x - 7 = 0$
e) $m^2 + 2m - 12 = 0$

155) **(CM – FORTALEZA)** Marina e Lourdite resolveram a equação $ax^2 + bx - 36 = 0$. Marina encontrou as soluções: x' = 4 e x'' = – 9 e Lourdite encontrou: x' = – 4 e x'' = 9. Admitindo-se que somente uma delas está certa podemos concluir que:

a) a = 1 e b = 5
b) a = – 1 e b = 5
c) a = – 2 e b = 10
d) a = – 1 e b = – 5
e) a = 2 e b = 10

156) **(EEAR)** As raízes de uma equação do 2º grau são – 2/3 e 1/3. Determine a equação que possui essas raízes.

a) $9x^2 + 3x - 2 = 0$
b) $9x^2 + 3x + 2 = 0$
c) $9x^2 - 3x - 2 = 0$
d) $3x^2 + x - 2 = 0$

157) **(EEAR)** A equação do 2º grau que tem por raízes 2/5 e – 1 é:

a) $5x^2 - x - 2 = 0$
b) $5x^2 + x + 2 = 0$
c) $5x^2 - 3x - 2 = 0$
d) $5x^2 + 3x - 2 = 0$

158) **(EEAR)** A equação do 2º grau, cujas raízes são 1/3 e 3/2, é:

a) $x^2 + 11x - 3 = 0$

b) $x^2 + 11x + 3 = 0$

c) $6x^2 + 11x - 3 = 0$

d) $6x^2 - 11x + 3 = 0$

159) **(EsSA)** A equação do 2º grau cujas raízes são 1/2 e 1/3 é:

a) $x^2 - \frac{1}{6}x + \frac{5}{6} = 0$

b) $x^2 + \frac{1}{6}x - \frac{5}{6} = 0$

c) $6x^2 - 5x + 1 = 0$

d) $6x^2 + 5x - 1 = 0$

160) **(EsSA)** As raízes 2/3 e 3/5 pertencem à equação:

a) $15x^2 - 6x + 19 = 0$

b) $18x^2 - 6x + 15 = 0$

c) $6x^2 - 19x + 15 = 0$

d) $18x^2 - 15x + 6 = 0$

e) $15x^2 - 19x + 6 = 0$

161) **(EPCAR)** Indique a equação quadrática cujas raízes são 1/3 e – 4/3,

a) $9x^2 - 4x - 9 = 0$

b) $9x^2 - 4x + 9 = 0$

c) $9x^2 + 9x - 4 = 0$

d) $9x^2 - 9x + 4 = 0$

e) $9x^2 - 9x - 4 = 0$

162) **(EPCAR)** Indique a equação do segundo grau cujas raízes são 3^{-1} e $-\frac{1}{2}$

a) $6x^2 - 5x + 1 = 0$

b) $6x^2 + x - 1 = 0$

c) $6x^2 - x + 1 = 0$

d) $6x^2 - 5x - 1 = 0$

e) $6x^2 - x - 1 = 0$

163) **(EEAR)** A equação cujas raízes são os números $-2 + \sqrt{3}$ e $-2 - \sqrt{3}$, é

a) $x^2 + 4x + 1 = 0$

b) $x^2 + 4x - 1 = 0$

c) $x^2 - 4x + 1 = 0$

d) $x^2 - 4x - 1 = 0$

164) **(EFOMM)** A equação do 2º grau em x, cujas raízes são $3 - \sqrt{2}$ e $3 + \sqrt{2}$, é:

a) $x^2 - 6x + 7 = 0$

b) $x^2 - 6x - 7 = 0$

c) $x^2 + 6x - 7 = 0$

d) $x^2 + 6x + 7 = 0$

e) $x^2 + 7x + 6 = 0$

165) **(CN)** Forme a equação do 2º grau cujas raízes são $1 \pm \sqrt{2}$.

166) **(EPCAR)** Indique a equação quadrática em que uma raiz r_1 é $\frac{1}{2} + \frac{\sqrt{3}}{2}$ e a outra raiz r_2 é conjugada de r_1.

a) $3x^2 - 2x + 1 = 0$
b) $x^2 - 2x - 2 = 0$
c) $2x^2 - 2x - 1 = 0$
d) $x^2 - 3x - 2 = 0$
e) $2x^2 - 2x + 1 = 0$

167) **(CN)** Escrever a equação do segundo grau sabendo-se que a soma das raízes é a̲ e a diferença é b̲.

168) **(EPCAR)** Indique entre as equações abaixo, aquela cujas raízes são INVERSAS das raízes de $8x^2 - 10x + 3 = 0$.

a) $x^2 + 6x + 8 = 0$
b) $3x^2 - 10x + 8 = 0$
c) $24x^2 - x + 3 = 0$
d) $3x^2 + 10x + 8 = 0$
e) $4x^2 - 3x + 1 = 0$

169) **(EEAR)** A equação do 2º grau na incógnita x, sabendo que as raízes dessa equação são os inversos das raízes da equação $x^2 + \frac{x}{12} - \frac{1}{24} = 0$, é

a) $x^2 - x - 12 = 0$
b) $x^2 - 2x - 24 = 0$
c) $x^2 - 10x + 24 = 0$
d) $x^2 + 10x + 24 = 0$

170) **(CN)** Escreva a equação do 2º grau em "x" de raízes positivas cuja diferença das raízes é um e o produto é ¾.

a) $4x^2 - 8x + 3 = 0$
b) $4x^2 + 8x + 3 = 0$
c) $4x^2 - 8x - 3 = 0$
d) $4x^2 + 8x - 3 = 0$
e) $-4x^2 - 8x + 3 = 0$

171) **(CN)** Dada a equação $x^2 - 4kx + k^2 = 0$, formar a equação cujas raízes sejam respectivamente a média aritmética e a média geométrica das raízes da equação dada.

a) $x^2 + 3kx + 2k^2 = 0$
b) $x^2 - 3kx - 2k^2 = 0$
c) $x^2 - 3kx + 2k^2 = 0$
d) $2x^2 - 3kx + 4k = 0$
e) $2kx^2 - 3kx + 1 = 0$

172) **(CN)** Dada a equação $x^2 - 6x + 25 = 0$, determinar a equação do 2º grau, em y, cujas raízes são as médias aritmética e geométrica das raízes da equação dada.

a) $y^2 - 3y + 5 = 0$

b) $y^2 - 3y + 25 = 0$

c) $2y^2 - 3y + 10 = 0$

d) $3y^2 - y + 5 = 0$

e) $y^2 - 8y + 15 = 0$

173) **(EEAR)** A equação que tem como raízes, os quadrados das raízes $pqx^2 - (p + q)x + 1 = 0$ é

a) $p^2q^2(x - \frac{1}{p})(x - \frac{1}{q}) = 0$

b) $(x - \frac{1}{p^2})(x - \frac{1}{q^2}) = 0$

c) $pq(x - \frac{1}{p})(x - \frac{1}{q}) = 0$

d) $(p^2x - 1)(q^2x - 1) = 0$

174) **(EPCAR)** As raízes de $ax^2 + bx + c = 0$ são **r** ou **s**. A equação cujas raízes são ar + b ou as + b é

a) $x^2 - bx - ac = 0$

b) $x^2 - bx + ac = 0$

c) $x^2 + 3bx + ca + 2b^2 = 0$

d) $x^2 + 3bx - ca + 2b^2 = 0$

175) **(CN)** Formar a equação do 2º grau cujas raízes sejam $-$ m/2 e n/3.

176) **(CM – SANTA MARIA)** Um estudante da 8ª série do CMSM resolve uma equação tipo $x^2 + bx + c = 0$ e, enganando-se no valor de c, obteve as raízes -1 e -5. Um colega seu, resolvendo a mesma equação, enganou-se no valor de b e obteve as raízes -16 e 1. Resolvendo-se a equação correta, quanto se obtém somando-se o dobro da menor raiz com o triplo da outra?

a) -20 b) 20 c) 10 d) 12 e) -10

177) **(CM – RJ)** Considere a equação $px^2 - 5x + q = 0$, $p > 0$, de raízes a e b, sendo a > b. É dada também a equação $qx^2 - 5x + p = 0$, $q > 0$, cujas raízes são α e β, com α > β. Calculando o valor da expressão $\frac{a\,.\,\alpha + \beta}{\beta\,.\,b + \alpha}$ em função das variáveis a e b, encontraremos a forma fracionária

a) $\frac{a + b^2}{a^2 + b}$ b) $\frac{a - b^2}{a^2 - b}$ c) $\frac{a^2 + b}{a + b^2}$ d) $\frac{a^2 - b}{a - b^2}$ e) $\frac{a - b^2}{a^2 + b^2}$

178) **(CM – RJ)** Sabendo que α e β são as raízes da equação $(x - 2)(x - 3) + (x - 3)(x + 1) + (x + 1)(x - 2) = 0$, o valor de $\frac{1}{(\alpha+1)(\beta+1)} + \frac{1}{(\alpha-2)(\beta-2)} + \frac{1}{(\alpha-3)(\beta-3)}$ está entre:

a) 2 e 4 b) -3 e -2 c) 1 e 2 d) -1 e 1 e) 5 e 7

179) **(EPCAR)** Uma professora de 8ª série colocou numa avaliação três equações do 2° grau na incógnita **x** para serem resolvidas. Ela observou que essas equações tinham as seguintes características:

- a primeira e a terceira equações possuem os coeficientes do termo de maior grau unitário e os coeficientes de **x** iguais;
- a terceira equação tinha como solução {– 6, 2};
- na primeira e na segunda equações o termo independente de **x** era o mesmo e os coeficientes do termo de maior grau eram opostos;
- a segunda equação tinha como solução {1, 3}.

Com base nesses dados, é correto afirmar que a

a) diferença entre as raízes da primeira equação é um número que pertence ao conjunto [$\mathbb{R}$ - $\mathbb{Q}$].

b) soma dos coeficientes da primeira equação **NÃO** é par.

c) razão entre o termo independente de **x** da segunda equação e o termo independente de **x** da terceira equação é um número inteiro.

d) soma dos coeficientes da segunda equação é diferente de zero.

180) **(EPCAR)** Fernando, um aluno aplicado em Matemática, propôs a seus colegas o desafio de descobrirem os coeficientes e as raízes de três equações do 2° grau, todas da forma $ax^2 + bx + c = 0$. Ele afirmou que:

- Os coeficientes dos termos de maiores graus da 2ª e da 3ª equações são iguais ao menor número inteiro positivo.
- O conjunto solução da 1ª equação é {–1, – 2} e a 2ª equação possui duas raízes reais e iguais a 3.
- O coeficiente do termo de maior grau da 1ª equação é igual ao oposto do coeficiente de maior grau da 3ª equação.
- O coeficiente de x da 3ª equação é a metade do coeficiente de x da 2ª equação.
- O produto das raízes da 3ª equação é igual à unidade.

Com base nesses dados, marque a alternativa **FALSA**.

a) A soma dos coeficientes da 1ª equação é um número que pode ser escrito como 2k, tal que k $\in \mathbb{Z}$.

b) A soma das raízes das três equações é igual ao oposto do coeficiente de x da 2ª equação.

c) A razão entre o termo independente de x da 3ª equação e o termo independente de x da 1ª equação é um número do conjunto $\mathbb{Q}_-$.

d) A diferença entre as raízes da 3ª equação é um número racional.

181) **(EPCAR)** Uma professora de Matemática pediu que seus alunos resolvessem uma equação do segundo grau da forma $x^2 + bx + c = 0$ em que b e c $\in \mathbb{R}$. Mariana copiou o coeficiente "c" errado, obtendo – ½ e 4 como raízes. Maria Clara copiou errado o coeficiente "b" e encontrou as raízes 1 e – 3/2. Sobre a equação proposta pela professora, é correto afirmar que

a) uma das raízes é menor que – 1.

b) possui duas raízes inteiras e distintas.

c) uma das raízes é maior que 3.

d) não possui raízes reais.

182) **(CN)** Um professor elaborou 3 modelos de prova. No 1º modelo, colocou uma equação do 2º grau; no 2º modelo, colocou a mesma equação trocando apenas o coeficiente do termo do 2º grau; e no 3º modelo, colocou a mesma equação do 1º modelo trocando apenas o termo independente. Sabendo que as raízes da equação do 2º modelo são 2 e 3 e que as raízes do 3º modelo são 2 e – 7, pode-se afirmar sobre a equação do 1º modelo, que

a) não tem raízes reais

b) a diferença entre a sua maior e a sua menor raiz é 7

c) a sua maior raiz é 6

d) a sua menor raiz é 1

e) a soma dos inversos das suas raízes é 2/3

183) **(EPCAR)** Analise as alternativas abaixo, considerando todas as equações na incógnita **x**, e, a seguir, marque a correta.

a) Na equação $x^2 - mx + n = 0$ $(m, n \in \mathbb{R})$, sabe-se que **a** e **b** são raízes reais. Logo, o valor de $(a + b) - (a \cdot b)$ é, necessariamente, $(n - m)$

b) Para que a soma das raízes da equação $2x^2 - 3x + p = 0$ $(p \in \mathbb{R})$ seja igual ao produto dessas raízes, **p** deve ser igual a 3/2

c) Se a equação $3x^2 - 3x + m = 0$ $(m \in \mathbb{R})$ **NÃO** possui raízes reais, então o valor de **m** pode ser igual a – ¾

d) Uma das raízes da equação $x^2 + Sx - P = 0$ $(S, P \in \mathbb{R})$ é o número 1, logo $(S - P)$ é igual a – 1

184) **(CN)** Um aluno, ao tentar determinar as raízes x_1 e x_2 da equação $ax^2 + bx + c = 0$, $a . b . c \neq 0$, explicitou x da seguinte forma:

$$X = \frac{-b \pm \sqrt{b^2 - 4ac}}{2c}$$

Sabendo-se que não teve erro de contas, encontrou como resultado

a) x_1 e x_2 b) $-x_1$ e $-x_2$ c) ${x_1}^{-1}$ e ${x_2}^{-1}$ d) $c . x_1$ e $c . x_2$ e) $a . x_1$ e $a . x_2$

185) **(CN)** Considere a equação do 2º grau em x tal que $ax^2 + bx + c = 0$, onde a, b e c são números reais com "a" diferente de zero. Sabendo que 2 e 3 são as raízes dessa equação, pode-se afirmar que:

a) $13a + 5b + 2c = 0$

b) $9a + 3b - c = 0$

c) $4a - 2b + c = 0$

d) $5a - b = 0$

e) $36a + 6b + c = 0$

186) **(CN)** Um professor de Matemática apresentou uma equação do 2º grau completa, com duas raízes reais positivas, e mandou calcular, as médias aritmética, geométrica e harmônica entre essas raízes, sem determiná-las. Nessas condições

a) somente foi possível calcular a média aritmética.

b) somente foi possível calcular as médias aritmética e geométrica.

c) somente foi possível calcular as médias aritmética e harmônica.

d) foi possível calcular as três médias pedidas.

e) não foi possível calcular as três médias pedidas.

187) **(CN)** Qual é a soma das raízes quadradas das raízes da equação do 2º grau $x^2 - 6x + 2 = 0$?

a) $\left(6 + 2 . 2^{1/2}\right)^{1/2}$

b) $\left(6 + 2 . 3^{1/2}\right)^{1/2}$

c) $\left(3 + 2 . 2^{1/2}\right)^{1/2}$

d) $\left(3 + 2 . 3^{1/2}\right)^{1/2}$

e) $\left(3 + 3 . 2^{1/2}\right)^{1/2}$

188) **(CN)** A menor raiz da equação $ax^2 + bx + c = 0$, com $abc \neq 0$, é a média geométrica entre "m" e a maior raiz. A maior raiz é a média geométrica entre "n" e a menor raiz. Pode-se afirmar que "m + n" é expresso por:

a) $\frac{3abc - b^3}{a^2c}$ b) $\frac{3abc + b^3}{a^2c}$ c) $\frac{3abc - b^3}{c^2a}$ d) $\frac{abc + b^3}{c^2a}$ e) $\frac{abc - b^3}{a^2c}$

189) **(CN)** A soma das raízes de uma equação do 2º grau é $\sqrt{2}$ e o produto dessas raízes é 0,25. Determine o valor de $\frac{a^3 - b^3 - 2ab^2}{a^2 - b^2}$, sabendo que 'a' e 'b' são as raízes dessa equação do 2º grau e a > b, e assinale a opção correta.

a) $\frac{1}{2}$ b) $\frac{\sqrt{3}-2}{4}$ c) – 1 d) $\sqrt{2} + \frac{1}{4}$ e) $\sqrt{2} - \frac{1}{4}$

190) **(CN)** Uma das raízes da equação do 2º grau $ax^2 + bx + c = 0$, com a, b, c pertencentes ao conjunto dos números reais, sendo $a \neq 0$, é igual a 1. Se $b - c = 5a$ então, b^c em função de a é igual a

a) $-3a^2$ b) 2^a c) $2a3^a$ d) $\frac{1}{(2a)^{3a}}$ e) $\frac{1}{2^{(3a)}\ a^{(3+a)}}$

191) **(CN)** Considere a equação do 2º grau $2014x^2 - 2015x - 4029 = 0$. Sabendo-se que a raiz não inteira é dada por $\frac{a}{b}$, onde "a" e "b" são primos entre si, a soma dos algarismos de "a + b" é:

a) 7 b) 9 c) 11 d) 13 e) 15

192) **(CN)** As equações na incógnita 'x' dadas por $ax + b = 0$ e $ax^2 + bx + c = 0$, onde 'a', 'b' e 'c' são números reais e $a \neq 0$, possuem uma única raiz em comum. Sabendo que 'm' e 'n' são as raízes da equação do 2º grau, marque a opção que apresenta o valor da soma $m^{2018} + n^{2018}$.

a) $\left(\frac{c}{b}\right)^{2018}$ b) $\left(\frac{ab}{c}\right)^{2018}$ c) $\left(\frac{c}{a}\right)^{2018}$ d) $\left(\frac{bc}{a}\right)^{2018}$ e) $\left(\frac{b}{a}\right)^{2018}$

193) **(CN)** A soma e o produto das raízes x_1 e x_2 de uma equação do 2º grau são iguais. Se s é a soma das raízes da equação, é correto afirmar que a expressão $x_1^2 + x_2^2 + \frac{s^2}{x_1^2} + \frac{s^2}{x_2^2}$ é igual a:

a) $s^2 - 4s$ b) $s^2 - 8s$ c) $4s^2 - 16s$ d) $2s^2 + 8s$ e) $2s^2 - 4s$

GABARITOS

1) B	2) D	3) c = 6	4) C	5) D	6) B	7) C	8) A
9) B	10) b = – 7	11) C	12) C	13) A	14) C	15) C	16) E
17) C	18) B	19) A	20) A	21) C	22) D	23) E	24) C
25) D	26) C	27) B	28) B	29) B	30) A	31) B	32) A
33) E	34) A	35) C	36) C	37) D	38) A	39) D	40) C
41) A	42) A	43) B	44) A	45) D	46) A	47) D	48) D
49) B	50) C	51) A	52) C	53) E	54) E	55) D	56) C

57) A	58) A	59) D	60) D	61) E	62) E	63) E	64) C
65) B	66) A	67) D	68) C	69) E	70) A	71) C	72) B
73) A	74) C	75) C	76) E	77) A	78) B	79) C	80) E
81) B	82) E	83) C	84) C	85) C	86) B	87) D	88) C
89) D	90) B	91) C	92) D	93) C	94) A	95) D	96) D
97) A	98) A	99) E	100) D	101) D	102) E	103) A	104) A
105) C	106) B	107) A	108) C	109) B	110) B	111) A	112) A
113) P = 1	114) E	115) C	116) D	117) B	118) A	119) B	120) A
121) B	122) C	123) E	124) B	125) A	126) E	127) D	128) D
129) E	130) C	131) A	132) E	133) C	134) D	135) E	136) D
137) D	138) D	139) C	140) B	141) A	142) B	143) c = 75	144) c = 75
145) B	146) E	147) A	148) C	149) E	150) E	151) C	152) B
153) C	154) C	155) A	156) A	157) D	158) D	159) C	160) E
161) C	162) B	163) A	164) A	165) $x^2 - 2x - 1 = 0$	166) C	167) $4x^2 - 4ax + a^2 - b^2 = 0$	168) B
169) B	170) A	171) C	172) E	173) D	174) B	175) $6x^2 + (3m - 2n)x - mn = 0$	176) E
177) C	178) D	179) A	180) D	181) C	182) B	183) D	184) C
185) A	186) D	187) A	188) A	189) E	190) D	191) D	192) E
193) E							

Capítulo 11

Problemas do 2º Grau

1. Introdução

- O problema do 2º grau é aquele que pode ser resolvido utilizando uma equação do 2º grau.

Exercícios

1) **(FCC)** Em certo momento, o número X de soldados em um policiamento ostensivo era tal que subtraindo-se do seu quadrado o seu quádruplo, obtinha-se 1845. O valor de X é

a) 42 b) 45 c) 48 d) 50 e) 52

Resolução:

Número de soldados: x

$x^2 - 4x = 1845$

$x^2 - 4x - 1845 = 0 \begin{cases} a = 1 \\ b = -4 \\ c = -1845 \end{cases}$

$\Delta = b^2 - 4ac = (-4)^2 - 4 . 1 . (-1845) = 16 + 7380 = 7396$

$x = \frac{-b \pm \sqrt{\Delta}}{2a}$

$x = \frac{-(-4) \pm \sqrt{7396}}{2 . 1}$

$x = \frac{4 \pm 86}{2} \therefore \begin{cases} x_1 = \frac{4+86}{2} = 45 \\ x_2 = \frac{4-86}{2} = -41 \end{cases}$

O valor de x é 45.

GABARITO: B

2) Calcule o número inteiro positivo que somado ao seu quadrado vale 90.

a) 7 b) 8 c) 9 d) 10 e) 11

3) **(CFN)** Qual é o número natural que elevado ao quadrado é igual ao seu triplo somado com 40?

a) 5 b) 6 c) 8 d) 9

4) **(ENEM)** O quadrado de um número natural é igual ao seu dobro somado com 24. O dobro desse número menos 8 é igual a:

a) 2 b) 3 c) 4 d) 5 e) 6

5) **(INAZ DO PARÁ)** Márcia pensou em um número natural que a diferença entre seu quadrado e seu triplo era igual a 10. Esse número é igual a:

a) – 2 b) 7 c) 6 d) 5 e) 4

6) O quíntuplo de um número aumentado do seu quadrado é igual a 36. Qual é esse número?

a) – 9 ou 4 b) 9 ou 4 c) 9 ou – 4 d) – 9 ou – 4 e) 5 ou 6

7) **(CONSULPLAN)** O dobro da quantia que Flávia possui, aumentado do quadrado da mesma quantia é igual a R$ 80,00. Quanto Flávia possui?

a) R$ 6,00 b) R$ 8,00 c) R$ 9,00 d) R$ 7,00 e) R$ 10,00

Resolução:

Quantia que Flávia possui: x

$2x + x^2 = 80$

$x^2 + 2x - 80 = 0 \begin{cases} a = 1 \\ b = 2 \\ c = -80 \end{cases}$

$\Delta = b^2 - 4ac = 2^2 - 4 \,.\, 1 \,.\, (-80) = 4 + 320 = 324$

$x = \frac{-b \pm \sqrt{\Delta}}{2a}$

$x = \frac{-2 \pm \sqrt{324}}{2 \,.\, 1}$

$x = \frac{-2 \pm 18}{2} \therefore \begin{cases} x_1 = \frac{-2+18}{2} = \frac{16}{2} = 8 \\ x_2 = \frac{-2-18}{2} = \frac{-20}{2} = -10 \end{cases}$

Assim, Flávia possui R$ 8,00.

GABARITO: B

8) Determine um número inteiro cujo dobro do quadrado excede o número dado em uma unidade.

a) 4 b) 3 c) 2 d) 1 e) 5

9) **(EPCAR)** A razão entre dois números naturais é igual a 0,333... e o quadrado do menor é igual ao maior acrescido de 10 unidades. A soma desses números é igual a:

a) 3 b) 5 c) 12 d) 20 e) 25

10) Decompondo 14 em duas parcelas, de modo que o quadrado da maior diminuído do quádruplo da menor resulte 61. O produto dessas parcelas é:

a) 45 b) 33 c) 24 d) 48 e) 13

11) **(CTUR)** Um lavrador comprou um certo número de ovelhas. Decorrido algum tempo, nasceram diversos cordeiros. Sabendo-se que todo o rebanho é constituído de 56 cabeças, e o número de ovelhas é igual ao quadrado do de cordeiros, calcule o número de ovelhas.

a) 7 b) 32 c) 49 d) 52 e) 54

12) **(CONSULPLAN)** "O triplo do quadrado de um número real é 192". Sobre o resultado da situação apresentada, é correto afirmar que, EXCETO:

a) São números pares iguais e simétricos

b) São números pares pertencentes ao conjunto dos números reais

c) São números pares pertencentes ao conjunto dos números naturais

d) São números múltiplos de 2 e 4

e) Os números não são primos

13) **(MOURA MELO)** Quais são os números cujo quíntuplo de seu quadrado é igual a ele mesmo ?

a) {0, 5} b) {– 5, 0} c) {0, 1/5} d) {– 1/5, 0}

14) **(EEAR)** Qual é a sexta parte de um número, cujo produto da terça parte pela quarta parte é 48?

a) ± 4 b) ± 6 c) ± 7 d) ± 8

15) **(CFN)** Qual o número que multiplicando por ele mesmo e do resultado subtraindo 9, você obtém 112?

a) 0 b) ± 11 c) ± 103 d) ± 111 e) ± 113

Resolução:

Número: x

$x \cdot x - 9 = 112$

$x^2 = 112 + 9$

$x^2 = 121$

$x = \pm \sqrt{121}$

$x = \pm 11$

GABARITO: B

16) **(IBFC)** Se o produto de um número x pelo seu antecessor é igual a 56, então a soma entre os inversos dos possíveis valores de x é igual a:

a) – 1　　b) 1/56　　c) 1　　d) – 1/56

17) **(AOCP)** O produto da minha idade atual, em anos, pela idade que eu tinha há sete anos é igual à soma do triplo da minha idade atual com setenta e cinco. Com relação à minha idade atual é possível afirmar que

a) é um número par

b) é um número primo

c) é um número múltiplo de 3

d) é um divisor de 20

e) é maior que 19

18) A idade que Maria terá daqui a 6 anos será igual ao quadrado da idade que tinha há 6 anos. A idade atual de Maria é:

a) 7 anos　　b) 10 anos　　c) 13 anos　　d) 16 anos

19) **(CM – SANTA MARIA)** Todas as manhãs, os alunos do CMSM entram em forma onde acontece a formatura matinal. Nessa formatura, são formados grupos de alunos dispostos em fila. Em uma determinada manhã, não estavam presentes todos os alunos, apenas 135, dispostos de forma retangular em filas, de tal modo que o número de alunos de cada fila supera em 6 o número de filas. A quantidade de alunos em cada fila é:

a) 6　　b) 9　　c) 15　　d) 27　　e) 45

20) **(VUNESP)** Em uma sala, o número de meninos excede o número de meninas em três. O produto do número de meninos pelo número de meninas é um número que excede o número total de alunos em 129. O total de alunos nessa sala é

a) 25 b) 27 c) 30 d) 32 e) 36

21) **(CONSULPLAN)** A idade que Lúcia tem hoje, corresponde a um número cujo dobro, subtraído de 20 unidades é igual a sua metade adicionada de 10 unidades. Desta forma, quantos anos Lúcia tem?

a) 5 anos b) 10 anos c) 15 anos d) 20 anos e) 30 anos

22) **(EEAR)** O quíntuplo de um número, diferente de zero, excede o seu quadrado de tantas unidades quanto o seu quadrado excede ele próprio. Determinando esse número, descobre-se que ele é

a) par b) primo c) irracional d) quadrado perfeito

23) **(EEAR)** Qual a equação que representa o problema:

"Um terreno retangular de área $875m^2$ tem o comprimento excedendo em 10m a largura. Quais são as dimensões do terreno?"

a) $x^2 + 10x - 875 = 0$
c) $x^2 - 875x - 10 = 0$
b) $x^2 - 10x + 875 = 0$
d) $x^2 + 10x + 875 = 0$

Resolução:

Largura do terreno (em metros): x

Comprimento do terreno (em metros): x + 10

Área do terreno: $875m^2$

Área do terreno retangular = comprimento x largura

$x \cdot (x + 10) = 875$

$x^2 + 10x = 875$

$x^2 + 10x - 875 = 0$

GABARITO: A

24) **(EsSA)** Um quadro retangular tem $150cm^2$ de área. O seu comprimento excede em 5cm a largura. A equação que representa as afirmações acima é:

a) $x^2 - 15x - 150 = 0$
c) $x^2 + 150x - 5 = 0$
b) $x^2 + 5x - 150 = 0$
d) $x^2 - 150x - 5 = 0$

25) **(EAM)** Se o produto (x – 3) **.** (x + 1) tem o mesmo resultado de 5x – 13, então o valor de x é sempre

a) par
b) primo
c) múltiplo de 5
d) múltiplo de 13
e) ímpar

26) **(PUC – MG)** O quociente da divisão de 72 por um número negativo é o dobro desse número. A metade desse número é:

a) – 3 b) – 4 c) – 5 d) – 6 e) – 7

27) **(CM – FORTALEZA)** Mariana é 4 anos mais nova que Isabella. Somando-se 2 (dois) anos a idade de Isabella e subtraindo-se 2 (dois) anos da idade de Mariana, o produto das novas idades passa a ser 20. Então, a soma dos quadrados das idades de Mariana e Isabella é:

a) 80 b) 100 c) 53 d) 61 e) 74

28) **(EFOMM)** Determinar três números inteiros consecutivos cuja soma é igual ao produto dos dois maiores.

a) 3, 4 e 5 b) 6, 7 e 8 c) 1, 2 e 3 d) – 1, 2 e 3 e) – 1, – 2 e 3

29) **(EEAR)** A soma dos quadrados de três números inteiros, positivos e consecutivos é 110. A soma destes números é

a) 12 b) 15 c) 18 d) 21

30) **(CONSULPLAN)** Considere 2 números inteiros positivos e consecutivos. O quadrado do número maior menos o número menor é igual a 43. Quais são esses números?

a) 8 e 9 b) 10 e 11 c) 5 e 6 d) 6 e 7 e) 7 e 8

31) Calcular três números inteiros positivos e consecutivos, sabendo-se que o quadrado do maior é igual à soma dos quadrados dos outros dois.

a) 4, 5 e 6 b) 3, 4 e 5 c) 6, 7 e 8 d) 8, 9 e 10 e) 1, 2 e 3

32) **(EPCAR)** A soma dos quadrados de dois números inteiros e consecutivos tais que a soma de seus inversos seja 11/30 é igual a:

a) 41 b) 13 c) 61 d) 85 e) 145

33) A soma dos quadrados de dois números naturais consecutivos ímpares é 130. Determine esses números.

a) 5 e 7 b) 7 e 9 c) 9 e 11 d) 3 e 5 e) 11 e 13

34) A soma dos quadrados de dois números naturais consecutivos pares é 580. Determinar esses números.

a) 10 e 12 b) 12 e 14 c) 14 e 16 d) 16 e 18 e) 18 e 20

35) **(VUNESP)** O produto de dois números pares, positivos e consecutivos, vale 1224. O máximo divisor comum desses números vale

a) 10 b) 8 c) 6 d) 4 e) 2

36) **(EEAR)** A soma de certo número inteiro com o seu inverso é igual a $\frac{50}{7}$. O número é:

a) 7 b) 17 c) 27 d) 50

Resolução:

Número inteiro: x

$x + \frac{1}{x} = \frac{50}{7}$

$\frac{x}{1/7x} + \frac{1}{x/7} = \frac{50}{7/x}$

$7x^2 + 7 = 50x$

$7x^2 - 50x + 7 = 0 \therefore \begin{cases} x' = 7 \\ x'' = \frac{1}{7} \text{ (não convém pois não é um número inteiro)} \end{cases}$

GABARITO: A

37) **(UNA CONCURSOS)** Qual é o número natural que somado com o dobro do seu inverso resulta em $\frac{163}{9}$?

a) 23 b) 9 c) 18 d) 34

38) **(Prefeitura de Cambará/PR)** Determine o número x, sabendo que a soma entre x e o dobro de seu inverso é três.

a) x = – 1 ou x = 2
b) x = 2 ou x = – 3
c) x = 3 ou x = 4
d) x = 2 ou x = 3
e) x = 1 ou x = 2

39) **(ETF)** Dois números inteiros consecutivos tais que a soma de seus inversos é igual a 5/6 são:

a) 2 e 3
b) – 1 e 0
c) 2 e – 3/5
d) – 3/5 e 2/5

40) **(CEFET – RJ)** Luísa é mais velha do que Caio um ano. Se a soma dos inversos de suas idades é igual a 7/12, a idade de Caio é

a) 3 anos
b) 4 anos
c) 5 anos
d) 6 anos
e) 7 anos

41) A soma dos inversos de dois números naturais pares consecutivos é $\frac{5}{12}$. Determine esses números.

a) 2 e 4
b) 4 e 6
c) 6 e 8
d) 8 e 10
e) 10 e 12

42) A soma dos inversos de dois números naturais ímpares consecutivos é $\frac{12}{35}$. Determine esses números.

a) 5 e 7
b) 7 e 9
c) 9 e 11
d) 11 e 13
e) 3 e 5

43) **(UNA CONCURSOS)** O produto de dois números ímpares e consecutivos vale 5.183. Agora, se fizermos o triplo do menor, somado com o quíntuplo do maior obteremos 578. Determine quanto obteremos se somarmos os dois números?

a) 4.605
b) 144
c) 190
d) 256

44) **(EEAR)** A soma dos inversos de dois números ímpares consecutivos é $\frac{4}{3}$. Então um dos números é

a) 3
b) 5
c) 7
d) 9

45) **(EPCAR)** Os números reais x tais que "o inverso de seu quadrado é igual ao inverso de sua soma com 2", constituem um subconjunto de $\mathbb{R}$ cujos elementos somados igualam a

a) 0
b) 1
c) 2
d) 3

46) **(UNIFOR-CE)** Seja o problema seguinte: "Qual é o número que somado com o dobro de seu inverso é igual a 3?" A equação que nos dá a solução desse problema é:

a) $2x^2 - 6x + 1 = 0$

b) $2x^2 + 6x - 1 = 0$

c) $x^2 - 2x + 3 = 0$

d) $x^2 + 3x + 2 = 0$

e) $x^2 - 3x + 2 = 0$

47) **(ESPCEX)** Determine dois números cuja soma seja (– 2) e o produto seja (– 15).

Resolução:

Números: x e y

$$\begin{cases} x + y = -2 \text{ (I)} \\ x \cdot y = -15 \text{ (II)} \end{cases}$$

Na equação (I) temos o seguinte:
$x + y = -2$
$x = -2 - y$
Vamos substituir **x = – 2 – y** na equação (II).
$x \cdot y = -15$

$(-2 - y) \cdot y = -15$

$-2y - y^2 = -15$

$y^2 + 2y - 15 = 0 \therefore \begin{cases} y' = -5 \\ y'' = 3 \end{cases}$

Para $y = -5 \rightarrow x = -2 - (-5) = -2 + 5 = 3$

Para $y = 3 \rightarrow x = -2 - 3 = -5$

GABARITO: – 5 e 3

48) A soma de dois números é 100 e o produto, 1875. Determine estes números.

a) 25 e 75
b) 55 e 45
c) 35 e 65
d) 15 e 85

49) A soma de dois números é $\frac{17}{12}$ e seu produto é $\frac{1}{2}$. A diferença entre esses números será igual a:

a) $\frac{1}{12}$
b) $\frac{1}{9}$
c) $\frac{1}{6}$
d) $\frac{1}{2}$
e) $\frac{1}{17}$

50) **(CN)** Qual o maior de dois números cuja soma é 2 e o produto é $\frac{3}{4}$?

51) A diferença entre dois números positivos é $\frac{9}{20}$ e o produto desses números é 1. Daí se conclui que o maior desses números é:

a) 5/4 b) 4/3 c) 4/5 d) 31/20 e) ¾

52) **(CN)** Achar três números sabendo que a soma deles é 28, o produto 512, e que um deles é a média geométrica dos outros dois.

53) **(EPCAR)** Um número é formado por dois algarismos "x" e "y", sendo "x" o algarismo das dezenas e x < y. O produto xy é 42. Se aumentarmos 2 unidades a cada algarismo, o novo produto será 72. Com relação a este número podemos afirmar que é:

a) par b) primo c) menor que 50 d) maior que 70 e) divisível por 3

54) O produto dos dois algarismos de um número é 12. Trocando a posição dos algarismos, obteremos um outro número que excede o primitivo de 36 unidades. Qual o número?

a) 62 b) 26 c) 34 d) 22 e) 32

55) **(ESPCEX)** A soma de dois números é 14 e a soma dos seus quadrados, 100. Quais são os números?

Resolução:

Números: x e y

$$\begin{cases} x + y = 14 \text{ (I)} \\ x^2 + y^2 = 100 \text{ (II)} \end{cases}$$

Na equação (I) temos o seguinte:

$x + y = 14$

$x = 14 - y$

Vamos substituir **x = 14 – y** na equação (II).

$x^2 + y^2 = 100$

$(14 - y)^2 + y^2 = 100$

$14^2 - 2 \cdot 14 \cdot y + y^2 + y^2 = 100$

$196 - 28y + 2y^2 = 100$

$2y^2 - 28y + 96 = 0$ **:2 (dividir a equação por 2)**

$y^2 - 14y + 48 = 0 \therefore \begin{cases} y' = 6 \\ y'' = 8 \end{cases}$

Para y = 6 → x = 14 – 6 = 8

Para y = 8 → x = 14 – 8 = 6

<u>GABARITO</u>: **6 e 8**

56) **(UFRRJ)** A soma de dois números é 6, e a soma de seus quadrados é 68. O módulo da diferença desses números é:

a) 2 b) 4 c) 6 d) 8 e) 10

57) A soma de dois números é 12 e a soma de seus quadrados vale 74. Ache os dois números.

a) 5 e 7 b) 4 e 5 c) 4 e 8 d) 3 e 9 e) 2 e 10

58) **(UNICAMP)** Ache dois números inteiros positivos e consecutivos, sabendo que a soma de seus quadrados é 481.

59) A diferença entre dois números positivos é $\frac{1}{5}$ e a soma de seus quadrados é 1. Determine esses dois números.

a) $\frac{1}{5}$ e $\frac{3}{5}$ b) $\frac{4}{5}$ e $\frac{3}{5}$ c) $\frac{2}{5}$ e $\frac{5}{2}$ d) $\frac{1}{3}$ e 3 e) 3 e 4

60) **(ESPCEX)** A razão de dois números é 3/4, e a diferença entre seus quadrados é 1.183. Determine o menor deles.

61) **(CAP – UFRJ)** O produto de dois números reais é $-\frac{1}{6}$ e a soma dos quadrados desses números é $\frac{13}{36}$. Qual o valor do quadrado da soma desses dois números?

62) **(CM – SANTA MARIA)** Considerando que a diferença de quadrados de dois números reais positivos é igual a cinco e o produto entre eles é igual a seis, determine o quadrado da soma desses números.

a) 49 b) 36 c) 25 d) 4 e) 9

63) **(CM – RJ)** A diferença entre os quadrados de dois números positivos é 3, e o quadrado do produto desses dois números é 10. O menor desses dois números pertence ao conjunto

a) $\{x \in R \mid 0 < x < 1\}$

b) $\{x \in R \mid 1 < x < 2\}$

c) $\{x \in R \mid 2 < x < 3\}$

d) $\{x \in R \mid 3 < x < 4\}$

e) $\{x \in R \mid 4 < x < 5\}$

64) **(CN)** A soma de dois números é 13; o primeiro mais a raiz quadrada do segundo é 7. Calcular esses números.

Resolução:

Números: x e y

$$\begin{cases} x + y = 13 \ (I) \\ x + \sqrt{y} = 7 \ (II) \end{cases}$$

Na equação (I) temos o seguinte:

$x + y = 13$

$x = 13 - y$

Vamos substituir **x = 13 – y** na equação (II).

$x + \sqrt{y} = 7$

$13 - y + \sqrt{y} = 7$

$\sqrt{y} = 7 - 13 + y$

$\sqrt{y} = y - 6$

$(\sqrt{y})^2 = (y - 6)^2$ (Elevar a equação ao quadrado para eliminar o radical)

$y = y^2 - 2 . y . 6 + 6^2$

$y = y^2 - 12y + 36$

$y^2 - 13y + 36 = 0 \therefore \begin{cases} y' = 9 \\ y'' = 4 \end{cases}$

Para $y = 9 \rightarrow x = 13 - 9 = 4$

Para $y = 4 \rightarrow x = 13 - 4 = 9$

GABARITO: 4 e 9

65) **(EEAR)** O número real que, somado a sua raiz quadrada, dá 3/4 é

a) 4 b) 1/4 c) 1/2 d) 4/9

66) **(EAM)** Dado o seguinte problema: "Subtraindo-se 3 de um certo número **x**, obtém-se o dobro da sua raiz quadrada. Qual é esse número?" ; pode-se afirmar que, no conjunto dos números reais, esse problema

a) tem duas soluções

b) tem só uma solução, a que é um número primo

c) tem só uma solução, a que é um número par
d) tem só uma solução, a que é um número ímpar e não primo
e) não tem solução

67) **(EAM)** O triplo da raiz quadrada de um número real positivo x, diminuído de duas unidades, é igual ao próprio número x. A soma das raízes dessa equação é

a) 2 b) 3 c) 4 d) 5 e) 6

68) **(IMES)** Duas torneiras enchem um reservatório em 2 horas. A primeira, sozinha, enche a caixa em x horas. A segunda, sozinha, leva três horas a mais. A primeira torneira, sozinha, enche o tanque em:

a) 4 horas b) 3 horas c) 2 horas d) 5 horas e) 6 horas

Resolução:

T_T = 2 horas

T_1 = x horas

T_2 = (x + 3) horas

Para resolver a questão, podemos utilizar a fórmula abaixo:

$$T_T = \frac{T_1 \text{ x } T_2}{T_1 + T_2}$$

$$2 = \frac{x\ .\ (x+3)}{x+x+3}$$

$$2 = \frac{x^2+3x}{2x+3}$$

$x^2 + 3x = 2(2x + 3)$
$x^2 + 3x = 4x + 6$
$x^2 + 3x - 4x - 6 = 0$
$x^2 - x - 6 = 0 \therefore \begin{cases} x' = 3 \\ x'' = -2 \text{ (não convém)} \end{cases}$

Logo, o tempo da primeira torneira sozinha é de 3 horas.

GABARITO: B

69) **(CFN)** Duas torneiras podem, juntas, encher um recipiente em 18 horas. Qual o tempo que cada uma, sozinha, leva para encher esse mesmo recipiente, se a primeira emprega nessa operação 27 horas a mais que a segunda?

a) 54 e 27 b) 57 e 30 c) 58 e 31 d) 59 e 32 e) 60 e 33

70) Duas torneiras enchem um tanque em 6 horas. A primeira gasta 5 horas mais do que a segunda para fazê-lo sozinha. Quanto tempo gastará, isoladamente, a segunda para encher o tanque?

a) 7h b) 8h c) 9h d) 10h e) 11h

71) **(CN)** Um recipiente é dotado de duas torneiras. A primeira torneira esvazia-o em um tempo inferior a outra em 30 minutos. Sabendo que as duas torneiras juntas esvaziam o recipiente em 20 minutos, determine em quanto tempo a primeira torneira esvazia 60% do recipiente.

a) 18 min b) 30 min c) 15 min d) 20 min e) 12 min

72) Duas escavadeiras diferentes, trabalhando em conjunto, efetuam o desmonte de certo morro em 14 horas. Se funcionassem separadamente, a menor delas gastaria, para o mesmo desmonte, mais 45 horas que a maior. Calcule o tempo em que a maior escavadeira executaria, sozinha, o referido desmonte.

a) 16h b) 18h c) 20h d) 25h e) 12h

73) **(CM – SANTA MARIA)** Uma caixa d'água possui uma tubulação que a alimenta e que a enche em $\underline{x}$ horas. Possui também um "ladrão" que a esvazia em $\underline{x}$ + 5 horas. A caixa d'água, quando vazia, enche em 30 horas com a tubulação e o "ladrão" funcionando simultaneamente. Se a tubulação entupir e a caixa d'água estiver cheia, em quanto tempo ficará novamente vazia?

a) 25 horas b) 15 horas c) 20 horas d) 10 horas e) 30 horas

74) **(EN)** Três máquinas, P, Q e R, trabalhando juntas, fazem um trabalho em x horas. Trabalhando sozinha, P necessita de 6 horas adicionais para fazer o trabalho; Q, uma hora adicional e R, x horas adicionais. O valor de x é:

a) 2/3 b) 11/12 c) 3/2 d) 2 e) 3

75) **(CM – FORTALEZA)** Um grupo de amigos se reuniu em um restaurante e, na hora de pagar a conta de R$ 600,00, dois deles estavam sem dinheiro. Isso fez com que cada um dos outros contribuísse com mais R$ 50,00. Sendo x a quantidade de amigos, uma equação que representa o problema é:

a) $\frac{600}{x-2} - \frac{600}{x} = 50$

b) $\frac{600}{x} - \frac{600}{x-2} = 50$

c) $\frac{x}{600} - \frac{x-2}{600} = 50$

d) $\frac{600}{x-2} + \frac{600}{x} = 50$

e) $\frac{x-2}{600} - \frac{x}{600} = 50$

Resolução:

Total de pessoas: x

Total da conta: R$ 600,00

Dividindo R$ 600,00 para x pessoas, cada pessoa deve pagar a seguinte quantia: $\frac{600}{x}$

Como 2 pessoas faltaram, então compareceram (x – 2) pessoas. Cada uma das pessoas que compareceu deve pagar a seguinte quantia: $\frac{600}{x-2}$

Como faltaram 2 pessoas, cada uma das outras pagou R$ 50,00 a mais. Assim, temos que:
$\frac{600}{x-2} = \frac{600}{x} + 50 \rightarrow \frac{600}{x-2} - \frac{600}{x} = 50$

GABARITO: A

76) **(ESPP)** Eram x pessoas que iriam dividir igualmente 1000 reais. Como faltaram 5 pessoas, cada uma das outras ganhou 10 reais a mais. A equação que corresponde a essa situação é:

a) $\frac{1}{x-5} + 10 = 1000$

b) $\frac{1000}{x} = \frac{1000}{x-5} + 10$

c) $\frac{1000}{x} = \frac{1000}{x-5} - 10$

d) $\frac{1000}{x} - 5 = 10$

77) **(EsSA)** Um pelotão está formado de tal maneira que todas as **n** filas têm **n** soldados. Trezentos soldados se juntam a esse pelotão e a nova formação tem o dobro de filas, cada uma, porém, com 10 soldados a menos. Quantas filas há na nova formação?

a) 20 b) 30 c) 40 d) 60 e) 80

78) **(EEAR)** Um indivíduo distribuiu Cr$ 42,00 entre um certo número de pobres. Porém, no momento da partilha, um deles desistiu e coube a cada um dos restantes Cr$ 7,00 a mais. Quantos eram os pobres antes da desistência?

a) 2 b) 3 c) 4 d) 5

79) **(CN)** Um rádio de Cr$ 280,00 devia ser comprado por um grupo de rapazes que contribuiriam em partes iguais. Como três deles desistiram, a quota de cada um dos outros ficou aumentada de Cr$ 12,00. Quantos eram os rapazes?

80) **(EsSA)** Doze rapazes cotizaram-se para comprar um barco. Como dois deles desistiram, cada um teve que pagar mais R$ 200,00. Qual o preço do barco?

a) R$ 2.000,00 b) R$ 10.000,00 c) R$ 12.000,00 d) R$ 1.200,00

81) **(CTUR)** Um celular de R$ 280,00 devia ser comprado por um grupo de alunos que contribuiria em partes iguais. Como três deles desistiram, a quota que coube a cada um dos outros ficou aumentada em R$ 12,00. Quantos alunos realmente se cotizaram?

a) 30 b) 12 c) 10 d) 11 e) 25

82) **(CM – RJ)** Um grupo de amigos se reuniu num restaurante e, na hora de pagar a conta, que era de R$ 600,00, dois deles perceberam que estavam sem dinheiro; consequentemente, não tinham como pagar suas respectivas partes. Isso fez com que cada um dos outros contribuísse com mais R$ 10,00. Os dois amigos que não tinham levado dinheiro combinaram então que, no dia seguinte, cada um deles depositaria na conta bancária de um dos que pagou a mesma quantia que os demais havia pago, acrescida de 10% de multa. Com isso seria criada uma caixinha a ser usada em futuros encontros. Assim, a caixinha foi criada com o valor igual a

a) R$ 132,00 b) R$ 120,00 c) R$ 110,00 d) R$ 66,00 e) R$ 60,00

83) **(EEAR)** As despesas de um condomínio totalizam Cr$ 600.000,00. Três condôminos, não dispondo de dinheiro para pagar a sua parte, obrigam os demais a pagar, além de sua parte, um adicional de Cr$ 45.000,00 cada um. O número de condôminos é

a) 5 b) 6 c) 7 d) 8

84) **(EPCAR)** Um condomínio tem uma despesa de R$ 1.200,00 por mês. Se três condôminos não pagam suas partes, os demais pagam um adicional de R$ 90,00 cada um. O valor que cada condômino paga quando todos participam do rateio é, em reais,

a) 330,00 b) 240,00 c) 180,00 d) 150,00

Resolução:

Total de condôminos: x

Despesa total: R$ 1.200,00

Dividindo a despesa de R$ 1.200,00 para x condôminos, cada um deverá pagar a seguinte quantia: $\frac{1.200}{x}$

Como 3 condôminos desistiram, então o número de condôminos passou a ser (x – 3). Cada um deles deverá pagar a seguinte quantia: $\frac{1.200}{x-3}$

Como 3 condôminos desistiram, cada um dos demais condôminos pagará um adicional de R$ 90,00. Assim, temos que:

$\frac{1200}{x-3} = \frac{1200}{x} + 90$

$\frac{1200}{x-3/x} = \frac{1200}{x/x-3} + \frac{90}{1/x(x-3)}$

1200x = 1200(x – 3) + 90x(x – 3) **(dividir a equação por 30)**

40x = 40(x – 3) + 3x(x – 3)

$40x = 40x - 120 + 3x^2 - 9x$

$3x^2 - 9x + 40x - 40x - 120 = 0$

$3x^2 - 9x - 120 = 0 \ : 3$

$x^2 - 3x - 40 = 0 \therefore \begin{cases} x' = 8 \\ x'' = -5 \text{ (não convém)} \end{cases}$

Número total de condôminos: x = 8

Quantia paga por cada um dos 8 condôminos: $\frac{1.200}{8} = 150$

<u>GABARITO</u>: D

85) **(EPCAR)** Na pintura de um prédio deverá ser gasta a importância de R$ 1.200,00, a ser dividida igualmente pelo número de apartamentos existentes no mesmo. Três proprietários, não dispondo da importância no momento, obrigarão os demais a assumir um adicional de R$ 90,00 cada um. Pode-se dizer que o número de apartamentos desse prédio

a) está entre 7 e 9

b) não é maior que 7

c) não é igual a 8

d) não é menor que 9

86) **(CTUR)** Um grupo de alunos alugou, por R$ 160,00, um campo para jogar futebol. Essa quantia seria dividida igualmente entre eles. No dia do jogo, faltaram 4 alunos e cada um teve que pagar R$ 2,00 a mais para compensar a falta dos colegas. O número de alunos que alugou o campo, inicialmente, foi:

a) 10 b) 16 c) 20 d) 32 e) 40

87) **(CM – JUIZ DE FORA)** Para conhecer Tiradentes, cidade histórica de Minas Gerais, um determinado grupo de estudantes planejou uma excursão, cujas despesas totais foram calculadas no valor de R$ 2400,00, dividido igualmente entre eles. No entanto, 10 estudantes do grupo desistiram, ocasionando um acréscimo de R$ 40,00 na contribuição de cada um dos demais. Baseados nessas informações, podemos afirmar que:

a) Pelo fato de 10 estudantes não participarem da excursão, ocorreu um acréscimo de 40% na contribuição dos demais.

b) As despesas da excursão foram pagas por 2/3 dos estudantes do grupo inicial.

c) O grupo era composto inicialmente por 20 estudantes.

d) Se todos os estudantes do grupo inicial participassem da excursão, cada um contribuiria com R$ 120,00.

88) **(EEAR)** Uma despesa de R$ 120,00 deveria ser dividida por x pessoas. Quatro delas deixaram de pagar. Em consequência, cada uma das restantes teve de pagar R$ 5,00 a mais. Quantas eram as pessoas?

a) 6 b) 10 c) 12 d) 15

89) **(EFOMM)** Alguns amigos combinaram de viajar e economizaram R$ 900,00. Quando estava próximo do dia da viagem, mais duas pessoas entraram no grupo e cada participante pagou a menos R$ 75,00. Quantas pessoas havia no início?

a) 4 b) 5 c) 6 d) 8 e) 10

90) **(CESGRANRIO)** Para arrecadar R$ 240,00 a fim de comprar um presente para um colega que se aposentava, os funcionários de uma empresa fizeram um rateio. No dia do pagamento, 5 funcionários resolveram não participar, o que aumentou a quota de cada um dos demais em R$ 8,00. Quantos funcionários efetivamente participaram do rateio?

a) 8 b) 9 c) 10 d) 12 e) 15

91) **(CM – PORTO ALEGRE)** Um grupo de alunos do Colégio Militar de Porto Alegre organizou uma festa de fim de ano. Para cobrir o total das despesas, cada um deveria contribuir com R$ 135,00. Como 7 alunos deixaram o Colégio antes da arrecadação, e como as despesas permaneceram as mesmas, cada um dos estudantes contribuintes teve de pagar R$ 27,00 a mais. Então, o valor total arrecadado foi

a) R$ 6.804,00
b) R$ 6.420,00
c) R$ 6.140,00
d) R$ 5.930,00
e) R$ 5.670,00

92) **(CTUR)** Uma professora do curso de Meio Ambiente pretendia fazer um passeio com os alunos do Colégio Técnico à Reserva Municipal do Mendanha. A despesa total com a alimentação seria R$ 360,00. Como seis alunos não participarão mais do passeio, haverá um aumento de R$ 2,00 nas despesas dos que irão. Logo, o número de alunos que participaria desse passeio era

a) 18 b) 12 c) 16 d) 24 e) 36

93) **(EPCAR)** Um grupo de alunos contratou uma empresa de turismo para uma excursão pelo preço de 6.000 reais. Na véspera, 5 deles desistiram. Então a parte de cada um dos restantes ficou aumentada de 40 reais. O valor que cada participante pagará, em reais, pelo passeio é um número

a) divisor de 500
b) divisor de 400
c) múltiplo de 12
d) múltiplo de 18

94) **(CM – RJ)** Um grupo de alunos do grêmio estudantil do CMRJ, numa excursão, alugou uma van por R$ 342,00, valor que deveria ser dividido igualmente entre esses alunos. Contudo, no fim do passeio, três alunos ficaram sem dinheiro, e os outros tiveram que completar o total, pagando, cada um deles, R$ 19,00 a mais. Podemos afirmar que o total de alunos é um número:

a) múltiplo de 2
b) divisível por 5
c) múltiplo de 3
d) primo
e) divisível por 19

95) **(CTUR)** Um professor quer distribuir, de forma igual, entre os alunos de sua turma do curso de Agroecologia, as 360 hortaliças que eles cultivaram. No dia da distribuição, faltaram três alunos. Desse modo, cada um dos que estavam presentes recebeu 10 hortaliças a mais. O número de alunos dessa turma é

a) 9 b) 10 c) 11 d) 12 e) 13

96) **(CM – MANAUS)** Os alunos de uma turma resolveram comprar um presente custando R$ 48,00 para o professor de Matemática, dividindo igualmente o gasto entre eles. Depois que 6 (seis) alunos recusaram-se a participar da divisão, cada um dos alunos restantes teve que contribuir com mais R$ 0,40 para a compra do presente. Qual a percentagem de alunos da turma que contribuíram para a compra do presente?

a) 85% b) 65% c) 60% d) 80% e) 75%

97) **(CEFETEQ)** O restaurante de Mário tem capacidade para 90 pessoas e possui todas as mesas iguais. Ao reformar o restaurante, Mário colocou mesas maiores, todas iguais. À mesa nova, podem sentar-se 3 pessoas a mais do que nas antigas. Assim, Mário conseguiu que o restaurante mantivesse a capacidade para 90 pessoas, utilizando 5 mesas a menos.

Determine quantas pessoas podem sentar-se a cada uma dessas mesas novas.

98) **(CN)** Um terreno deve ser dividido em lotes iguais por certo número de herdeiros. Se houvessem três herdeiros a mais, cada lote diminuiria de $20m^2$ e se houvessem quatro herdeiros a menos, cada lote aumentaria de $50m^2$. O número de metros quadrados da área do terreno todo é:

a) 1600 b) 1400 c) 1200 d) 1100 e) 900

Resolução:

Número de herdeiros: x

Área de cada lote: y

Podemos resolver a questão através do seguinte raciocínio:

Número de herdeiros **.** área de cada lote = área total do terreno

Se houvessem três herdeiros a mais, cada lote diminuiria de $20m^2$

$(x + 3)(y - 20) = xy$

$xy - 20x + 3y - 60 = xy$

$xy - xy - 20x + 3y = 60$

$-20x + 3y = 60$ (equação I)

Se houvessem quatro herdeiros a menos, cada lote aumentaria de $50m^2$

$(x - 4)(y + 50) = xy$

$xy + 50x - 4y - 200 = xy$

$xy - xy + 50x - 4y = 200$

$50x - 4y = 200$ (equação II)

Podemos formar um sistema com as equações (I) e (II):

$$\begin{cases} -20x + 3y = 60 \quad (x\,4) \\ 50x - 4y = 200 \quad (x\,3) \end{cases}$$

$$\begin{cases} -80x + 12y = 240 \\ 150x - 12y = 600 \end{cases} +$$

$70x = 840$

$x = 840/70$

$x = 12$

Substituir x = 12 na equação abaixo:

$-20x + 3y = 60$

$-20 . 12 + 3y = 60$

$-240 + 3y = 60$

$3y = 60 + 240$

$3y = 300$

$y = 300/3$

$y = 100$

Logo, a área total do terreno: $x \,.\, y = 12 \,.\, 100 = 1200\ m^2$

<u>**GABARITO**</u>**: C**

99) **(CM – RECIFE)** Um terreno deve ser dividido em lotes iguais por certo número de herdeiros. Se houvessem três herdeiros a mais, cada lote diminuiria em $20m^2$. Se houvessem quatro herdeiros a menos, cada lote aumentaria em $50m^2$. Então, é correto afirmar que:

a) a área de cada lote é $100m^2$.

b) a área total do terreno é $700m^2$

c) a área de cada lote é $70m^2$

d) o número de herdeiros é 5

e) o número de herdeiros é 7

100) **(EPCAR)** Um grupo de **n** alunos sai para lanchar e vai a uma pizzaria. A intenção do grupo é dividir igualmente a conta entre os **n** alunos, pagando, cada um, **p** reais. Entretanto, 2 destes alunos vão embora antes do pagamento da referida conta e não participam do rateio. Com isto, cada aluno que permaneceu teve que pagar (**p** + 10) reais. Sabendo que o valor total da conta foi de 600 reais, marque a opção **INCORRETA**.

a) O valor que cada aluno que permaneceu pagou a mais corresponde a 20% de **p**

b) **n** é um número maior que 11

c) **p** é um número menor que 45

d) O total da despesa dos dois alunos que saíram sem pagar é maior que 80 reais.

101) **(EsSA)** João gastou R$ 120,00 na compra de cadernos. Se cada caderno custasse menos R$ 5,00, poderia ter comprado mais 4 cadernos. O número de cadernos que João comprou é:

a) 6 b) 7 c) 8 d) 9 e) 10

102) **(FCC)** Em fevereiro de 2007, Cesário gastou R$ 54,00 na compra de alguns rolos de fita adesiva, todos de um mesmo tipo. No mês seguinte, o preço unitário desse rolo aumentou em R$ 1,50 e, então, dispondo daquela mesma quantia, ele pôde comprar três rolos a menos do que havia comprado no mês anterior. Nessas condições, em março de 2007, o preço unitário de tal tipo de rolo de fita adesiva era

a) R$ 4,00 b) R$ 4,50 c) R$ 5,00 d) R$ 5,50 e) R$ 6,00

103) **(FCC)** Em uma papelaria, Romeu gastou R$ 312,00 na compra de algumas unidades de certo tipo de caneta esferográfica que estava em promoção e, como bonificação, recebeu mais 8 unidades iguais a elas. Com isso, Romeu percebeu que cada caneta que tinha comprado havia saído por R$ 0,80 a menos, ou seja, cada caneta saiu por

a) R$ 6,20 b) R$ 6,00 c) R$ 5,80 d) R$ 5,20 e) R$ 5,00

104) **(EsSA)** Um pedreiro verificou que para transportar 180 tijolos usando um carrinho de mão, levando sempre a mesma quantidade de tijolos, precisaria dar "x" viagens. Se ele levasse 3 tijolos a menos em cada viagem, precisaria fazer mais duas viagens. A soma dos algarismos do número "x" é:

a) 2 b) 10 c) 9 d) 1 e) 11

105) **(EPCAR)** Um eletricista é contratado para fazer um serviço por R$ 4.200,00. Ele gastou no serviço 6 dias a mais do que supôs e verificou ter ganhado por dia R$ 80,00 menos do que planejou inicialmente. Com base nisso, é correto afirmar que o eletricista

a) concluiu o serviço em mais de 25 dias.

b) ganhou por dia menos de R$ 200,00.

c) teria ganho mais de R$ 200,00 por dia se não tivesse gasto mais de 6 dias para concluir o trabalho.

d) teria concluído o serviço em menos de 15 dias se não tivesse gasto mais de 6 dias de trabalho.

106) **(EEAR)** Lendo-se sempre o mesmo número de páginas por dia, termina-se um livro de 420 páginas. Se fossem lidas 7 páginas a mais por dia, terminar-se-ia 5 dias antes. O livro foi lido em .... dias.

a) 5 b) 15 c) 20 d) 35

<u>Resolução</u>:

<u>Total de páginas</u>: 420

<u>Quantidades de páginas lidas por dia</u>: x

<u>Quantidade de dias</u>: y

Quando multiplicamos o número de páginas lidas por dia pelo número de dias, obtemos o total de páginas. Assim, temos que:

x . y = 420 → x = $\frac{420}{y}$ (equação 1)

Se fossem lidas 7 páginas a mais por dia, terminar-se-ia 5 dias antes.

(x + 7) . (y – 5) = 420 (equação 2)

xy – 5x + 7y – 35 = 420 (de acordo com a equação 1, temos que xy = 420)

420 – 5x + 7y – 35 – 420 = 0

– 5x + 7y – 35 = 0 (de acordo com a equação 1, temos que x = $\frac{420}{y}$)

$-5 . \frac{420}{y} + 7y - 35 = 0$

$-\frac{2100}{y/_1} + \frac{7y}{1/_y} - \frac{35}{1/_y} = 0$

$7y^2 - 35y - 2100 = 0$: 7 (dividir a equação por 7)

$y^2 - 5y - 300 = 0 \begin{cases} a = 1 \\ b = -5 \\ c = -300 \end{cases}$

$\Delta = b^2 - 4ac = (-5)^2 - 4 . 1 . (-300) = 25 + 1200 = 1225$

$y = \frac{-b \pm \sqrt{\Delta}}{2a}$

$y = \frac{-(-5) \pm \sqrt{1225}}{2 . 1}$

$y = \frac{5 \pm 35}{2} \therefore \begin{cases} x_1 = \frac{5+35}{2} = \frac{40}{2} = 20 \\ x_2 = \frac{5-35}{2} = \frac{-30}{2} = -15 \end{cases}$

O livro foi livro em y dias, isto é, em 20 dias.

<u>GABARITO</u>: C

107) **(CONSULPLAN)** Ana leu nove páginas por dia de um livro até terminá-lo. Depois ela percebeu que se tivesse lido três páginas a mais por dia teria lido o livro em nove dias a menos. O total de páginas desse livro é um número:

a) Maior que 350
b) Menor que 300
c) Com três algarismos iguais
d) Com três algarismos distintos

108) **(FCC)** Uma pessoa sabe que, para o transporte de 720 caixas iguais, sua caminhonete teria que fazer no mínimo X viagens, levando em cada uma o mesmo número de caixas. Entretanto, ela preferiu usar sua caminhonete três vezes a mais e, assim, a cada viagem ela transportou 12 caixas a menos. Nessas condições, o valor de X é

a) 6
b) 9
c) 10
d) 12
e) 15

109) **(EEAR)** Um reservatório, com capacidade de 270 litros, é alimentado por uma torneira. Se a vazão dessa torneira aumentar em 1 litro por segundo, o tempo necessário para encher o reservatório diminui de 45 segundos. A vazão inicial dessa torneira, em litros por segundo, é igual a

a) 2 b) 3 c) 4 d) 5

110) **(EPCAR)** Um trem percorre certa distância, com velocidade constante. Se a velocidade aumentasse 20 km por hora, ele levaria 3 horas a menos, e, se diminuísse 20 km por hora, ele precisaria de 5 horas a mais. A distância percorrida é um número cuja soma dos algarismos é

a) 3 b) 5 c) 6 d) 7

111) **(CM – RJ)** Um trem viaja de uma cidade a outra sempre com velocidade constante. Quando a viagem é feita com 16 km/h a mais na velocidade, o tempo gasto diminui em duas horas e meia, e quando é feita com 5 km/h a menos na velocidade, o tempo gasto aumenta em uma hora. Qual é a distância entre estas cidades?

a) 1200 km b) 1000 km c) 800 km d) 1400 km e) 600 km

112) **(FCC)** Os 60 soldados de uma equipe foram igualmente divididos em grupos para participarem de uma aula prática sobre um novo programa de computador, ficando cada grupo em uma máquina. Entretanto, na hora da aula, três dos computadores travaram e os outros grupos tiveram que receber uma pessoa a mais. Após essa redistribuição, o número de grupos era

a) 15 b) 12 c) 10 d) 9 e) 6

113) **(FCC)** Alguns técnicos, designados para fazer a manutenção dos 48 microcomputadores de certa empresa, decidiram dividir igualmente entre si a quantidade de micros a serem vistoriados. Entretanto, no dia em que a tarefa seria realizada, 2 dos técnicos faltaram ao serviço e, assim, coube a cada um dos presentes vistoriar 4 micros a mais que o previsto. Quantos técnicos executaram a tarefa?

a) 4 b) 5 c) 6 d) 7 e) 8

114) **(FCC)** Alguns funcionários de um aeroporto foram escalados para conferir um lote de 120 malotes postais que desembarcariam certo dia e, para tal, deveriam dividir igualmente entre si o total de malotes. Entretanto, no dia em que a tarefa seria realizada, um desses funcionários foi requisitado para outro serviço e, então, coube a cada um dos outros conferir 6 malotes a mais do

que o previsto inicialmente. Nessas condições, é correto concluir que o número de malotes que cada funcionário conferiu era igual a

a) 20 b) 24 c) 30 d) 36 e) 40

115) **(FCC)** Alguns técnicos judiciários de certo Cartório Eleitoral combinaram dividir igualmente entre si um total de 84 processos a serem arquivados. Entretanto, no dia em que o serviço deveria ser executado, dois deles faltaram ao trabalho e, assim, coube a cada um dos presentes arquivar 7 processos a mais que o previsto. Quantos processos cada técnico arquivou?

a) 14 b) 18 c) 21 d) 24 e) 28

116) **(FCC)** Alguns técnicos judiciários combinaram dividir igualmente entre si 108 processos a serem arquivados. Entretanto, no dia em que o trabalho seria realizado, dois técnicos faltaram ao serviço e, assim, coube a cada um dos outros arquivar 9 processos a mais que o inicialmente previsto. O número de processos que cada técnico arquivou foi

a) 16 b) 18 c) 21 d) 25 e) 27

117) **(FCC)** Alguns técnicos judiciários combinaram dividir igualmente entre si a tarefa de digitar as 245 páginas de um texto. Entretanto, no dia da divisão, o grupo foi acrescido de mais dois técnicos e, assim, coube a cada membro do novo grupo digitar 14 páginas a menos do que inicialmente previsto. O número de técnicos que cumpriu a tarefa era

a) 7 b) 6 c) 5 d) 4 e) 3

118) **(EPCAR)** Três pessoas, X, Y e Z, tinham a mesma quantia em reais.

X, de início, gastou 99 reais. Y deu uma parte de sua quantia para Z, e o dobro dessa parte, para X.

Com essas novas quantias em reais, as três pessoas saíram para as compras e X gastou o quadrado da diferença entre 4 reais e o que Y havia dado para Z.

Y e Z gastaram, cada uma, a diferença entre o quadrado do que Y havia dado a Z e 4 reais.

Após esses gastos, a soma das quantias de X e Z era igual ao dobro da de Y.

É correto afirmar que X gastou no total, em reais,

a) 90 b) 99 c) 108 d) 118

119) **(EPCAR)** Uma costureira foi contratada para confeccionar 160 camisas da turma do 1º ano CPCAR 2015. Nos dois primeiros dias, ela confeccionou $\frac{1}{x}$ ($x \in \mathbb{N}^*$) do total de camisas. Ela

percebeu que se tivesse confeccionado 8 camisas a menos, nesses dois dias, o número de camisas confeccionadas seriam $\frac{1}{x+1}$ do total. Com base nessas informações, marque a alternativa INCORRETA.

a) Se a costureira mantiver o ritmo de trabalho dos dois dias, ela gastará menos de 7 dias para confeccionar todas as camisas.

b) Após os dois dias de trabalho, ainda faltava confeccionar mais de 100 camisas.

c) Nos dois dias de trabalho, a costureira confeccionou uma quantidade de camisas que representa um número par.

d) A razão entre o número de camisas confeccionadas nos dois dias e o número de camisas que ainda faltou confeccionar, nessa ordem, é igual a 1/3.

120) **(UNICAMP)** Retiram-se x litros de vinho de um barril de 100 litros e adicionam-se, ao mesmo barril, x litros de água. Da mistura resultante no barril, retiram-se outros x litros e adicionam-se outros x litros de água. Agora o barril tem 64 litros de vinho e 36 de água. Calcule o valor de x.

121) **(CN)** Um tonel continha 100 litros de vinho puro. Retirou-se certa quantidade de vinho, que foi substituída por água. Em seguida retirou-se igual quantidade da mistura que também foi substituída por água. Quantos litros foram retirados de cada vez, se a mistura final contém 64 litros de vinho puro?

122) **(CM – SALVADOR)** Um perfumista comprou 2000 litros de essência de eucalipto. A fim de obter uma nova fragrância, retirou **x** litros de essência de eucalipto e substituiu pela mesma quantidade de essência de andiroba. Em seguida, retirou a mesma quantidade **x** da mistura e substituiu pela mesma quantidade de andiroba. Sabendo que a mistura final possui 1125 litros de essência de eucalipto pura, a quantidade **x** corresponde a:

a) 500 litros b) 650 litros c) 720 litros d) 875 litros e) 910 litros

123) A população de Itapipoca era um quadrado perfeito. Depois, com um aumento de 100 habitantes, a população passou a ser uma unidade maior que um quadrado perfeito. Depois, com outro aumento de 100 habitantes, a população voltou a ser um quadrado perfeito. A população original era um múltiplo de:

a) 3 b) 7 c) 9 d) 11 e) 17

124) **(ITA)** Dois barcos partem num mesmo instante de lados opostos de um rio de margens paralelas. Viajam cada qual, perpendicularmente às margens, com velocidade constante.

Supondo que um deles é mais rápido que o outro, eles se cruzam num ponto situado a 720m da margem mais próxima; completada a travessia, cada barco fica parado no respectivo cais por 10 minutos. Na volta eles se cruzam a 400m da outra margem. Qual é a largura do rio?

125) **(CN)** Dividindo-se o cubo de um número pelos $\frac{2}{3}$ do seu quadrado, acha-se 18 para quociente. A raiz quadrada da terça parte desse número é:

a) 2 b) 3 c) 4 d) 5 e) 6

126) **(CN)** A soma de dois números reais distintos é igual ao produto desses números. O menor valor natural desse produto é igual a:

a) 8 b) 7 c) 6 d) 5 e) 4

127) **(CN)** O produto de dois números reais x e y é igual a 150. Assim sendo, x + y NÃO pode ser igual a

a) 31,71 b) 28,27 c) 25,15 d) 24,35 e) – 26,94

128) **(CN)** Dois números reais não simétricos são tais que a soma de seus quadrados é 10 e o quadrado de seu produto é 18. De acordo com essas informações, a única opção que contém pelo menos um desses dois números é:

a) $\{x \in \mathbb{R} \ / -1 \le x \le 1\}$

b) $\{x \in \mathbb{R} \ / \ 1 \le x \le 3\}$

c) $\{x \in \mathbb{R} \ / \ 3 \le x \le 5\}$

d) $\{x \in \mathbb{R} \ / \ 5 \le x \le 7\}$

e) $\{x \in \mathbb{R} \ / \ 7 \le x \le 9\}$

129) **(CN)** A idade de cada um dos três filhos de um adulto, incluindo os dois filhos gêmeos, é representada por números inteiros. A soma das idades é igual a 21 e o produto igual a 320. Se colocarmos em forma de potência a maior idade e a menor idade deles, de tal modo que a maior seja a base da potência e a menor seja o expoente, está correto afirmar que ela terá o mesmo resultado do que:

a) 3^{10} b) 5^{9} c) 2^{13} d) 3^{8} e) 2^{15}

GABARITOS

1) B	2) C	3) C	4) C	5) D	6) A	7) B	8) D
9) D	10) A	11) C	12) C	13) C	14) A	15) B	16) D
17) C	18) B	19) C	20) A	21) D	22) B	23) A	24) B
25) B	26) A	27) A	28) C	29) C	30) D	31) B	32) C
33) B	34) D	35) E	36) A	37) C	38) E	39) A	40) A
41) B	42) A	43) B	44) A	45) B	46) E	47) – 5 e 3	48) A
49) A	50) 1,5	51) A	52) 4, 8 e 16	53) B	54) B	55) 6 e 8	56) E
57) A	58) 15 e 16	59) B	60) 39	61) 1/36	62) C	63) B	64) 4 e 9
65) B	66) D	67) D	68) B	69) A	70) D	71) A	72) B
73) B	74) A	75) A	76) C	77) D	78) B	79) 10	80) C
81) C	82) A	83) D	84) D	85) A	86) C	87) B	88) C
89) A	90) C	91) E	92) E	93) C	94) C	95) D	96) D
97) 9	98) C	99) A	100) C	101) C	102) E	103) D	104) D
105) C	106) C	107) D	108) D	109) A	110) A	111) A	112) B
113) A	114) C	115) C	116) E	117) A	118) C	119) A	120) x = 20
121) 20 litros	122) A	123) B	124) 1760m	125) A	126) D	127) D	128) B
129) E							

Capítulo 12

Expressões Algébricas

1. Introdução

- As expressões algébricas são formadas por **letras** ou por **letras e números**.

Exemplos:

a) $3x + y$

b) $a^2 + 4ab + b^3$

c) $\sqrt{7x} - 12$

d) $\frac{10}{y} + yz + z^2$

2. Valor numérico de uma expressão algébrica

- É o resultado obtido quando as letras são substituídas por valores conhecidos.

Exemplo: Determine o valor numérico da expressão $x^3 + 2xy + y^2$, sendo $x = 1$ e $y = 4$.

Vamos substituir $x = 1$ e $y = 4$ na expressão $x^3 + 2xy + y^2$

$= 1^3 + 2 \, . \, 1 \, . \, 4 + 4^2$

$= 1 + 8 + 16$

$= 25$

Logo, o valor numérico é igual a 25.

Exercícios

1) **(CN)** Calcular o valor numérico da expressão $\frac{a^2 - b}{2} + \frac{b^3 - a^4}{3} + 3a^3b$ para $a = -1$ e $b = 2$.

Resolução:

$\frac{a^2 - b}{2} + \frac{b^3 - a^4}{3} + 3a^3b$

$= \frac{(-1)^2 - 2}{2} + \frac{2^3 - (-1)^4}{3} + 3 \, . \, (-1)^3 \, . \, 2$

$= \frac{1 - 2}{2} + \frac{8 - 1}{3} + 3 \, . \, (-1) \, . \, 2$

$= \frac{-1}{2} + \frac{7}{3} - 6$

$= \frac{-1}{{}^{2}/_{3}} + \frac{7}{{}^{3}/_{2}} - \frac{6}{{}^{1}/_{6}}$ **mmc (2, 3) = 6**

$= \frac{-3+14-36}{6}$

$= \frac{11-36}{6}$

$= -\frac{25}{6}$

GABARITO: – 25/6

2) **(ESPCEX)** Calcular o valor numérico do polinômio $P(x, y) = -x^2 + 3x - 5xy + \frac{1}{3}xy^2$ para $x = -1$ e $y = -\frac{1}{2}$

Resolução:

Vamos substituir $x = -1$ e $y = -\frac{1}{2}$ na expressão $P(x, y) = -x^2 + 3x - 5xy + \frac{1}{3}xy^2$.

$P\left(-1, -\frac{1}{2}\right) = -(-1)^2 + 3 \cdot (-1) - 5 \cdot (-1) \cdot \left(-\frac{1}{2}\right) + \frac{1}{3} \cdot (-1) \cdot \left(-\frac{1}{2}\right)^2$

$P\left(-1, -\frac{1}{2}\right) = -1 - 3 - \frac{5}{2} + \frac{1}{3} \cdot (-1) \cdot \frac{1}{4}$

$P\left(-1, -\frac{1}{2}\right) = -1 - 3 - \frac{5}{2} - \frac{1}{12}$

$P\left(-1, -\frac{1}{2}\right) = -4 - \frac{5}{2} - \frac{1}{12}$

$P\left(-1, -\frac{1}{2}\right) = -\frac{4}{1/12} - \frac{5}{2/6} - \frac{1}{12/1}$ **mmc (2, 12) = 6**

$P\left(-1, -\frac{1}{2}\right) = \frac{-48 - 30 - 1}{12}$

$P\left(-1, -\frac{1}{2}\right) = \frac{-79}{12}$

GABARITO: – 79/12

3) **(IE)** A expressão $3ab^2 - \frac{2}{3}ab^3$ tem para valor numérico –13, para b = – 2. O valor numérico de a é:

a) – ¾

b) ¾

c) – 39/20

d) 39/20

e) nenhum dos resultados anteriores

Resolução:

$3 \cdot a \cdot (-2)^2 - \frac{2}{3} \cdot a \cdot (-2)^3 = -13$

$3 \cdot a \cdot 4 - \frac{2}{3} \cdot a \cdot (-8) = -13$

$12.a + \frac{16 \cdot a}{3} = -13$

$\frac{12 \cdot a}{1/3} + \frac{16 \cdot a}{3/1} = \frac{-13}{1/3}$

$36a + 16a = -39$

$52a = -39$

$a = -\frac{39}{52}$ **(simplificar a fração por 13)**

$a = -\frac{3}{4}$

GABARITO: A

3. Classificação das expressões algébricas

- As expressões algébricas podem ser classificadas quanto à natureza e quanto ao número de termos.

3.1) Classificação das expressões algébricas quanto à natureza

- De acordo com a natureza, as expressões algébricas se classificam em **racionais** (inteiras e fracionárias) ou **irracionais**.

$$\textbf{Expressão Algébrica}\begin{cases}\textbf{Racional}\begin{cases}\textbf{Inteira}\\ \textbf{Fracionária}\end{cases}\\ \textbf{Irracional}\end{cases}$$

A) Expressão algébrica racional

- Uma expressão algébrica é racional quando não apresenta letra sob radical ou elevada a expoente fracionário.

Exemplos:

a) $7x^2y^3 - 2x^6$

b) $9ab + \frac{a}{2b}$

c) $\frac{m+n}{3}$

d) $11x^{-4} + 5y^2$

- A **expressão algébrica racional** pode ser classificada em:

A.1) Expressão algébrica racional inteira

- Uma expressão algébrica racional é inteira quando não apresenta letra no denominador ou elevada a expoente negativo.

Exemplos:

a) $7x^2y^3 - 2x^6$

b) $\frac{m+n}{3}$

A.2) Expressão algébrica racional fracionária

- Uma expressão algébrica racional é fracionária quando apresenta letra no denominador ou elevada a expoente negativo.

Exemplos:

a) $9ab + \frac{a}{2b}$ b) $11x^{-4} + 5y^2$

B) Expressão algébrica irracional

- Uma expressão algébrica é irracional quando apresenta letra sob radical ou elevada a expoente fracionário.

Exemplos:

a) $\frac{8x}{\sqrt{x} + y}$

b) $\sqrt{x^2 - 4xy + y^2}$

c) $6xy^2 + 7yz^3 + 11z^{1/4}$

Exercícios

4) **(CN)** Classificar a expressão $\frac{x + 3}{x^3 - 5x^2 + 2x + 4}$

a) Expressão algébrica racional inteira.

b) Expressão algébrica racional fracionária.

c) Expressão algébrica irracional.

d) Expressão algébrica irracional inteira.

e) Expressão algébrica irracional fracionária.

Resolução:

A expressão algébrica é classificada como racional fracionária pois apresenta letra no denominador.

GABARITO: B

3.2) Classificação das expressões algébricas quanto ao número de termos

- De acordo com o número de termos, as expressões algébricas se classificam em:

A) Monômio

- A expressão algébrica racional inteira que possui um único termo é chamada de monômio ou termo algébrico.

- O monômio é formado por um coeficiente (número) e uma parte literal (letra).

Exemplos:

a) $5xy \begin{cases} \text{coeficiente} = 5 \\ \text{parte literal} = xy \end{cases}$

b) $-3a^2b^7 \begin{cases} \text{coeficiente} = -3 \\ \text{parte literal} = a^2b^7 \end{cases}$

c) $mn \begin{cases} \text{coeficiente} = 1 \\ \text{parte literal} = mn \end{cases}$

d) $-yz \begin{cases} \text{coeficiente} = -1 \\ \text{parte literal} = yz \end{cases}$

B) Binômio

- É a expressão algébrica racional inteira que possui dois termos.

Exemplos:

a) $8x + 2y$

b) $x^2 + 7xy$

C) Trinômio

- É a expressão algébrica racional inteira que possui três termos.

Exemplos:

a) $x^2 - 5x + 6$

b) $a^2 + 2ab + b^2$

D) Polinômio

- É a expressão algébrica racional inteira que possui mais de um termo.

Exemplos:

a) $4x^2 + 9x$

b) $a^2 + 2a + 1$

c) $y^3 + 3y^2 + 3y + 1$

4. Termos Semelhantes

- Termos semelhantes ou monômios semelhantes são aqueles que possuem a mesma parte literal.

Exemplos:

a) $3x$ e $-4x$ (os monômios possuem a mesma parte literal, então eles são termos semelhantes)

b) $8x^3y$ e $2x^3y$ (os monômios possuem a mesma parte literal, então eles são termos semelhantes)

c) $10a^2b^3$ e $-7a^5b^2$ (os monômios não possuem a mesma parte literal, então eles não são termos semelhantes)

5. Grau de um monômio

- O grau de um monômio é obtido pela soma dos expoentes da parte literal.

Exemplos:

a) $3x^2y^3$

Grau do monômio = 2 + 3 = 5

Logo, $3x^2y^3$ é um monômio do 5º grau

b) $-15ab^4c^2$

Grau do monômio = 1 + 4 + 2 = 7

Logo, $-15ab^4c^2$ é um monômio do 7º grau

BIZU !!!

- O grau de um monômio também pode ser obtido em relação a uma variável.

Exemplo:

$$2m^3n^2p^4 \begin{cases} \text{O monômio é do } 9^{\text{o}} \text{ grau} \\ \text{O monômio é do } 3^{\text{o}} \text{ grau em relação a } \mathbf{m} \\ \text{O monômio é do } 2^{\text{o}} \text{ grau em relação a } \mathbf{n} \\ \text{O monômio é do } 4^{\text{o}} \text{ grau em relação a } \mathbf{p} \end{cases}$$

6. Grau de um polinômio

- O grau de um polinômio é obtido pelo monômio de maior grau.

Exemplos:

a) $x^5 + 3x^4 - x^3 + 6x^2 + x + 7$

O monômio de maior grau é x^5 (5º grau). Logo, o polinômio é do 5º grau.

b) $x^2y^5 + 2xy^4 + 6x^2y^2 - xy^2$

O monômio de maior grau é x^2y^5 (7º grau). Logo, o polinômio é do 7º grau.

Exercícios

5) **(GUALIMP)** Dado o polinômio $P(x) = 4x^3 - 3x^2 - x^4$, pode-se dizer que P(x) é um polinômio do:

a) 2º grau
b) 3º grau
c) 4º grau
d) 9º grau

Resolução:

O polinômio $P(x) = 4x^3 - 3x^2 - x^4$ é do 4º grau.

GABARITO: C

6) **(FUNDATEC)** Dentre as alternativas abaixo, aquela que apresenta o polinômio de maior grau é dada por:

a) $x^3 + 2x^2 - 9x$
b) $x^3 - 7x^4 - 9$
c) $x^2 - 4x - 4x^{\pi}$
d) $x^2 - 2x - 9$
e) $4x^3 + 23x - 19x^2$

Resolução:

O polinômio $x^3 - 7x^4 - 9$ é do 4º grau.

GABARITO: B

7) **(CRESCER CONCURSOS)** É sabido que o polinômio $P(x) = (a + 7)x^4 + (b - 4)x^3 + 3x^2 + x + 8$ é do segundo grau, determine $(a - b)^2$.

a) 9 b) – 9 c) 121 d) – 121

Resolução:

Para que o polinômio seja do 2º grau, então os coeficientes de x^4 e x^3 devem ser iguais a zero. Logo, temos o seguinte:

$a + 7 = 0 \rightarrow a = -7$

$b - 4 = 0 \rightarrow b = 4$

$(a - b)^2 = (-7 - 4)^2 = (-11)^2 = 121$

GABARITO: C

8) **(GUALIMP)** Para qual valor de k o polinômio abaixo tem grau zero?

$(k^2 - 2k - 8)x^4 + (-4 + k^2)x^2 - (k - 6)$

a) 4 b) 2 c) – 2 d) 6

Resolução:

Para que o polinômio tenha grau zero, os coeficientes de x^4 e x^2 devem ser iguais a zero.

1º) coeficiente de x^4 igual a zero, ou seja, $k^2 - 2k - 8 = 0 \begin{cases} a = 1 \\ b = -2 \\ c = -8 \end{cases}$

$\boxed{\Delta = b^2 - 4 \cdot a \cdot c}$

$\Delta = (-2)^2 - 4 \cdot 1 \cdot (-8)$

$\Delta = 4 + 32$

$\Delta = 36$

$$\boxed{k = \frac{-b \pm \sqrt{\Delta}}{2 . a}}$$

$$k = \frac{-(-2) \pm \sqrt{36}}{2 . 1}$$

$$k = \frac{2 \pm 6}{2} \therefore \begin{cases} k_1 = \frac{2+6}{2} = 4 \\ k_2 = \frac{2-6}{2} = -2 \end{cases}$$

2º) Coeficiente de x^2 igual a zero, isto é, $-4 + k^2 = 0$.

$-4 + k^2 = 0$

$k^2 = 4$

$k = \pm\sqrt{4}$

$k = \pm 2$

3º) k – 6 deve ser diferente de zero.

$k - 6 \neq 0$

$k \neq 6$

Logo, $k = -2$

GABARITO: C

7. Polinômio homogêneo

- O polinômio é homogêneo quando todos os termos possuem o mesmo grau.

Exemplo: $x^4 + 2x^3y + 5x^2y^2 - 3xy^3 + 8y^4$

Cada um dos monômios é do 4º grau, então o polinômio é homogêneo do 4º grau

Exercícios

9) **(ETFQ)** O polinômio em x e y, $x^2 + y^2 + 3xy + m - 1$ é homogêneo se m for igual a:

a) 0 b) 1 c) 2 d) – 1 e) – 2

Resolução:

Como o polinômio é homogêneo, então temos o seguinte:

$m - 1 = 0 \rightarrow m = 1$

GABARITO: B

8. Polinômio Completo

- Um polinômio de grau **n** é dito completo, quando possui termos de todos os graus desde 0 até n.
- Um polinômio de grau **n** possui **n + 1** termos.

Exemplo:

a) $x^2 - 2x + 1 \rightarrow$ é um polinômio completo do 2º grau

b) $4x^3 + 8x^2 - 5x + 7 \rightarrow$ é um polinômio completo do 3º grau

9. Zero ou raiz de um polinômio

- É o número que ao ser colocado no lugar da variável faz com que o valor numérico do polinômio seja igual a zero.
- O número de raízes de um polinômio é dado pelo grau do polinômio.

Exemplo: Verifique se os números abaixo são raízes do polinômio $P(x) = x^2 - 4x + 3$.

a) 1
$x = 1 \rightarrow P(1) = 1^2 - 4 \,.\, 1 + 3 = 1 - 4 + 3 = 0$
Logo, 1 é raiz do polinômio $P(x) = x^2 - 4x + 3$

b) 2
$x = 2 \rightarrow P(2) = 2^2 - 4 \,.\, 2 + 3 = 4 - 8 + 3 = -1$
Logo, 2 não é raiz do polinômio $P(x) = x^2 - 4x + 3$

c) 3
$x = 3 \rightarrow P(3) = 3^2 - 4 \,.\, 3 + 3 = 9 - 12 + 3 = 0$
Logo, 3 é raiz do polinômio $P(x) = x^2 - 4x + 3$

- Como o polinômio $P(x) = x^2 - 4x + 3$ é do 2º grau então ele possui 2 raízes, ou seja, os zeros ou raízes do polinômio $P(x) = x^2 - 4x + 3$ são 1 e 3.

Exercícios

10) **(CONSULPLAM)** O número de raízes do polinômio $P(x) = x^3 - 2x^2 - x + 2$ é:

a) 1 b) 2 c) 3 d) 6 e) N.R.A.

Resolução:

O número de raízes de um polinômio é dado pelo grau do polinômio. Como o polinômio é do 3º grau, então o polinômio possui 3 (três) raízes.

GABARITO: C

11) **(INSTITUTO CONSULPLAN)** Sabendo-se que – 3 é uma raiz do polinômio $P(x) = 2x^3 - bx - 6$, qual é o valor de b?

a) – 6 b) 10 c) 20 d) – 20 e) – 30

Resolução:

$2 \cdot (-3)^3 - b \cdot (-3) - 6 = 0$

$2 \cdot (-27) + 3b - 6 = 0$

$-54 + 3b - 6 = 0$

$3b - 60 = 0$

$3b = 60$

$b = 60/3$

$b = 20$

GABARITO: C

10. Polinômio identicamente nulo

- É o polinômio que apresenta todos os coeficientes iguais a zero.

Exemplo: $0x^4 + 0x^3 + 0x^2 + 0x + 0$

BIZU !!!

- Qualquer valor atribuído à variável anula o polinômio identicamente nulo. Assim, o polinômio identicamente nulo possui infinitas raízes.

- Um polinômio identicamente nulo P(x) pode ser representado da seguinte forma:

$\boxed{P(x) \equiv 0}$ ou $\boxed{P(x) = 0}$ $\Rightarrow$ Lê-se: P(x) é idêntico a zero

- Se $P(x) = 0x^3 + 0x^2 + 0x + 0$, então $P(x) \equiv 0$ ou $P(x) = 0$.

Exemplo: Determine os valores de **a**, **b** e **c**, sabendo que o polinômio $P(x) = (3a - 9)x^3 + (b - 4)x^2 + (c + 1)x$ é identicamente nulo.

Se o polinômio é identicamente nulo então cada um dos coeficientes é igual a zero. Assim, temos que:

* $3a - 9 = 0 \Rightarrow 3a = 9 \Rightarrow a = 3$
* $b - 4 = 0 \Rightarrow b = 4$
* $c + 1 = 0 \Rightarrow c = -1$

Resposta: a = 3, b = 4 e c = – 1

Exercícios

12) **(PUC – PR)** Dado o polinômio $P(x) = (a + 5)x^2 + (2b - 14)x + c$, calcule o valor de a, b e c para que o polinômio seja identicamente nulo.

a) a = 0 ; b = – 5 ; c = 2.
b) a = 5 ; b = – 7 ; c = 0.
c) a = – 5 ; b = 7 ; c = 0.
d) a = 7 ; b = 0 ; c = 5.
e) a = 0 ; b = 0 ; c = 0.

Resolução:

No polinômio identicamente nulo os coeficientes são iguais a zero. Assim, temos o seguinte:

$a + 5 = 0 \rightarrow a = -5$

$2b - 14 = 0 \rightarrow 2b = 14 \rightarrow b = 14/2 = 7$

$c = 0$

GABARITO: C

11. Polinômios iguais (idênticos)

- Se dois polinômios P(x) e Q(x) são iguais ou idênticos, então eles têm o mesmo grau e possuem os coeficientes dos termos de mesmo grau respectivamente iguais.

- Se os polinômios P(x) e Q(x) são iguais ou idênticos, então podemos representar da seguinte forma: $\boxed{P(x) = Q(x)}$ ou $\boxed{P(x) \equiv Q(x)}$

Exemplos:

1) Os polinômios $P(x) = (a - 4)x^3 + 4x^2 + (c + 1)x + 18$ e $Q(x) = 6x^3 + (b - 2)x^2 + 10x + d$ são idênticos. Determine **a**, **b**, **c** e **d**.

Como $\boxed{P(x) \equiv Q(x)}$, então temos que:

$(a - 4)x^3 + 4x^2 + (c + 1)x + 18 \equiv 6x^3 + (b - 2)x^2 + 10x + d$

* $a - 4 = 6 \Rightarrow a = 10$

* $b - 2 = 4 \Rightarrow b = 6$

* $c + 1 = 10 \Rightarrow c = 9$

* $d = 18$

Resposta: a = 10, b = 6, c = 9 e d = 18

2) Determine A e B, de forma que $\frac{2}{x^2 - 1} = \frac{A}{x + 1} + \frac{B}{x - 1}$, sendo $x \neq \pm 1$.

O mmc $(x^2 - 1, x + 1, x - 1) = x^2 - 1$. Assim, temos que:

$\frac{2}{x^2 - 1/_1} = \frac{A}{x + 1/_{x-1}} + \frac{B}{x - 1/_{x+1}}$

$\Rightarrow 2 = A(x - 1) + B(x + 1)$

$\Rightarrow 2 = Ax - A + Bx + B$

$\Rightarrow 2 = Ax + Bx - A + B$

$\Rightarrow 2 = (A + B)x - A + B$

Como os polinômios são iguais (idênticos), então podemos afirmar que:

$$\begin{cases} A + B = 0 \text{ (I)} \\ -A + B = 2 \text{ (II)} \end{cases}$$

Vamos resolver o sistema pelo método da adição

$$\begin{cases} \cancel{A} + B = 0 \\ -\cancel{A} + B = 2 \end{cases}$$

$\Rightarrow 2B = 2$

$\Rightarrow B = 1$

Substituindo o valor de B na equação (I) temos que:

$A + B = 0$

$\Rightarrow A + 1 = 0$

$\Rightarrow A = -1$

Resposta: $A = -1$ e $B = 1$

A seguir, faremos uma bateria de exercícios de todo conteúdo estudado neste capítulo.

Exercícios

13) **(EsSA)** O valor numérico de $x^3 - 4x^2 + 5x - 7$ para $x = -1$ é:

a) – 17 b) – 9 c) – 5 d) 3 e) 5

14) **(CESD)** O valor numérico da expressão $x^3 - 3x^2y - y^5 + \left(\frac{1}{3}\right)^x$ para $x = -2$ e $y = -1$ é

a) 10 b) 11 c) 12 d) 14

15) **(EsSA)** O valor numérico do polinômio $x^3y + x^2y^2 - xy^3$, para $x = -1$ e $y = -2$, é:

a) 4 b) 2 c) 0 d) – 2 e) – 4

16) **(EsSA)** Calcule o valor da expressão $2x^3 + y^2 + 4$, sendo $x = 2$ e $y = -3$:

a) 9 b) 19 c) 29 d) 39 e) 49

17) **(EEAR)** O valor numérico da expressão $a^{-1} - b^{-1} + c^{-1}$, para a = 1/8, b = – 1/9 e c = 1/10 é:

a) 9^{-1} b) 1/27 c) 9 d) 27

18) **(EsSA)** O valor numérico da expressão $a^2 - 2ab + b^2$, para a = – 5 e b = – 1 é:

a) 36 b) – 36 c) 16 d) – 16

19) **(EsSA)** Se a = – 1 e b = – 2, o valor numérico de $a^3b^2 - a^2b^3$ será:

a) – 12 b) 4 c) 8 d) – 4

20) **(EsSA)** O valor numérico de (x + y)(x – y) para x = – 2 e y = 5 é:

a) – 7 b) 2 c) – 21 d) – 28 e) – 35

21) **(EsSA)** O valor da expressão $-5a^2 - b^3$ para a = – 2 e b = – 1 é:

a) – 43 b) 21 c) 19 d) – 17 e) – 19

22) **(CFN)** Considere x = 10 e y = 20. Calcule o valor de $(x + y)^2 - 2xy$.

a) 900 b) 600 c) 500 d) 300 e) 200

23) **(EsSA)** O valor numérico de $ax^2 + bx + c$ para a = – 2, b = – 1, c = 1/2 e x = – 1/2 é:

a) 2 b) 1/2 c) 1/4 d) – 1/2

24) **(EsSA)** O valor numérico da expressão $a^3 - 3a^2b + 3ab^2 - b^3$ para a = 1 e b = – 2 é:

a) 11 b) 27 c) 1 d) – 27

25) **(EsSA)** O valor de $A = -x^2 - 3x + 10$ para x = – 2 é:

a) 0 b) 20 c) 16 d) 8 e) 12

26) **(EsSA)** Calcule o valor numérico de (a . b – b + 1) . (a . b + a – 1), para a = 4 e b = – 2

a) 5 b) 10 c) 15 d) 20 e) 25

27) **(EPCAR)** Seja $P(x) = 2x^3 + 3x^2 - 8x + 3$. Calcule os valores numéricos P(1) e P(– 1) de modo a completar a igualdade P(1) + P(– 1):

a) zero b) – 10 c) 13 d) 12 e) 20

28) **(CM – MANAUS)** Dado o polinômio $P(x) = x^3 - 2x^2 + mx - 1$, onde $m \in R$. Se $P(2) = 3 . P(0)$, então P(m) é igual a:

a) – 5 b) – 1 c) 1 d) – 3 e) 0

29) **(EPCAR)** Calcule o valor numérico de $\frac{a - 3}{2 + b}$ para a = 3 e b = 1.

30) **(CM – FORTALEZA)** Se $\frac{a}{b} = 5$ e $\frac{c}{d} = \frac{1}{2}$, então o valor de $\frac{20ac - 9bd}{7ac+3bd}$ é:

a) – 2 b) – 1 c) 0 d) 1 e) 2

31) **(EEAR)** O valor numérico da expressão $\frac{x + y}{y - x} - \frac{c + d}{d - c}$, para x = – 1, y = 2, c = 3 e d = – 4, é

a) – 10/21 b) – 4/21 c) 10/21 d) 4/21

32) **(CFN)** O valor numérico da expressão $2\sqrt{xy} - \sqrt{x^2 - 21y}$, para x = 12 e y = 3, é igual a

a) – 9 b) – 3 c) 0 d) 3 e) 9

33) **(EPCAR)** Calcular o valor numérico de **y** na expressão $y = (x^2 - 6x + 9)^{2x-7}$ para x = 5.

a) 64 b) 32 c) 4 d) – 2 e) 64^7

34) **(EAM)** O valor de $\sqrt[3]{\frac{(a+b) .\ a\ .\ b}{a - b}}$ para a = 12 e b = 6 é

a) 5 b) 6 c) 7 d) 8 e) 9

35) **(EPCAR)** O valor numérico da expressão $\frac{x^3 - \sqrt[3]{y}}{-a^{-1}}$ para x = – 4, y = – 8 e $a = \frac{1}{3}$ é:

a) – 22 b) 22 c) $-\frac{62}{3}$ d) $\frac{62}{3}$ e) $\frac{64 - \sqrt{2}}{3}$

36) **(EsSA)** O valor da expressão algébrica $x^{-2} - \frac{1}{x - 1} + x^{3/2} + \sqrt{x}$, para x = 4, é igual a:

a) $\sqrt[3]{16} + \frac{91}{48}$ b) 35/3 c) 467/48 d) 23/3 e) 17/4

37) **(EsSA)** O valor numérico da expressão algébrica abaixo para a = 2, b = 3 e c = 4 é igual a:

$$\frac{\frac{1}{a}+\frac{1}{b+c}}{\frac{1}{a}-\frac{1}{b+c}} : \frac{\frac{1}{b}+\frac{1}{a+c}}{\frac{1}{b}-\frac{1}{a+c}}$$

a) 3/5 b) 5 c) 5/3 d) 1/5

38) **(CEFET – RJ)** O valor numérico da expressão $\left(\frac{x^2-y^2+x-y}{x-y}+\frac{x-y}{y-x}\right)^{1/5}$ para x = 0,333... e y = 2/3 é:

a) 0 b) 0,1333... c) 0,323 d) 5/9 e) 1

39) **(CM – RJ)** O valor numérico da expressão $\left(\frac{x^2-y^2+x-y}{x-y}+\frac{x-y}{y-x}\right)^{-2}$ para x = 2^{-1} e y = $2^{-1/2}$ é:

a) $\frac{2+\sqrt{2}}{2}$ b) 5 c) $4(3-2\sqrt{2})$ d) 3 e) $12-2\sqrt{2}$

40) **(EsSA)** O valor da expressão $\frac{(x+1)^{100}.\ (x-1)^{49}}{(1-x)^{50}.(-x-1)^{99}}$ para x = 101/99 é:

a) – 100 b) 101 c) – 1 d) 100 e) 1

41) Calcular o valor de a para que o valor numérico de $a^2 + a + 1$ seja o mesmo que o valor de a^2.

a) 1 b) 2 c) – 2 d) – 3 e) – 1

42) Se o valor numérico da expressão $5x^2 - 2y^2$ é 27 e x e y são iguais e negativos, qual será o valor de x e y ?

a) – 2 b) 0 c) – 3 d) – 4 e) 2

43) **(EEAR)** A expressão $2a^2 - \frac{2a}{b} + 4m - 3a^2 + ab^{-1}$, tem valor numérico igual a 10 para a = – 1 e b = 2, então o valor de **m** é

a) 19/8 b) 21/8 c) 38 d) 42

44) **(EEAR)** Qual o valor numérico para x = – 1 e y = – 2 do polinômio que se deve subtrair de $(-2x^{1/2}.\ y^3)^2$ para se obter $xy^6 - x^6y$?

a) – 194 b) – 66 c) 68 d) 190

45) **(CN)** Uma expressão do 1º grau em x se anula para x = $\sqrt{2}$ e tem valor numérico 2 – $\sqrt{8}$ para x = 1. O valor numérico dessa expressão para x = $\sqrt{18}$ é:

a) 1 b) $4\sqrt{2}$ c) $\sqrt{2}$ d) $3\sqrt{2}$ e) $2\sqrt{2}$

46) **(CN)** Se $P(x) = ax^2 + bx + c$ e $P(-1) . P(1) < 0$ e $P(1) . P(2) < 0$, P(x) pode admitir, para raízes, os números:

a) 0,3 e 3,2 b) – 2,4 e 1,5 c) – 0,3 e 0,5 d) 0,7 e 1,9 e) 1,3 e 1,6

47) **(CN)** O valor numérico da expressão $a^4 - 2a^2b^2 + b^4$ para a = 6/17 e b = 9/17 é um número N tal que

a) N < 0
b) $10^{-4} < N < 10^{-3}$
c) $10^{-3} < N < 10^{-2}$
d) $10^{-2} < N < 10^{-1}$
e) $10^{-1} < N < 1$

48) **(EsSA)** Das expressões algébricas abaixo, apenas uma não é polinômio, por não ser uma expressão algébrica racional inteira. Essa expressão é:

a) $3x^2 - \frac{x}{3} + 1$ b) $\frac{3}{x} + x^2 - 3x^3$ c) $x^4 - 3x^3 - 2x^2$ d) x + 1

49) A expressão racional fracionária é:

a) $\frac{5x}{7}$ b) 8x c) $\sqrt{x-9}$ d) $\frac{12}{x}$

50) **(EFOMM)** A expressão seguinte $\frac{x^{-1} + x^{0,5}}{x-1}$ é:

a) racional inteira
b) racional fracionária
c) irracional
d) fracionária
e) polinômio racional

51) **(ESPCEX)** O polinômio $3^{-\frac{1}{2}} + 4^{-2}. x - \frac{2}{3}x^2 - \frac{\sqrt{3}}{5}x$ é:

a) fracionário e racional
b) fracionário
c) irracional
d) inteiro
e) fracionário e irracional

52) A expressão $\frac{x^3}{2} + \sqrt{2} . x + 2^{-1}$ é:

a) racional fracionária
b) irracional
c) homogênea
d) racional inteira
e) racional inteira e fracionária

53) Qual a potência de menor expoente de x pela qual devemos multiplicar o polinômio $x^2 - 2^{-1}x + 3x^{-3} - 1$ para obter um polinômio racional inteiro.

a) 3 b) 2 c) x^2 d) x^{-3} e) x^3

54) A expressão 11x – 15 é um:

a) monômio
b) monômio qualificado
c) binômio
d) trinômio

55) A expressão $9x^2 - x + 4$ é um:

a) monômio
b) binômio
c) binômio qualificado
d) monômio qualificado
e) trinômio

56) O coeficiente do monômio $\frac{-3x}{5}$ é:

a) 1 b) – 1 c) 3/5 d) – 3/5 e) – 3

57) **(EEAR)** Os coeficientes dos monômios axyb, $2y^3c$ e x^3y são, respectivamente iguais a:

a) ab e 2c b) x, 2c e 1 c) ab, 2c e 1 d) ax, 2c e 1

58) O monômio $3x^2y^4z$ é do:

a) 5º grau b) 6º grau c) 7º grau d) 8º grau e) 9º grau

59) O valor de **m** para que o polinômio $2a^2b^{m-1}c$ seja do 6º grau, é:

a) 2 b) 3 c) 4 d) 5 e) 6

60) O polinômio $9x^5 - x^4 + 7x^3 - 2x^2 - x + 1$ é do:

a) 5º grau b) 14º grau c) 15º grau d) 6º grau e) 7º grau

61) **(EEAR)** Dado o polinômio: $ax^3 + (2a + b)x^2 + cx + d - 4 = 0$, os valores de a e b para que ele seja um polinômio de 2º grau são

a) a = 0 e b = 0 b) a = 1 e b ≠ 0 c) a = 0 e b ≠ 0 d) a = – 1 e b = 0

62) Para que o polinômio $2x^5 - 3x^{3k+1} - x^6 + 4x^2 - 1$ seja do 7º grau, k vale:

a) 7 b) 6 c) 4 d) 3 e) 2

63) **(IMA)** Sabendo que o polinômio $P(x) = (m - 3)x^4 + (n + 6)x^3 + 7x^2 + 3x + 2$ é do segundo grau, determine $(m + n)^2$.

a) – 6 b) + 6 c) – 9 d) + 9

64) O polinômio $P(x) = (m - 4)x^3 + (m^2 - 16)x^2 + (m + 4)x + 4$ é de grau 2:

a) se e somente se m = 4 ou m = – 4
b) se e somente se m ≠ 4
c) se e somente se m ≠ – 4
d) se e somente se m ≠ 4 e m ≠ – 4
e) para nenhum valor de "m"

65) **(EEAR)** Seja um polinômio $P(x) = ax^3 + bx^2 + cx + d$. Se os coeficientes de P(x) são diferentes de zero, então, para todo $x \in \mathbb{R}$, "P(x) + P(– x)" tem grau

a) 4 b) 3 c) 2 d) 1

66) **(EAM)** Elevando-se o polinômio $\frac{7}{11}x^3 - \sqrt{5}$ à quinta potência, obtém-se um polinômio cujo grau é

a) 3 b) 8 c) 12 d) 15 e) 21

67) **(EsSA)** O grau do polinômio $(4x - 1) \cdot (x^2 - x - 3) \cdot (x + 1)$ é:

a) 6 b) 5 c) 3 d) 4 e) 2

68) Determine o grau do polinômio $P(x) = (x - 4) \cdot (x - 2)^2 \cdot (x + 1)^3$

a) 1º grau b) 2º grau c) 6º grau d) 3º grau e) 5º grau

69) **(CN)** Sendo B e C números inteiros, o grau do polinômio que representa o quociente $\frac{(x^3 - Bx^2 + 3x - 1)^4 \cdot (x^2 - 7x)^2}{(x^2 + Cx - 3)^4 + (x^2 - 3)^4}$ é:

a) 1º b) 6º c) 4º d) 8º e) 2º

70) **(CN)** Sendo P e Q dois polinômios de mesma variável e de graus respectivamente iguais a m e n, e sendo $m \leq n$, podemos afirmar que:

a) a soma de P e Q é de grau m + n

b) o produto de P por Q é de grau m . n

c) a soma de P e Q é de grau m

d) o quociente entre P e Q, caso exista, é de grau m – n

e) a diferença entre P e Q é de grau n

71) **(CN)** No processo da divisão do polinômio P(x), de coeficientes não nulos, pelo polinômio g(x), obteve-se, para quociente um polinômio do 4º grau e, para penúltimo resto, um polinômio do 2º grau. Considerando-se as afirmativas,

I) O grau de P(x) é 6

II) O grau de g(x) pode ser 1

III) P(x) é composto de 7 monômios

Conclui-se que:

a) apenas I é verdadeira

b) apenas III é falsa

c) apenas II é verdadeira

d) apenas I e III são verdadeiras

e) todas são falsas

72) Qual o valor de P para que o polinômio $3x^2y^2 - 2xy^3 + 2x^{2P-5}y - 5y^4$, seja homogêneo?

a) 3 b) 4 c) 6 d) 7 e) 8

73) Qual o valor de m na expressão $x^2 + y^2 + 3xy + m - 1$ que torna o polinômio homogêneo.

a) 0 b) 2 c) 3 d) 1 e) 4

74) **(CN)** Sobre o polinômio $P(x) = ax^b - 3$, sabe-se que $P(2) = 17$ e $P(4) = 77$. O número de divisores inteiros do número $N = (a + 1)^3 . b^3$ é:

a) 24 b) 36 c) 48 d) 72 e) 108

75) **(EEAR)** Se $-\frac{2}{3}$ é um dos zeros do polinômio $P(x) = ax^2 - (a - 1)x + 4$, então o valor de "a", é

a) – 21 b) – 15 c) – 3 d) 1

76) **(EEAR)** Uma equação do 3º grau cujas raízes são – 1, – 2 e 3 é

a) $x^3 + 6x^2 - 9x + 6 = 0$

b) $x^3 - 6x^2 - 6 = 0$

c) $x^3 - 7x - 6 = 0$

d) $x^3 + 6x^2 + 9x = 0$

77) **(EsSA)** Uma equação polinomial do 3º grau que admite as raízes – 1, – 1/2 e 2 é:

a) $x^3 - 2x^2 - 5x - 2 = 0$

b) $2x^3 - x^2 - 5x + 2 = 0$

c) $2x^3 - x^2 + 5x - 2 = 0$

d) $2x^3 - x^2 - 2x - 2 = 0$

e) $2x^3 - x^2 - 5x - 2 = 0$

78) **(EEAR)** Se 3, 5 e – 2, são as raízes da equação $4(x - a)(x - b)(x - 5) = 0$, o valor de a + b é

a) 0 b) 1 c) 2 d) 3

79) **(EEAR)** Se o polinômio $x^3 - 9x^2 + 14x + 24$ tem uma raiz igual a 6, decompondo-o em fatores, obtém-se

a) $(x - 6)(x - 4)(x + 1)$
b) $(x + 6)(x - 4)(x + 1)$
c) $(x - 6)(x + 4)(x - 1)$
d) $(x + 6)(x + 4)(x - 1)$

80) **(EEAR)** Um dos zeros do polinômio $P(x) = 3x^3 - 2x^2 - 5x$ é uma fração imprópria cujo módulo da diferença entre seus termos é igual a

a) 1 b) 2 c) 3 d) 4

81) **(EEAR)** Se "1", "x_2" e "x_3" são as raízes da equação $x^3 - 2x^2 - 5x + 6 = 0$, então o valor de "$x_2 - x_3$", para $x_2 > x_3$ é

a) 3 b) 1 c) 6 d) 5

82) **(EEAR)** Seja A = {– 2, – 1, 1, 2} o conjunto formado pelas raízes de um polinômio P(x) do 4º grau. Se o coeficiente do termo de maior grau de P(x) é 1, então o termo independente é

a) 3 b) 4 c) 5 d) 6

83) **(EEAR)** O polinômio $(m - n - 3)x^2 + (m + n - 5)x = 0$ será identicamente nulo, se o valor de $m^2 - n^2$ for

a) – 12 b) – 5 c) 10 d) 15

84) Determine a, b e c de modo que o seguinte polinômio seja nulo:

$P(x) = (a + b)x^2 + 2ax - b - 3 - (x + 1)c$

a) a = 3, b = – 3 e c = – 6
b) a = – 3, b = 3 e c = – 6
c) a = – 3, b = – 6 e c = 3
d) a = 3, b = – 6 e c = – 3
e) a = – 6, b = 3 e c = – 3

85) **(EEAR)** Os valores de **p**, **n** e **k** que tornam as expressões $px^3 + 2xy - kx^2y + x^3 - nxy$ e $9x^3 - 12x^2y$ equivalentes são

a) 9, – 2, 12 b) 8, – 2, – 12 c) 9, – 2, – 12 d) 8, 2, 12

86) **(EEAR)** Para que a expressão $(x^2 + 3kx + 5xy) - (5x^2 - 20xy + 18x)$ seja igual a $-4x^2 - 10x + 25xy$, o valor de "k" será

a) 5/8 b) 3/4 c) 5/2 d) 8/3

87) **(EAM)** Qual o valor de m + n para que $(x^2 + mx) . (x^2 - x) + nx^2$ seja igual a $x^4 - 3x^3 + 7x^2$? (Lembre-se, coeficientes de termos com o mesmo grau são iguais).

a) 5 b) 3 c) 2 d) – 3 e) – 7

88) **(UEPB)** Quais devem ser os valores de m, n e k, respectivamente, para que os polinômios $P(x) = 2x^2 + (5m + 3)x + 2$ e $Q(x) = (n + 1)x^2 + (n + 17)x + 2k$ sejam iguais?

a) m = 5, n = 3 e k = 3
b) m = – 3, n = – 1 e k = 1
c) m = – 3, n = 2 e k = 3
d) m = 3, n = 1 e k = 1
e) m = 3, n = 3 e k = 3

89) **(EFOMM)** Para que a equação $m(x - 1) = 2x - m$ seja idêntica, devemos ter:

a) m = – 1 b) m = – 2 c) m = 2 d) $\nexists\ m \in \mathbb{R}$ e) $\forall\ m \in \mathbb{R}$

90) **(EEAR)** Sejam os polinômios $A(x) = a(x^2 + x + 1) + (bx + c)(x + 1)$ e $B = x^2 - 2x + 1$. Se $A(x) \equiv B(x)$, então a + b – c é igual a:

a) 4 b) 3 c) 2 d) 1

91) **(EEAR)** Se $(x + b)^2 - (x - a)(x + a) \equiv 2x + 17$, sendo a e b números reais positivos, então o valor de a + b é

a) 2 b) 3 c) 5 d) 6

92) **(ESPCEX)** As raízes inteiras da equação $2^{3x} - 7 . 2^x + 6 = 0$ são

a) 0 e 1 b) – 3 e 1 c) – 3, 1 e 2 d) – 3, 0 e 1 e) 0, 1 e 2

93) **(AFA)** Se x = 1 é raiz da equação $x^4 + px^3 + px^2 + px + p = 0$, então:

a) p = – ¼ b) p = ½ c) p = 0 ou p = – 1 d) p = 1 ou p = – 1

94) **(ESPCEX)** Determine o valor numérico do polinômio $p(x) = x^4 + 4x^3 + 6x^2 + 4x + 2017$ para x = 89.

a) 53 213 009. b) 57 138 236. c) 61 342 008. d) 65 612 016. e) 67 302 100.

95) **(CM – MANAUS)** Decomponha-se a fração $\frac{x+2}{x^3-x}$ em uma soma de frações cujos denominadores são polinômios do 1° grau, com $x \neq 0$ e $x \neq \pm 1$, podemos afirmar que a soma dos numeradores destas frações é:

a) – 3 b) – 2 c) – 1 d) 0 e) 1

96) **(CM – MANAUS)** Se $\frac{1}{(x-2)(x+1)} = \frac{A}{x-2} + \frac{B}{x+1}$, para todo x, $x \neq 2$ e $x \neq -1$, então A – B é:

a) – 1 b) 2/3 c) 1 d) ½ e) 0

97) **(EEAR)** A igualdade $\frac{2}{x^2-1} = \frac{A}{x+1} + \frac{B}{x-1}$ ocorre quando A e B são, respectivamente:

a) – 1 e – 1 b) – 1 e 1 c) 1 e – 1 d) 1 e 1

98) **(EPCAR)** Se $\frac{5}{x^2-4} = \frac{A}{x-2} - \frac{B}{x+2}$, então:

a) A = 2 e B = 3
b) A = 5/2 e B = 5/2
c) A = 6 e B = 1
d) A = 5/4 e B = 5/4
e) A = 2 e B = ½

99) **(CM – RECIFE)** Sejam M e N números reais tais que $\frac{1}{x(x+1)} = \frac{M}{x} + \frac{N}{x+1}$, então $M^2 + N^2$ é

a) 0 b) 1 c) 2 d) 3 e) 4

100) **(IAUPE)** Se A e B são dois números reais, tais que $\frac{A}{x+5} + \frac{B}{x-3} = \frac{x-1}{x^2+2x-15}$, com $x \neq -5$ e $x \neq 3$, então a soma A + B é igual a

a) 5 b) 3,5 c) 2,5 d) 2 e) 1

101) **(CPCON)** Calculando A, B e C na identidade $\frac{x}{(x+1)(x-1)^2} \equiv \frac{A}{x+1} + \frac{B}{x-1} + \frac{C}{(x-1)^2}$, teremos:

a) B < A < C b) C < A < B c) A < C < B d) C < B < A e) A < B < C

102) **(ITA)** A identidade $\frac{x^3+4}{x^3+1} = 1 + \frac{a}{x+1} + \frac{bx+c}{x^2-x+1}$ é válida para todo número real $x \neq -1$. Então a + b + c é igual a:

a) 5 b) 4 c) 3 d) 2 e) 1

103) Se $\frac{6-5x}{x^3-5x^2+6x} = \frac{A}{x-a} + \frac{B}{x-b} + \frac{C}{x-c}$, onde A, B e C são reais e a, b, c são raízes da equação $x^3 - 5x^2 + 6x = 0$ (com $a > b > c$), então:

a) A = – 2; B = 1; C = 0
b) A = 2; B = 4; C = 1
c) A = 1; B = – 3; C = 2
d) A = 5; B = 2; C = 1
e) A = – 3; B = 2; C = 1

104) **(CN)** Dado o polinômio $ax^k + 2x^2 - t$, com $(a, k, t) \in N$, $a < k$ e sabendo que $P(1) = 0$, $P(-2) = 51$, determine a soma dos algarismos do número $w = t^{15}(a-1)^{20}$ e, a seguir, assinale a opção correta.

a) 20
b) 15
c) 10
d) 8
e) 5

105) **(CN)** Seja $p(x) = x^2 - 2016x - 2017$ um polinômio com "x" real tal que $p(60002) = k$. Sendo assim, o valor de $p(-57986)$ é

a) k
b) 2k + 1
c) k^2
d) $3k^2 - 1$
e) $5 - k^2$

106) **(CN)** Sabe-se que os números distintos p, q e r são raízes do polinômio $P(x) = ax^3 + bx^2 + cx$ e que $\frac{(x-2p)(x^2-px-rx+pr)}{3x^2-9px+6p^2} = \frac{x-2}{3}$, com $x \neq 2p$, $x \neq p$ e $p + q = r - q$. Nessas condições, é correto afirmar que $3a - 2b + c$ é igual a:

a) 15
b) 13
c) 11
d) 10
e) 9

GABARITOS

1) $-\frac{25}{6}$	2) $-\frac{79}{12}$	3) A	4) B	5) C	6) B	7) C	8) C
9) B	10) C	11) C	12) C	13) A	14) D	15) D	16) C
17) D	18) C	19) B	20) C	21) E	22) C	23) B	24) B
25) E	26) E	27) D	28) D	29) 0	30) E	31) D	32) D
33) A	34) B	35) D	36) C	37) A	38) E	39) C	40) A
41) E	42) C	43) B	44) A	45) B	46) D	47) C	48) B
49) D	50) C	51) D	52) D	53) E	54) C	55) E	56) D
57) C	58) C	59) C	60) A	61) C	62) E	63) D	64) E
65) C	66) D	67) D	68) C	69) D	70) D	71) C	72) B
73) D	74) B	75) C	76) C	77) E	78) B	79) A	80) B
81) D	82) B	83) D	84) B	85) D	86) D	87) B	88) D
89) C	90) A	91) C	92) A	93) A	94) D	95) D	96) B

97) B 98) D 99) C 100) E 101) E 102) D 103) E 104) E
105) A 106) 11a

Capítulo 13

Operações com Expressões Algébricas

I. OPERAÇÕES COM MONÔMIOS

1) Adição e subtração de monômios

- Devemos somar ou subtrair os monômios semelhantes, isto é, conservamos a parte literal e somamos ou subtraímos os coeficientes.
- Uma soma ou subtração de monômios pode ser chamada de adição algébrica.

Exemplo: Calcule as adições algébricas:

a) $3x^2y + 8x^2y - 2x^2y = 9x^2y$

b) $10ab - 4ab + 6ab = 12ab$

c) $xy + 7xy + 5xy = 13xy$

2) Multiplicação de monômios

- Para efetuar o produto de monômios devemos multiplicar os coeficientes e multiplicar as partes literais dos monômios.

Exemplo:

a) $(3x) . (4x^2) = 12x^3$

b) $(-4a^3) . (5ab) = -20a^4b$

c) $(2x^2y^4z^5) . (6xy^2z^3) = 12x^3y^6z^8$

3) Divisão de monômios

- Para efetuar a divisão de monômios devemos dividir os coeficientes e dividir as partes literais dos monômios.

Exemplo:

a) $(20x^4) : (2x) = 10x^3$

b) $(15a^6) : (3a) = 5a^5$

c) $(18x^3y^2z^7) : (6xyz^4) = 3x^2yz^3$

Exercícios

1) **(IBFC)** De acordo com os coeficientes e partes literais, calcule o valor do monômio (2xb) · (4x). Assinale a alternativa que apresenta a resposta correta.

a) $8x^2b$. b) $8xb^2$ c) $8x^2b^2$ d) $8(xb)^2$

Resolução:

$(2xb) \cdot (4x) = 2 . 4 . b . x . x = 8bx^2 = 8x^2b$

GABARITO: A

2) **(CONSESP)** Simplificando a fração algébrica $\frac{2abc}{5abx}$, obtém-se:

a) $\frac{2}{5}$ b) $\frac{2c}{5x}$ c) $\frac{2bc}{ab^2}$ d) $\frac{2ac}{5a}$

Resolução:

$\frac{2abc}{5abx} = \frac{2\cancel{a}\cancel{b}c}{5\cancel{a}\cancel{b}x} = \frac{2c}{5x}$

GABARITO: B

4) Potenciação de monômios

- Para efetuar a potenciação de monômios devemos elevar os coeficientes e as partes literais à potência indicada.

Exemplo:

a) $(2x^3)^4 = 16x^{12}$

b) $(5a^4b^5c^6)^2 = 25a^8\,b^{10}\,c^{12}$

c) $\left(\frac{3}{4}\,m\,n^4\right)^3 = \frac{27}{64}m^3\,n^{12}$

5) Radiciação de monômios

- Para efetuar a radiciação de monômios devemos obter a raiz dos coeficientes e das partes literais.

Exemplo:

a) $\sqrt{25x^6} = 5x^3$

b) $\sqrt{49a^4b^2} = 7a^2b$

c) $\sqrt{121a^{10}b^8} = 11a^5\,b^4$

d) $\sqrt[3]{27m^6n^9} = 3m^2\,n^3$

II. OPERAÇÕES COM POLINÔMIOS

1) Adição e subtração de polinômios

- Para somar ou subtrair polinômios devemos reduzir (somar ou subtrair) os termos semelhantes.

Exemplo: Dados os polinômios $P(x) = x^3 + 8x^2 + 5x - 10$ e $Q(x) = 4x^3 - 2x^2 + 6x + 17$, calcule:

a) $P(x) + Q(x)$

$= (x^3 + 8x^2 + 5x - 10) + (4x^3 - 2x^2 + 6x + 17)$

$= x^3 + 8x^2 + 5x - 10 + 4x^3 - 2x^2 + 6x + 17$

$= x^3 + 4x^3 + 8x^2 - 2x^2 + 5x + 6x - 10 + 17$

$= 5x^3 + 6x^2 + 11x + 7$

b) $P(x) - Q(x)$

$= (x^3 + 8x^2 + 5x - 10) - (4x^3 - 2x^2 + 6x + 17)$

$= x^3 + 8x^2 + 5x - 10 - 4x^3 + 2x^2 - 6x - 17$

$= x^3 - 4x^3 + 8x^2 + 2x^2 + 5x - 6x - 10 - 17$

$= - 3x^3 + 10x^2 - x - 27$

Exercícios

3) **(AMEOSC)** Sendo $(4x^2 + 3x - 4) - (2x^3 + x^2 - x + 2)$, adicionando e subtraindo os polinômios tem-se:

a) $- 2x^3 + 3x^2 + 4x - 6$

b) $2x^3 - 3x^2 + 4x - 6$

c) $- 2x^3 + 3x^2 - 4x + 6$

d) $2x^3 - 3x^2 - 4x + 6$

Resolução:

$(4x^2 + 3x - 4) - (2x^3 + x^2 - x + 2)$

$= 4x^2 + 3x - 4 - 2x^3 - x^2 + x - 2$

$= - 2x^3 + 4x^2 - x^2 + 3x + x - 2 - 4$

$= - 2x^3 + 3x^2 + 4x - 6$

GABARITO: A

2) Multiplicação

1º CASO: Multiplicação de monômio por polinômio

- O produto de um monômio por um polinômio é obtido multiplicando-se o monômio por cada um dos termos do polinômio.

Exemplo:

a) $3x \cdot (x^2 + x - 8) = 3x^3 + 3x^2 - 24x$

b) $x^2 \cdot (x + 1) = x^3 + x^2$

c) $2ab \cdot (a^2b + 7a^3b^2 - 9ab^6) = 2a^3b^2 + 14a^4b^3 - 18a^2b^7$

Exercícios

4) **(GUALIMP)** A fórmula que compõe o custo de produção de uma máquina é dada pela expressão "4a . (2a – 3x)". Sendo assim, significa dizer que o custo também pode ser demonstrado pela seguinte expressão:

a) $8a^2 - 12ax$ b) $8a - 3x$ c) $8a^2 - 3ax$ d) $8a - 12ax$

Resolução:

$4a \cdot (2a - 3x) = 8a^2 - 12ax$

GABARITO: A

2º CASO: Multiplicação de polinômio por polinômio

- O produto de dois polinômios é obtido multiplicando-se cada termo do primeiro polinômio por todos os termos do segundo polinômio e, em seguida, devemos reduzir os termos semelhantes.

Exemplo:

a) $(x + 3) \cdot (x + 2) = x^2 + 2x + 3x + 6 = x^2 + 5x + 6$

b) $(x^2 + x + 1) \cdot (x - 5) = x^3 - 5x^2 + x^2 - 5x + x - 5 = x^3 - 4x^2 - 4x - 5$

Exercícios

5) **(OBJETIVA)** Qual o grau do polinômio resultante da operação abaixo?

$(x + 1)(x^2 - 2)$

a) 0 b) 1 c) 2 d) 3

Resolução:

Para resolver a questão devemos aplicar a propriedade distributiva.

$(x + 1)(x^2 - 2)$

$= x^3 - 2x + x^2 - 2$

$= x^3 + x^2 - 2x - 2$

Logo, o polinômio é do 3º grau.

GABARITO: D

3) Divisão

***1º CASO*: Divisão de polinômio por monômio**

- O quociente de um polinômio por um monômio é obtido dividindo-se cada um dos termos do polinômio pelo monômio.

Exemplo:

a) $(10x^2 + 25x^3 - 15x^4) : (5x) = 2x + 5x^2 - 3x^3$

b) $(y^3 + 4y^2 + 6y) : (y) = y^2 + 4y + 6$

c) $(12a^3b^2 + 6a^2b^5 + 9a^4b^3) : (3ab) = 4a^2b + 2ab^4 + 3a^3b^2$

***2º CASO*: Divisão de polinômio por polinômio (Método da chave)**

- Efetuar a divisão do polinômio D(x) pelo polinômio d(x) é determinar o quociente Q(x) e o resto R(x) que satisfaçam a seguinte condição:

$$\begin{array}{r|l} D(x) & d(x) \\ \hline R(x) & Q(x) \end{array}$$

$$\boxed{D(x) = d(x) \,.\, Q(x) + R(x)}$$, onde:

$$\begin{cases} D(x) \Rightarrow \text{Dividendo} \\ d(x) \Rightarrow \text{Divisor} \\ Q(x) \Rightarrow \text{Quociente} \\ R(x) \Rightarrow \text{Resto} \end{cases}$$

- Para calcular a divisão entre polinômios, devemos seguir a seguinte regra:

I) O dividendo D(x) deve estar completo e em ordem decrescente;

II) O divisor d(x) deve estar em ordem decrescente;

III) Dividir o 1º termo do dividendo D(x) pelo 1º termo do divisor d(x). O resultado dessa divisão será o 1º termo do quociente Q(x);

IV) Multiplicar o 1º termo encontrado no quociente Q(x) por cada termo do divisor d(x). Em seguida, colocar o resultado obtido com o sinal trocado abaixo do dividendo D(x). Reduzir os termos semelhantes e repetir o método até obter um resto de grau menor que o grau do divisor.

<u>Exemplos</u>:

a) Calcule o quociente e o resto da divisão de $x^3 + 3x^2 + 3x + 1$ por $x + 1$.

Vamos aplicar a regra para resolver o exemplo:

I) O dividendo D(x) deve estar completo e em ordem decrescente;

$D(x) = x^3 + 3x^2 + 3x + 1$.

II) O divisor d(x) deve estar em ordem decrescente;

$d(x) = x + 1$

III) Dividir o 1º termo do dividendo D(x) pelo 1º termo do divisor d(x). O resultado dessa divisão será o 1º termo do quociente Q(x);

$$\begin{array}{l|l} x^3 + 3x^2 + 3x + 1 & x + 1 \\ \cline{2-2} & x^2 \end{array}$$

IV) Multiplicar o 1º termo encontrado no quociente Q(x) por cada termo do divisor d(x). Em seguida, colocar o resultado obtido com o sinal trocado abaixo do dividendo D(x). Reduzir os termos semelhantes e repetir o método até obter um resto de grau menor que o grau do divisor.

$$\begin{array}{l|l} x^3 + 3x^2 + 3x + 1 & x + 1 \\ \cline{2-2} \underline{-x^3 - x^2} & \underbrace{x^2 + 2x + 1} \\ 2x^2 + 3x + 1 & \text{Quociente: } Q(x) \\ \underline{-2x^2 - 2x} & \\ x + 1 & \\ \underline{-x - 1} & \\ \underbrace{0} & \\ \text{Resto: } R(x) & \end{array}$$

<u>Resposta</u>: $Q(x) = x^2 + 2x + 1$ e $R(x) = 0$

b) Calcule o quociente e o resto da divisão de $3x^2 - 7x + 6$ por $x - 2$.

Vamos aplicar a regra para resolver o exemplo:

I) O dividendo D(x) deve estar completo e em ordem decrescente;

$D(x) = 3x^2 - 7x + 6$

II) O divisor d(x) deve estar em ordem decrescente;

$d(x) = x - 2$

III) Dividir o 1° termo do dividendo D(x) pelo 1° termo do divisor d(x). O resultado dessa divisão será o 1° termo do quociente Q(x);

$$\begin{array}{r|l} 3x^2 - 7x + 6 & x - 2 \\ \hline & 3x \end{array}$$

IV) Multiplicar o 1° termo encontrado no quociente Q(x) por cada termo do divisor d(x). Em seguida, colocar o resultado obtido com o sinal trocado abaixo do dividendo D(x). Reduzir os termos semelhantes e repetir o método até obter um resto de grau menor que o grau do divisor.

$$\begin{array}{r|l} 3x^2 - 7x + 6 & x - 2 \\ \cline{2-2} \underline{-3x^2 + 6x} & \underbrace{3x - 1}_{\text{Quociente: } Q(x)} \\ -x + 6 & \\ \underline{x - 2} & \\ \underbrace{4}_{\text{Resto: } R(x)} & \end{array}$$

Resposta: $Q(x) = 3x - 1$ e $R(x) = 4$

Exercícios

6) **(INSTITUTO CONSULPLAN)** O polinômio P(x) quando dividido por $Q(x) = x^2 - 4x$ encontramos $D(x) = x^2 - 2$ e resto $R(x) = x + 3$. O polinômio P(x) é:

a) $x^4 - 4x^3 - 2x^2 - 9x - 3$

b) $x^4 - 4x^3 - 2x^2 + 9x + 3$

c) $x^4 + 4x^3 + 2x^2 + 9x + 3$

d) $x^4 - 4x^3 + 2x^2 - 9x + 3$

Resolução:

Na divisão temos que **Dividendo = divisor x quociente + resto**. Assim, temos o seguinte:

$P(x) = (x^2 - 4x) . (x^2 - 2) + x + 3$

$P(x) = x^4 - 2x^2 - 4x^3 + 8x + x + 3$

$P(x) = x^4 - 4x^3 - 2x^2 + 9x + 3$

GABARITO: B

4) Teorema de D'Alembert

- Um polinômio P(x) é divisível pelo binômio (ax + b) se, e somente se, $P\left(-\frac{b}{a}\right) = 0$.

BIZU !!!

- O teorema de D'Alembert deve ser utilizado quando o divisor é do 1° grau.

Exemplo: Determine o resto da divisão de $P(x) = x^2 + 3x + 4$ por $Q(x) = x - 1$.

Como o divisor é do 1° grau e queremos determinar o resto da divisão, então podemos utilizar o Teorema de D'Alembert.

Inicialmente, devemos calcular a raiz do divisor, isto é, Q(x) = 0.

$\Rightarrow x - 1 = 0$

$\Rightarrow x = 1$ (zero ou raiz do divisor)

Vamos substituir x = 1 no polinômio $P(x) = x^2 + 3x + 4$. O resultado encontrado será o resto da divisão de P(x) por Q(x).

$\Rightarrow P(1) = 1^2 + 3 . 1 + 4$

$\Rightarrow P(1) = 1 + 3 + 4$

$\Rightarrow P(1) = 8$

Resposta: O resto da divisão de $P(x) = x^2 + 3x + 4$ por $Q(x) = x - 1$ é 8.

Exercícios

7) **(CEV URCA)** Qual o resto da divisão do polinômio $7x^{79} - 15x^{47} + 6x^{13} + 37$ pelo binômio $x - 1$?

a) 37 b) 28 c) 1 d) 35 e) 6

Resolução:

Para resolver a questão, vamos utilizar o teorema de D'Alembert.

$x - 1 = 0 \Rightarrow x = 1$

Resto $= 7 \cdot 1^{79} - 15 \cdot 1^{47} + 6 \cdot 1^{13} + 37 = 7 \cdot 1 - 15 \cdot 1 + 6 \cdot 1 + 37 = 7 - 15 + 6 + 37 = 35$

GABARITO: D

8) **(IBFC)** O polinômio $P(x) = x^3 + (a - 1) \cdot x^2 + (-5 \cdot a) \cdot x + 8$ (onde a é um número inteiro) é divisível por $(x - 2)$. Assinale a alternativa que indica o correto valor de a.

a) $a = -2$ b) $a = -3$ c) $a = 2$ d) $a = 1$

Resolução:

Pelo teorema de D'Alembert temos o seguinte:

$x - 2 = 0 \Rightarrow x = 2$

Vamos calcular o resto da divisão de $P(x)$ por $(x - 2)$.

Resto $= 2^3 + (a - 1) \cdot 2^2 + (-5 \cdot a) \cdot 2 + 8$

Resto $= 8 + (a - 1) \cdot 4 + (-5 \cdot a) \cdot 2 + 8$

Resto $= 8 + 4a - 4 - 10a + 8$

Resto $= -6a + 12$

Como o polinômio $P(X)$ é divisível $(x - 2)$, então o resto da divisão é igual a zero.

$-6a + 12 = 0$

$-6a = -12$ **x (– 1)**

$6a = 12$

$a = 12/6$

$a = 2$

GABARITO: C

A seguir, faremos uma bateria de exercícios de todo conteúdo estudado neste capítulo.

Exercícios

9) **(EsSA)** Reduzindo os termos semelhantes da expressão algébrica 8xy – 4ab + 2ab – x – 7xy + 2ab – xy + x + 1, encontramos:

a) xy b) x c) 1 d) ab

10) **(EEAR)** Reduzindo os termos semelhantes da expressão 6a – (4b – c + 2d) – [a – (2b – 4c + 3d)] – 5a, obtém-se

a) 2b – 3d – d

b) – 2b – 3c + d

c) 10a – 2b – 3c + d

d) – 10a – 2b + 3c – d

11) **(EEAR)** Simplificando a expressão: $x^2 - [2xy + x^2 - (y^2 + 3xy) + 2y^2] - xy$, obtém-se:

a) – x b) $-y^2$ c) x^2y d) xy^2

12) **(IDCAP)** Considerando o polinômio $(2x^3 - 3x^2 + 4x - 1) + (x^3 + 2x^2 - 5x + 3)$, é correto afirmar que somando e subtraindo os termos semelhantes, tem-se:

a) $x^3 + 3x^2 - x$

b) $2x^3 - x^2 - x + 2$

c) $x^3 - x^2 + 2x - 2$

d) $3x^3 + x^2 - x + 2$

e) $3x^3 - x^2 - x + 2$

13) **(EsSA)** Dados os polinômios $A = -x^2 - x + 1$, $B = 3x - 4$ e $C = 2x^2 + 3x - 3$, o resultado de B – A + C é:

a) $3x^2 - 7x + 8$ b) $x^2 + 5x - 6$ c) $x^2 - 5x + 6$ d) $3x^2 + 7x - 8$

14) **(EsSA)** Sendo $P_1 = x^3 + 2x^2 - x + 1$, $P_2 = 6 - 5x + 3x^3$ e $P_3 = 2x^3 + 2x^2 + 3x$. O resultado de $P_1 - P_2 + P_3$ é:

a) $2x^2 + 5x + 5$

b) $6x^3 + 4x^2 - 3x + 7$

c) $4x^2 + 7x - 5$

d) $-4x^3 - 9x + 7$

15) **(EEAR)** Sendo $A = 2x^2 + 3xy + y^2$, $B = -2xy + 3y^2$, $C = y^2 + 3x^2 - 2xy$ e $D = -x^2 - y^2$, calculando A – [B – C – D], obtém-se

a) $4x^2 + 3y - 2y^2 + 4xy$

b) $4x^2 + 3xy - 2y^2$

c) $2x^2 + 3xy^2$

d) $-2x^2 + 7xy + 2y^2$

16) **(EsSA)** A diferença entre $2x^2 - 5x + 3$ e $2x^2 - 6x + 2$ é:

a) $-11x + 5$ b) $x + 1$ c) $x + 5$ d) $11x - 5$

17) **(MS CONCURSOS)** São dados os seguintes polinômios:

$L = 3x^2 + 5xy - 2y^2$

$M = x^2 - y^2$

$N = 3xy - y^2$

Ao calcularmos o valor de L – M – N, encontraremos como resultado o polinômio:

a) $2x^2$
c) $2x^2 + 2xy - 4y^2$
b) $2x^2 + 2xy$
d) $2x^2 + 8xy + 5y^2$

18) **(CFN)** Quanto deve ser subtraído de $10a^2b$ para que o resultado seja $13a^2b$?

a) $-23a^2b$ b) $-3a^2b$ c) $-3a^4b^2$ d) $23a^2b$ e) $23a^4b^2$

19) **(ESPCEX)** Os polinômios A(x) e B(x) são tais que $A(x) = B(x) + 3x^3 + 2x^2 + x + 1$. Sabendo-se que –1 é raiz de A(x) e 3 é raiz de B(x), então A(3) – B(– 1) é igual a:

a) 98 b) 100 c) 102 d) 103 e) 105

20) **(EEAR)** Dados os polinômios $F = x^2 - 2x + 1$, $G = 1 - x^2$ e $H = x - 1$, o valor da expressão 2G – 3(F – 2H) é

a) $-5x^2 + 8x - 3$
c) $-5x^2 + 12x - 7$
b) $-5x^2 - 8x + 3$
d) $-5x^2 - 12x - 7$

21) **(CETRO)** Dados os polinômios $A(x) = 2x^3 - (b - 1)x + 2$ e $B(x) = ax^3 + 2x + 2$, e sabendo que A(x) – B(x) é um polinômio identicamente nulo, o valor de (a + b) é igual a

a) 1 b) 2 c) 3 d) 4 e) 5

22) **(EEAR)** O produto 2a . (a – 1) . (a + 3) . (a – 2) é igual a

a) $2a^4 - 4a^3 - 14a^2 + 12a$
c) $2a^4 - 10a^2 + 12a$
b) $2a^4 - 4a^3 - 10a^2 + 12a$
d) $2a^4 - 14a^2 + 12a$

23) **(CN)** Efetuar a multiplicação $(x^2 - 5x + 9)(x + 3)$

24) **(CN)** Efetuar o produto $(x^2 + 2 - x)(x^2 - 1)$ dando a resposta ordenada segundo as potências decrescentes de x.

25) **(EAM)** O valor de $A = [(x^2 - 2x + 4) . (x + 2) - (x^3 + x^2 + 8)]$ é igual a

a) $-x^2$ b) x^2 c) $2x^3 - x^2$ d) $-x^2 + 8x$ e) 16

26) **(EsSA)** Efetuando $(x - 3)\{(3 - x)(x - 3) - [(x + 5)(x - 3) - (3x^2 - x + 3)]\}$ encontramos:

a) $x^3 - 27$ b) $x + 3$ c) $x - 3$ d) $x^2 + 3x + 9$ e) $x^2 + 6x + 9$

27) **(CN)** Efetuando o produto $(x + a)(x + b)(x + c)(x + d)$ e reduzindo os termos semelhantes em relação a x, conterá o produto quantos termos?

a) 4 b) 3 c) 7 d) 8 e) 5

28) **(EsSA)** Efetuando a expressão $(x^n + x - 1)(x^{n-1} - 1)$, obtemos:

a) $x^{2n-1} - x^{n-1} - x + 1$

b) $x^{2n-1} + 2x^n + x - 1$

c) $x^{2n-2} + x^{n-1} - 2x + 1$

d) $x^{2n-1} - 2x^{n-1} - 2x - 1$

e) $x^{2n+1} - x^{n-1} + x + 1$

29) **(CN)** Efetuando o produto $(x + 1)(x^{100} - x^{99} + x^{98} - x^{97} + \ldots + x^2 - x + 1)$, encontramos:

a) $x^{100} - 1$

b) $x^{200} + 1$

c) $x^{101} + x^{50} - 1$

d) $2x^{100} + 2$

e) $x^{101} + 1$

30) **(CM – RJ)** Efetuando o produto $(1 - a + a^2 - a^3 + \ldots + a^{96} - a^{97} + a^{98} - a^{99} + a^{100})(1 + a)$, encontramos:

a) $1 + a^{101}$

b) $a + a^{101}$

c) $a + a^2 + a^3 + \ldots + a^{99} + a^{100} + a^{101}$

d) $a - a^2 + a^3 - a^4 + \ldots + a^{99} - a^{100} + a^{101}$

e) $1 + a + a^2 + a^3 + \ldots + a^{99} + a^{100} + a^{101}$

31) **(EEAR)** Dividindo-se **A** por **B**, obtém-se quociente **C** e resto **D**. Sendo **C** = $2x - 3$; **D** = $8x^2 + 5$; e **B** = $3x^3 - 5x + 1$; então **A** é igual a

a) $6x^4 - 9x^3 - 2x^2 + 17x + 2$

b) $6x^4 - 9x^3 - 2x^2 + 13x + 2$

c) $6x^4 - 9x^3 - 10x^2 + 17x - 3$

d) $6x^4 - 9x^3 + 18x^2 - 13x + 3$

32) **(FCC)** Dividindo $x^3 - 4x^2 + 7x - 3$ por um certo polinômio p(x), obtemos quociente $x - 1$ e resto $2x - 1$. O polinômio p(x) é igual a:

a) $2x^2 - 3x + 2$

b) $x^2 - 3x + 2$

c) $x^2 - x + 1$

d) $2x^2 - 3x + 1$

e) nenhum dos anteriores

33) **(EAM)** Na divisão de um polinômio P(x) por $(x^2 + 1)$, obtém-se quociente $(3x + 2)$ e resto 3. Então P(x) é

a) $3x^3 - 2x^2 - 3x + 5$

b) $3x^3 + 2x^2 + 2x + 5$

c) $3x^3 - 2x^2 - 2x + 5$

d) $3x^3 - 4x^2 - 2x + 5$

e) $3x^3 + 2x^2 + 3x + 5$

34) **(EEAR)** Ao dividir o polinômio " $- 5x^2 - 3x + 2$" por um polinômio "Q", Ana obteve " $- 5$" por quociente e "$12x + 7$" por resto. O polinômio Q é igual a

a) $x^2 + 3x - 2$ b) $x^2 - 3x - 1$ c) $x^2 - 3x + 1$ d) $x^2 + 3x + 1$

35) **(EsSA)** Numa divisão exata temos o dividendo igual a $x^2 - 3x - 70$ e o quociente igual a $x - 10$. Logo, o divisor é:

a) $x + 7$ b) $x - 7$ c) $x^2 - 2x - 80$ d) $x^3 - 13x^2 - 40x + 700$

36) **(CN)** Numa divisão polinomial, o dividendo, o divisor, o quociente e o resto são, respectivamente: $4x^3 + ax^2 + 19x - 8$, $2x - b$, $2x^2 - 5x + 7$ e $- 1$. A soma dos valores de a e b é igual a

a) – 14 b) – 13 c) – 12 d) – 11 e) – 10

37) **(CM – RJ)** Dividindo o trinômio $x^2 - x + 2$ por $x + 3a$, obtém-se quociente $x - b$ e resto $2a + 3b$, com a e b inteiros. A soma desses valores inteiros de a e b é:

a) 5 b) 3 c) 1 d) – 2 e) – 3

38) **(EsSA)** O quociente da divisão de $(x^3 + 1)$ por $(x + 1)$ é:

a) $(x + 1)^2$ b) $x^2 - x + 1$ c) $x^2 + 1$ d) $x^2 + x + 1$

39) **(UFMG)** O quociente da divisão de $P(x) = 4x^4 - 4x^3 + x - 1$ por $Q(x) = 4x^3 + 1$ é:

a) $x - 5$ b) $x - 1$ c) $x + 5$ d) $4x - 5$ e) $4x + 8$

40) **(CN)** Dividir $x^6 - x^4 - 2x^3 + x^2 + 2x - 1$ por $x^2 - 1$

41) **(EsSA)** Sendo $P_1 = 3x^4 - x^2 + 2x - 1$ e $P_2 = x^2 - x + 1$. O quociente de $\frac{P_1}{P_2}$ é:

a) $3x^2 + 3x - 1$ b) $3x^2 + x$ c) $x^2 + 3x - 1$ d) $3x - 1$

42) **(EEAR)** Ao dividir $x^5 - 3x^4 + 2x^2 + x + 5$ por $x - 3$, obtém-se um quociente cuja soma dos coeficientes é

a) 4 b) 6 c) 8 d) 10

43) **(EEAR)** Ao dividir $3x^3 + 8x^2 + 3x + 4$ por $x^2 + 3x + 2$ obtém-se ________ como resto.

a) 6 b) 5 c) 4 d) 3

44) **(FGV)** O resto da divisão do polinômio $x^3 + 2x^2 - 3x + 4$ por $x^2 + 2$ é

a) $-5x$ b) $x + 2$ c) $x + 4$ d) $-3x + 1$ e) $x - 2$

45) **(FUNDATEC)** O resto da divisão de $x^3 + x^2 - 6x$ por $x^2 + 2x$ é:

a) $-x$ b) x c) 0 d) $-4x$

46) **(CN)** O coeficiente do termo de 2º grau do produto entre o quociente e o resto, resultantes da divisão de $x^3 - 3x + x^4 + 7$ por $2 - x^2$ é:

a) -22 b) -11 c) -10 d) -1 e) 1

47) **(EPCAR)** Efetuar $\frac{M - N}{P} + Q$, sendo

$M = 4x^4 - x^3 - 5x^2 + 3x + 4$ $P = 2x$

$N = 2x^4 + x^3 - x^2 + 3x + 4$ $Q = -x^3 + x^2 + 2x + 10$

a) $3x^2 - 4x + 1$ b) $x^2 - 2x$ c) $7x - 9$ d) $4x - 21$ e) 10

48) **(CN)** O resto da divisão de $(x^5 + x^4 - 5x^3 - x^2 + 9x - 8)$ por $(x^2 + x - 3)$ é

a) independente de x e não nulo

b) positivo para $x < 5/2$

c) nulo

d) par, para $x \in \mathbb{N}$

e) igual a 21, para $x = 13$

49) **(EPCAR)** O resto da divisão do polinômio $P(x) = x^4 - 2x^3 + 2x^2 - x + 1$ por $x + 1$ é um número

a) ímpar menor que 5

b) par menor que 6

c) primo maior que 5

d) primo menor que 7

50) **(CN)** O menor número inteiro que se deve somar ao polinômio $x^3 + x - 1$, para que o resto da sua divisão por $x + 3$ seja um número par positivo, é:

a) 33 b) 31 c) 39 d) – 1 e) 29

51) **(EPCAR)** Se $Q(x) = x^3 - x^2 + mx + n$, $P(x) = x^2 + x - 2$ e Q(x) é divisível por P(x), então:

a) $m/n = 1$ b) $m - n = 2m$ c) $m \cdot n = m^2$ d) $m^2 - n^2 \neq 0$

52) **(EEAR)** A divisão do polinômio P(x) por "x – a" fornece o quociente $q(x) = x^3 + x^2 + x + 1$ e resto 1. Sabendo que $P(0) = -15$, o valor de **a** é

a) – 16 b) – 13 c) 13 d) 16

53) **(EPCAR)** Efetuando a divisão de $x^3 - 7x^2 + 5x + 13$ por $x + 1$ e calculando o valor numérico do quociente para $x = 2$ você encontrará:

a) zero b) 1 c) 2 d) 3 e) – 6

54) **(ESPCEX)** O polinômio $f(x) = x^5 - x^3 + x^2 + 1$, quando dividido por $q(x) = x^3 - 3x + 2$ deixa resto r(x). Sabendo disso, o valor numérico de $r(-1)$ é

a) – 10 b) – 4 c) 0 d) 4 e) 10

55) **(CM – RECIFE)** Ao dividir o polinômio $x^4 - 2x^3 - 3x^2 + 2x$ por um polinômio **P**, iremos obter quociente $x^3 - 3x^2 + 2$ e resto –2. Pode-se dizer que **P** terá valor numérico "0" (zero) quando x for

a) – 1 b) 0 c) 1 d) 2 e) 3

56) **(FGV)** Seja Q(x) o quociente da divisão do polinômio $P(x) = x^6 - 1$ pelo polinômio $d(x) = x - 1$. Então:

a) Q(0) = 0   b) Q(0) < 0   c) Q(1) = 0   d) Q(– 1) = 1   e) Q(1) = 6

57) **(EAM)** Os valores numéricos do quociente e do resto da divisão de $p(x) = 5x^4 - 3x^2 + 6x - 1$ por $d(x) = x^2 + x + 1$, para x = – 1 são, respectivamente,

a) – 7 e – 12
b) – 7 e 14
c) 7 e – 14
d) 7 e – 12
e) – 7 e 12

58) **(UECE)** Se na divisão do polinômio P(x) por $x^2 - 3$ o quociente é x + 1 e o resto é x – 1, então o valor de P(3) é:

a) 25   b) 26   c) 27   d) 28

59) **(EPCAR)** Dividindo $P_1 = x^5 - 3x^3 + 2x^2 - 6$ por $P_2 = x^2 + x - 3$, obtém-se um quociente P_3 e um resto P_4. O valor numérico de $P_3 . P_4$ para x = – 1 é

a) 85   b) 53   c) 5   d) 39   e) 15

60) **(CN)** Seja $P(x) = 2x^4 - 5x^2 + 3x - 2$ e $Q(x) = x^2 - 3x + 1$. Se P(x) **:** Q(x) determina um quociente Q'(x) e um resto R(x), o valor de Q'(0) + R(1) é:

a) 0   b) 28   c) 25   d) 17   e) 18

61) **(EPCAR)** Dividindo-se $\mathbf{P_1} = x^4 + 2x^2 - 3$ por $\mathbf{P_2} = x^2 - 2x + 1$, obtém-se $\mathbf{P_3}$ como resto da divisão. O valor numérico de $\frac{P_3}{1-2x}$ para x = 0 é

a) – 10   b) – 8   c) – 5   d) – 2

62) **(EEAR)** Se $A = 15m^3 - 9m^2 + 6m$, B = 3m e $C = (m-3)^2$, então A **:** B + 2C é igual a

a) $6m^2 - 9m + 11$
b) $7m^2 - 3m - 7$
c) $7m^2 - 9m + 20$
d) $7m^2 - 15m + 20$

63) **(EEAR)** Calcule o valor de $\frac{M^2 - P}{T}$, sabendo-se que M = x – 1; $P = x^2 - 3x$ e T = x + 1.

a) $\frac{5x-1}{x+1}$ b) $\frac{1-5x}{x+1}$ c) $\frac{5x+1}{x+1}$ d) 1

64) **(EEAR)** Sendo: $A = x^5 + x^4 - 7x^3 + 18x^2 - 9x - 4$ e $B = x^3 - 2x^2 + 3x + 1$, então $\frac{A}{B}$ é

a) $x^2 + 3x - 4$ b) $x^2 - 3x - 4$ c) $x^2 - 3x + 4$ d) $x^2 + 3x + 4$

65) **(EEAR)** O resto da divisão do polinômio $4n^5 + 2n^2 - 3 - 2n^4 - 7n - 9n^3$ pelo polinômio $(n - 2) . (n - 1)$ é

a) $-9n - 19$ b) $-2n + 31$ c) $7n - 16$ d) $30n - 45$

66) **(EEAR)** O resto da divisão de $4x^3 + 2x^2 + x - 1$ por $x^2 - 3$ é igual a

a) $13x + 5$ b) $11x - 3$ c) $2x + 5$ d) $6x - 3$

67) **(EEAR)** Se $P = a^{2m+1} - a^{2m} + a^{2m-1} - a^{2m-2}$ e $Q = a^{m-3}$, então "P : Q" é igual ao produto de "$a^3 - a^2 + a - 1$" por

a) a^{m+1} b) a^{m-3} c) a^{m-5} d) a^{m+3}

68) **(CN)** O resto da divisão de $x^3 - x^2 + 1$ por $x - 2$ é:

a) 4 b) 5 c) 3 d) – 2 e) – 5

69) **(CN)** O polinômio $x^3 + px^2 + x + q$ é divisível por $x + 1$. Logo $p + q$ é igual a:

a) 2 b) 1 c) 0 d) – 1 e) – 2

70) **(EEAR)** O resto da divisão de $kx^2 + x + 1$ por $x - k$ é

a) $k^2 + 1$ b) $k^2 + k + 1$ c) $k^3 + k^2 + 1$ d) $k^3 + k + 1$

71) **(EEAR)** O resto da divisão de $kx^2 + x - 1$ por $x + 2k$ é

a) $k - 1$ b) $-2k - 1$ c) $k^3 - k - 1$ d) $4k^3 - 2k - 1$

72) **(CN)** Calcule o resto da divisão de $x^3 - 3x^2 + 4$ por $(x - 2)$.

73) **(Cesgranrio)** O resto da divisão de $4x^9 + 7x^8 + 4x^3 + 3$ por $x + 1$ vale:

a) 0 b) 2 c) 4 d) 1 e) 3

74) **(EEAR)** O resto da divisão de $P(x) = 2x^3 + 3x^2 + kx - 3$ por $2x + 1$, é 2. O valor de $\frac{k}{3}$ é

a) – 3 b) – 2 c) 2 d) 3

75) **(EEAR)** O valor de **a** no polinômio $P(x) = 4x^3 - 3x^2 - ax + 7$, que dividido por $x - 2$, deixa resto 5, é

a) 5 b) 7 c) 8 d) 11

76) **(EsSA)** Se o resto da divisão do polinômio $P(x) = 2x^n + 5x - 30$ por $Q(x) = x - 2$ é igual a 44, então **n** é igual a:

a) 2 b) 3 c) 4 d) 5 e) 6

77) **(EEAR)** Se o resto da divisão de $P(x) = x^3 + mx^2 + nx + 5$ por $x - 2$ é 15, então o valor de $2m + n$ é:

a) 1 b) 2 c) 3 d) 5

78) **(EEAR)** Para que o polinômio "$x^3 - 5x^2 + 7x - 3a$" seja divisível por "$2x - 3$", deve-se dar para "a" o valor de

a) – 7/8 b) – 7/4 c) 7/8 d) 7/4

79) **(EEAR)** Sejam os polinômios $A = x^3 + 5x^2 + px - 3$ e $B = x - 2$. Para que A seja divisível por B, o valor de "p" deve ser

a) 9/2 b) 25/2 c) – 25/2 d) – 9/2

80) **(AFA)** Dado $P(x) = x^3 - 3x^2 - 4x + m - 1$, o valor de m, para o qual P(x) é divisível por $(x - 2)$, é:

a) 1 b) 7 c) 13 d) 17

81) **(CONSULPLAN)** O resto da divisão do polinômio $P(x) = x^4 + x^3 - 7x^2 - x + k$ por $(x - 1)$ é igual a 3. Dividindo-se P(x) por $(x + 2)$, o resto obtido será igual a

a) – 9 b) – 5 c) – 2 d) – 1

82) **(AFA)** O parâmetro **a**, de modo que o resto da divisão de $5x^3 + (2a - 3)x^2 + ax - 2$ por $x + 2$ seja 6, é igual a:

a) 9 b) 10 c) 11 d) 12

83) **(UFBA)** O resto da divisão de $P(x) = 3x^5 + 2x^4 + 3px^3 + x - 1$ por $(x + 1)$ é 4, se p é igual a:

a) 5/3 b) – 2 c) – 3 d) – 10 e) – 7/3

84) **(AFA)** Se a divisão do polinômio $P(x) = ax^{20} + bx^{11} - 2x^9$ por $Q(x) = 4x^2 - 4$ tiver resto $R(x) = -1$, com $a, b \in \mathbb{R}$, então

a) $b^a = \frac{1}{2}$ b) $\sqrt[b]{a} = 2$ c) $\frac{a}{b} = -\frac{1}{3}$ d) $\log_b a = 0$

85) **(EEAR)** Para que o polinômio $2x^3 + mx^2 + nx + 6$ seja divisível por $(x + 1)$ e $(x - 3)$, então os valores de m e n devem ser, respectivamente, iguais a:

a) – 7 e – 3 b) – 6 e – 10 c) – 6 e – 2 d) – 2 e – 6

86) **(EEAR)** Se o polinômio $P(x) = ax^3 - 3x^2 - bx - 3$ é divisível por $(x - 3)(x + 1)$, então o valor de a + b é

a) 10 b) 8 c) 7 d) 5

87) **(AFA)** O polinômio P(x) é divisível por $x^2 - a^2$ $(a \neq 0)$, se, e somente se:

a) $P(a) = 0$ b) $P(-a) = 0$ c) $P(a) = P(-a) = 0$ d) $P(a) = 0$ e $P(-a) \neq 0$

88) **(EsFAO)** A divisão de um polinômio p(x) por $x^2 - x$ resulta no quociente $6x^2 + 5x + 3$ e resto $-7x$. O resto da divisão de p(x) por $2x + 1$ é igual a:

a) 1 b) 2 c) 3 d) 4 e) 5

89) **(AFA)** Um polinômio P(x) dividido por $(x - 2)$ tem resto 3, e dividido por $(x - 4)$ tem resto 1. Então, o resto da divisão desse polinômio por $(x - 2)(x - 4)$ é igual a:

a) $-x - 5$ b) $-x + 5$ c) $x - 5$ d) $x + 5$ e) nra

90) **(CN)** Se a divisão $\frac{(x^3 - 6x^2 + 12x - 8)^{16} + 2x^2 - 8x + 1 + k}{x^2 - 4x + 4}$ é exata, o valor de k é:

a) 3 b) 5 c) 6 d) 7 e) 8

91) **(PUC)** Os valores de m, n e p para que a expressão $\frac{(m-1)x^3 + (n-2)x^2 + (p-3)x + 8}{2x^2 + 3x + 4}$ seja independente de x são:

a) m = 1, n = 5 e p = 2

b) m = 1, n = 6 e p = 9

c) m = 1, n = 5 e p = 4

d) m = 1, n = 4 e p = 6

e) m = 1, n = 3 e p = 6

92) **(FGV)** Para que a expressão $\frac{(a-3)x^4 + (b+2)x^3 + (c+3)x^2 - 6}{2ax^4 + (b-1)x^3 + 4x^2 - 3}$ não dependa de x, a soma dos valores de a, b e c deve ser:

a) 14 b) 16 c) 8 d) 6 e) 2

93) **(CN)** O valor da expressão $\frac{(a-2)x^3 + (b-1)x^2 + (c-1)x + 10}{x^2 - x + 5}$ independe de x. A soma dos valores de a, b e c é:

a) 4 b) 2 c) – 3 d) 0 e) 1

94) **(CN)** A divisão do polinômio $P(x) = x^4 + x^2 + 1$ pelo polinômio $D(x) = 2x^2 - 3x + 1$ apresenta quociente Q(x) e resto R(x). Assinale a alternativa falsa.

a) $R(1) = 3$

b) $R(x) > 0$ para $x > \frac{1}{9}$

c) O menor valor de Q(x) ocorre para $x = -\frac{3}{4}$

d) A média geométrica dos zeros de Q(x) é $\frac{\sqrt{22}}{4}$

e) O valor mínimo de Q(x) é $\frac{35}{32}$

95) **(CN)** Sejam os polinômios $p = x^2 + 4x$ e $q = x^2 + (3k - 1)x$. Se a razão entre p e q é diferente de 1, necessariamente

a) $k \neq \frac{5}{3}$ b) $k \neq \frac{3}{5}$ c) $k \neq \frac{4}{3}$ d) $k \neq \frac{3}{4}$ e) $k \neq 1$

96) **(CN)** Sejam $p(x) = 2x^{2010} - 5x^2 - 13x + 7$ e $q(x) = x^2 + x + 1$. Tomando r(x) como sendo o resto na divisão de p(x) por q(x), o valor de r(2) será

a) – 8 b) – 6 c) – 4 d) – 3 e) – 2

97) **(CN)** Sabe-se que $p(x) = acx^4 + b(a + c)x^3 + (a^2 + b^2 + c^2)x^2 + b(a + c)x + ac$ é um produto de dois polinômios do 2º grau e que os números a, b, c são reais não nulos com $(b^2 - 4ac)$ positivo. Nessas condições, é correto afirmar que

a) há apenas um valor de x tal que p(x) = 0

b) há apenas dois valores de x tais que p(x) = 0

c) há apenas três valores de x tais que p(x) = 0

d) há quatro valores de x tais que p(x) = 0

e) não há valores de x tais que p(x) = 0

98) **(CN)** Seja $P(x) = 2x^{2012} + 2012x + 2013$. O resto r(x) da divisão de P(x) por $d(x) = x^4 + 1$ é tal que r(– 1) é:

a) – 2 b) – 1 c) 0 d) 1 e) 2

99) **(CN)** A equação $x^3 - 2x^2 - x + 2 = 0$ possui três raízes reais. Sejam *p* e *q* números reais fixos, onde *p* é não nulo. Trocando *x* por *py* + *q*, a quantidade de soluções reais da nova equação é:

a) 1 b) 3 c) 4 d) 5 e) 6

100) **(CN)** Seja x um número real tal que $x^3 + x^2 + x + x^{-1} + x^{-2} + x^{-3} + 2 = 0$. Para cada valor possível de x, obtém-se o resultado da soma de x^2 com seu inverso. Sendo assim, o valor da soma desses resultados é

a) 5 b) 4 c) 3 d) 2 e) 1

GABARITOS

1) A	2) B	3) A	4) A	5) D	6) B	7) D	8) C
9) C	10) B	11) B	12) E	13) D	14) C	15) B	16) B
17) B	18) B	19) C	20) C	21) A	22) D	23) $x^3 - 2x^2 - 6x + 27$	24) $x^4 - x^3 + x^2 + x - 2$
25) A	26) A	27) E	28) A	29) E	30) A	31) A	32) B
33) E	34) D	35) A	36) D	37) A	38) B	39) B	40) $x^4 - 2x + 1$
41) A	42) D	43) A	44) A	45) D	46) C	47) E	48) E
49) C	50) A	51) B	52) D	53) B	54) A	55) A	56) E
57) D	58) B	59) A	60) B	61) B	62) D	63) D	64) A
65) D	66) A	67) A	68) B	69) A	70) D	71) D	72) 0
73) B	74) A	75) D	76) D	77) A	78) C	79) C	80) C
81) A	82) B	83) E	84) A	85) C	86) A	87) C	88) E
89) B	90) D	91) B	92) C	93) A	94) D	95) A	96) E
97) D	98) B	99) B	100) D				

Capítulo 14

Produtos Notáveis

I. Introdução

Alguns produtos envolvendo polinômios aparecem com frequência nas operações com expressões algébricas. Para facilitar o estudo desses produtos, foram criadas algumas regras que receberam o nome de **produtos notáveis**.

II. Principais produtos notáveis

1) Quadrado da soma de dois termos

• *Forma*: $(a + b)^2$, onde **a** é o primeiro termo e **b** é o segundo termo.

> *Regra: O quadrado da soma de dois termos é igual ao quadrado do primeiro termo, mais duas vezes o produto do primeiro termo pelo segundo termo, mais o quadrado do segundo termo.*

Exemplos:

a) $(a + b)^2 = a^2 + 2ab + b^2$

b) $(x + y)^2 = x^2 + 2xy + y^2$

c) $(m + n)^2 = m^2 + 2mn + n^2$

d) $(x + 1)^2 = x^2 + 2 . x . 1 + 1^2 = x^2 + 2x + 1$

e) $(y + 3)^2 = y^2 + 2 . y . 3 + 3^2 = y^2 + 6y + 9$

f) $(2a + 3b)^2 = (2a)^2 + 2 . 2a . 3b + (3b)^2 = 4a^2 + 12ab + 9b^2$

g) $(x^2 + 5)^2 = (x^2)^2 + 2 . x^2 . 5 + 5^2 = x^4 + 10x^2 + 25$

EXERCÍCIOS

1) **(FACAPE)** A diferença entre $(x + y)^2$ e $12y^2$ corresponde a expressão

a) $x^2 + 2x^2y - 12y^2$

b) $x^2 - 2yx + 12y^2$

c) $x^2 + 2yx + 12y^2$

d) $x^2 + 2xy - 11y^2$

e) $x^2 - 2xy - 11y^2$

Resolução:

$(x+y)^2 - 12y^2 = x^2 + 2xy + y^2 - 12y^2 = x^2 + 2xy - 11y^2$

GABARITO: D

2) **(UNIUV)** O desenvolvimento do produto notável $(x+2y^2)^2$ dá como resultado o trinômio:

a) $x^2 + 4xy^2 + 2y^2$

b) $x^2 - 2xy^2 + 2y^2$

c) $x^2 + 4xy^2 + 4y^4$

d) $x^2 + 4xy^2 - 2y^4$

e) $x^2 - 2xy^2 - 2y^4$

Resolução:

$(x+2y^2)^2 = x^2 + 2 \,.\, x \,.\, 2y^2 + (2y^2)^2 = x^2 + 4xy^2 + 4y^4$

GABARITO: C

3) **(COTEC)** O resultado da operação $\left(\sqrt{3} + \sqrt{12}\right)^2$ é

a) 15 b) 26 c) 27 d) 17

Resolução:

$\left(\sqrt{3} + \sqrt{12}\right)^2 = \left(\sqrt{3}\right)^2 + 2.\sqrt{3} \,.\, \sqrt{12} + \left(\sqrt{12}\right)^2 = 3 + 2\,.\sqrt{3\,.\,12} + 12 = 15 + 2\,.\sqrt{36} = 15 + 2\,.\,6 =$ $15+12 = 27$

GABARITO: C

4) **(CETREDE)** Sabendo que $x^2 + y^2 = 7$ e que $x + y = 4$, podemos afirmar que $x \,.\, y$, vale

a) 9/2 b) 1/8 c) 1 d) 3 e) 8

Resolução:

Sabemos que $\mathbf{(x+y)^2 = x^2 + 2.x.y + y^2}$.

Para resolver a questão devemos substituir os valores dados no produto notável abaixo:

$\mathbf{(x+y)^2 = x^2 + 2.x.y + y^2}$

$4^2 = 7 + 2 \,.\, x \,.\, y$

$16 - 7 = 2.\, x \,.\, y$

$9 = 2 \,.\, x \,.\, y$

$9/2 = x \,.\, y$

$x \,.\, y = 9/2$

GABARITO: A

5) **(CONPASS)** Se $x + \frac{1}{x} = \sqrt{11}$, com $x \neq 0$, qual o valor de $x^2 + \frac{1}{x^2}$?

a) 10 b) 8 c) 7 d) 9 e) 11

Resolução:

Para encontrar a resposta da questão, devemos desenvolver $\left(x + \frac{1}{x}\right)^2$ e substituir os valores dados.

$\left(x + \frac{1}{x}\right)^2 = x^2 + 2 \cdot x \cdot \left(\frac{1}{x}\right) + \left(\frac{1}{x}\right)^2$

$\left(x + \frac{1}{x}\right)^2 = x^2 + 2 + \frac{1}{x^2}$

$\left(\sqrt{11}\right)^2 = 2 + x^2 + \frac{1}{x^2}$

$11 - 2 = x^2 + \frac{1}{x^2}$

$x^2 + \frac{1}{x^2} = 9$

GABARITO: D

2) Quadrado da diferença de dois termos

- *Forma*: $(a - b)^2$, onde **a** é o primeiro termo e **b** é o segundo termo.

> *Regra: O quadrado da diferença de dois termos é igual ao quadrado do primeiro termo, menos duas vezes o produto do primeiro termo pelo segundo termo, mais o quadrado do segundo termo.*

Exemplos:

a) $(a - b)^2 = a^2 - 2ab + b^2$

b) $(x - y)^2 = x^2 - 2xy + y^2$

c) $(p - q)^2 = p^2 - 2pq + q^2$

d) $(y - 2)^2 = y^2 - 2 \cdot y \cdot 2 + 2^2 = y^2 - 4y + 4$

e) $(c - 5)^2 = c^2 - 2 \cdot c \cdot 5 + 5^2 = c^2 - 10c + 25$

f) $(5m - 4n)^2 = (5m)^2 - 2 . 5m . 4n + (4n)^2 = 25m^2 - 40mn + 16n^2$

g) $(a^3 - 7)^2 = (a^3)^2 - 2 . a^3 . 7 + 7^2 = a^6 - 14a^3 + 49$

Exercícios

6) **(IDCAP)** A solução de $(2w^2 - 7)^2$ é:

a) $4w^4 + 28w^2 + 49$

b) $4w^4 - 49$

c) $2w^2 + 49$

d) $4w^4 - 28w^2 + 49$

e) $2w^4 - 4w^2 + 49$

Resolução:

$(2w^2 - 7)^2 = (2w^2)^2 - 2 . 2w^2 . 7 + 7^2 = 4w^4 - 28w^2 + 49$

GABARITO: D

7) **(EDUCA)** Simplificando a expressão $(2a - b)^2 - (a + b)^2$, obtemos:

a) $3a^2 - 2ab$

b) $3a^2 + 4ab + b^2$

c) $3a^2 - 6ab$

d) $3a^2 + 2b^2$

e) $3a^2 + 4a^2b^2$

Resolução:

$(2a - b)^2 - (a + b)^2$

$= (2a)^2 - 2 . 2a . b + b^2 - (a^2 + 2ab + b^2)$

$= 4a^2 - 4ab + b^2 - a^2 - 2ab - b^2$

$= 4a^2 - a^2 - 4ab - 2ab + b^2 - b^2$

$= 3a^2 - 6ab$

GABARITO: C

8) **(INSTITUTO CONSULPLAN)** Dada a expressão $y^2 - 10y$, qual é o termo que deverá ser adicionado a essa expressão para se obter o seguinte produto notável $(y - 5)^2$?

a) 5 b) – 5 c) 25 d) – 25

Resolução:

$(y-5)^2 = y^2 - 2 \cdot 5 \cdot y + 5^2 = y^2 - 10y + 25$

Logo, $y^2 - 10y + \mathbf{25} = (y-5)^2$

GABARITO: C

3) Produto da soma pela diferença de dois termos (produto de binômios conjugados)

• *Forma*: (a + b) **.** (a – b), onde **a** é o primeiro termo e **b** é o segundo termo.

Regra: O produto da soma pela diferença de dois termos é igual ao quadrado do primeiro termo menos o quadrado do segundo termo.

Exemplos:

a) $(x + y) \cdot (x - y) = x^2 - y^2$

b) $(a + b) \cdot (a - b) = a^2 - b^2$

c) $(m + 6) \cdot (m - 6) = m^2 - 6^2 = m^2 - 36$

d) $(y + 3) \cdot (y - 3) = y^2 - 3^2 = y^2 - 9$

e) $(4p + 5q) \cdot (4p - 5q) = (4p)^2 - (5q)^2 = 16p^2 - 25q^2$

f) $(x^2 + 5y) \cdot (x^2 - 5y) = (x^2)^2 - (5y)^2 = x^4 - 25y^2$

Exercícios

9) **(COTEC)** A expressão $(\sqrt{120} - \sqrt{30})(\sqrt{120} + \sqrt{30})$ é igual a

a) 13500 b) 90 c)150 d) 1530

Resolução:

$(\sqrt{120} - \sqrt{30})(\sqrt{120} + \sqrt{30}) = (\sqrt{120})^2 - (\sqrt{30})^2 = 120 - 30 = 90$

GABARITO: B

10) **(ALTERNATIVE CONCURSOS)** Se x + y = 11 e x – y = 5, então o valor de $x^2 - y^2$ é:

a) 15 b) 94 c) 55 d) 105

Resolução:

$x^2 - y^2 = (x + y)(x - y) = 11 . 5 = 55$

GABARITO: C

11) **(IDEST)** Qual a forma redutível da expressão $(3x + 7)(3x - 7) + (3x + 7)^2 - (3x - 7)^2$?

a) $2(3x - 7)$

b) $3x^2 - 49$

c) $84x + 49$

d) $3x^2 - 64x + 49$

e) $9x^2 + 84x - 49$

Resolução:

$(3x + 7)(3x - 7) + (3x + 7)^2 - (3x - 7)^2$

$= (3x)^2 - 7^2 + [(3x)^2 + 2 . 3x . 7 + 7^2] - [(3x)^2 - 2 . 3x . 7 + 7^2]$

$= 9x^2 - 49 + [9x^2 + 42x + 49] - [9x^2 - 42x + 49]$

$= 9x^2 - 49 + 9x^2 + 42x + 49 - 9x^2 + 42x - 49$

$= 9x^2 + 9x^2 - 9x^2 + 42x + 42x - 49 + 49 - 49$

$= 9x^2 + 84x - 49$

GABARITO: E

12) **(IMPARH)** Ao simplificarmos a expressão $\left(\sqrt{a^2 + b^2} - \sqrt{2ab}\right)\left(\sqrt{a^2 + b^2} + \sqrt{2ab}\right)$, obtemos:

a) $a^2 + b^2$

b) $a^3 - b^3$

c) $\left(\sqrt{a^2 + b^2} - \sqrt{2ab}\right)^2$

d) $(a - b)^2$

Resolução:

$\left(\sqrt{a^2 + b^2} - \sqrt{2ab}\right)\left(\sqrt{a^2 + b^2} + \sqrt{2ab}\right) = \left(\sqrt{a^2 + b^2}\right)^2 - \left(\sqrt{2ab}\right)^2 = a^2 + b^2 - 2ab = a^2 - 2ab + b^2 = (a - b)^2$

GABARITO: D

4) Produto de Stevin

O produto de Stevin é usado quando os dois binômios possuem um termo repetido (comum).

• *Forma*: $(x + a) . (x + b)$, onde **x** é o termo repetido (comum) e os termos não comuns são **a** e **b**.

> *Regra: O produto de Stevin é igual ao quadrado do termo comum, mais o produto entre a soma*
> *dos termos não comuns e o termo comum, mais o produto dos termos não comuns.*
> $(x + a) . (x + b) = x^2 + (a + b) . x + a . b$

Exemplos:

a) $(x + 2) . (x + 6) = x^2 + (2 + 6) . x + 2 . 6 = x^2 + 8x + 12$

b) $(a + 1) . (a + 3) = a^2 + (1 + 3) . a + 1 . 3 = a^2 + 4a + 3$

c) $(x - 4) . (x + 7) = x^2 + (-4 + 7) . x + (-4) . 7 = x^2 + 3x - 28$

d) $(m - 5) . (m + 4) = m^2 + (-5 + 4) . m + (-5) . 4 = m^2 - m - 20$

e) $(y^2 + 10) . (y^2 + 3) = (y^2)^2 + (10 + 3) . y^2 + 10 . 3 = y^4 + 13y^2 + 30$

f) $(2a^2 + 5b) . (2a^2 - 3b) = (2a^2)^2 + (5b - 3b). 2a^2 + 5b. (-3b) = 4a^4 + 4a^2b - 15b^2$

5) Cubo da soma de dois termos

• *Forma*: $(a + b)^3$, onde **a** é o primeiro termo e **b** é o segundo termo.

> *Regra: O cubo da soma de dois termos é igual ao cubo do primeiro termo, mais três vezes o quadrado do primeiro termo pelo segundo termo, mais três vezes o primeiro termo pelo quadrado do segundo termo, mais o cubo do segundo termo.*

Exemplos:

a) $(a + b)^3 = a^3 + 3a^2b + 3ab^2 + b^3$

b) $(x + y)^3 = x^3 + 3x^2y + 3xy^2 + y^3$

c) $(m + n)^3 = m^3 + 3m^2n + 3mn^2 + n^3$

d) $(x+1)^3 = x^3 + 3 \cdot x^2 \cdot 1 + 3 \cdot x \cdot 1^2 + 1^3 = x^3 + 3x^2 + 3x + 1$

e) $(p+2)^3 = p^3 + 3 \cdot p^2 \cdot 2 + 3 \cdot p \cdot 2^2 + 2^3 = p^3 + 6p^2 + 12p + 8$

f) $(2m+3)^3 = (2m)^3 + 3 \cdot (2m)^2 \cdot 3 + 3 \cdot 2m \cdot 3^2 + 3^3 = 8m^3 + 36m^2 + 54m + 27$

g) $(a^2+2b)^3 = (a^2)^3 + 3 \cdot (a^2)^2 \cdot 2b + 3 \cdot a^2 \cdot (2b)^2 + (2b)^3 = a^6 + 6a^4b + 12a^2b^2 + 8b^3$

Exercícios

13) **(FUNDATEC)** A forma equivalente a $(x+a)^3$ é:

a) $x^3 + a^3$

b) $x^2 + 2ax + a^2$

c) $x^3 + 3x^2a + 3xa^2 + a^3$

d) $x^3 + 6x^2a^2 + a^3$

e) $x + a$

Resolução:

$(x+a)^3 = x^3 + 3x^2a + 3xa^2 + a^3$

GABARITO: C

14) **(MÉTODO)** Acerca dos produtos notáveis, assinale a alternativa **incorreta**.

a) $(a+b)^2 = a^2 + 2ab + b^2$

b) $(a-b)^2 = a^2 - 2ab + b^2$

c) $(a + b) \times (a - b) = a^2 - ab - b^2$

d) $(a+b)^3 = a^3 + 3a^2b + 3ab^2 + b^3$

Resolução:

$(a + b) \times (a - b) = a^2 - b^2$

GABARITO: C

6) Cubo da diferença de dois termos

• *Forma*: $(a-b)^3$, onde **a** é o primeiro termo e **b** é o segundo termo.

Regra: O cubo da diferença de dois termos é igual ao cubo do primeiro termo, menos três vezes o quadrado do primeiro termo pelo segundo termo, mais três vezes o primeiro termo pelo quadrado do segundo termo, menos o cubo do segundo termo.

Exemplos:

a) $(a-b)^3 = a^3 - 3a^2b + 3ab^2 - b^3$

b) $(x-y)^3 = x^3 - 3x^2y + 3xy^2 - y^3$

c) $(p-q)^3 = p^3 - 3p^2q + 3pq^2 - q^3$

d) $(c-1)^3 = c^3 - 3 \cdot c^2 \cdot 1 + 3 \cdot c \cdot 1^2 - 1^3 = c^3 - 3c^2 + 3c - 1$

e) $(y-3)^3 = y^3 - 3 \cdot y^2 \cdot 3 + 3 \cdot y \cdot 3^2 - 3^3 = y^3 - 9y^2 + 27y - 27$

f) $(x^2-2y)^3 = (x^2)^3 - 3 \cdot (x^2)^2 \cdot 2y + 3 \cdot x^2 \cdot (2y)^2 - (2y)^3 = x^6 - 6x^4y + 12x^2y^2 - 8y^3$

g) $(3m-n^4)^3 = (3m)^3 - 3 \cdot (3m)^2 \cdot n^4 + 3 \cdot 3m \cdot (n^4)^2 - (n^4)^3 = 27m^3 - 27m^2n^4 + 9mn^8 - n^{12}$

Exercícios

15) **(FACET)** A expressão $(a-b)^3 - 3a(b^2 - ab) + b^3 - a^3$ equivale a:

a) 1 b) a^3 c) b^3 d) $(a-b)^2$ e) 0

Resolução:

$(a-b)^3 - 3a(b^2 - ab) + b^3 - a^3$
$= a^3 - 3a^2b + 3ab^2 - b^3 - 3ab^2 + 3a^2b + b^3 - a^3$
$= a^3 - a^3 - b^3 + b^3 - 3a^2b + 3a^2b + 3ab^2 - 3ab^2$
$= 0$

GABARITO: E

16) **(FUVEST)** Se $3x^2 - 9x + 7 = (x-a)^3 - (x-b)^3$, para todo número real x, o valor de a + b é

a) 3 b) 5 c) 6 d) 9 e) 12

Resolução:

$3x^2 - 9x + 7 = (x-a)^3 - (x-b)^3$

$3x^2 - 9x + 7 = x^3 - 3x^2a + 3xa^2 - a^3 - (x^3 - 3x^2b + 3xb^2 - b^3)$

$3x^2 - 9x + 7 = x^3 - 3x^2a + 3xa^2 - a^3 - x^3 + 3x^2b - 3xb^2 + b^3$

$3x^2 - 9x + 7 = -3x^2a + 3x^2b + 3xa^2 - 3xb^2 - a^3 + b^3$

$3x^2 - 9x + 7 = (-3a + 3b)x^2 + (3a^2 - 3b^2)x - a^3 + b^3$

Os polinômios são iguais, então temos o seguinte:

I) $-3a + 3b = 3$ **(dividir a equação por 3)**

$-a + b = 1$

$b = 1 + a$

II) $3a^2 - 3b^2 = -9$ **(dividir a equação por 3)**

$a^2 - b^2 = -3$

$a^2 - (1 + a)^2 = -3$ **(observe que b = 1 + a)**

$a^2 - (1 + 2a + a^2) = -3$

$a^2 - 1 - 2a - a^2 = -3$

$-1 - 2a = -3$ **x (– 1)**

$1 + 2a = 3$

$2a = 3 - 1$

$2a = 2$

$a = 2/2$

$a = 1$

$b = 1 + a = 1 + 1 = 2.$

Logo, $a + b = 1 + 2 = 3$

GABARITO: A

7) Quadrado de um trinômio

- *Forma*: $(a + b + c)^2$, onde **a** é o primeiro termo, **b** é o segundo termo e **c** é o terceiro termo.

> *Regra: O quadrado de um trinômio é igual à soma algébrica dos quadrados de todos os seus termos e o dobro de todos os produtos distintos dos referidos termos tomados dois a dois.*

Exemplos:

a) $(a + b + c)^2 = a^2 + b^2 + c^2 + 2ab + 2ac + 2bc$

b) $(x + y + z)^2 = x^2 + y^2 + z^2 + 2xy + 2xz + 2yz$

c) $(m + n - p)^2 = m^2 + n^2 + (-p)^2 + 2 . m . n + 2 . m . (-p) + 2 . n . (-p) = m^2 + n^2 + p^2 + 2mn - 2mp - 2np$

d) $(p^2 + 2q + r^3)^2 = (p^2)^2 + (2q)^2 + (r^3)^2 + 2 . p^2 . 2q + 2 . p^2 . r^3 + 2 . 2q . r^3 = p^4 + 4q^2 + r^6 + 4p^2q + 2p^2r^3 + 4qr^3$

e) $(a - 4b + c^4)^2 = a^2 + (-4b)^2 + (c^4)^2 + 2 .a . (- 4b) + 2 . a . c^4 + 2 . (-4b) . c^4 = a^2 + 16b^2 + c^8 - 8ab + 2ac^4 - 8bc^4$

Exercícios

17) **(IVIN)** Fatorando a expressão: $a^2 + b^2 + c^2 + 2ab + 2bc + 2ac$ encontramos:

a) $(a^2 + b^2 + c^2)^2$

b) $a^2 + b^2 - c^2$

c) $(a + b + c)^2$

d) $(a - b - c)^2$

e) $(a + 2b - c)^2$

Resolução:

$(a + b + c)^2 = a^2 + b^2 + c^2 + 2ab + 2ac + 2bc$

GABARITO: A

8) Produto de um binômio soma por um trinômio de termos alternadamente positivos e negativos

• *Forma*: $(a + b) . (a^2 - ab + b^2)$

Regra: O resultado é igual a soma dos cubos dos termos do binômio.

Exemplos:

a) $(a + b) . (a^2 - ab + b^2) = a^3 + b^3$

b) $(m + n) . (m^2 - mn + n^2) = m^3 + n^3$

c) $(p + q) . (p^2 - pq + q^2) = p^3 + q^3$

d) $(x + 2) . (x^2 - 2x + 4) = x^3 + 2^3 = x^3 + 8$

e) $(b + 1) . (b^2 - b + 1) = b^3 + 1^3 = b^3 + 1$

f) $(3x + 4y) . (9x^2 - 12xy + 16y^2) = (3x)^3 + (4y)^3 = 27x^3 + 64y^3$

g) $(c^2 + 5) . (c^4 - 5c^2 + 25) = (c^2)^3 + 5^3 = c^6 + 125$

9) Produto de um binômio diferença por um trinômio de termos positivos

- *Forma*: $(a - b) \cdot (a^2 + ab + b^2)$

> *Regra: O resultado é igual a diferença dos cubos dos termos do binômio.*

Exemplos:

a) $(x - y) \cdot (x^2 + xy + y^2) = x^3 - y^3$

b) $(b - c) \cdot (b^2 + bc + c^2) = b^3 - c^3$

c) $(r - s) \cdot (r^2 + rs + s^2) = r^3 - s^3$

d) $(a - 3) \cdot (a^2 + 3a + 9) = a^3 - 3^3 = a^3 - 27$

e) $(y - 4) \cdot (y^2 + 4y + 16) = y^3 - 4^3 = y^3 - 64$

f) $(2x - 3y) \cdot (4x^2 + 6xy + 9y^2) = (2x)^3 - (3y)^3 = 8x^3 - 27y^3$

g) $(b^5 - 6) \cdot (b^{10} + 6b^5 + 36) = (b^5)^3 - 6^3 = b^{15} - 216$

A seguir, faremos uma bateria de exercícios de todo conteúdo estudado neste capítulo.

Exercícios

18) **(FUNTEF/PR)** O trinômio quadrado perfeito que representa a potência $(2x + 5)^2$ é

a) $49x^2$

b) $4x^2 + 25$

c) $4x^2 + 10x + 25$

d) $2x^2 + 20x + 25$

e) $4x^2 + 20x + 25$

19) **(ETEVM)** Desenvolvendo a expressão $(9a^2 + b^2)^2$ obtém-se:

a) $a^4 - b^4$

b) $a^4 + b^4$

c) $a^4 - 2a^2b^2 + b^4$

d) $a^4 + 2a^2b^2 - b^4$

e) $81a^4 + 18a^2b^2 + b^4$

20) **(EsSA)** Um dos mais utilizados "produtos notáveis" é o quadrado de um binômio. Assim, se tivermos a expressão $(3bx^2 + 2a^3)^2$, o resultado será:

a) $9b^2x^4 + 4a^6$

b) $9b^2x^4 + 12a^3bx^2 + 4a^6$

c) $6b^2x^4 + 4a^6$

d) $9b^2x^4 - 12a^3bx^2 + 4a^6$

21) **(EEAR)** A expressão $\left(\frac{a^4}{2}+\frac{2}{a^2}\right)^2$ é equivalente a

a) $\frac{a^8}{4}+\frac{4}{a^4}$

b) $\frac{a^8}{4}+4a^2+\frac{4}{a^4}$

c) $\frac{a^6}{4}+8a^2+\frac{4}{a^4}$

d) $\frac{a^8}{4}+2a^2+\frac{4}{a^4}$

22) **(CM – RECIFE)** Na igualdade $\left(\sqrt{2}+\sqrt{3}\right)^2 = 5+\sqrt{n}$, o valor de n é

a) 0 b) 6 c) 12 d) 144 e) 24

23) **(CM – RECIFE)** Se a ∈ ℝ e a > 0, a expressão $\left(\sqrt{a}+\frac{1}{\sqrt{a}}\right)^2$ é equivalente a

a) 1 b) 2 c) $\frac{a^4+1}{a}$ d) $\frac{a^2+1}{a^2}$ e) $\frac{a^2+2a+1}{a}$

24) **(CONSULPLAN)** Qual número deve ser adicionado a $x^2 + 8x$, para que essa expressão seja o quadrado da soma de (x + 4)?

a) 2 b) 4 c) 8 d) 16 e) N.R.A

25) **(FEPESE)** $9x^2 + 6x$ é igual a:

a) $(3x-1)^2 - 1$

b) $(3x+1)^2 - 1$

c) $(3x-1)^2 + 1$

d) $(3x+1)^2 + 1$

e) $3(2x^2 + 3x)$

26) **(EsSA)** Completando-se as lacunas (A), (B) e (C), verifica-se:

$$\left(\underset{(A)}{\_\_} + y^3\right)^2 = \underset{(B)}{\_\_} + 8xy^3 + \underset{(C)}{\_\_}$$

a) o termo da lacuna C é y^9

b) o termo da lacuna A é 8x

c) o termo da lacuna B é $16x^2$

d) o termo da lacuna B é $4x^2$

27) **(FEPESE)** A soma dos possíveis valores de x tais que $(2x+3)^2 = 3$ é:

a) – 6 b) – 3 c) 0 d) 3 e) 6

28) **(CM – MANAUS)** Se k = $\sqrt{3} + \sqrt{5}$, então $\sqrt{15}$ é igual a:

a) $\frac{k^2 - 8}{2}$ b) $\frac{k^2}{2}$ c) $k^2 - 8$ d) k^2 e) $2k^2$

29) **(CM – JUIZ DE FORA)** Considerando k = $\sqrt{3} + \sqrt{7}$, então $\sqrt{21}$ é igual a:

a) $\frac{k^2}{2}$ b) $\frac{k^2 - 10}{2}$ c) k^2 d) $\frac{k^2 - 7}{3}$

30) **(EEAR)** A potência $\left(\sqrt{3 + \sqrt{5}} + \sqrt{3 - \sqrt{5}}\right)^2$ é igual a

a) 10 b) 12 c) 14 d) 16

31) **(EPCAR)** Se $\left(\frac{1}{\sqrt{2}} + \frac{4a}{b}\right)^2 = \frac{1}{2} + m + \frac{16a^2}{b^2}$ então m vale:

a) $\frac{4a\sqrt{2}}{b}$ b) $\frac{ab}{4\sqrt{2}}$ c) $4\sqrt{2}ab$ d) $\frac{8\sqrt{a}}{b}$ e) $\frac{4\sqrt{ab}}{ab}$

32) **(CONSULPLAM)** Sendo $(m + n)^2$ = 18 e mn = 4, então o valor de $m^2 + n^2$ é:

a) 8 b) 10 c) 12 d) 6

33) **(FAFIPA)** A área de um quadrado é representada pelo polinômio $(4x^2 + 4xy + y^2)$. Sendo assim, qual é o polinômio que representa o lado desse quadrado?

a) (4x + y) cm b) (2x – 2y) cm c) (x + y) cm d) (2x + y) cm

34) **(CEFET)** Simplificando a expressão $\frac{(x+h)^2 - 2(x+h) - (x^2 - 2x)}{h}$ onde h ≠ 0, obtemos:

a) 2x + h – 2 b) 2x – 2 c) 2x + h d) 2x – 2h + 2 e) 2x

35) **(CM – BRASÍLIA)** Considerando a expressão $\frac{x^4}{y^6}$ + E + $\frac{9}{k^2}$ um trinômio quadrado perfeito, o valor de E para x = k = – y = 2 é:

a) – 8 b) – 6 c) – 1,5 d) 1 e) 1,6

36) **(EsSA)** A expressão $(x - 4)^2$ é igual a:

a) $x^2 - 16$ b) $x^2 - 8x + 16$ c) $x^2 - 8x - 16$ d) $x^2 + 16$

37) **(EsSA)** O desenvolvimento de $(2x - 3)^2$ é:

a) $4x^2 + 12x + 9$ b) $4x^2 - 12x + 9$ c) $4x^2 - 6x + 9$ d) $4x^2 - 9$

38) **(INSTITUTO QUADRIX)** Assinale a alternativa que contém o resultado da solução do **produto notável** a seguir.

$(5x - y)^2 =$

a) $25x^2 - 10xy - y^2$

b) $25x^2 - 5x^2y^2 + y^2$

c) $25x^2 - 5x^2y^2 - y^2$

d) $25x^2 - 10x^2y^2 - y^2$

e) $25x^2 - 10xy + y^2$

39) **(FCC)** Uma aluno, ao efetuar o produto notável $(a^3 - 8)^2$, obteve como resultado o trinômio $a^9 - 16a^3 + 64$. Com base nessa resposta, está correto afirmar que esse aluno cometeu um erro no

a) sinal do 2º termo

b) quadrado do primeiro termo

c) quadrado do terceiro termo

d) sinal do terceiro termo

40) **(OBJETIVA)** Dado o polinômio $p(x) = x^2 - 8x + 16$, analisar os itens abaixo:

I) p(x) pode ser escrito como $(x + 4)^2$.

II) $(x + 4)^2$ sempre é igual a $(x - 4)^2$.

a) Os itens I e II estão corretos

b) Somente o item I está correto

c) Somente o item II está correto

d) Os itens I e II estão incorretos

41) **(MOURA MELO)** Substitua o □ pelo termo que forma em $9m^8n^4 - 12m^4n^3 +$ □, um trinômio quadrado perfeito.

a) $2n$ b) $4n^2$ c) $2n^2$ d) $4n^3$

42) **(ETF)** Qual a expressão que deve ser adicionada a $x^2 - 6x + 5$ para que resulte o quadrado de $(x - 3)$?

a) $3x$ b) $4x$ c) 4 d) 3 e) $3x + 4x$

43) **(EEAR)** A expressão $\left(4x - \frac{a^2}{2}\right)^2$ é igual a

a) $16x^2 - \frac{a^4}{4}$

b) $16x^2 - 8ax + \frac{a^4}{4}$

c) $16x^2 + 8ax - \frac{a^4}{4}$

d) $16x^2 - 4a^2x + \frac{a^4}{4}$

44) **(EEAR)** O valor de $1984^2 - 2 \times 1984 \times 1980 + 1980^2$ é

a) 4 b) 8 c) 12 d) 16

45) Sabendo-se que $\sqrt{y} = -a^2 - b$, determine y:

a) $-a^4 + 2a^2b - b^2$

b) $-a^4 - 2a^2b - b^2$

c) $a^4 - 2a^2b + b^2$

d) $a^4 + 2a^2b + b^2$

e) $a^4 + b^2$

46) **(CEFET)** O resultado de $(-x - \sqrt{2})^2$ é:

a) $x^2 - 2\sqrt{x} + 2$

b) $x^2 + 2\sqrt{2}x + 2$

c) $(x - \sqrt{2})(x + \sqrt{2})$

d) $x^2 - 2$

e) $x^2 + 2$

47) **(ETF)** Para que $16a^4 + 4b^8 - 24a^2b^4$ seja quadrado perfeito é preciso acrescentar:

a) $9a^4$ b) $8a^2b^4$ c) $20a^4$ d) $12b^8$ e) $12a^4b^4$

48) **(EPCAR)** "K" é o valor que torna o trinômio $\frac{a^{2m}}{c^{2p}} - \frac{2a^m b^n}{c^p d^q} + K$ um quadrado de uma diferença. Calcule K para $b = -d = -n = q = 2$.

a) $(-2)^8$ b) 2^{-8} c) 2^{-4} d) $(-2)^4$ e) 2^8

49) **(EsSA)** Se $x + y = 0$ e $x - y = 2$, então o valor de $x^2 - 2xy + y^2$ é:

a) 4 b) 0 c) 2 d) – 2

50) **(CM – RECIFE)** Fatorando a expressão $(a + b)^2 - (a - b)^2$, encontramos

a) 2ab b) $2a^2b$ c) 4ab d) $3a^2b$ e) a^2b

51) **(EEAR)** Efetuando-se $(m+n)^2 - (m-n)^2$, obtém-se

a) $2n^2$ b) $4mn$ c) $2mn + 2m^2$ d) $2mn + 2n^2$

52) **(EsSA)** $(a - b)^2 - (a + b)^2$ equivale a:

a) a b) 4ab c) – 4ab d) b

53) **(Prefeitura de Autazes/AM)** Simplificando a expressão $2x(x - 3)^2 + 4x(3x - x^2)$ tem-se:

a) $-4x^3 + 2x^2 + 6x$
b) $-2x^3 + 18x$
c) $2x^2 + 18x + 4$
d) $3x^2 + 2x + 18$

54) **(NCE/UFRJ)** Se a = 1/2 e b = 3/5, o valor de $(a+b)^2 - 2ab + (a-b)^2$ é igual a:

a) 0,32 b) 0,38 c) 0,62 d) 0,82 e) 0,96

55) **(CEFET)** Qual das afirmativas abaixo está errada?

a) $(-a-b)^2 = (a+b)^2$
b) $(-a+b)^2 = (a-b)^2$
c) $(a-b)^2 + 4ab = (a+b)^2$
d) $(a+b)^2 - 4ab = (a-b)^2 + ab$
e) das afirmativas anteriores uma está errada

56) **(EEAR)** Se $a - \frac{1}{a} = 30$, então $a^2 + \frac{1}{a^2}$ é igual a

a) 896 b) 898 c) 900 d) 902

57) **(MOURA MELO)** Se $x + \frac{1}{x} = 8$, determine $x^2 + \frac{1}{x^2}$.

a) 96 b) 42 c) 38 d) 62

58) **(EPCAR)** Se $3^x + 3^{-x} = 5$ então $2.(9^x + 9^{-x})$ é igual a

a) 50 b) 46 c) 25 d) 23

59) **(CEPERJ)** Sobre os números reais a e b sabe-se que a + b = 6 e que $\frac{1}{a} + \frac{1}{b} = \frac{3}{2}$. O valor de $a^2 + b^2$ é:

a) 18 b) 22 c) 28 d) 36 e) 48

60) A igualdade $a^2 + b^2 + c^2 = (a + c)^2$ é verdadeira para o seguinte valor de b^2:

a) 0 b) $\frac{(a+c)^2}{a^2 + c^2}$ c) 2ac d) $4a^2c^2$ e) $2\sqrt{ac}$

61) **(CAP – UFRJ)** Sabendo que $a^2 + b^2 = 13$ e que $\frac{2}{3}ab = -4$, determine o valor de $(a + b)^2$.

62) **(OBM)** Se x + y = 8 e xy = 15, qual é o valor de $x^2 + 6xy + y^2$?

a) 64 b) 109 c) 120 d) 124 e) 154

63) **(OBM)** Sejam x e y números reais positivos satisfazendo as equações $x^2 + y^2 = 1$ e $x^4 + y^4 = \frac{17}{18}$. Calcule o valor de $\frac{1}{xy}$.

64) **(OBM)** Se xy = 2 e $x^2 + y^2 = 5$, então $\frac{x^2}{y^2} + \frac{y^2}{x^2} + 2$ vale:

a) 5/2 b) 25/4 c) 5/4 d) ½ e) 1

65) **(EsSA)** A expressão (5 + x)(5 – x) equivale a:

a) $-x^2 + 25$ b) $-x^2 - 25$ c) $10 - x^2$ d) $x^2 + 25$

66) **(PUC/MG)** O produto (x + 6)(x – 6) é igual a:

a) $x^2 + 12x + 36$ b) $x^2 - 12x + 36$ c) $x^2 - 12$ d) $x^2 - 36$

67) **(Prefeitura de Autazes/AM)** A expressão $(x + 2)(x - 2) - x^2$ é igual a:

a) – 4 b) $2x - 4 - x^2$ c) $2x^2 - 4$ d) 6x – 4

68) **(OBJETIVA)** Se $x = (a - b)(a + b) + b^2$, então x é igual a:

a) $a^2 - 2b^2$ b) b^2 c) a^2 d) $a^2 - b^2$

69) **(CEFETEQ)** Sendo a + b = 4 e a – b = 2, calcule o valor de $a^2 - b^2$.

70) **(EAM)** O produto $(\sqrt{3}-\sqrt{2}).(\sqrt{3}+\sqrt{2})$ é igual a

a) 6   b) 1   c) 0   d) – 1   e) – 6

71) **(COPEVE/UFAL)** Se x e y são números reais, a expressão $x^2 + y^2 - (x + y)(x - y)$ é igual a:

a) x^2 b) $2x^2$ c) y^2 d) $2y^2$ e) 0 (zero)

72) **(EsSA)** O produto $\left(\frac{x}{2}+y\right)\left(\frac{x}{2}-y\right)$ é igual a:

a) $\frac{x^2}{4}-y^2$ b) $\frac{x^2}{2}-y^2$ c) $\frac{x^2}{4}+y^2$ d) $\left(\frac{x^2}{2}+y\right)^2$

73) **(ESAF)** O valor numérico da expressão $\sqrt{6+\sqrt{20}}\,.\,\sqrt{6-\sqrt{20}}$ é igual a:

a) 3   b) $\sqrt{3}$ c) 5   d) $\sqrt{5}$ e) 4

74) **(EAM)** Se $A = \sqrt{\sqrt{6}-2}\,.\,\sqrt{2+\sqrt{6}}$, então o valor de A^2 é:

a) 1   b) 2   c) 4   d) 6   e) 36

75) **(CM – BRASÍLIA)** Considere a expressão $x = \left(\sqrt{10+\sqrt{19}}\right).\left(\sqrt{10-\sqrt{19}}\right)$. O valor positivo de x é

a) 9   b) 19   c) 29   d) 39   e) 109

76) A expressão $\left(\sqrt{a}+\sqrt{b}+\sqrt[4]{4ab}\right)\left(\sqrt{a}+\sqrt{b}-\sqrt[4]{4ab}\right)$ corresponde a:

a) a – b

b) a + b

c) $a^2 + b^2 + 2ab$

d) $a^2 + b^2 - 2ab$

e) $a^2 + b^2 - \sqrt{ab}$

77) **(EPCAR)** A expressão (a + b).(a + b) + (a – b).(a + b) é equivalente a:

a) 2a(a + b)   b) 2a(a – b)   c) 2b(a + b)   d) 2b(a – b)   e) $2a(a-b)^2$

78) **(EsSA)** A forma simplificada da expressão $(x - y)^2 - (x + y)(x - y)$ é:

a) $-2xy$ b) $2x^2 - 2xy$ c) $2xy$ d) $y^2 - 2xy$ e) $2y(y - x)$

79) **(EEAR)** A expressão $(a + x)^2 + (a - x)(a + x) - 2ax$ é igual a:

a) a^4 b) $2a^2$ c) $-4ax$ d) $2a^2 - 2ax$

80) **(EsSA)** Simplificando a expressão ao lado $(m + 1)(m - 1) + (m + 1)^2 - 2m$, obtemos:

a) $2m^2$ b) 2 c) 0 d) $2m^2 + 2$

81) **(EPCAR)** A expressão $(a + b)^2 + (a - b)^2 + (a + b)(a - b)$ é equivalente a:

a) $3a^2 + 3b^2$

b) $3a^2 + b^2$

c) $3a^2 + 6ab + 3b^2$

d) $a^2 + 3b^2$

e) $2a^2 + 3b^2$

82) **(EsSA)** A expressão $(a + b)^2 . (a - b)^2$ é equivalente a:

a) $a^4 - b^4$

b) $a^4 + b^4$

c) $a^4 + 2a^2b^2 + b^4$

d) $a^4 - 2a^2b^2 + b^4$

e) $a^4 - 2a^2b^2 - b^4$

83) **(EEAR)** Simplificando a expressão $\left(\sqrt{3} - \sqrt{2}\right)^2 - 2(1 - \sqrt{6}) - \left(\sqrt{3} - \sqrt{2}\right)\left(\sqrt{3} + \sqrt{2}\right)$, obtém-se

a) 0 b) 1 c) 2 d) 3

84) **(EAM)** Reduzindo-se os termos semelhantes da expressão $b(a - b) + (b + a)(b - a) - a(b - a) + (b - a)^2$, obtém-se

a) $(a - b)^2$ b) $(a + b)^2$ c) $b^2 - a^2$ d) $a^2 - b^2$ e) $a^2 + b^2$

85) O produto $(a - 1)(a + 1)(a^2 + 1) \ldots (a^{32} + 1)$ é igual a:

a) $a^{36} - 1$ b) $a^{32} - 1$ c) $a^{64} - 1$ d) $a^{64} - a^{32} - 1$ e) $a^{60} - 1$

86) **(EEAR)** Dadas as sentenças:

I) $(x + 6)(x + 2) = x^2 + 12x + 8$

II) $(x - 4)(x - 7) = x^2 - 11x + 28$

III) $(x - 10)(x + 9) = x^2 - x - 90$

IV) $(x + 5)(x - 12) = x^2 + 7x - 60$

São verdadeiras:

a) I, II e III b) II, III e IV c) II e III d) II e IV

87) **(EsSA)** O produto $(x - 7)(x - a)$ é igual a:

a) $x^2 - 7x + 7a$

b) $x^2 - ax - 7x$

c) $x^2 - (a + 7)x + 7a$

d) $x^2 + 7a$

88) Assinale a alternativa falsa:

a) $(x + 1)(x - 2) = x^2 - x - 2$

b) $(x + 2)(x + 4) = x^2 + 6x + 8$

c) $(x - 3)(x - 1) = x^2 + 4x + 4$

d) $(x - 2)(x + 5) = x^2 + 3x - 10$

e) $(x + 5)(x - 11) = x^2 - 6x - 55$

89) **(EsSA)** Calculando $3 - [(x + 1)^2 - (x - 2)(x + 1)]$, encontramos:

a) 0 b) x c) – 3x d) 2

90) **(EEAR)** A expressão que se deve somar a $(x + 1)^2$ para se obter $(x + 1)^3$ é

a) $x + 1$ b) $-(x + 1)$ c) $(x + 1)^2 . x$ d) $-x . (x + 1)^2$

91) **(AMEOSC)** Fatore a expressão $(x + y)^3$

a) $x^3 + 3xy^2 + y^3 + 3yx^2$

b) $x^3 - 3xy^2 + y^3 - 3yx^2$

c) $3x^3 + 2xy^2 - y^3 + 4yx^2$

d) $3x^3 + 4xy^2 - 2y^3 + 6yx^2$

92) **(EEAR)** A expressão que deve ser adicionada à $(m + 1)^3$, para se obter $(m + 2)^3$, é

a) 7 b) $9m + 7$ c) $3m^2 + 9m + 7$ d) $3m^3 + 9m^2 + 7m + 9$

93) **(CEPERJ)** Uma quantidade X é dada pela expressão:

$X = 0{,}023^3 + 3 \cdot 2{,}977^2 \cdot 0{,}023 + 3 \cdot 2{,}977 \cdot 0{,}023^2 + 2{,}977^3$

Desse modo, X é igual a:

a) 25,2527456 b) 26,3939392 c) 27,0000000 d) 36,0000000 e) 36,3020293

94) **(EsSA)** Sendo o polinômio $P(x) = x^3 + 3x^2 + ax + b$ um cubo perfeito, então a diferença $a - b$ vale:

a) 3 b) 2 c) 1 d) 0 e) – 1

95) Se $(3a + \ldots)^3 = 27a^3 + 54a^2x + 36ax^2 + \ldots$ o último termo da expressão desenvolvida é:

a) 1 b) $8x^3$ c) $4x^2$ d) 8x e) 2x

96) **(CM – MANAUS)** Se $2^x + 2^{-x} = 3$, o valor de $8^x + 8^{-x}$ é:

a) 12 b) 18 c) 21 d) 24 e) 27

97) **(CM – RJ)** Se $\left(n + \frac{1}{n}\right)^2 = 5$, então $n^6 + \frac{1}{n^6}$ vale:

a) 9 b) $5\sqrt{5}$ c) 18 d) 27 e) 125

98) **(EsSA)** O desenvolvimento de $(x - 1)^3$ corresponde a:

a) $x^3 - x^2 - x - 1$
b) $x^3 - 3x^2 + 3x - 1$
c) $x^3 + 3x^2 + 3x + 1$
d) $x^3 + x^2 - x + 1$
e) $x^3 - 1$

99) **(EsSA)** Desenvolvendo o produto notável $(x - 2a)^3$, obtém-se:

a) $x^3 + 3ax^2 - 6a^2x + 6a^3$
b) $x^3 + 6ax^2 - 12a^2x + 8a^3$
c) $x^3 - 6a^2x + 12ax^2 - 8a^3$
d) $x^3 - 6ax^2 + 12a^2x - 8a^3$

100) Se $(\ldots - 2x^m)^3 = \ldots + 12x^{2m} - 8x^{3m} \ldots\ldots$, o primeiro termo da expressão desenvolvida é:

a) 3x b) $3x^m$ c) x^m d) 1 e) x

101) **(CM – RECIFE)** Sendo $a - \frac{1}{a} = \frac{2}{3}$, qual o valor de $a^3 - \frac{1}{a^3}$

a) 62/27 b) – 8/27 c) – 46/47 d) 40/51 e) – 2/3

102) **(EPCAR)** Simplificando $(a + b)^3 - (a - b)^3$ tem-se:

a) $2a(2a^2 + 3b^2)$ b) $2b(3a^2 + b^2)$ c) $2a(3a^2 + 2b^3)$ d) $2b(2a^2 + 3b^3)$ e) $2a^3b^3$

103) **(EPSJV – FIOCRUZ)** O valor da expressão $E = (x - 1)^3 - (x - 2)^2 + x - 3$ para $x = -1$ é:

a) 0 b) 2 c) – 1 d) – 3 e) – 21

104) **(EPCAR)** Encontre a expressão correspondente a M – N, considerando $A = x^3 + M + 8$ como cubo de uma soma e $B = x^3 + N - 27$ como cubo de uma diferença:

a) $18x(x + 1)$ b) $15x(x - 1)$ c) $3x(13 - x)$ d) $2x(x - 3)$ e) $2x(13 - x)$

105) **(EPCAR)** A expressão equivalente a $(a - b)^3 + b(a + b)^2 - a(a + b).(a - b)$ é

a) $4ab^2 - 2a^2b$

b) $2a^3 + 6ab^2 - 2a^2b$

c) $6ab^2 + 4a^2b$

d) $6ab^2 - 2a^2b$

e) $6ab^2 - 2a^2b + 2b^3$

106) **(EPCAR)** Se $M = (x - 3)(x^3 + 3x^2 + 9x + 27)$

$P = (x - \sqrt{3})(x + \sqrt{3})$

$Q = (x - 3)(x + 3)$

Então, depois de efetuar as operações, você encontrará para resultado M – PQ:

a) $x^4 - 12x^2 + 27$ b) $x^4 - 81$ c) $-12x^2 - 54$ d) $12(x^2 - 9)$ e) – 108

107) Sendo $P = (a - b)^2 - (a + b)^2 + (a + b)(a - b)$ e $Q = (a - b)^3 + (a + b)^3$, indique P + Q:

a) $2a^3 - a^2 + 4ab + 6ab^2 + b^2$

b) $2a^3 + a^2 - 4ab + 6ab^2 - b^2$

c) $2a^3 - a^2 - 4ab - 6ab^2 - b^2$

d) $2a^3 + a^2 + 4ab - 6ab^2 - b^2$

e) $2a^3 - a^2 + 4ab - 6ab^2 + b^2$

108) **(CM – RECIFE)** Na expressão $\frac{x^3 - y^3}{\sqrt{2}}$, substituindo x e y, respectivamente por $1 + \sqrt{2}$ e $1 - \sqrt{2}$ teremos como valor numérico:

a) 6 b) 7 c) 8 d) 9 e) 10

109) **(EsSA)** A expressão $(a + b)^2 + 2(b - a)(b + a) + (a^3 - b^3) + (a - b)^2 + (a + b)(a^2 - ab + b^2)$ é igual a:

a) $2(a^3 - 2ab^2)$ b) $2(a^3 + b^2)$ c) $2(a^3 - b^3 + 2b^2)$ d) $2(a^3 + 2b^2)$ e) $2(a^3 + b^3 - 2b^2)$

110) **(Secretaria Municipal de Educação/RJ)** Se $ab + ac = \frac{1}{4}$, o valor da expressão $(a + b + c)^2 - (a - b - c)^2$ é igual a:

a) – 1 b) ½ c) 2 d) 1

111) **(FCC)** Desenvolvendo $\left(\sqrt{27} + \sqrt{3} + \sqrt{2}\right)^2$ obtém-se um número da forma $x + y\sqrt{z}$, em que x, y e z são racionais. Nessas condições a soma x + y + z é um número

a) cubo perfeito
b) menor que 50
c) primo
d) maior que 70
e) divisível por 6

112) Calcule o valor de $\frac{(x+y)^2 + (y+z)^2 + (x+z)^2 - (x^2 + y^2 + z^2)}{(x+y+z)^2}$, sendo $x + y + z \neq 0$:

a) 1 b) 2 c) x d) y e) z

113) **(CM – RECIFE)** Decompondo em fatores a expressão $(3a + 2b + c)^2 - (a + 2b + 3c)^2$, obtém-se

a) $8(a + b + c)(a - c)$
b) $8(a - b + c)(a - c)$
c) $6(a + b + c)(a - c)$
d) $6(a - b + c)(a - c)$

114) **(CM – RJ)** Sendo $a = \frac{7}{18}$, $b = \frac{5}{8}$ e $c = \frac{2}{9}$, o valor numérico da expressão abaixo vale:

$(3a + b - 2c)^2 - (2a - 3c)^2 + 5(c - a)(a + c) + b(2a - b)$

a) 0 b) 4/9 c) 1 d) 35/27 e) 25/18

115) A expressão $(\sqrt[3]{a} - \sqrt[3]{b})(\sqrt[3]{a^2} + \sqrt[3]{ab} + \sqrt[3]{b^2})$ equivale a:

a) $a^3 - b^3$ b) $a - b$ c) $a^3 + b^3$ d) $(a + b)^3$

116) **(EPCAR)** O produto $(a^2 + ab + b^2)(a^2 - ab + b^2)(a - b)(a + b)$ é equivalente a:

a) $a^4 + b^4$ b) $a^4 - b^4$ c) $a^6 - b^6$ d) $a^4 - b^6$ e) $a^6 - b^4$

117) **(EsSA)** Das afirmativas abaixo, uma é falsa:

a) $(a + b)^2 = a^2 + 2ab + b^2$

b) $a^2 - b^2 = (a - b)(a + b)$

c) $a^3 - b^3 = (a - b)(a^2 + ab + b^2)$

d) $a^2 + b^2 = (a + b)^2 - 2ab$

e) $a^3 + b^3 = (a + b)(a^2 - 2ab + b^2)$

118) **(CM – BRASÍLIA)** Sejam Q e R, respectivamente, o quadrado da soma e a soma dos quadrados de dois números reais não nulos x e y. Qual das expressões abaixo, em função de S = x + y e P = x . y, representa a média aritmética entre Q e R?

a) $S^2 - P$ b) $S^2 - 2P$ c) $P^2 - S$ d) $P^2 - 3S$ e) $S^2 + 3P$

119) **(EEAR)** Sejam $x = \frac{2 + (\sqrt{2} + 1)}{\sqrt{2}}$ e $y = \frac{2 - (\sqrt{2} - 1)}{\sqrt{3}}$, o valor de $2x^2 - 3y^2$ é:

a) 0 b) 4 c) 11 d) $12\sqrt{2}$

120) O valor de $(a + b + c)^3$ é:

a) $a^3 + b^3 + c^3 + 3abc$

b) $a^3 + b^3 + c^3 + 6abc$

c) $a^3 + b^3 + c^3 + 3a^2b + 3ab^2 + 3a^2c + 3ac^2 + 3b^2c + 3bc^2$

d) $a^3 + b^3 + c^3 + 3a^2b + 3ab^2 + 3a^2c + 3ac^2 + 3b^2c + 3bc^2 + 3abc$

e) $a^3 + b^3 + c^3 + 3a^2b + 3ab^2 + 3a^2c + 3ac^2 + 3b^2c + 3bc^2 + 6abc$

121) **(CM – BRASÍLIA)** A soma dos coeficientes do polinômio resultante da operação $(3x^4 - 2x^3 + 2x^2 - x)^2$ é igual a

a) 0 b) 2 c) 4 d) 6 e) 8

122) **(CM – RJ)** Se $\frac{2}{x} + \frac{2}{y} + \frac{2}{z} + \frac{x}{y.z} + \frac{y}{x.z} + \frac{z}{x.y} = \frac{8}{6}$ e $x + y + z = 16$, o produto $x . y . z$ é:

a) 192 b) 108 c) 48 d) 32 e) 10

123) **(CN)** Sejam $x = \frac{(2+\sqrt{3})^{1997} + (2-\sqrt{3})^{1997}}{2}$ e $y = \frac{(2+\sqrt{3})^{1997} - (2-\sqrt{3})^{1997}}{\sqrt{3}}$, o valor de $4x^2 - 3y^2$ é:

a) 1 b) 2 c) 3 d) 4 e) 5

124) **(CN)** A soma dos algarismos na base 10 de $(10^{n^3} + 3)^2$, onde n é um número inteiro positivo, é

a) 16 b) 13 c) 13n d) $n^3 + 3n$ e) $n^6 + 2n^3 + 1$

125) **(CN)** Se $a + b + c = 0$, onde a, b e c são números reais diferentes de zero, qual a opção que é uma identidade?

a) $a^3 - b^3 + c^3 = 3abc$

b) $a^3 + b^3 + c^3 = -3abc$

c) $a^3 + b^3 + c^3 = 3abc$

d) $a^3 - b^3 - c^3 = -3abc$

e) $a^2 + b^2 + c^2 = -2abc$

126) **(CN)** A expressão $\frac{(x^3 + y^3 + z^3)^2 - (x^3 - y^3 - z^3)^2}{y^3 + z^3}$, $x . y . z \neq 0$, é equivalente a:

a) $4x^3$ b) $4yx^3$ c) $4zx^3$ d) $4yzx^3$ e) $4xyz$

127) **(CN)** Um aluno encontrou zero para o valor numérico da expressão $x^2 + y^2 - 2x + 5 + 4y$. Pode-se concluir que os valores pelos quais substituiu as variáveis x e y são tais que sua soma é

a) – 2 b) – 1 c) 0 d) 1 e) 2

128) **(CN)** Para se explicitar x na equação $ax^2 + bx + c = 0$, $a \neq 0$, usa-se o recurso de complementação de quadrados. Usando-se o recurso de complementação de cubos um aluno determinou uma raiz da equação $x^3 - 6x^2 + 12x - 29 = 0$. Pode-se afirmar que

a) $0 < r < 1$ b) $1 < r < 2$ c) $2 < r < 3$ d) $3 < r < 4$ e) $4 < r < 5$

129) **(CN)** Se m + n + p = 6, mnp = 2 e mn + mp + np = 11, podemos dizer que o valor de $\frac{m}{np} + \frac{n}{mp} + \frac{p}{mn}$ é:

a) 1 b) 3 c) 7 d) 18 e) 22

130) **(CN)**

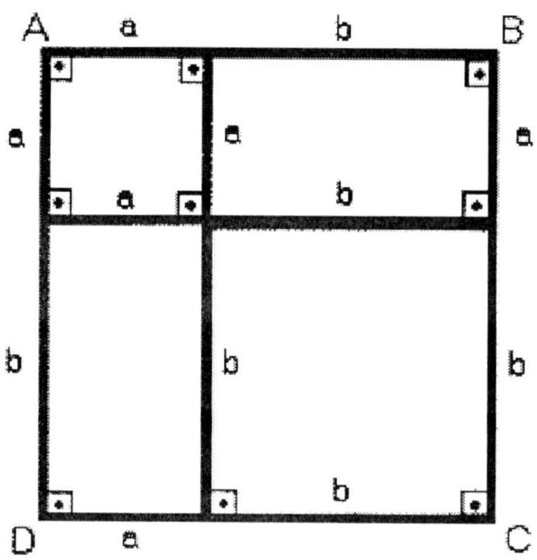

Qual é o produto notável representado, geometricamente, na figura acima, na qual ABCD é um retângulo?

a) $a^3 + b^3$ b) $(a + b)^3$ c) $(a + b)^2$ d) $(a^2 + b^2)^2$ e) $(a + b)^4$

131) **(CN)** Sejam "a", "b" e "c" números reais não nulos tais que $\frac{1}{ab} + \frac{1}{bc} + \frac{1}{ac} = p$, $\frac{a}{b} + \frac{b}{a} + \frac{c}{a} + \frac{a}{c} + \frac{b}{c} + \frac{c}{b} = q$ e ab + ac + bc = r. O valor de $q^2 + 6q$ é sempre igual a

a) $\frac{p^2r^2+9}{4}$ b) $\frac{p^2r^2-9p}{12}$ c) $p^2r^2 - 9$ d) $\frac{p^2r^2-10}{4r}$ e) $p^2r^2 - 12p$

GABARITOS

1) D	2) C	3) C	4) A	5) D	6) D	7) C	8) C
9) B	10) C	11) E	2) D	13) C	14) C	15) E	16) A
17) A	18) E	19) E	20) B	21) D	22) E	23) E	24) D
25) B	26) C	27) B	28) A	29) B	30) A	31) A	32) B
33) D	34) A	35) C	36) B	37) B	38) E	39) B	40) D

41) B	42) C	43) D	44) D	45) D	46) B	47) B	48) B
49) A	50) C	51) B	52) C	53) B	54) C	55) D	56) D
57) D	58) B	59) C	60) C	61) 1	62) D	63) 6	64) B
65) A	66) D	67) A	68) C	69) 8	70) B	71) D	72) A
73) E	74) B	75) A	76) B	77) A	78) E	79) B	80) A
81) B	82) D	83) C	84) A	85) C	86) C	87) C	88) C
89) C	90) C	91) A	92) C	93) C	94) B	95) B	96) B
97) C	98) B	99) C	100) D	101) A	102) B	103) E	104) B
105) D	106) D	107) B	108) E	109) D	110) D	111) A	112) A
113) A	114) E	115) B	116) C	117) E	118) A	109) D	110) D
111) A	112) A	113) A	114) E	115) B	116) C	117) E	118) A
119) D	120) E	121) C	122) A	123) D	124) A	125) C	126) A
127) B	128) E	129) C	130) C	131) C			

Capítulo 15

Fatoração

I. Introdução

Fatorar uma expressão algébrica significa transformá-la em um produto de fatores.

II. Expressões Algébricas

As expressões algébricas são formadas por **letras** ou por **letras e números**, unidas pela adição e subtração.

Exemplos:

a) $3x + y$

b) $m + n$

c) $a^2 + 4ab + b^3$

d) $\sqrt{7x} - 12$

e) $\frac{10}{y} + yz + z^2$

III. Casos de fatoração

Apresentamos a seguir os casos de fatoração mais cobrados em concursos públicos.

1° Caso: Fator comum ou evidência

Ocorre quando existem um ou mais fatores comuns a todos os termos da expressão algébrica.

O **fator comum** é obtido da seguinte forma:

$$\begin{cases} \text{Coeficientes} \Rightarrow \text{calcular o máximo divisor comum (MDC) entre eles} \\ \text{Parte literal} \Rightarrow \text{letras comuns (repetidas) com os menores expoentes} \end{cases}$$

Após verificar o coeficiente e a parte literal, devemos colocar em evidência o termo formado pelo produto entre o coeficiente e a parte literal. E, em seguida, efetuar a divisão de cada termo da expressão algébrica pelo fator comum.

Exemplos: Fatore as expressões abaixo:

a) $5a + 10b + 15c = 5.(a + 2b + 3c)$

$\begin{cases} \text{Coeficientes } \Rightarrow \text{MDC } (5, 10, 15) = 5 \\ \text{Parte literal } \Rightarrow \text{não existem letras comuns na expressão} \end{cases}$

b) $4a^3b^5 - 6a^4b^2 = 2a^3b^2.(2b^3 - 3a)$

$\begin{cases} \text{Coeficientes } \Rightarrow \text{MDC } (4, 6) = 2 \\ \text{Parte literal } \Rightarrow \text{letras comuns com os menores expoentes} = a^3b^2 \end{cases}$

c) $6m^4n^3 - 9m^2n^5 + 12m^3n^6 = 3m^2n^3.(2m^2 - 3n^2 + 4mn^3)$

$\begin{cases} \text{Coeficientes } \Rightarrow \text{MDC } (6, 9, 12) = 3 \\ \text{Parte literal } \Rightarrow \text{letras comuns com os menores expoentes} = m^2n^3 \end{cases}$

d) $b^3 + b^2 + b = b.(b^2 + b + 1)$

$\begin{cases} \text{Coeficientes iguais a 1 } \Rightarrow \text{não precisa calcular o MDC} \\ \text{Parte literal } \Rightarrow \text{letra comum com o menor expoente} = b \end{cases}$

e) $a(x + y) + c(x + y) = (x + y).(a + c)$

$\begin{cases} \text{Coeficientes iguais a 1 } \Rightarrow \text{não precisa calcular o MDC} \\ \text{Parte literal } \Rightarrow \text{letras comuns com os menores expoentes} = (x + y) \end{cases}$

f) $4a(x - y) - 5b(x - y) + 8c(x - y) = (x - y).(4a - 5b + 8c)$

$\begin{cases} \text{Coeficientes } \Rightarrow \text{MDC } (4, 5, 8) = 1 \\ \text{Parte literal } \Rightarrow \text{letras comuns com os menores expoentes} = (x - y) \end{cases}$

g) $x(a - b) + y(b - a) = x(a - b) - y(- b + a) = x(a - b) - y(a - b) = (a - b)(x - y)$

$\begin{cases} \text{Coeficientes iguais a 1 } \Rightarrow \text{não precisa calcular o MDC} \\ \text{Parte literal } \Rightarrow \text{letras comuns com os menores expoentes} = (x - y) \end{cases}$

h) $a(x - 1) - b(1 - x) = a(x - 1) + b(- 1 + x) = a(x - 1) + b(x - 1) = (x - 1)(a + b)$

$\begin{cases} \text{Coeficientes iguais a 1 } \Rightarrow \text{não precisa calcular o MDC} \\ \text{Parte literal } \Rightarrow \text{letras comuns com os menores expoentes} = (x - 1) \end{cases}$

Exercícios

1) **(EsSA)** Fatorando $9xy - 12y^2$, obtemos:

a) $3(3x - 4y)$ b) $3y(3x - 4y)$ c) $y(9 - 4y)$ d) $3y(3 - 4y)$ e) $y(3x - 4y)$

Resolução:

$9xy - 12y^2 = 3y(3x - 4y)$

GABARITO: B

2) **(BIG ADVICE)** A forma fatorada da expressão (a + b).y + 2.(a + 1b) é:

a) 2ay + 2by

b) (a + b).(y + 2)

c) 3(a + b).y

d) (a + b).y + 2

e) 2y

Resolução:

(a + b).y + 2.(a + 1b) = (a + b).y + 2.(a + b) = (a + b)(y + 2)

GABARITO: B

2º Caso : Agrupamento

Para utilizar o **agrupamento**, devemos separar os termos da expressão algébrica em grupos e aplicar o fator comum em cada um dos grupos.

Exemplos: Fatore as expressões abaixo:

a) ax – ay + cx – cy = $\underbrace{ax - ay} + \underbrace{cx - cy}$ = a.(x – y) + c.(x – y) = (x – y).(a + c)

b) ap + bp + aq + bq = $\underbrace{ap + bp} + \underbrace{aq + bq}$ = p.(a + b)+q.(a + b) = (a + b).(p + q)

c) 3ax – 3bx + ay – by = $\underbrace{3ax - 3bx} + \underbrace{ay - by}$ = 3x.(a – b) + y.(a – b) = (a – b).(3x + y)

d) $10a^2$ + 15ab + 4a + 6b = $\underbrace{10a^2 + 15ab} + \underbrace{4a + 6b}$ = 5a(2a + 3b) + 2(2a + 3b) = (2a + 3b).(5a + 2)

e) $15a^2b + 12ax^2 + 10ab^2 + 8bx^2$ = $\underbrace{15a^2b + 12ax^2} + \underbrace{10ab^2 + 8bx^2}$ = 3a .(5ab + $4x^2$) + 2b.(5ab + $4x^2$) = (5ab + $4x^2$).(3a + 2b)

f) 3a + 3b + 3c + ay + by + cy = $\underbrace{3a + 3b + 3c} + \underbrace{ay + by + cy}$ = 3.(a + b + c) + y.(a + b + c) = (a + b + c).(3 + y)

Exercícios

3) **(EEAR)** Fatorando a expressão x^2 – ax + bx – ab, obtemos:

a) (x + a)(x + b) b) (a – x)(x – b) c) (x – a)(x + b) d) (x – a)(x – b)

Resolução:

x^2 – ax + bx – ab = x(x – a) + b(x – a) = (x – a)(x + b)

GABARITO: C

4) Se $a + b = 5$ e $2p + q = 3$, então o valor da expressão $2ap + 2bp + aq + bq$ é:

a) 2 b) 8 c) 15 d) 30

Resolução:

Sabemos que $a + b = 5$ e $2p + q = 3$.

$2ap + 2bp + aq + bq = 2p(a + b) + q(a + b) = (a + b)(2p + q) = 5 \times 3 = 15$

GABARITO: C

3º Caso: Diferença entre dois quadrados

A **diferença entre dois quadrados** possui as seguintes características:

- É formada por dois termos quadrados perfeitos;
- Um dos termos é positivo e o outro é negativo;
- O sinal entre os dois termos é negativo

- A **fatoração da diferença entre dois quadrados** é feita da seguinte forma:

- Utilizamos dois parênteses ligados pela multiplicação,sendo que um deles receberá o sinal positivo entre os seus termos e o outro receberá o sinal negativo entre os seus termos;
- O primeiro termo de cada um dos parênteses é igual à raiz quadrada do primeiro termo quadrado perfeito do binômio;
- O segundo termo de cada um dos parênteses é igual à raiz quadrada do segundo termo quadrado perfeito do binômio.

Exemplos: Fatore as expressões abaixo:

a) $a^2 - b^2 = (a + b).(a - b)$

b) $m^2 - n^2 = (m + n).(m - n)$

c) $x^2 - 16 = (x + 4).(x - 4)$

d) $c^2 - 1 = (c + 1).(c - 1)$

e) $x^4 - 36 = (x^2 + 6).(x^2 - 6)$

f) $4x^2 - 9 = (2x + 3).(2x - 3)$

Exercícios S

5) **(IDCAP)** Fatorando a expressão $25x^2 - 36$ com base na fatoração da diferença de dois quadrados, tem-se:

a) $(5x + 6)(5x - 6)$

b) $(5x + 6)(-5x + 6)$

c) $((5x + 6)(5x + 6))^2$

d) $(5x - 6)(5x - 6)$

e) $(x + 6)(x - 6)$

Resolução:

$25x^2 - 36 = (5x + 6)(5x - 6)$

GABARITO: A

6) **(CERCON)** Qual o valor de $4201^2 - 4199^2$?

a) 16500 b) 16800 c) 17000 d) 17200

Resolução:

$4201^2 - 4199^2 = (4201 + 4199)(4201 - 4199) = 8400 \times 2 = 16800$

GABARITO: B

7) **(GUALIMP)** A fatoração mais completa da expressão $3x^4 - 3y^4$ está descrita na opção:

a) $(3x^2 + 3y^2)(x^2 - y^2)$

b) $3(x^2 + y^2)(x + y)(x - y)$

c) $3(x^3 + y^3)(x^2 + y^2)(x + y)(x - y)$

d) $3(x^4 - y^4)$

Resolução:

$3x^4 - 3y^4 = 3(x^4 - y^4) = 3(x^2 + y^2)(x^2 - y^2) = 3(x^2 + y^2)(x + y)(x - y)$

GABARITO: B

4º Caso: Trinômio quadrado perfeito

O **trinômio quadrado perfeito** possui as seguintes características:

- É formado por três termos;
- Possui a forma ax^2+bx+c, sendo $\underline{a}$, $\underline{b}$ e $\underline{c} \neq 0$;
- Dois de seus termos são quadrados perfeitos positivos;
- O termo que não é quadrado perfeito pode ser positivo ou negativo,e possui valor igual ao dobro do produto das raízes quadradas dos termos quadrados perfeitos.

A fatoração do **trinômio quadrado perfeito** é feita em um único parêntese elevado ao quadrado. O sinal de dentro dos parênteses é igual ao sinal do termo não quadrado e os dois termos dentro dos parênteses são as raízes quadradas dos dois termos quadrados perfeitos do trinômio.

Exemplos:

1) Verifique se os trinômios abaixo são quadrados perfeitos:

a) $x^2 + 10x + 25$

• Termos quadrados perfeitos: $\sqrt{x^2} = x$ e $\sqrt{25} = 5$

• Termo que não é quadrado perfeito = 2 . x . 5 = 10x

Logo, $x^2 + 10x + 25$ é um trinômio quadrado perfeito

b) $y^2 + 2y + 1$

• Termos quadrados perfeitos: $\sqrt{y^2} = y$ e $\sqrt{1} = 1$

• Termo que não é quadrado perfeito = 2 . y . 1 = 2y

Logo, $y^2 + 2y + 1$ é um trinômio quadrado perfeito

c) $x^2 + 5x + 4$

• Termos quadrados perfeitos: $\sqrt{x^2} = x$ e $\sqrt{4} = 2$

• Termo que não é quadrado perfeito = 2 . x . 2 = 4x **(diferente do termo 5x)**

Logo, $x^2 + 5x + 4$ não é um trinômio quadrado perfeito

2) Fatore os trinômios quadrados perfeitos abaixo:

a) $x^2 + 10x + 25 = (x + 5)^2$

b) $y^2 + 2y + 1 = (y + 1)^2$

c) $a^2 + 2ab + b^2 = (a + b)^2$

d) $x^2 + 6x + 9 = (x + 3)^2$

e) $4a^2 + 12a + 9 = (2a + 3)^2$

f) $x^2 - 12x + 36 = (x - 6)^2$

g) $y^2 - 20y + 100 = (y - 10)^2$

h) $b^2 - 2bc + c^2 = (b - c)^2$

i) $9x^2 - 6xy + y^2 = (3x - y)^2$

Exercícios

8) **(EsSA)** A expressão $x^2 - 6x + 9$, equivale a:

a) $(3 - x)^2$ b) $(x + 3)(x - 3)$ c) $(3 + x)(3 - x)$ d) $(x + 3)^2$

Resolução:

$x^2 - 6x + 9 = (x - 3)^2 = (3 - x)^2$

GABARITO: A

9) **(EEAR)** Fatorando a expressão $5a^2 + 30ab + 45b^2$, obtemos

a) $(5a + 3b)(5a - 3b)$ c) $5(a - 3b)^2$

b) $(5a + 3b)^2$ d) $5(a + 3b)^2$

Resolução:

$5a^2 + 30ab + 45b^2 = 5(a^2 + 6ab + 9b^2) = 5(a + 3b)^2$

GABARITO: D

5º Caso: Trinômio do 2° Grau

O **trinômio do 2º grau** possui as seguintes características:

- É formado por três termos;
- Possui a forma Ax^2+Sx+P, sendo A, S e P $\neq 0$.

A fatoração do **trinômio do 2º grau** pode ser dividida em duas partes:

1ª Parte: $\boxed{A = 1}$

- Quando $A = 1$, o trinômio do 2º grau admite a forma $x^2 + Sx + P$.
- Soma dos números procurados = S
- Produto dos números procurados = P
- Fatoração: $x^2 + Sx + P = (x \pm \text{número procurado } 1).(x \pm \text{número procurado } 2)$
- Se $P > 0$, então os números procurados possuem o mesmo sinal de S.
- Se $P < 0$, então um dos números procurados será positivo e o outro número procurado será negativo.

Exemplos: Fatore os trinômios do 2º grau abaixo:

a) $x^2 + 5x + 6 = (x + 2).(x + 3)$

$$\begin{cases} S = 5 \\ P = 6 \end{cases}$$

• Números procurados: +2 e +3

• Como $P > 0$, então os números procurados possuem o mesmo sinal da soma S, isto é, são positivos.

b) $x^2 + 8x + 12 = (x + 6).(x + 2)$

$$\begin{cases} S = 8 \\ P = 12 \end{cases}$$

• Números procurados: +6 e +2

• Como P > 0, então os números procurados possuem o mesmo sinal da soma S, isto é, são positivos.

c) $x^2 - 4x + 3 = (x - 1).(x - 3)$

$\begin{cases} S = -4 \\ P = 3 \end{cases}$

• Números procurados: – 1 e – 3

• Como P > 0, então os números procurados possuem o mesmo sinal da soma S, isto é, são negativos.

d) $x^2 - 9x + 14 = (x - 2).(x - 7)$

$\begin{cases} S = -9 \\ P = 14 \end{cases}$

• Números procurados: – 2 e – 7

• Como P > 0, então os números procurados possuem o mesmo sinal da soma S, isto é, são negativos.

e) $x^2 + 4x - 5 = (x - 1).(x + 5)$

$\begin{cases} S = 4 \\ P = -5 \end{cases}$

• Números procurados: –1 e +5

• Como P < 0, então um dos números procurados será negativo e o outro número procurado será positivo.

f) $x^2 - 3x - 18 = (x - 6).(x + 3)$

$\begin{cases} S = -3 \\ P = -18 \end{cases}$

• Números procurados: – 6 e +3

• Como P < 0, então um dos números procurados será negativo e o outro número procurado será positivo.

2ª Parte: $\boxed{A \neq 1}$

- Quando $A \neq 1$, o trinômio do 2º grau admite a forma $Ax^2 + Sx + P$.
- Soma dos números procurados = S
- Produto dos números procurados = P . A
- Se P > 0, então os números procurados possuem o mesmo sinal de S.

- Se $P < 0$, então um dos números procurados será positivo e o outro número procurado será negativo.

- Quando o trinômio do 2º grau apresentar $A \neq 1$, devemos desmembrar o termo central em dois outros termos e utilizar a fatoração por agrupamento.

Exemplos: Fatore os trinômios do 2º grau abaixo:

a) $2x^2 + 5x + 2 = (x + 2).(2x + 1)$

$\begin{cases} S = 5 \\ P = 2 . 2 = 4 \end{cases}$

• Números procurados: +4 e +1

• Como $P > 0$, então os números procurados possuem o mesmo sinal da soma S, isto é, são positivos.

• Devemos desmembrar o termo central 5x, isto é, $5x = 4x + 1x$

$2x^2 + \underline{5x} + 2 = 2x^2 + \underline{4x + 1x} + 2 = \underbrace{2x^2 + 4x} + \underbrace{x + 2} = 2x.(x + 2) + 1.(x + 2) = (x + 2).(2x + 1)$

b) $6x^2 + 7x + 2 = (2x + 1).(3x + 2)$

$\begin{cases} S = 7 \\ P = 2 . 6 = 12 \end{cases}$

• Números procurados: +3 e +4

• Como $P > 0$, então os números procurados possuem o mesmo sinal da soma S, isto é, são positivos.

• Devemos desmembrar o termo central 7x, isto é, $7x = 3x + 4x$

$6x^2 + \underline{7x} + 2 = 6x^2 + \underline{3x + 4x} + 2 = \underbrace{6x^2 + 3x} + \underbrace{4x + 2} = 3x.(2x + 1) + 2.(2x + 1) = (2x + 1).(3x + 2)$

c) $6x^2 - 11x + 3 = (3x - 1).(2x - 3)$

$\begin{cases} S = -11 \\ P = 3 . 6 = 18 \end{cases}$

• Números procurados: – 2 e – 9

• Como $P > 0$, então os números procurados possuem o mesmo sinal da soma S, isto é, são negativos.

• Devemos desmembrar o termo central –11x, isto é, $-11x = -2x - 9x$.

$6x^2 \underline{- 11x} + 3 = 6x^2 \underline{- 2x - 9x} + 3 = \underbrace{6x^2 - 2x} \underbrace{- 9x + 3} = 2x.(3x - 1) - 3.(3x - 1) = (3x - 1).(2x - 3)$

d) $2x^2 - 13x + 15 = (x - 5).(2x - 3)$

$$\begin{cases} S = -13 \\ P = 15\,.\,2 = 30 \end{cases}$$

• Números procurados: – 10 e – 3

• Como P > 0, então os números procurados possuem o mesmo sinal da soma S, isto é, são negativos.

• Devemos desmembrar o termo central –13x, isto é, –13x = – 10x – 3x.

$2x^2 \underline{- 13x} + 15 = 2x^2 \underline{- 10x - 3x} + 15 = \underbrace{2x^2 - 10x}\ \underbrace{- 3x + 15} = 2x.(x - 5) - 3.(x - 5) = (x - 5).(2x - 3)$

e) $3x^2 + x - 2 = (x + 1).(3x - 2)$

$$\begin{cases} S = 1 \\ P = (-2).3 = -6 \end{cases}$$

• Números procurados: – 2 e +3

• Como P < 0, então um dos números procurados será positivo e o outro número procurado será negativo.

• Devemos desmembrar o termo central +x, isto é, +x = +3x – 2x.

$3x^2 + \underline{x} - 2 = 3x^2 + \underline{3x - 2x} - 2 = \underbrace{3x^2 + 3x}\ \underbrace{- 2x - 2} = 3x.(x + 1) - 2.(x+1) = (x + 1).(3x - 2)$

f) $15x^2 - x - 6 = (3x - 2).(5x + 3)$

$$\begin{cases} S = -1 \\ P = (-6).15 = -90 \end{cases}$$

• Números procurados: – 10 e +9

• Como P < 0, então um dos números procurados será positivo e o outro número procurado será negativo.

• Devemos desmembrar o termo central – x, isto é, – x = –10x + 9x.

$15x^2 - \underline{x} - 6 = 15x^2 \underline{- 10x + 9x} - 6 = \underbrace{15x^2 - 10x} + \underbrace{9x - 6} = 5x.(3x - 2) + 3.(3x-2) = (3x - 2).(5x + 3$

Exercícios

10) **(EsSA)** Fatorando a expressão $x^2 + 100x + 99$, obtemos:

a) $(x + 1)(x + 99)$

b) $(x + 1)(x - 99)$

c) $(x - 1)(x + 99)$

d) $(x - 1)(x - 99)$

e) $(x + 100)(x + 99)$

Resolução:

$\begin{cases} S = 100 \\ P = 99 \end{cases}$

• Números procurados: +1 e +99

• Como P > 0, então os números procurados possuem o mesmo sinal da soma S, isto é, são positivos.

$x^2 + 100x + 99 = (x + 1)(x + 99)$

GABARITO: A

11) **(EsSA)** Fatorando o trinômio $x^2 - x - 42$, encontramos:

a) $(x - 6)(x - 7)$ b) $(x - 7)(x + 6)$ c) $(x + 7)(x + 6)$ d) $(x - 1)(x - 42)$

Resolução:

$\begin{cases} S = -1 \\ P = -42 \end{cases}$

• Números procurados: – 7 e +6

• Como P < 0, então um dos números procurados será negativo e o outro número procurado será positivo.

$x^2 - x - 42 = (x - 7)(x + 6)$

GABARITO: B

6º Caso: Soma de dois cubos

- A fatoração da soma de dois cubos é feita da seguinte forma:

- A soma de dois cubos será fatorada em um produto de dois fatores;
- O primeiro fator é formado pela raiz cúbica do primeiro termo mais a raiz cúbica do segundo termo;
- O segundo fator é formado pelo quadrado do primeiro termo do primeiro fator,menos o produto dos termos do primeiro fator, mais o quadrado do segundo termo do primeiro fator.

$$a^3 + b^3 = (a + b).(a^2 - ab + b^2)$$

Exemplos: Fatore:

a) $x^3 + y^3 = (x + y).(x^2 - xy + y^2)$

b) $y^3 + 8 = (y + 2).(y^2 - 2y + 4)$

c) $a^3 + 125 = (a + 5).(a^2 - 5a + 25)$

d) $8x^3 + 27 = (2x + 3).(4x^2 - 6x + 9)$

e) $x^3 + 64 = (x + 4).(x^2 - 4x + 16)$

Exercícios

12) **(ZAMBINI)** A forma fatorada da expressão $8y^3 + 125$ é:

a) $(2y - 5) . (2y^2 + 25 - 10y)$
c) $(2y + 5) . (4y^2 - 25 + 10y)$

b) $(2y + 5) . (2y^2 + 25 - 10y)$
d) $(2y + 5) . (4y^2 + 25 - 10y)$

Resolução:

$8y^3 + 125 = (2y + 5)(4y^2 - 10y + 25)$

GABARITO: D

13) Sendo $m + n = 8$ e $m^2 - mn + n^2 = 28$, calcule $m^3 + n^3$.

a) 94 b) 160 c) 224 d) 306 e) 324

Resolução:

$m^3 + n^3 = (m + n)(m^2 - mn + n^2) = 8 . 28 = 224$

GABARITO: C

7º Caso: Diferença de dois cubos

- A fatoração da diferença de dois cubos é feita da seguinte forma:

- A diferença de dois cubos será fatorada em um produto de dois fatores;
- O primeiro fator é formado pela raiz cúbica do primeiro termo menos a raiz cúbica do segundo termo;
- O segundo fator é formado pelo quadrado do primeiro termo do primeiro fator, mais o produto dos termos do primeiro fator, mais o quadrado do segundo termo do primeiro fator.

$$a^3 - b^3 = (a - b).(a^2 + ab + b^2)$$

Exemplos: Fatore:

a) $x^3 - y^3 = (x - y).(x^2 + xy + y^2)$

b) $x^3 - 1 = (x - 1).(x^2 + x + 1)$

c) $b^3 - 27 = (b - 3).(b^2 + 3b + 9)$

d) $c^3 - 8 = (c - 2).(c^2 + 2c + 4)$

e) $m^3 - n^3 = (m - n).(m^2 + mn + n^2)$

f) $1 - 64x^3 = (1 - 4x).(1 + 4x + 16x^2)$

Exercícios

14) Sendo $a - b = 4$ e $a^2 + ab + b^2 = 52$, então:

a) $a^2 - b^2 = 208$ b) $a^2 + b^2 = 208$ c) $a^3 + b^3 = 208$ d) $a^3 - b^3 = 208$

Resolução:

$a^3 - b^3 = (a - b)(a^2 + ab + b^2) = 4 \times 52 = 208$

GABARITO: D

15) Assinale a alternativa correta:

a) $p^2 + pq + q^2 = (p + q)^2$

b) $p^2 - q^2 = (p - q)^2$

c) $p^2 + 2pq + q^2 = (p - q)^2$

d) $p^3 + q^3 = (p - q)(p^2 - pq + q^2)$

e) $p^3 - q^3 = (p - q)(p^2 + pq + q^2)$

Resolução:

$p^3 - q^3 = (p - q)(p^2 + pq + q^2)$

GABARITO: E

8º Caso: Polinômio cubo de uma soma

$$a^3 + 3a^2b + 3ab^2 + b^3 = (a + b)^3$$

Exemplos:

a) $x^3 + 3x^2y + 3xy^2 + y^3 = (x + y)^3$

b) $m^3 + 3m^2n + 3mn^2 + n^3 = (m + n)^3$

c) $x^3 + 3x^2 + 3x + 1 = (x + 1)^3$

d) $y^3 + 6y^2 + 12y + 8 = (y + 2)^3$

9º Caso: Polinômio cubo de uma diferença

$$a^3 - 3a^2b + 3ab^2 - b^3 = (a - b)^3$$

Exemplos:

a) $x^3 - 3x^2y + 3xy^2 - y^3 = (x - y)^3$

b) $x^3 - 9x^2 + 27x - 27 = (x - 3)^3$
c) $p^3 - 3p^2q + 3pq^2 - q^3 = (p - q)^3$
d) $8x^3 - 36x^2y + 54xy^2 - 27y^3 = (2x - 3y)^3$

10º Caso: Polinômio resultante do quadrado de outro polinômio

$$a^2 + b^2 + c^2 + 2ab + 2ac + 2bc = (a + b + c)^2$$

Exemplos:

a) $4x^2 + y^2 + 25z^2 + 4xy + 20xz + 10yz = (2x + y + 5z)^2$
b) $m^2 + n^2 + p^2 + 2mn + 2mp + 2np = (m + n + p)^2$
c) $x^8 + y^6 + z^4 + 2x^4y^3 + 2x^4z^2 + 2y^3z^2 = (x^4 + y^3 + z^2)^2$
d) $a^2 + 4b^2 + c^6 + 4ab + 2ac^3 + 4bc^3 = (a + 2b + c^3)^2$

A seguir, faremos uma bateria de exercícios de todo conteúdo estudado neste capítulo.

Exercícios

16) **(EsSA)** Fatorando-se o polinômio $a^3 - 4ab^2$, obtemos:

a) $a(a - 2b)^2$
b) $a(a + 2b)^2$
c) $a(a + 2b)(a - 2b)$
d) $ab(a^2 - 4b)$

17) **(INSTITUTO EXCELÊNCIA)** Se $xy = 7$ e $x - y = 5$, então é CORRETO afirmar que a expressão $x^2y - xy^2$ é igual a:

a) 12
b) 70
c) 35
d) 24

18) **(EsSA)** A forma fatorada da expressão $ax - ay + 2x - 2y$ é:

a) $(a + 2)(x + y)$
b) $2(x - y)$
c) $(x + y)(a - 2)$
d) $(a + 2)(x - y)$

19) **(EsSA)** Fatorando a expressão $x^3 - xy^2 + x^2y - y^3$ encontramos:

a) $(x - y)(x^2 - y^2)$
b) $(x + y)(x^2 - y^2)$
c) $(x - y)^2 (x^2 - y^2)$
d) $(x + y)^2 (x^2 - y^2)$

20) **(EsSA)** Fatorando-se o polinômio $ax + ay - bx - by$, obtém-se:

a) $(a + b)(x - y)$
b) $(a - y)(b + x)$
c) $(a - b)(x + y)$
d) $(a + x)(b - y)$

21) **(EAM)** Fatorando-se a expressão ac + 2bc – ad – 2bd, obtém-se

a) (a + 2b)(c – d)

b) (a – 2b)(c – d)

c) (a – 2b)(c + d)

d) $(a + c)^2$ (a – d)

d) $(a + c)^2$ (a – d)

e) (a – c)(a + 2b)

22) **(EsSA)** Fatorando a expressão $6a^2 - 3ab + 4ab - 2b^2$, obtemos:

a) 3a(a + b)

b) (2a – b)(3a + 2b)

c) (2a + b)(3a – 2b)

d) (3a + 2b)(2a + 2b)

e) (3a – 2b)(2a – b)

23) **(RHS CONSULT)** Qual o valor da expressão ax + ay + bx + by em que a + b = 15 e x + y = 6.

a) 30 b) 50 c) 70 d) 80 e) 90

24) **(CONSULPLAM)** Sendo a + b = 10 e m + x = 5, então o valor de am + ax + bm + bx é:

a) 15 b) 20 c) 50 d) 100

25) **(CM – RECIFE)** A expressão $a^3 - a^2b^2 - ab^2 + b^4$ na forma fatorada, equivale a

a) $(a - b^2)^2$

b) $(a - b^2)(a + b)(a - b)$

c) $(a - b)(a + b)^2$

d) $(a + b^2)(a + b)(a - b)$

e) $(a + b)(a - b)^2$

26) A expressão $x^2 - 2x - 2y - 2z + yx + zx$ é equivalente a:

a) $(1 - y - z)(x^2 - 2)$

b) (x – y – z)(2 – x)

c) (x – y + z)(2 + x)

d) (x + y + z)(x – 2)

e) (x – y – z)(x + 2)

27) **(CEV URCA)** O valor de $(1510)^2 - (1509)^2$ é:

a) 1236 b) 2304 c) 3019 d) 4529 e) 6038

28) **(CFN)** Seja N o resultado da operação $375^2 - 374^2$. A soma dos algarismos de N é:

a) 18 b) 19 c) 20 d) 21 e) 22

29) **(EAM)** Que número deve ser adicionado a 2009^2 para obter 2010^2 ?

a) 8019 b) 6010 c) 4019 d) 3019 e) 2010

30) **(EsSA)** Se fatorarmos a expressão $4x^2 - 9y^2$, encontraremos:

a) $(2x + 3y)(2x - 3y)$

b) $(2x - 3y)^2$

c) $(2x + 3y)(2x + 3y)$

d) $(2y - 3x)(2y + 3x)$

31) **(EEAR)** A expressão $c^4 - y^4$ fatorada é:

a) $(c^2 + y^2)(c - y)^2$

b) $(c^2 + y^2)(c^2 + y^2)$

c) $(c^2 + y^2)(c + y)(c - y)$

d) $(c + y)(c - y)(c + y)(c - y)$

32) **(EsSA)** A fatoração de $16x^4 - y^4$ conduz a:

a) $(4x^2 - y^2)^2$

b) $(2x - y)^4$

c) $(4x^2 + y^2)(2x + y)^2$

d) $(4x^2 + y^2)(2x + y)(2x - y)$

33) **(CN)** Decomponha em três fatores $16x^4 - 1$.

34) **(EsSA)** Na fatoração completa do binômio $x^8 - 1$, encontramos:

a) 2 fatores b) 4 fatores c) 6 fatores d) 8 fatores

35) **(EAM)** A fatoração de $x^2 - (y - 2x)^2$ é:

a) $(2x - y)(x - y)$

b) $(x - y)(y - 3x)$

c) $(y - x)(2x - y)$

d) $(3x - y)(y - x)$

e) $(2x - y)(3x - y)$

36) **(EEAR)** Fatorando-se $x^2 - (x + y)^2$, obtemos:

a) $y(2x - y)$ b) $-y(2x + y)$ c) $y(2x + y)$ d) $y(-2x + y)$

37) **(FCC)** O professor Chico Nery publicou um artigo na Revista do Professor de Matemática nº 70, relatando um episódio ocorrido em uma de suas aulas. Ao observar que vários números ímpares podiam ser escritos como diferença de dois quadrados perfeitos, um aluno lhe perguntou se isso era sempre verdadeiro. O professor Nery considerou que todo número ímpar é da forma $2k + 1$, sendo k um número natural; por isso, tem-se:

$2k + 1 = (k^2 + 2k + 1) - k^2 = (k + 1)^2 - k^2$

Isso demonstra que o fato observado é sempre verdadeiro. Com base nessa demonstração, percebe-se que o número ímpar 100 001 é igual a

a) $50\ 000^2 - 49\ 999^2$
b) $50\ 001^2 - 49\ 999^2$
c) $100\ 001^2 - 100\ 000^2$
d) $100\ 000^2 - 100\ 002^2$
e) $50\ 001^2 - 50\ 000^2$

38) **(FCC)** Dos números que aparecem nas alternativas, o que mais se aproxima do valor da expressão $0{,}619^2 - 0{,}599^2) \times 0{,}75$ é:

a) 0,0018 b) 0,015 c) 0,018 d) 0,15 e) 0,18

39) **(FUNDATEC)** A fatoração correta do polinômio $54x^2y^4 - 6z^2$ é:

a) $6(3xy^2 - z)(3xy^2 + z)$
b) $(3xy^2 - z)(3xy^2 + z)$
c) $6(xy^2 - z)(xy^2 + z)$
d) $2(3xy - z)(3xy + z)$
e) $6(3xy - z)^2$

40) **(CM – FORTALEZA)** O valor de $64^2 + 62^2 - 63^2 - 61^2$ é:

a) 340 b) 220 c) 320 d) 250 e) 300

41) **(CM – RJ)** O valor da expressão:

$[100^2 + 200^2 + 300^2 + 400^2 + 500^2] - [99^2 + 199^2 + 299^2 + 399^2 + 499^2]$ é igual a

a) 100 b) 815 c) 1090 d) 2105 e) 2995

42) **(EEAR)** Fatorando a expressão $x^2 + 4x + 3 - y^2 + 2y$, obtemos:

a) $(x + y + 1)(x + y - 1)$
b) $(x + y + 1)(x - y + 3)$
c) $(x + y + 3)(x - y + 1)$
d) $(2x - y)(x - 3y)$

43) **(EPCAR)** Desenvolver e simplificar $\sqrt[4]{(9x + 4x\sqrt{5})(9x - 4x\sqrt{5})}$:

a) $\sqrt[4]{x}$ b) $\sqrt{x}$ c) $\sqrt[4]{x^3}$ d) x e) 1

44) **(CEFET – RJ)** O único par de números naturais m e n que satisfaz a igualdade $m^2 - n^2 = 17$ é tal que

a) seu produto é 72
b) sua soma é 18
c) seu quociente é 17
d) sua diferença é 2

45) **(CM – RECIFE)** Fatorando o polinômio $P = 4x^3 + 5x^2 - 4x - 5$, encontramos:

a) $(x + 1)(4x^2 + 5)$
b) $(x + 1)(x - 1)(5 - 4x)$
c) $(x + 1)(x - 1)(4x + 5)$
d) $(x - 1)(4x^2 + 5)$
e) $(x + 1)(x - 1)(4x - 5)$

46) **(ESAF)** Se $\frac{3y - 9x}{y - ax} = a$, sendo $y \neq ax$, o valor da razão $\frac{y}{x}$, para $a > 9$, é igual a

a) $(a - 9)$
b) $(a - 3)$
c) $(a + 3)$
d) $(a + 9)$
e) a^2

47) **(EsSA)** A expressão $x^2 - 4x + 4$ equivale a:

a) $(x + 2)(x - 2)$
b) $(x - 4)(x - 1)$
c) $(x - 2)^2$
d) $4x^2 - 9$

48) **(EsSA)** Fatorando $x^4 - 10x^2 + 25$, temos:

a) $(x^2 - 5)^2$
b) $(x^2 - 5)$
c) $(x^2 + 5)^2$
d) $(x + 5)(x - 5)$

49) **(EsSA)** Fatorando $4x^2 - 4x + 1$, obtemos:

a) $(4x - 1)^2$
b) $(x - 1/2)^2$
c) $(4x + 1)^2$
d) $(2x - 1)^2$
e) $(2x + 1)^2$

50) **(EAM)** Fatorando a expressão $x^2 - 4xy + 4y^2$, obtemos:

a) $(x - 2y)^2$
b) $(2x - y)^2$
c) $(x - y)^2$
d) $(x + 2y)^2$
e) $(x + y)(x - 4y)$

51) **(EsSA)** Fatorando-se a expressão $9x^4 - 24x^2z + 16z^2$ obtém-se:

a) $(4x^2 - 3z)^2$
b) $(4x - 3z^2)^2$
c) $(3x^2 - 4z)^2$
d) $(3x^2 + 4z)^2$

52) **(EPCAR)** Simplificando $\left(\sqrt[8]{a^4 - a^2 + \frac{1}{4}}\right)^4$, obteremos:

a) $a - 0,5$
b) $a^2 - 0,5$
c) $a^2 + 0,5$
d) $a + 0,5$
e) a^2

53) **(CM – BRASÍLIA)** Simplificando a expressão $\sqrt[4]{\left(a^4 - \frac{6}{5}a^2 + 0{,}36\right)^2}$, obtém-se:

a) $a + \frac{3}{5}$ b) $a - \frac{3}{5}$ c) $a^2 - 0{,}8$ d) $a^2 + \frac{3}{5}$ e) $a^2 - \frac{3}{5}$

54) **(CM – BRASÍLIA)** Simplificando a expressão $\sqrt{a^6 - \frac{4}{5}a^3 + 0{,}16}$, obtém-se:

a) $a + \frac{2}{5}$ b) $a^3 - \frac{2}{5}$ c) $a^2 + \frac{2}{5}$ d) $a^3 + \frac{2}{5}$ e) $a^3 + 0{,}4$

55) **(EAM)** Qual das expressões algébricas abaixo NÃO está corretamente fatorada ?

a) $a^2 - 2ab + b^2 = (a - b)(a - b)$

b) $a^2 + 2ab + b^2 = (a + b)(a + b)$

c) $a^2 + b^2 = (a + b)(a + b)$

d) $a^2 - b^2 = (a + b)(a - b)$

e) $a^4 - b^4 = (a^2 + b^2)(a + b)(a - b)$

56) **(EEAR)** Fatorando a expressão $a^2 + b^2 + a + b + 2ab$, obtém-se

a) $(a + b)(a + 1)$

b) $(a + b)^2 (a + b)$

c) $(a + b)(a + b + 1)$

d) $(a + b + 1)(a + b + 1)$

57) **(IFRJ)** Sendo **M** = $x^2 + y^2 + 2x + 2y + 2xy$ e considerando que $x = 2 - y$, assinale a opção que apresenta o valor numérico de **M**:

a) 8 b) 10 c) 12 d) 14 e) 16

58) **(EsSA)** Na fatoração do polinômio $x^2 + y^2 - 2xy - x + y$, um dos fatores é:

a) $x - y - 1$ b) $x + y$ c) $x + y - 1$ d) $x - y + 1$ e) $x + y + 1$

59) **(CM – FORTALEZA)** Fatorando completamente a expressão algébrica $a^2 + b^2 - c^2 - 2ab$, um dos fatores encontrados é

a) $a + b + c$ b) $b + a - c$ c) $c + a - b$ d) $a - 2b - c$ e) $2a - b + c$

60) **(EEAR)** A expressão $4m - a^2 + m^2 + 4$ é igual a

a) $(2 + a + m)(2 - a + m)$

b) $4(1 + m) + (m - a)^2$

c) $(2 + a)(2 - a) - m(m - 4)$

d) $4(1 + m) - (m - a)(m + a)$

61) Sendo $A = x^2 - 2x + 1$, pode-se afirmar que $A^2 - 2A + 1$ é igual a:

a) $x^2(x - 2)^2$ b) $x^2(x - 4)^2$ c) $x^2(x - 3)^2$ d) $x^2(x + 3)^2$ e) $x^2(x - 1)^2$

62) **(CN)** Fatorar: $x^2 - 2xy + y^2 - a^2$

63) **(CM – PORTO ALEGRE)** Simplificando a expressão $\left[\frac{125^2 - 25^2}{125^2+25^2+2.(125).(25)}\right]$, encontramos

a) 1 b) 1/3 c) 2/3 d) 3/2 e) 1

64) **(CN)** Decompor em fatores do primeiro grau: $x^3yz + y^3xz - z^3xy + 2x^2y^2z$.

65) **(EEAR)** Qual o valor de "K" que torna quadrado perfeito o trinômio $x^2 + 8x + K$?

a) 2 b) 4 c) 8 d) 16

66) **(EFOMM)** Que termo se deve acrescentar ao binômio $\frac{x^2}{4} + \frac{b^3x}{3}$ de modo que se obtenha um trinômio quadrado perfeito

a) $b^6/3$ b) $b^4/9$ c) $b^6/2$ d) $b^3/3$ e) $b^6/9$

67) **(CFN)** Escreva, entre os parênteses, F (falso) ou V (verdadeiro) e assinale a opção correta.

( ) uma forma fatorada do polinômio $5x^2 - 5y^2$ é $5.(x + y).(x - y)$.

( ) $a^2 + x^2 + 2x - 1$ é a forma fatorada do polinômio $ax + x^2$.

( ) uma forma fatorada do polinômio $3x^2 - 6x + 3$ é $3.(x - 1)^2$.

a) (V) (V) (V) b) (V) (F) (V) c) (F) (V) (F) d) (F) (F) (V) e) (F) (F) (F)

68) **(EsSA)** Dividindo $x^2 + 2xy + y^2$ por $x + y$, obtemos:

a) $x - y$ b) $x + y$ c) $y - x$ d) $-y - x$

69) **(EAM)** Na equação $\frac{(a+b)^2 - a - b}{a^2 + ab - a} = 3$, sendo **a** e **b** números reais não nulos, o valor de $\frac{a}{b}$ é

a) 0,8 b) 0,7 c) 0,5 d) 0,4 e) 0,3

70) **(EEAR)** Se $x^2 . (2 - y)^2 = y^2 . (2 - x)^2$ e $x \neq y$, então $x + y$ será

a) 2y b) xy c) 2xy d) $x^2 + y^2$

71) **(EPCAR)** A expressão $7a^3b^2 - 8a^2b^3 + (2a^2b - 3ab^2) . (a - b)^2$ é equivalente a:

a) $ab^2(2a^3 + 3b^3)$

b) $-ab(2a^3 + 3b^3)$

c) $-ab(2a^3 - 3b^3)$

d) $ab(2a^3 + 3b^3)$

e) $ab(2a^3 - 3b^3)$

72) **(CM – SANTA MARIA)** Se x + y = 2, o valor de $x^4 + y^4 - x^3y^2 - x^2y^3 + 16xy$ é:

a) 2 b) 4 c) 8 d) 16 e) 32

73) **(CM – RJ)** Sabendo-se que $\frac{x^2 + y^2 + 2x + 2xy + 2y - 15}{x + y - 3} = 13$, determine x + y.

a) 3 b) 5 c) 7 d) 8 e) 11

74) **(EsSA)** Fatorando o trinômio do 2º grau $x^2 + 5x + 6$, encontramos:

a) (x – 2)(x – 3) b) (x – 2)(x + 3) c) (x + 2)(x – 3) d) (x + 2)(x + 3)

75) **(EsSA)** A expressão $a^2 - 7a + 12$, depois de fatorada, resulta:

a) (a – 4)(a – 3) b) (a + 4)(a – 3) c) (a – 4)(a + 3) d) (a + 4)(a + 3)

76) **(EsSA)** Transformando o trinômio $x^2 + 15x + 50$ num produto de dois binômios, os termos não comuns são:

a) + 5 e + 10 b) – 10 e + 50 c) + 10 e + 50 d) – 10 e + 5

77) **(EsSA)** Fatorando-se o polinômio $4x^2 - 20x - 200$, obtém-se:

a) 4(x – 5)(x – 10)

b) 2(x + 5)(x – 10)

c) 4(x – 5)(x + 10)

d) 4(x + 5)(x – 10)

78) O trinômio $4a^2 - 4ax - 15x^2$ fatorado é igual a:

a) (2a – 5x)(2a – 3x)

b) (2a + 5x)(2a – 3x)

c) (2a – 5x)(2a + 3x)

d) (2a + 5x)(2a + 3x)

e) (4a – 5x)(a + 3x)

79) **(EEAR)** Fatorando-se a expressão $4x^2 - 12xy - 7y^2$, obtém-se, para um dos fatores, o binômio

a) 2x – 7y b) 2x – 3y c) 2x + 3y d) 2x + 7y

80) **(EsSA)** Um dos modos de se escrever a soma $x^2 + 9xy + 8y^2$ é através do produto (ax + by).(ax + cy), com a, b e $c \in \mathbb{R}_+^*$. Neste caso, podemos afirmar que a + b + c é igual a:

a) 6 b) 4 c) 12 d) 10 e) 8

81) **(EFOMM)** Decompor em fatores do 1° grau $x^3 - 12x^2 + 35x$

a) $x(x - 7)(x - 5)$

b) $x(x - 7)(5 - x)$

c) $x(7 - x)(5 + x)$

d) $x(x + 7)(x - 5)$

e) $x(x - 5)(x - 18)$

82) **(BIG ADVICE)** A forma fatorada da expressão algébrica $x^4 - 3x^2 + 9$ é:

a) $(x^2 + 3).(x^2 + 3)$

b) $(x^2 - 3).(x^2 - 3)$

c) $(x^2 + 3x + 3).\ x^2$

d) $(x^2 + 3x + 3).\ (x^2 - 3x + 3)$

e) $(x^2 + 3).(x^2 - 3)$

83) **(CM – RJ)** Na fatoração do trinômio $a^5 - 5a^3 + 4a$ aparecem os seguintes fatores:

a) $a + 2$ e $a - 3$

b) $a + 3$ e $a - 2$

c) $a + 4$ e $a - 1$

d) $a + 1$ e $a - 3$

e) $a + 2$ e $a - 1$

84) **(EFOMM)** Na decomposição de $x^2 + 2x - 3$ em fatores binômios do 1° grau, temos o caso de:

a) fator em evidência

b) agrupamento

c) trinômio quadrado perfeito

d) diferença entre dois quadrados

e) trinômio do 2° grau

85) Decompor $(x + y - 1)^2 - 5(x + y - 1) - 6$ num produto de dois fatores:

a) $(x - y)(x - y + 5)$

b) $(x + y)(x + y - 7)$

c) $(x + y - 5)(x - y + 6)$

d) $(x + y)(x - y - 5)$

e) $(x - y - 1)(x + y - 6)$

86) **(EsSA)** A expressão algébrica $x^2 - y^2 - z^2 + 2yz + x + y - z$ admite como fator:

a) $-x + y + z + 1$

b) $x - y - z + 1$

c) $x + y - z + 1$

d) $x - y + z + 1$

e) $x + y + z + 1$

87) **(CONSULPLAN)** Qual das igualdades abaixo NÃO é verdadeira?

a) $4x^2 - 9x^4 = (2x + 3x^2)(2x - 3x^2)$

b) $(3x^2 - 5x)^2 = 9x^4 - 30x^3 + 25x^2$

c) $(x^3 - 3)^2 = x^9 - 8x^3 + 16$

d) $(3x^2 - 4)(3x + 5) = 9x^3 + 15x^2 - 12x - 20$

e) $(x + 5)(x - 5) = x^2 - 25$

88) **(CM – MANAUS)** Um dos fatores da expressão $x^2 - y^2 + (x + y + 1)^2 - 1$ é:

a) $x - y$ b) $x - 1$ c) $x + y + 1$ d) $x - y - 1$ e) $x + 1$

89) **(EsSA)** Das afirmações abaixo, uma é falsa:

a) $(a + b)^2 = a^2 + 2ab + b^2$

b) $a^2 - b^2 = (a + b)(a - b)$

c) $a^3 - b^3 = (a - b)(a^2 + ab + b^2)$

d) $a^2 + b^2 = (a + b)^2 - 2ab$

e) $a^3 + b^3 = (a + b)(a^2 - 2ab + b^2)$

90) **(EsSA)** Se $a^3 + 3a^2b + 3ab^2 + b^3 = 125$ e $a^3 - 3a^2b + 3ab^2 - b^3 = 1$, tem-se que $2a - 3b$ vale:

a) 0 b) 6 c) – 1 d) 5 e) 8

91) **(CM – BRASÍLIA)** Para as proposições dadas a seguir, sendo a, b números reais quaisquer, assinale a alternativa incorreta.

a) $(a \times b)^2 = a^2 \times b^2$

b) $(a^4)^2 = a^{2^3}$

c) $(a - b)^2 = a^2 - b^2$

d) $\frac{0}{a} = 0$, desde que $a \neq 0$

e) $a^3 - b^3 = (a - b)(a^2 + ab + b^2)$

92) **(EEAR)** A igualdade $a^3 + b^3 = (a + b)(a^2 - ab + b^2)$ é classificada como:

a) equação b) inequação c) identidade d) produto notável

93) **(CM – FORTALEZA)** O valor numérico da expressão $a^3 - b^3 - 3a^2b + 3ab^2$ para $a = \frac{\sqrt[3]{5} + 6}{6 \,.\, \sqrt[3]{5}}$ e $b = \frac{\sqrt[3]{5} - 6}{6 \,.\, \sqrt[3]{5}}$ é

a) 1/5 b) 3/5 c) 1 d) 8/5 e) 11/5

94) **(CM – BELO HORIZONTE)** O valor numérico da expressão $a^3 - b^3 - 3a^2b + 3ab^2$, quando $a = \frac{\sqrt[3]{7} + 2}{\sqrt[3]{2}}$ e $2b = \frac{2\sqrt[3]{7} - 4}{\sqrt[3]{2}}$ é:

a) 28 b) 30 c) 32 d) 34 e) 35

95) **(CEFET)** Considerando as igualdades, assinale a única alternativa correta:

a) $\sqrt{x^2 - 4} = x - 2$

b) $\frac{2x + 3y}{2} = x + 3y$

c) $\sqrt{9a} = 3\sqrt{a}$

d) $2^3 = 6$

e) $\frac{x^2 - 1}{x - 1} = x - 1$

96) **(ESPCEX)** Sendo $x + \frac{1}{x} = m$, então $x^2 + \frac{1}{x^2}$ é igual a:

a) m^2 b) 2m c) m – 2 d) $m^2 - 2$ e) n.r.a.

97) **(EAM)** Sendo $x - \frac{2}{x} = a$, então $x^2 + \frac{4}{x^2}$ é igual a:

a) $a^2 + 4$ b) $a^2 - 4$ c) a^2 d) a + 4 e) a – 4

98) **(EPCAR)** Se $a + \frac{1}{a} = \frac{3}{5}$, então $a^3 + \frac{1}{a^3}$ vale:

a) 27/125 b) – 198/25 c) 128/125 d) 252/125 e) 9/5

99) **(CEFET – RJ)** Se x + y = 1 e $x^2 + y^2 = 2$, então $x^3 + y^3$ é igual a:

a) 3,5 b) 3 c) 2,5 d) 2

100) **(CN)** Se $\left(x + \frac{1}{x}\right)^2 = 3$, então $x^3 + \frac{1}{x^3}$ é igual a:

a) 0 b) 1 c) 2 d) 3 e) 4

101) **(CM – FORTALEZA)** Sabe-se que $\left(x + \frac{1}{x}\right)^2 - 3 = 0$. Sobre o valor de $2x^3 + \frac{2}{x^3} + 3$ podemos afirmar que:

a) é um divisor de 20

b) é um múltiplo de 9

c) é um número par

d) é um número primo maior que 3

e) é um divisor de 111

102) Se A e B forem números inteiros e primos entre si tais que $\frac{A^2 - B^2}{A^3 - B^3} = \frac{10}{79}$ e A > B então:

a) AB = 42 b) $B^2 = 121$ c) $A^2 = 81$ d) A = 7 e) B = 5

103) **(CM – BRASÍLIA)** Assinale a opção correta:

a) $(2^a - 3^a)^2 = 2^{2a} - 3^{2a}$

b) $(3^2)^a + \frac{2 \cdot (3)^a}{5^b} + (5^{-1})^{2b} = \left(3^a + \frac{1}{5^b}\right)^2$

c) $\left(7^{b^a}\right)^{b^c} = \left(7^b\right)^{a+c}$

d) $a^3 + b^3 = (a + b)^3 - 3ab(a - b)$

e) $5^{a^2} - 36 = (5^a - 6)(5^a + 6)$

104) **(CM – FORTALEZA)** Se a + b + c = 0, com **a**, **b** e **c** números reais, então:

a) $a^2 + b^2 + c^2 = 0$

b) $a^2 + b^2 = c^2$

c) $a^3 + b^3 = c^3$

d) $a^2 = b^2 + c^2$

e) $a^3 + b^3 + c^3 = 3abc$

105) **(CM – RJ)** Dados os números reais a, b, c diferentes de zero e $a + b + c \neq 0$, para que a igualdade $\frac{1}{a} + \frac{1}{b} + \frac{1}{c} = \frac{1}{a+b+c}$ sempre se verifique, devemos ter, necessariamente

a) a = b = 2c

b) a = b = – 2c

c) a = b ou b = c ou a = c

d) $\frac{a+c}{2} = b$

e) a = – b ou b = – c ou a = – c

106) **(CM – RJ)** Se x + y = 2 e $\frac{x^3+y^3}{x^2+y^2} = \frac{1}{4}$, então $(xy)^{-1}$ é igual a:

a) 11/14 b) 11/13 c) 11/12 d) 1 e) 11/10

107) **(CN)** O quociente da divisão de $(a + b + c)^3 - a^3 - b^3 - c^3$ por $(a + b)[c^2 + c(a + b) + ab]$ é:

a) 1 b) 2 c) 3 d) 4 e) 5

108) **(CN)** Dadas as afirmativas a seguir:

I) $x^5 - 1 \equiv (x^2 - 1)(x + 1)(x - 1)$

II) $x^5 - 1 \equiv (x - 1)\left(x^2 + \frac{1-\sqrt{5}}{2}x + 1\right)\left(x^2 + \frac{1+\sqrt{5}}{2}x + 1\right)$

III) $x^5 - 1 \equiv (x - 1)(x^4 + x^3 + x^2 + x + 1)$

IV) $x^5 - 1 \equiv (x^3 + 1)(x^2 - 1)$

V) $x^5 - 1 \equiv (x - 1)(x + 1)(x - 1)(x + 1)(x - 1)$

Quantas são verdadeiras:

a) 1 b) 2 c) 3 d) 4 e) 5

109) **(CN)** O aluno Mauro, da 8ª série de um certo colégio, para resolver a equação $x^4 - x^2 + 2x - 1 = 0$, no conjunto dos números reais, observou que $x^4 = x^2 - 2x + 1$ e que o segundo membro da equação é um produto notável. Desse modo, concluiu que $(2x + 1)^2$ é igual a:

a) 3 b) 4 c) 5 d) 6 e) 7

110) **(CN)** Sendo $y = \frac{x+a}{x+b}$, qual é o valor numérico de y para $x = \sqrt{2}$, sabendo-se que, para todo número real $x \neq -b$, $y \cdot (x^2 - 2) = x^2 + \sqrt{2}x - 4$?

a) 0 b) 0,5 c) 0,666... d) 1,5 e) 2

111) **(CN)** Sabe-se que $a^3 - 3a + 1 = 93$ e $k = a^4 - 6a + 1$. Logo, k também pode ser expresso por

a) $3a^2 + 86a + 1$
b) $3a^2 + 84a + 1$
c) $6a^2 + 86a + 1$
d) $6a^2 + 84a + 1$
e) $9a^2 + 86a + 1$

112) **(CN)** Se $x + y = 2$ e $(x^2 + y^2) / (x^3 + y^3) = 4$, então xy é igual a

a) 12/11 b) 13/11 c) 14/11 d) 15/11 e) 16/11

113) **(CN)** Sejam y e z números reais distintos não nulos tais que $\frac{4}{yz} + \frac{y^2}{2z} + \frac{z^2}{2y} = 3$. Qual é o valor de $y + z$?

a) – 2 b) – 1 c) 0 d) 2 e) 3

114) **(CN)** Seja $a^3b - 3a^2 - 12b^2 + 4ab^3 = 287$. Considere que a e b são números naturais e que $ab > 3$. Qual é o maior valor natural possível para a expressão $a + b$?

a) 7 b) 11 c) 13 d) 17 e) 19

115) **(CN)** Seja x um número real tal que $x + \frac{3}{x} = 9$. Um possível valor de $x - \frac{3}{x}$ é $\sqrt{a}$. Sendo assim, a soma dos algarismos de "a" será:

a) 11 b) 12 c) 13 d) 14 e) 15

116) **(CN)** Sejam a, b e c números reais tais que $a^2 + b^2 + c^2 - 4a + 2b - 2c + 6 = 0$. Sobre a, b e c são feitas as seguintes afirmações:

I. $a^b < b^a$

II. $c^{b^a} = 1$

III. $b^{(-a)} = (-c)^b$

IV. $a > b > c$

Sendo assim, é correto afirmar que a quantidade de afirmativas verdadeiras é

a) 0 b) 1 c) 2 d) 3 e) 4

117) **(CN)** Os números reais e positivos 'x' e 'y' são tais que $x^2 + y^2 = 21$ e $(x - y)^2 = 9$. Nessas condições, determine o valor de 16^P, onde 'P' é o produto das possíveis soluções da expressão $\left(\frac{1}{\sqrt{x}} + \frac{1}{\sqrt{y}}\right)\left(\frac{1}{\sqrt{x}} - \frac{1}{\sqrt{y}}\right)$.

a) 1 b) ½ c) ¾ d) 1/16 e) 1/8

118) **(CN)** Sejam a, b e c números reais positivos com $a + b > c$, considere também que $a^2 - b^2 - c^2 + 2bc + a + b - c = 21$ e que simultaneamente $a^2 + b^2 + c^2 + 2ab - 2ac - 2bc = 9$. Um estudante fatorou os primeiros membros das igualdades e encontrou uma relação sempre verdadeira entre a, b e c. Assinale a opção que apresenta essa relação.

a) $a + b = c + 1$
b) $b - a = c - 6$
c) $a - c = 4 - b$
d) $c - a = b - 2$
e) $b - c = a + 4$

119) **(CN)** Para qualquer x real e maior que zero, associe os polinômios da 1ª coluna aos seus correspondentes, na forma fatorada, da 2ª coluna e assinale a opção que corresponde à sequência correta.

(I) $(x + 1).(x - 1).(x^2 - x + 1).(x^2 + x + 1)$	( ) $x^3 + 8$
(II) $(x + 2).(x^2 - 2x + 4)$	( ) $x^6 + 2x^3 + 1$
(III) $(x - 4).(x^2 + 4x + 16)$	( ) $x^6 - 1$
(IV) $(x + 1)^2.(x^2 - x + 1)^2$	( ) $x^3 - 64$
(V) $(x + 5).(x^2 - 5x + 25)$	( ) $x^5 - x^2$
(VI) $(x + 8).(x + 3)$	

a) (II) (I) (IV) (III) (VI)
b) (III) (VI) (I) (V) (–)
c) (V) (I) (VI) (II) (–)
d) (II) (IV) (I) (III) (–)
e) (VI) (III) (–) (V) (I)

GABARITOS

1) B 2) B 3) C 4) C
5) A 6) B 7) B 8) A

9) D	10) A	11) B	12) D
13) C	14) D	15) E	16) C
17) C	18) D	19) B	20) C
21) A	22) B	23) E	24) C
25) B	26) D	27) C	28) C
29) C	30) A	31) C	32) D
33) $(4x^2 + 1)(2x + 1)(2x - 1)$	34) B	35) D	36) B
37) E	38) C	39) A	40) D
41) E	42) B	43) B	44) A
45) C	46) C	47) C	48) A
49) D	50) A	51) C	52) B
53) E	54) B	55) C	56) C
57) A	58) A	59) C	60) A
61) A	62) $(x - y + a)(x - y - a)$	63) C	64) $xyz(x + y + z)(x + y - z)$
65) D	66) E	67) B	68) B
69) C	70) B	71) E	72) D
73) D	74) D	75) A	76) A
77) D	78) C	79) A	80) D
81) A	82) D	83) E	84) E
85) B	86) D	87) C	88) E
89) E	90) A	91) C	92) C
93) D	94) C	95) C	96) D
97) A	98) B	99) C	100) A
101) E	102) D	103) B	104) E
105) E	106) A	107) C	108) B
109) C	110) D	111) A	112) C
113) A	114) A	115) E	116) C
117) B	118) B	119) D	

Capítulo 16

MMC e MDC entre Expressões Algébricas

I. Mínimo Múltiplo Comum (MMC) entre Expressões Algébricas

Para calcular o MMC entre expressões algébricas devemos observar a regra a seguir:

1º) Fatorar as expressões algébricas caso seja necessário;

2º) <u>Coeficientes</u> → calcular o MMC entre eles;

3º) <u>Parte literal</u> → todos os fatores elevados aos maiores expoentes;

4º) O MMC é dado pelo produto entre o coeficiente e a parte literal.

<u>Exemplos</u>: Calcule o MMC das expressões algébricas abaixo:

a) $15x^3$ e $10x^2$

$$\begin{cases} \text{Coeficientes} \Rightarrow \text{MMC}\,(15, 10) = 30 \\ \text{Parte literal} \Rightarrow \text{todos os fatores com os maiores expoentes} = x^3 \end{cases}$$

Logo, MMC = $30x^3$

b) $40x^5y^2$ e $30x^3$

$$\begin{cases} \text{Coeficientes} \Rightarrow \text{MMC}\,(40, 30) = 120 \\ \text{Parte literal} \Rightarrow \text{todos os fatores com os maiores expoentes} = x^5y^2 \end{cases}$$

Logo, MMC = $120x^5y^2$

c) $x + 2$ e $x^2 + 4x + 4$

- Fatorar as expressões algébricas $\begin{cases} x + 2 = 1.(x + 2) \\ x^2 + 4x + 4 = 1.(x + 2)^2 \end{cases}$
- Como os coeficientes são iguais a 1, então não precisamos calcular o MMC entre eles.
- Na parte literal devemos pegar todos os fatores elevados aos maiores expoentes, ou seja, $(x + 2)^2$

Logo, MMC = $(x + 2)^2$

Exercícios

1) **(ESPCEX)** Calcular o m.m.c. dos polinômios $2x^2 - x - 1$ e $2x^3 + 2x^2 - 2x - 2$.

Resolução:

Fatorando os polinômios $2x^2 - x - 1$ e $2x^3 + 2x^2 - 2x - 2$ temos o seguinte:

- $2x^2 - x - 1 = (2x + 1)(x - 1)$
- $2x^3 + 2x^2 - 2x - 2 = 2(x - 1)(x + 1)^2$

MMC = $2(x - 1)(x + 1)^2(2x + 1)$

GABARITO: $2(x - 1)(x + 1)^2(2x + 1)$

II. Máximo Divisor Comum (MDC) entre Expressões Algébricas

Para calcular o MDC entre expressões algébricas devemos observar a regra a seguir:

1º) Fatorar as expressões algébricas caso seja necessário;

2º) Coeficientes → Calcular o MDC entre os coeficientes;

3º) Parte literal → fatores repetidos elevados aos menores expoentes;

4º) O MDC é dado pelo produto entre o coeficiente e a parte literal.

Exemplos: Calcule o MDC das expressões algébricas abaixo:

a) $15x^3$ e $10x^2$

$$\begin{cases} \text{Coeficientes} \Rightarrow \text{MDC}\,(15, 10) = 5 \\ \text{Parte literal} \Rightarrow \text{fatores comuns com os menores expoentes} = x^2 \end{cases}$$

Logo, MDC = $5x^2$

b) $40x^5y^2$ e $30x^3$

$$\begin{cases} \text{Coeficientes} \Rightarrow \text{MDC}\,(40, 30) = 10 \\ \text{Parte literal} \Rightarrow \text{fatores comuns com os menores expoentes} = x^3 \end{cases}$$

Logo, MDC = $10x^3$

c) $x + 2$ e $x^2 + 4x + 4$

- Fatorar as expressões algébricas $\begin{cases} x + 2 = 1.(x + 2) \\ x^2 + 4x + 4 = 1.(x + 2)^2 \end{cases}$
- Como os coeficientes são iguais a 1, então não precisamos calcular o MDC entre eles.
- Na parte literal devemos pegar os fatores repetidos com os menores expoentes, ou seja, $(x + 2)$.

Logo, MDC = $x + 2$

Exercícios

2) **(CN)** Determinar o m.d.c. das expressões $x^2 - 1$ e $x^2 + 2x - 3$.

Resolução:

Fatorando os polinômios $x^2 - 1$ e $x^2 + 2x - 3$ temos o seguinte:

• $x^2 - 1 = (x + 1)(x - 1)$

• $x^2 + 2x - 3 = (x + 3)(x - 1)$

MDC = $x - 1$

GABARITO: $x - 1$

3) **(CN)** Achar o m.d.c. entre $x^3 + 2x^2 - 3x$ e $2x^3 + 5x^2 - 3x$.

Resolução:

Para encontrar a resposta da questão é necessário fatorar os polinômios $x^3 + 2x^2 - 3x$ e $2x^3 + 5x^2 - 3x$.

• $x^3 + 2x^2 - 3x = x(x - 1)(x + 3)$

• $2x^3 + 5x^2 - 3x = x(2x - 1)(x + 3)$

MDC = $x(x + 3)$

GABARITO: $x(x + 3)$

4) **(ESPCEX)** Calcular o m.d.c. dos polinômios $x^2 + 2x + 1$ e $x^3 + 1$.

Resolução:

É necessário fatorar $x^2 + 2x + 1$ e $x^3 + 1$ para resolver a questão.

• $x^2 + 2x + 1 = (x + 1)^2$

• $x^3 + 1 = (x + 1)(x^2 - x + 1)$

MDC = $x + 1$

GABARITO: $(x + 1)$

A seguir, faremos uma bateria de exercícios de todo conteúdo estudado neste capítulo.

EXERCÍCIOS

5) O MMC de 5x e 6y é:

a) 5xy b) 6xy c) 30xy d) 1 e) xy

6) O MMC de 6b e $9a^2b$ é:

a) 54ab b) $54a^2b$ c) $54a^2b^2$ d) $18a^2b^2$ e) $18a^2b$

7) O mmc entre $12m^4n^3$ e $18m^5n^2$ é $36m^pn^q$. Assim, **p** e **q** valem respectivamente:

a) 4 e 2 b) 5 e 3 c) 4 e 3 d) 5 e 2 e) 5 e 4

8) O MMC entre $5a^2x^3$, $6b^3y^5$ e $3cz^2$ é:

a) 30abcxyz b) $30a^2b^3cx^3y^5z^2$ c) $18a^2b^3cx^3y^5z^2$ d) 30abcxyz e) 1

9) Dados os monômios $10a^2x^3$; $3b^Py^Q$ e $2cz^4$, os valores de P e Q para que o M.M.C. dos três monômios seja $30a^2b^3x^3y^5$ são, respectivamente:

a) 3 e 5 b) 2 e 3 c) 5 e 3 d) 4 e 3 e) 3 e 2

10) O MMC entre $x^2 - 1$ e $3x + 3$ é:

a) 1 b) $x - 1$ c) $x + 1$ d) $3(x^2 - 1)$ e) $3(x + 1)(x^2 - 1)$

11) **(EEAR)** Dados os polinômios $x^2 - 6x + 9$ e $x - 3$ o MMC entre eles é:

a) $(x + 3)^2$ b) $(x - 3)^2$ c) $(x - 3)^3$ d) $(x + 3)(x - 3)$

12) **(EEAR)** O MMC de $3a^2b$; $4a - 4b$; $3a^2 - 6ab + 3b^2$ é

a) $12a^2b(a - b)$ b) $36a^2b(a - b)^2$ c) $12ab(a - b)$ d) $12a^2b(a - b)^2$

13) **(EAM)** O MMC dos polinômios $3x^2 + 6x$ e $x^3 + 4x^2 + 4x$ é igual a

a) x^2 b) $3x(x + 2)^2$ c) $x(x + 2)$ d) $3(x + 2)$ e) $x(x + 2)^2$

14) **(EsSA)** O m.m.c dos polinômios $x^2 + x^2y$; $x^3 + 2x^2y + xy^2$ e $y^3 + xy^2$ é:

a) $x^6y^2 + 2x^3y + xy^2$

b) $xy^2 + 2x^2y^3 + x^3y^2$

c) $x^4y^2 + 2x^3y^3 + x^2y^4$

d) $x^6y^2 + 2x^3y^3 + xy^4$

e) $x^2y^3 + 2xy^3 + x^2y^2$

15) Calcule o MMC das expressões $x^3 - 2x^2 - x + 2$ e $ax^2 + 7ax + 6a$.

a) $a \cdot (x + 1) \cdot (x - 2) \cdot (x - 1) \cdot (x + 6)$

b) $a \cdot (x + 1) \cdot (x - 1) \cdot (x - 2) \cdot (x - 6)$

c) $a \cdot (x + 1) \cdot (x - 1) \cdot (x + 2) \cdot (x - 6)$

d) $a \cdot (x + 1) \cdot (x - 1) \cdot (x + 2) \cdot (x + 6)$

e) $a \cdot (x + 1)^2 \cdot (x - 1)^2 \cdot (x - 2) \cdot (x + 6)$

16) O MMC dos polinômios $\mathbf{ax - a}$; $\mathbf{x^2 - 2x + 1}$ e $\mathbf{x^2a^2 - a^2}$ é:

a) $a^2(x + 1)(x - 1)$

b) $a(x + 1)(x - 1)^2$

c) $a(x + 1)(x + 1)^2$

d) $a^2(x - 1)(x + 1)^2$

e) $a^2(x + 1)(x - 1)^2$

17) O mínimo múltiplo comum entre $x^3 - x^2 - x + 1$; $x^2 - 3x - 10$ e $x^2 - 4$ é:

a) $(x + 2)(x + 1)$

b) $(x + 2)(x + 1)(x - 2)$

c) $(x + 2)(x + 1)(x - 2)(x - 5)$

d) $(x + 2)(x + 1)(x - 2)(x - 5)(x - 1)^2$

e) $(x + 2)(x + 1)(x - 2)(x - 5)(x - 1)$

18) O mínimo múltiplo comum das expressões: $(a + c)^2 - b^2$; $(a + b)^2 - c^2$; $(b + c)^2 - a^2$ é:

a) $a + b + c$

b) $(a + b - c)(a + b + c)$

c) $(a + b + c)(a + c - b)(a - b + c)$

d) $(a + b + c)(b + c - a)(a + b - c)(a - b + c)$

e) 1

19) O polinômio P é de grau 6 e Q, de grau 4. Pode-se afirmar que o M.M.C. de P e Q:

a) é de grau 9

b) é, no mínimo, de grau 6

c) pode ser de grau 24

d) é de grau 6

e) é, no mínimo, de grau 4

20) O MDC de $12m^2$; 18mn e 36mp é:

a) 12m b) 18m c) 36m d) 6m e) 1

21) O M.D.C dos monômios $4a^2bc^3$ e $2ab^3c^5$ é:

a) abc^3 b) $8abc^3$ c) a^2b^3c d) $2abc^3$ e) $2a^2b^3c$

22) O mdc das expressões $10x^2y^m$ e $15x^ny^4$ é $5xy^2$. Então m e n valem respectivamente:

a) 2 e 3 b) 4 e 2 c) 2 e 1 d) 1 e 2

23) **(EsSA)** O MDC das expressões $x^3 - 4x$ e $x^2 - 5x - 14$ é:

a) $x - 7$ b) $x(x + 2)$ c) $x + 2$ d) $(x + 2)(x - 2)$

24) **(CN)** O máximo divisor comum dos polinômios $x^3 - 5x^2 + 6x$ e $x^2 - 4x + 3$ é:

a) $x - 1$ b) $x - 2$ c) $x - 3$ d) $x + 1$ e) $x + 3$

25) **(CN)** O M.D.C. dos polinômios $x^3 - 5x^2 + 6x$ e $x^3 - 3x^2 + 2x$ é:

a) $x^2 - 3x$ b) $x^2 - 2x$ c) $x^2 + 2x$ d) $x - 2$ e) x

26) **(EsSA)** O MDC entre (2x), (2x + 2) e $(x^2 + 2x + 1)$ é:

a) 1 b) 2 c) 2x d) (x + 1)

27) O M.D.C. entre $x^2 - 4$; x + 2 e $x^3 - x^2 - 4x + 4$ é:

a) x – 2
b) x – 4
c) x + 2
d) (x + 2)(x – 2)
e) (x + 2)(x – 2)(x – 1)

28) **(CN)** O maior divisor comum dos polinômios $x^4 - 16$; $x^3 - 6x^2 + 12x - 8$ e $x^4 - 8x^2 + 16$ é:

a) x + 2 b) x + 4 c) x – 2 d) x – 4 e) 1

29) Determinar o MDC dos polinômios $4x^4 - x^2 + 2x - 1$ e $2x^3 - x^2 - 2x + 1$

a) 2x – 1
b) (2x – 1)(x + 1)
c) (x + 1)(x – 1)
d) x + 1
e) (2x + 1)(x + 1)

30) Achar o MDC entre as expressões $x^3 + 2x^2 - 3x$ e $2x^3 + 5x^2 - 3x$.

a) x(x – 3) b) $x^2(x + 3)$ c) x(x + 3) d) x + 3 e) x

31) Calcular o MDC das expressões $a^3 - a^2b - ab^2 + b^3$; $a^3 - b^3$ e $a^3 - 2a^2b + ab^2$.

a) a + b b) a – b c) (a + b)(a – b) d) $(a + b)^2$ e) $(a - b)^2$

32) **(CN)** O maior divisor comum dos 3 polinômios: $x^2 - 4x + 4$; $2x^2 - 8$; mx + p é x – 2. Então:

a) p – m = 0 b) 2p – m = 0 c) 2p + m = 0 d) p + 2m = 0 e) p – 2m = 0

33) O mdc entre os polinômios $x^2 - 3x + 2$; $x^2 - 4$ e Kx + M é x – 2, então podemos afirmar que:

a) K = M b) K + M = 0 c) K + 2M = 0 d) 2K + M = 0 e) 2K – M = 0

34) **(EEAR)** Se mdc (A, B) = 3a – 6, A = 9ab – 54 + 27a – 18b e B = $6a^2 - 12ac + 6c^2$, então o valor de "c" é

a) 2 b) 3 c) 4 d) 6

35) **(EsSA)** Sejam os polinômios $P = x^3 - 4x$, $Q = x^4 + 4x^3 + 4x^2$ e $R = x^2 - 4x + 4$. Dividindo-se o MMC de P e Q pelo MDC de P e R e considerando $x \neq 2$, obtemos a expressão:

a) $x^2 (x + 2)^2$

b) $\frac{x(x+2)}{x-2}$

c) $x(x + 2)(x - 2)$

d) $x^2 (x + 2)(x - 2)$

e) $\frac{x^2(x+2)}{x-2}$

36) **(ESPCEX)** Calcular o quociente da divisão do M.M.C. pelo M.D.C. dos polinômios $x^2 + 2x - 3$; $xy - y + 2x - 2$ e $(x^2 - 1)(x^2 + 10x + 25)$

a) $(x^2 + 4x + 3)(x^2 + 10x + 25)(y + 2)$

b) $(x^2 - 4x + 3)(x + 5)^2(y + 2)$

c) $(x + 2)(x - 1)(x + 5)^2$

d) $(x - 2)(x + 3)(x - 1)(x + 5)^2$

e) $(x - 3)(x + 1)(x - 2)(y + 2)^2$

37) **(EEAR)** Se m.m.c.(A, B) = $6.(x - 2)^2.(x + 2)$; m.d.c.(A, B) = $2.(x - 2)$ e $A = 2x^2 - 8$, então "B" é igual a

a) $6x^2 - 24x + 24$

b) $x^2 - 12x + 20$

c) $x^2 + 12x - 20$

d) $6x^2 + 24x + 24$

38) Sejam A um polinômio de grau 5 e B um polinômio de grau 8. O grau do M.D.C. de A e B é:

a) é de grau 8

b) pode ser de grau 13

c) é, no máximo, de grau 8

d) é de grau 5

e) é, no máximo, de grau 5

39) **(CN)** Para valores de x inteiros e $x \geq 2$, os inteiros P e Q têm para expressões: $P = x^2 + 2x - 3$ e $Q = ax^2 + bx + c$ e o produto do máximo divisor comum pelo mínimo múltiplo comum desses números, P e Q dá $x^4 + 5x^3 - x^2 - 17x + 12$. A soma de a, b e c é:

a) 0 b) 8 c) 6 d) 2 e) 1

GABARITOS

1) $2(x-1)(x+1)^2(2x+1)$	2) $x-1$	3) $x(x+3)$	4) $x+1$
5) C	6) E	7) B	8) B
9) A	10) D	11) B	12) D
13) B	14) C	15) A	16) E
17) D	18) D	19) B	20) D
21) D	22) C	23) C	24) C
25) B	26) A	27) C	28) C
29) B	30) C	31) B	32) D
33) D	34) A	35) A	36) A
37) A	38) E	39) A	

Impressão e acabamento
Gráfica da Editora Ciência Moderna Ltda.
Tel: (21) 2201-6662